“十三五”国家重点出版物出版规划项目

持久性有机污染物
POPs研究系列专著

发现新型有机污染物的理论与方法

江桂斌　阮　挺　曲广波/著

科学出版社
北京

内 容 简 介

20 世纪以来化学污染物导致的健康危害日益突出，数以万计的高生产量化学品伴随着生产和使用过程进入环境介质，给环境科学相关领域研究提出了若干新的科学问题，也给化学品的风险控制、管理带来持续压力；具有持久性有机污染物特性的新型有机污染物不断被列入《关于持久性有机污染物的斯德哥尔摩公约》。本书总结持久性有机污染物的物理-化学性质参数与环境行为特征的联系，探讨新型有机污染物研究对象的具体范围和判别原则。从样品前处理技术、引导发现策略、多重数据的获取和整合三个方面探讨新型有机污染物发现的筛选、识别、分析方法的建立。详细介绍效应导向分析技术的原理、流程和展望。分别介绍环境介质中新型卤代阻燃剂及其衍生物、新型全氟和多氟烷基化合物、新型芳香族化合物发现的实例，突出了筛选方法、微量分析技术和新污染物赋存、分配、迁移、转化等归趋行为及毒性效应的归纳和综述。

本书可以作为高等院校环境科学、环境工程等专业的教学参考书，也可供环境保护、污染物监测、化学品控制与管理领域的相关技术及管理人员阅读。

图书在版编目（CIP）数据

发现新型有机污染物的理论与方法/江桂斌，阮挺，曲广波著. —北京：科学出版社，2019.7

（持久性有机污染物(POPs)研究系列专著）

“十三五”国家重点出版物出版规划项目 国家出版基金项目

ISBN 978-7-03-061457-5

Ⅰ. ①发… Ⅱ. ①江… ②阮… ③曲… Ⅲ. ①有机污染物–研究 Ⅳ. ①X5

中国版本图书馆 CIP 数据核字（2019）第 113366 号

责任编辑：朱 丽 杨新改 / 责任校对：杜子昂
责任印制：肖 兴 / 封面设计：黄华斌

科学出版社 出版
北京东黄城根北街 16 号
邮政编码：100717
http://www.sciencep.com

北京汇瑞嘉合文化发展有限公司 印刷

科学出版社发行 各地新华书店经销

*

2019 年 7 月第 一 版 开本：720×1000 1/16
2019 年 7 月第一次印刷 印张：21 1/4
字数：430 000

定价：150.00 元

（如有印装质量问题，我社负责调换）

《持久性有机污染物（POPs）研究系列专著》
丛书编委会

丛 书 序

持久性有机污染物（persistent organic pollutants，POPs）是指在环境中难降解（滞留时间长）、高脂溶性（水溶性很低），可以在食物链中累积放大，能够通过蒸发–冷凝、大气和水等的输送而影响到区域和全球环境的一类半挥发性且毒性极大的污染物。POPs 所引起的污染问题是影响全球与人类健康的重大环境问题，其科学研究的难度与深度，以及污染的严重性、复杂性和长期性远远超过常规污染物。POPs 的分析方法、环境行为、生态风险、毒理与健康效应、控制与削减技术的研究是最近 20 年来环境科学领域持续关注的一个最重要的热点问题。

近代工业污染催生了环境科学的发展。1962 年，*Silent Spring* 的出版，引起学术界对滴滴涕（DDT）等造成的野生生物发育损伤的高度关注，POPs 研究随之成为全球关注的热点领域。1996 年，*Our Stolen Future* 的出版，再次引发国际学术界对 POPs 类环境内分泌干扰物的环境健康影响的关注，开启了环境保护研究的新历程。事实上，国际上环境保护经历了从常规大气污染物（如 SO_2、粉尘等）、水体常规污染物［如化学需氧量（COD）、生化需氧量（BOD）等］治理和重金属污染控制发展到痕量持久性有机污染物削减的循序渐进过程。针对全球范围内 POPs 污染日趋严重的现实，世界许多国家和国际环境保护组织启动了若干重大研究计划，涉及 POPs 的分析方法、生态毒理、健康危害、环境风险理论和先进控制技术。研究重点包括：①POPs 污染源解析、长距离迁移传输机制及模型研究；②POPs 的毒性机制及健康效应评价；③POPs 的迁移、转化机理以及多介质复合污染机制研究；④POPs 的污染削减技术以及高风险区域修复技术；⑤新型污染物的检测方法、环境行为及毒性机制研究。

20 世纪国际上发生过一系列由于 POPs 污染而引发的环境灾难事件（如意大利 Seveso 化学污染事件、美国拉布卡纳尔镇污染事件、日本和中国台湾米糠油事件等），这些事件给我们敲响了 POPs 影响环境安全与健康的警钟。1999 年，比利时鸡饲料二噁英类污染波及全球，造成 14 亿欧元的直接损失，导致该国政局不稳。

国际范围内针对 POPs 的研究，主要包括经典 POPs（如二噁英、多氯联苯、含氯杀虫剂等）的分析方法、环境行为及风险评估等研究。如美国 1991～2001 年的二噁英类化合物风险再评估项目，欧盟、美国环境保护署（EPA）和日本环境厅先后启动了环境内分泌干扰物筛选计划。20 世纪 90 年代提出的蒸馏理论和蚂蚱跳效应较好地解释了工业发达地区 POPs 通过水、土壤和大气之间的界面交换而长距离迁移到南北极等极地地区的现象，而之后提出的山区冷捕集效应则更加系统地解释了高山地区随着海拔的增加其环境介质中 POPs 浓度不断增加的迁移机理，从而为 POPs 的全球传输提供了重要的依据和科学支持。

2001 年 5 月，全球 100 多个国家和地区的政府组织共同签署了《关于持久性有机污染物的斯德哥尔摩公约》（简称《斯德哥尔摩公约》）。目前已有包括我国在内的 179 个国家和地区加入了该公约。从缔约方的数量上不仅能看出公约的国际影响力，也能看出世界各国对 POPs 污染问题的重视程度，同时也标志着在世界范围内对 POPs 污染控制的行动从被动应对到主动防御的转变。

进入 21 世纪之后，随着《斯德哥尔摩公约》进一步致力于关注和讨论其他同样具 POPs 性质和环境生物行为的有机污染物的管理和控制工作，除了经典 POPs，对于一些新型 POPs 的分析方法、环境行为及界面迁移、生物富集及放大，生态风险及环境健康也越来越成为环境科学研究的热点。这些新型 POPs 的共有特点包括：目前为正在大量生产使用的化合物、环境存量较高、生态风险和健康风险的数据积累尚不能满足风险管理等。其中两类典型的化合物是以多溴二苯醚为代表的溴系阻燃剂和以全氟辛基磺酸盐（PFOS）为代表的全氟化合物，对于它们的研究论文在过去 15 年呈现指数增长趋势。如有关 PFOS 的研究在 Web of Science 上搜索结果为从 2000 年的 8 篇增加到 2013 年的 323 篇。随着这些新增 POPs 的生产和使用逐步被禁止或限制使用，其替代品的风险评估、管理和控制也越来越受到环境科学研究的关注。而对于传统的生态风险标准的进一步扩展，使得大量的商业有机化学品的安全评估体系需要重新调整。如传统的以鱼类为生物指示物的研究认为污染物在生物体中的富集能力主要受控于化合物的脂–水分配，而最近的研究证明某些低正辛醇–水分配系数、高正辛醇–空气分配系数的污染物（如 HCHs）在一些食物链特别是在陆生生物链中也表现出很高的生物放大效应，这就向如何修订污染物的生态风险标准提出了新的挑战。

作为一个开放式的公约，任何一个缔约方都可以向公约秘书处提交意在将某一化合物纳入公约受控的草案。相应的是，2013 年 5 月在瑞士日内瓦举行的缔约方大会第六次会议之后，已在原先的包括二噁英等在内的 12 类经典 POPs 基础上，新增 13 种包括多溴二苯醚、全氟辛基磺酸盐等新型 POPs 成为公约受控名单。目前正在进行公约审查的候选物质包括短链氯化石蜡（SCCPs）、多氯萘（PCNs）、六氯丁二烯（HCBD）及五氯苯酚（PCP）等化合物，而这些新型有机污染物在我国均有一定规模的生产和使用。

中国作为经济快速增长的发展中国家，目前正面临比工业发达国家更加复杂的环境问题。在前两类污染物尚未完全得到有效控制的同时，POPs 污染控制已成为我国迫切需要解决的重大环境问题。作为化工产品大国，我国新型 POPs 所引起的环境污染和健康风险问题比其他国家更为严重，也可能存在国外不受关注但在我国环境介质中广泛存在的新型污染物。对于这部分化合物所开展的研究工作不但能够为相应的化学品管理提供科学依据，同时也可为我国履行《斯德哥尔摩公约》提供重要的数据支持。另外，随着经济快速发展所产生的污染所致健康问题在我国的集中显现，新型 POPs 污染的毒性与健康危害机制已成为近年来相关研究的热点问题。

随着 2004 年 5 月《斯德哥尔摩公约》正式生效，我国在国家层面上启动了对 POPs 污染源的研究，加强了 POPs 研究的监测能力建设，建立了几十个高水平专业实验室。科研机构、环境监测部门和卫生部门都先后开展了环境和食品中 POPs 的监测和控制措施研究。特别是最近几年，在新型 POPs 的分析方法学、环境行为、生态毒理与环境风险，以及新污染物发现等方面进行了卓有成效的研究，并获得了显著的研究成果。如在电子垃圾拆解地，积累了大量有关多溴二苯醚（PBDEs）、二噁英、溴代二噁英等 POPs 的环境转化、生物富集/放大、生态风险、人体赋存、母婴传递乃至人体健康影响等重要的数据，为相应的管理部门提供了重要的科学支撑。我国科学家开辟了发现新 POPs 的研究方向，并连续在环境中发现了系列新型有机污染物。这些新 POPs 的发现标志着我国 POPs 研究已由全面跟踪国外提出的目标物，向发现并主动引领新 POPs 研究方向发展。在机理研究方面，率先在珠穆朗玛峰、南极和北极地区“三极”建立了长期采样观测系统，开展了 POPs 长距离迁移机制的深入研究。通过大量实验数据证明了 POPs 的冷捕集效应，在新的源汇关系方面也有所发现，为优化 POPs 远距离迁移模型及认识 POPs 的环境归宿做出了贡献。在污染物控制方面，系统地摸清了二噁英类污染物的排放源，获得了我国二噁英类排放因子，相关成果被联合国环境规划署《全球二噁英类污染源识别与定量技术导则》引用，以六种语言形式全球发布，为全球范围内评估二噁英类污染来源提供了重要技术参数。以上有关 POPs 的相关研究是解决我国国家环境安全问题的重大需求、履行国际公约的重要基础和我国在国际贸易中取得有利地位的重要保证。

我国 POPs 研究凝聚了一代代科学家的努力。1982 年，中国科学院生态环境研究中心发表了我国二噁英研究的第一篇中文论文。1995 年，中国科学院武汉水生生物研究所建成了我国第一个装备高分辨色谱/质谱仪的标准二噁英分析实验室。进入 21 世纪，我国 POPs 研究得到快速发展。在能力建设方面，目前已经建成数十个符合国际标准的高水平二噁英实验室。中国科学院生态环境研究中心的二噁英实验室被联合国环境规划署命名为“Pilot Laboratory”。

2001 年，我国环境内分泌干扰物研究的第一个“863”项目“环境内分泌干扰物的筛选与监控技术”正式立项启动。随后经过 10 年 4 期“863”项目的连续资助，形成了活体与离体筛选技术相结合，体外和体内测试结果相互印证的分析内分泌干扰物研究方法体系，建立了有中国特色的环境内分泌污染物的筛选与研究规范。

2003 年，我国 POPs 领域第一个“973”项目“持久性有机污染物的环境安全、演变趋势与控制原理”启动实施。该项目集中了我国 POPs 领域研究的优势队伍，围绕 POPs 在多介质环境的界面过程动力学、复合生态毒理效应和焚烧等处理过程中 POPs 的形成与削减原理三个关键科学问题，从复杂介质中超痕量 POPs 的检测和表征方法学；我国典型区域 POPs 污染特征、演变历史及趋势；典型 POPs 的排放模式和运移规律；典型 POPs 的界面过程、多介质环境行为；POPs 污染物的复合生态毒理效应；POPs 的削减与控制原理以及 POPs 生态风险评价模式和预警方法体系七个方面开展了富有成效的研究。该项目以我国 POPs 污染的演变趋势为主，基本摸清了我国 POPs 特别是二噁英排放的行业分布与污染现状，为我国履行《斯德哥尔摩公约》做出了突出贡献。2009 年，POPs 项目得到延续资助，研究内容发展到以 POPs 的界面过程和毒性健康效应的微观机理为主要目标。2014 年，项目再次得到延续，研究内容立足前沿，与时俱进，发展到了新型持久性有机污染物。这 3 期“973”项目的立项和圆满完成，大大推动了我国 POPs 研究为国家目标服务的能力，培养了大批优秀人才，提高了学科的凝聚力，扩大了我国 POPs 研究的国际影响力。

2008 年开始的“十一五”国家科技支撑计划重点项目“持久性有机污染物控制与削减的关键技术与对策”，针对我国持久性有机物污染物控制关键技术的科学问题，以识别我国 POPs 环境污染现状的背景水平及制订优先控制 POPs 国家名录，我国人群 POPs 暴露水平及环境与健康效应评价技术，POPs 污染控制新技术与新材料开发，焚烧、冶金、造纸过程二噁英类减排技术，POPs 污染场地修复，废弃 POPs 的无害化处理，适合中国国情的 POPs 控制战略研究为主要内容，在废弃物焚烧和冶金过程烟气减排二噁英类、微生物或植物修复 POPs 污染场地、废弃 POPs 降解的科研与实践方面，立足自主创新和集成创新。项目从整体上提升了我国 POPs 控制的技术水平。

目前我国 POPs 研究在国际 SCI 收录期刊发表论文的数量、质量和引用率均进入国际第一方阵前列，部分工作在开辟新的研究方向、引领国际研究方面发挥了重要作用。2002 年以来，我国 POPs 相关领域的研究多次获得国家自然科学奖励。2013 年，中国科学院生态环境研究中心 POPs 研究团队荣获“中国科学院杰出科技成就奖”。

我国 POPs 研究开展了积极的全方位的国际合作，一批中青年科学家开始在国际学术界崭露头角。2009 年 8 月，第 29 届国际二噁英大会首次在中国举行，来自世界上 44 个国家和地区的近 1100 名代表参加了大会。国际二噁英大会自 1980 年召开以来，至今已连续举办了 38 届，是国际上有关持久性有机污染物（POPs）研究领域影响最大的学术会议，会议所交流的论文反映了当时国际 POPs 相关领域的最新进展，也体现了国际社会在控制 POPs 方面的技术与政策走向。第 29 届国际二噁英大会在我国的成功召开，对提高我国持久性有机污染物研究水平、加速国际化进程、推进国际合作和培养优秀人才等方面起到了积极作用。近年来，我国科学家多次应邀在国际二噁英大会上作大会报告和大会总结报告，一些高水平研究工作产生了重要的学术影响。与此同时，我国科学家自己发起的 POPs 研究的国内外学术会议也产生了重要影响。2004 年开始的“International Symposium on Persistent Toxic Substances”系列国际会议至今已连续举行 14 届，近几届分别在美国、加拿大、中国香港、德国、日本等国家和地区召开，产生了重要学术影响。每年 5 月 17～18 日定期举行的“持久性有机污染物论坛”已经连续 12 届，在促进我国 POPs 领域学术交流、促进官产学研结合方面做出了重要贡献。

本丛书《持久性有机污染物（POPs）研究系列专著》的编撰，集聚了我国 POPs 研究优秀科学家群体的智慧，系统总结了 20 多年来我国 POPs 研究的历史进程，从理论到实践全面记载了我国 POPs 研究的发展足迹。根据研究方向的不同，本丛书将系统地对 POPs 的分析方法、演变趋势、转化规律、生物累积/放大、毒性效应、健康风险、控制技术以及典型区域 POPs 研究等工作加以总结和理论概括，可供广大科技人员、大专院校的研究生和环境管理人员学习参考，也期待它能在 POPs 环保宣教、科学普及、推动相关学科发展方面发挥积极作用。

我国的 POPs 研究方兴未艾，人才辈出，影响国际，自树其帜。然而，“行百里者半九十”，未来事业任重道远，对于科学问题的认识总是在研究的不断深入和不断学习中提高。学术的发展是永无止境的，人们对 POPs 造成的环境问题科学规律的认识也是不断发展和提高的。受作者学术和认知水平限制，本丛书可能存在不同形式的缺憾、疏漏甚至学术观点的偏颇，敬请读者批评指正。本丛书若能对读者了解并把握 POPs 研究的热点和前沿领域起到抛砖引玉作用，激发广大读者的研究兴趣，或讨论或争论其学术精髓，都是作者深感欣慰和至为期盼之处。

2017 年 1 月于北京

前　　言

20 世纪以来化学污染物导致的健康危害日益突出。2001 年，包括中国在内的 100 多个国家和地区签署了《关于持久性有机污染物的斯德哥尔摩公约》(简称《斯德哥尔摩公约》)，全面削减和限制使用 12 种经典的持久性有机污染物（persistent organic pollutants，POPs)。然而，其他具有 POPs 特性的有机化合物仍然在大量地生产和使用，也造成了日益严重的环境污染问题。从 2009 年至 2017 年，《斯德哥尔摩公约》又新增了 16 种化学物质，其中大部分属于新型污染物（emerging contaminants)。新型污染物的大量出现给环境科学相关领域研究提出了若干新的科学问题，也给我国有毒化学品的控制、管理和国际履约带来了持续增加的压力。

然而，长期以来，我国学者研究中涉及的 POPs 均是由国外专家率先提出的，研究大多是探讨这些污染物在中国环境下的赋存行为、迁移规律、累积机理、毒性机制及其健康危害和削减控制技术。能否根据我国的化学工业结构、地球化学特征、使用和排放差异等因素和特点，在我国环境中发现具有重要意义的新型污染物，逐步改变我国在本领域研究的被动跟踪局面，是我本人开始从事新型污染物研究以来越来越清晰的一种愿望。

2006 年，经过充分的准备，我正式提出在我国环境介质中筛选和发现新型污染物的研究方向。第一个从事该方向研究的是本书的作者之一阮挺。阮挺，2006 年 7 月毕业于中国科学技术大学地球和空间科学学院环境科学专业。早在大学三年级他就加入到课题组，然后在课题组中完成了他的本科毕业论文和博士毕业论文。阮挺一直从事新型污染物筛选发现的理论与方法研究工作，本书的若干章节均来自阮挺和其他研究生的创造性思维与贡献。本书的另一位作者曲广波是与阮挺同届的博士研究生，其博士论文提出了神经毒性效应引导的环境污染物识别新方法。他们两人自 2011 年博士毕业后留在中国科学院生态环境研究中心工作，目前均获得了国家自然科学基金优秀青年科学基金的资助。

开始本方向的研究，我们首先需要回答下列关键科学问题：①发展筛选理论和方法，制定识别策略和原则：如何锁定新型污染物的结构？从哪里入手？②建立环境样品微量分析方法：在没有标准品的条件下如何对痕量化合物进行浓度分析与结构确定？③环境化学行为：如何通过持久性、生物富集性、毒性测试确定目标化合物是否属于持久性有机污染物？其归宿与环境意义如何？为此，课题组将筛选识别新方法体系的创新作为突破口。通过基于定量结构-性质关系模型理论计算、基于生物效应导向的组分分选分析、基于高分辨质谱非目标分析等引导发现策略的整合和运用，先后在我国污泥、大气、室内灰尘、海洋食物网样本中发现了文献中从未报道的氮杂环溴代阻燃剂、四溴双酚 A/S 衍生物、全氟碘烷类化合物、多氟醚基磺酸、苯并三唑类紫外线稳定剂、合成酚抗氧化剂、芳香酚光引发剂等 60 余种新型污染物，这些工作得到了国内外同行的好评。

本书共六章，分别是新型有机污染物行为特性的一些基本理论；发现新型化学污染物的基础方法；生物效应导向的污染物筛选与分析方法；环境中新型卤代阻燃剂及其衍生物的发现；环境中新型全氟和多氟烷基化合物的发现；环境中新型芳香族化合物的发现。第 1 章、第 2 和 3 章以及后 3 章分别针对筛选策略和原则的制定、分析方法建立、环境化学行为评估三个关键科学问题进行了较为系统的探讨。编写上综合考虑了专业研究人员和普通读者群体的需求，详细介绍了环境中三类新型有机污染物发现的实例，突出了筛选方法、微量分析技术和新型污染物赋存、分配、迁移、转化等归趋行为及毒性效应的归纳和综述。

本书主要由阮挺组织撰写和统稿，江桂斌修改和定稿。第 1、2 章由阮挺撰写，第 3 章由曲广波、马千驰、刘艳娜撰写，第 4、5、6 章分别由刘爱风、林泳峰、刘润增撰写。全书内容主要参考上述署名作者和其他研究生宋善军、李英明、朱娜丽、田永、张海燕、高燕、汪畅、杨晓溪、刘倩等的博士论文和研究成果，数据和图表多来自本课题组过去十余年来的科研实践。

本书作为《持久性有机污染物（POPs）研究系列专著》丛书之一，其研究工作得到了中国科学院战略性先导科技专项 B（XDB14010400）、“973”计划项目（2015CB453100）、国家自然科学基金项目（21621064、21622705、21577151）等的资助。系列丛书得到了国家出版基金项目（2016R-045）的资助。本书的出版离不开课题组所有研究人员的长期开创性工作、环境化学与生态毒理学国家重点实验室的大力支持、科学出版社朱丽编辑在整个出版过程中专业的指导和一丝不苟的编校工作。在此致以诚挚谢意！

新型有机污染物发现的研究方向刚刚起步，理论方面还需要系统创新与不断完善，方法层面还需要综合运用各种技术手段在摸索中前行。本书只是作者团队前期工作的总结，限于认知过程的阶段性特点，书中难免存在观点偏颇、疏漏和不当之处，敬请专家和读者批评指正。

江桂斌

2018 年 10 月

目　录

第 1 章　新型有机污染物行为特性的一些基本理论

本章导读

- 简要介绍持久性有机污染物的研究背景；回顾《关于持久性有机污染物的斯德哥尔摩公约》对经典持久性有机污染物和新型有机污染物管理、控制的发展历程；探讨发现新型有机污染物研究方向的科学意义。
- 概述持久性有机污染物的环境行为特征（环境持久性、生物富集性和毒性效应）；探讨科学的评价指标用于确定新型有机污染物的归宿。
- 阐述持久性有机污染物的物理-化学性质参数与环境行为特征的联系，探讨新型有机污染物研究对象的具体范围和判别原则。
- 以卤代阻燃剂、全氟和多氟烷基化合物、天然产物为例，初步介绍新型有机污染物研究前沿进展。

1.1　引　　言

持久性、生物富集性和毒性（persistent，bioaccumulative and toxic，P,B&T）物质是指同时具备在环境介质中不易降解、生物富集能力和毒性效应的化学物质，其易通过大气、水和土壤进行长距离传输并影响生物世代，引起了国际社会各方面的广泛关注。其中，具有代表性的是持久性有机污染物（persistent organic pollutants，POPs）[1]。由于环境污染的普遍性和复杂性远超过常规污染物，持久性有机污染物的污染现状及环境行为研究是环境科学领域内一个重要的热点问题[2]。1995 年 5 月，联合国环境规划署（United Nations Environment Programme，UNEP）通过了关于 POPs 物质的 18/32 号决议，提出了对艾氏剂（aldrin）、狄氏剂（dieldrin）、异狄氏剂（endrin）、滴滴涕（dichlorodiphenyltrichloroethane，DDT）、氯丹（chlordane）、六氯苯（hexachlorobenzene，HCB）、灭蚁灵（mirex）、毒杀芬（toxaphene）、七氯（heptachlor）、多氯联苯（polychlorinated biphenyls，PCBs）、多氯代二苯并-*p*-二噁英和多氯代二苯并呋喃（polychlorinated dibenzo-*p*-dioxins/

furans，PCDD/Fs）共 12 种物质进行削减和控制的必要性。

《关于持久性有机污染物的斯德哥尔摩公约》（以下简称《斯德哥尔摩公约》）是国际政府间组织鉴于持久性有机污染物可能对自然环境和人类社会产生的严重影响，以削减和限制特定持久性有机污染物的生产和使用为目的一项国际环境公约[3]。2001 年 5 月，包括中国在内的 100 多个国家和地区的政府组织共同签署了该公约，中国政府承诺于 2004 年 10 月 1 日起全面削减和限制使用包括艾氏剂等在内的首批 12 种物质。

与此同时，《斯德哥尔摩公约》具有开放性，具有持久性有机污染物特性的 16 种新型有机污染物已陆续被列入该公约，包括：α-六氯环己烷（α-hexachlorocyclohexane，α-HCH）、β-六氯环己烷（β-hexachlorocyclohexane，β-HCH）、十氯酮（chlordecone）、六溴联苯（hexabromobiphenyls）、六溴二苯醚和七溴二苯醚（hexabromodiphenyl ether and heptabromodiphenyl ether）、林丹（lindane）、五氯苯（pentachlorobenzene）、全氟辛基磺酸及其盐类以及全氟辛基磺酰氟（perfluorooctane sulfonic acid, its salts and perfluorooctane sulfonyl fluoride）、四溴二苯醚和五溴二苯醚（tetrabromodiphenyl ether and pentabromodiphenyl ether）、工业硫丹及相关异构体（technical endosulfan and related isomers）、六溴环十二烷（hexabromocyclododecane，HBCD）、六氯丁二烯（hexachlorobutadiene）、五氯苯酚及其盐和酯（pentachlorophenol，its salts and esters）、多氯萘（polychlorinated naphthalenes，PCNs）、十溴二苯醚（decabromodiphenyl ether）、短链氯化石蜡（short chain chlorinated paraffins，SCCPs）。此外，三氯杀螨醇（dicofol）、全氟辛酸及其盐和相关化合物（pentadecafluorooctanoic acid，its salts and PFOA-related compounds）、全氟己基磺酸及其盐和相关化合物（perfluorohexane sulfonic acid，its salts and PFHxS-related compounds）正在接受公约组织相关领域专家的调研和评估[2]。

《斯德哥尔摩公约》的设立及其包含的持久性有机污染物种类的持续增加在一定程度上反映的是国际机构、政府、科学组织对日益增多的化学品进行评估和管理的实际举措。截至 2015 年 6 月，美国化学文摘社（Chemical Abstracts Service，CAS）收录的包括合金、配位化合物、矿物质、聚合物和盐类等在内的化合物已超过 1 亿种[4]。2006 年，文献报道的在美国生产和进口的市售工业品、食品添加剂、化妆品、药物、农药化学品共计约 9.6 万种（图 1-1）。上述物质会通过工业生产过程或经过衣食住行等日常生活使用等排放过程进入大气、水、土壤、生物等环境介质，并可通过迁移、吸附/解吸附、富集、转化等环境行为过程对人类产生潜在影响。

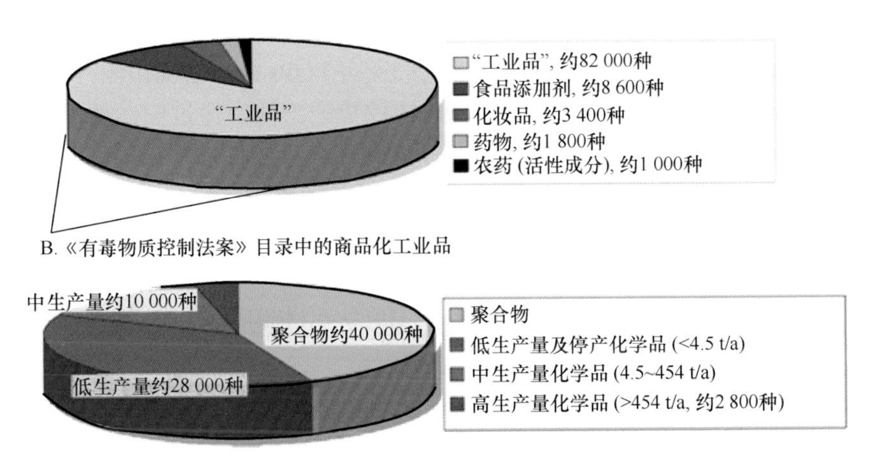

图 1-1　文献报道的近 30 年以来美国部分化工产品使用目录信息[5]

为了进一步加强对市售化学产品使用的控制，联合国环境规划署、联合国欧洲经济委员会、北大西洋公约组织、欧洲委员会、美国环境保护署、加拿大环境保护署等机构都相应颁布了新型持久性有机污染物的物理-化学特性及相关筛选标准。美国、欧盟等国家和地区先后制定了《有毒物质控制法案》（Toxic Substances Control Act，TSCA）和《化学品的注册、评估、授权和限制》（Registration，Evaluation，Authorisation and Restriction of Chemical Substances，REACH）法规等，以便于对具有环境持久性、生物富集性和毒性（P,B&T）的化工产品进行模型筛选、实验验证和实际监管。值得注意的是，为数众多的化学品同时具有一项或多项 POPs 特性。文献对包含美国环境保护署"高生产量（High Production Volume，HPV）物质计划"、美国 TSCA、加拿大《国内物质清单》（Domestic Substance List，DSL）在内的共计 22 263 种市售化学品的评估结果发现，具有生物富集能力、大气稳定性、可长距离传输的化合物分别占 19%、10%和 32%。特别地，随着商用五溴二苯醚及全氟辛基磺酸盐等 POPs 物质的禁止和限制使用，相应的化工替代产品（如得克隆，dechlorane plus，DP）得以在日常生活中广泛使用。这些替代产品具有与其被替代物相似的分子结构和环境化学行为。因而，进入 21 世纪以来，具有潜在 POPs 特性的新型有机污染物已开始成为环境化学相关领域的重要研究对象。

发现新型有机污染物是新型有机污染物研究的基础，该研究方向需要回答下列关键科学问题：①发展筛选理论和方法，制定识别策略和原则：如何锁定新型污染物的结构？从哪里入手？②建立环境样品微量分析方法：在没有标准品的条件下如何对痕量化合物进行浓度分析与结构确定？③环境化学行为：如何通过持久性、生物富集性、毒性测试确定目标化合物是否属于持久性有机污染物？其归宿与环境意义如何？

过去在我国 POPs 的研究过程中，涉及的所有 POPs 分析物均由国外专家提出。能否根据我国工业结构、地理差异、使用特性等的不同，通过归纳新型有机污染物的性质特点并应用于化学品物理-化学性质和环境行为特征的识别，建立系统的分析方法，筛选和发现具有潜在 POPs 特征的新型有机污染物，并对其环境赋存浓度、组成、迁移转化行为进行深入研究，是本书所要探索的内容。

1.2 持久性有机污染物的性质特点

1.2.1 持久性和长距离传输效应

持久性有机污染物通常具有一定的饱和蒸气压值（＜1000 Pa）[6]，能够挥发进入大气或被吸附于大气有机颗粒物上。其具有较长的环境降解半衰期，在大气环境介质中长时间地迁移后仍会以原化合物形态沉积下来。经过挥发-沉积作用的多次循环，POPs 物质能够在距离点源很远的偏远地区富集，从而使得 POPs 污染成为一个全球性的环境问题。20 世纪 90 年代以来，研究表明六氯环己烷（HCH）、毒杀芬、滴滴涕（DDT）等有机氯杀虫剂及多氯联苯等广泛存在于南北极的水体[7]、大气[8,9]、食物链[10,11]以及高海拔的高山湖泊地区[7,12-14]。Muir 等[7]通过对加拿大中纬度和北极地区湖泊沉积物中 PCBs 的时空浓度和沉降分析，揭示出 PCBs 在环境基质中浓度与纬度具有相关性；欧洲高海拔山区湖泊底泥中多环芳烃（polycyclic aromatic hydrocarbons，PAHs）的浓度分析显示，PAHs 浓度与年平均硫沉降量（大气沉降量）之间存在线性关系[13]。

为了解释 POPs 物质在全球范围内的迁移和分配规律，Hites 等[15]利用树皮作为被动采样装置，分析了 22 种潜在的有机氯杀虫剂在全球 90 多个地点的分布状况，提出有机化合物的蒸气压和采样点随纬度的分布对分配规律产生主要影响。随后，全球分配模型（Global Distribution Model，Globo-POP）的建立，成功地解释了 POPs 物质从低纬度地区向高纬度地区迁移的现象，即全球蒸馏效应（global distillation effect）[16,17]。模型认为，持久性有机污染物在长距离上的迁移分配行为主要取决于化合物的物理-化学性质（例如蒸气压 V_p、辛醇-水分配系数 K_{OW}、辛醇-大气分配系数 K_{OA}、大气-水分配系数 K_{AW} 等）和环境温度等因素。基本原理如下述公式所示：

$$\log K_{AW}(T) = \log K_{AW}(T_{ref}) + \frac{\Delta H_{AW}}{2.303R}\left(\frac{1}{T_{ref}} - \frac{1}{T}\right) \quad (1\text{-}1)$$

$$\log K_{\mathrm{OA}}(T)=\log K_{\mathrm{OA}}(T_{\mathrm{ref}})+\frac{\Delta H_{\mathrm{OA}}}{2.303R}\left(\frac{1}{T_{\mathrm{ref}}}-\frac{1}{T}\right) \tag{1-2}$$

$$H(T)=R\cdot T\cdot K_{\mathrm{AW}}(T) \tag{1-3}$$

$$\Delta H_{\mathrm{OW}}=\Delta H_{\mathrm{AW}}+\Delta H_{\mathrm{OA}} \tag{1-4}$$

式中，T 为温度，T_{ref} 为参考温度，$H(T)$为化合物的亨利常数，ΔH_{OW}、ΔH_{AW} 和 ΔH_{OA} 分别为化合物在辛醇、水和大气介质中发生相转移的相变焓[18]。

K_{OW}、K_{OA} 和 K_{AW} 等物理-化学分配系数能够很好地描述化合物在有机相、气相和水相之间的分配过程，而化合物饱和蒸气压值＜1000 Pa 的物质具有长距离传输能力。模型计算表明，在温度较高（以 25 ℃为基准）的低纬度地区，POPs 物质的挥发速率会高于大气沉降速率而易于从其他介质中向大气介质中扩散，并随着大气运动向高纬度低气压地区迁移；而当环境温度较低时，其挥发速率会低于大气沉降率而易于发生沉积。此过程的反复作用将最终导致 POPs 物质在全球的普遍分布（图 1-2）。

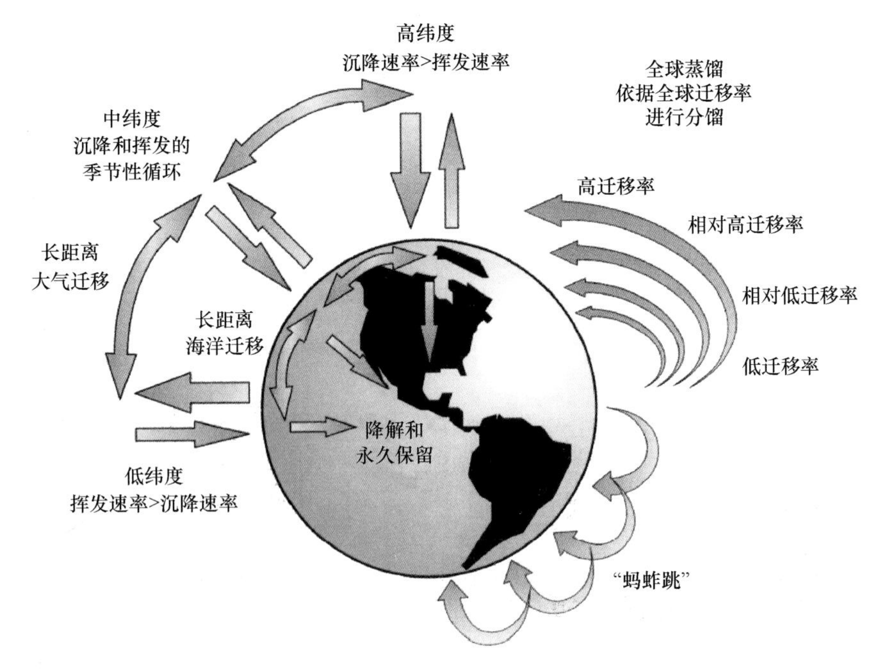

图 1-2　持久性有机污染物的全球迁移过程示意图[19]

与全球蒸馏效应相类似，POPs 物质除了在全球纬度上具有长距离传输分配的特点，在特定的山区地形中也会存在着在垂直方向上随海拔与温度相关的扩散和凝结现象，即山区冷凝结效应（mountainous cold condensation effect）。对加拿大海岸山脉采集的雪水样品中的六氯环己烷、氯丹、滴滴涕等持久性有机氯代物的分析发现，待测物在雪水样品中的浓度随海拔的上升而升高约 10～100 倍，从而表明高海拔地区可能成为持久性有机污染物的一个“汇”[14]。该发现同样引起了国际同行的广泛关注，对欧洲高山湖泊中鱼类、底泥样品和北美高山地区的松针样品中半挥发性有机氯化合物浓度的研究发现，高海拔地区对有机物的凝结具有选择性，并且这种现象不受区域污染源的影响[14,20]。对于过冷液体蒸气压≤$10^{-2.5}$ Pa 的化合物，高纬度地区富集现象明显，而对于挥发性相对较高的 HCB、PCB-52 等化合物，其环境浓度与海拔没有明显的相关关系。随后，针对南美安第斯山脉中有机氯化合物空间分布的研究进一步发现，待测物与采样点的环境温度存在着正相关关系（$p<0.05$）[21]。与此同时，笔者课题组通过对西藏土壤中 PCBs 和多溴二苯醚（polybrominated diphenyl ethers，PBDEs）的分布特征研究同样显示出相类似的海拔分布趋势。当喜马拉雅山区海拔高度低于 4500 m 时，待测物的浓度呈现逐渐降低的趋势，显示出污染物的扩散分布受到降水量及人为活动等的影响，而当海拔高度高于 4500 m 时，污染物经总有机碳（total organic carbon，TOC）含量校正后的浓度呈现出随海拔升高而升高的趋势，并且低挥发性的高氯代联苯单体所占的比例有所上升[22]。

为了进一步研究 POPs 物质随海拔分布的规律，Wania 和 Westgate[23]提出了有机物的高山冷捕集机制模型（Mountain-POPs）（图 1-3）。通过化学计量学模型的计算，该模型认为 log K_{AW} 介于 3.5～5.5，并且 log K_{OA} 介于 9～11 的有机化合物最有可能发生与海拔相关的冷凝结效应。而在实际环境过程下，冷凝结效应还可能受到当地气候条件（例如沉降速率和降水类型）的影响，并在一定程度上减少持久性化

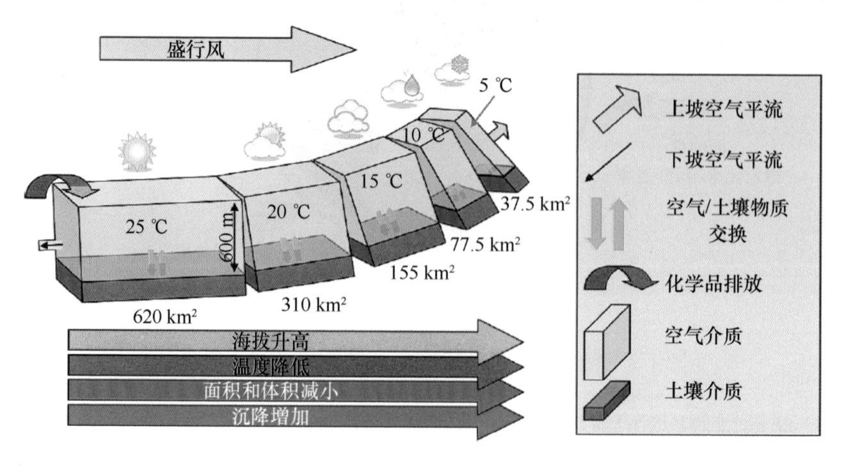

图 1-3 高山冷捕集机制模型（Mountain-POPs）的原理示意图[23]

合物向偏远地区的迁移能力。进一步研究[19,23]认为，易于向极地等偏远地区迁移的 POPs 在物理-化学参数上要比易于发生山区冷凝结效应的化合物低约 2 个数量级，即分子量较大的持久性半挥发性化合物易于在高海拔地区沉积，而分子量较小的更倾向于向偏远地区迁移。这一结论很好地解释了在研究山区冷凝结效应的过程中所发现的化合物同系物分馏的现象。总体而言，山区冷凝结效应主要受到当地气候条件、地形和植被特征以及化合物物理-化学性质的共同作用。

持久性有机污染物在伴随着大气运动而发生长距离传输的过程中，主要是以气态和颗粒物吸附的形式存在的，且在气相和颗粒物相之间发生动态分配并达到平衡。一般而言，POPs 物质在气相和颗粒物相之间的分配过程主要受到气候条件（大气温度、总悬浮颗粒物浓度、颗粒物性质等）和污染物的物理-化学性质（过冷液体饱和蒸气压，辛醇-大气分配系数等）的共同影响[24-32]。通常，气相-颗粒物相分配系数（K_p）常用于描述 POPs 类物质在气相-颗粒物相中的分配行为[31]。

$$K_{\mathrm{p}} = \frac{F}{A \times \mathrm{TSP}} \tag{1-5}$$

式中，F、A、TSP 分别为有机物在颗粒物相和气相中的浓度及大气中总悬浮颗粒物的浓度。

描述 POPs 物质的气相-颗粒物相分配行为的理论模型主要有颗粒物表面吸附模型（Junge-Pankow model）和有机质吸附模型（Harner-Bidleman model）两类。其中，基于 Langmuir 方程建立的有机物在颗粒物表面的简单物理吸附模型[30,32]等认为吸附过程与化合物的过冷液体饱和蒸气压和颗粒物的表面积相关，如式（1-6）所示：

$$K_{\mathrm{p}} = \frac{N_{\mathrm{s}} a_{\mathrm{TSP}} T \mathrm{e}^{(Q_1 - Q_{\mathrm{V}} / RT)}}{1600 P_{\mathrm{L}}^{\mathrm{o}}} \tag{1-6}$$

式中，N_s 为吸附位点吸附化合物的表面浓度；a_{TSP} 为大气颗粒物的比表面积；Q_1 和 Q_V 分别为吸附化合物的表面吸附焓和过冷液体蒸发焓；T 为环境温度；P_L^o 为化合物的饱和蒸气压。

该模型特别适用于城市大气环境下 POPs 物质的吸附机理。另有文献研究[25]认为有机质在 POPs 向颗粒物相分配的过程中占据了非常重要的作用，气相-颗粒物相分配系数可表示为

$$\log K_{\mathrm{p}} = a \times \log K_{\mathrm{OA}} + b \times f_{\mathrm{om}} + c \tag{1-7}$$

$$\log K_{\mathrm{p}} = 0.79 \times \log K_{\mathrm{OA}} - 10.01 \tag{1-8}$$

式中，a、b、c 为常数，f_{om} 为颗粒物相中可吸收气态半挥发性化合物的有机组分质量分数。

POPs 物质在气相和颗粒物相之间的分配过程受到颗粒物表面吸附和有机物吸

附的共同影响。一般使用气相-颗粒物相分配系数与过冷液体饱和蒸气压的斜率 m_r 描述吸附过程的类型[30]。

$$m_r = \frac{\log K_p - b_r}{\log P_L^o} \tag{1-9}$$

例如，当 POPs 物质在气相-颗粒物相分配过程中达到理想平衡时，m_r=−1；当 $|m_r|$>1 时，则颗粒物表面物理吸附占主导作用；当$|m_r|$<0.6 时，吸附过程主要以有机物吸附机理为主，而当 0.6≤$|m_r|$≤1 时，两种吸附机理都有作用[26]。

与持久性有机污染物的全球分配机理相对应，POPs 物质的环境浓度在靠近污染点源的小范围区域内呈现出伴随距离快速下降的趋势。通过对污染源附近中 PCBs 浓度的分析[33,34]发现，该化合物浓度在 11 km 和 14 km 处下降到源浓度的 10%和 2.5%。另一研究同样发现，PCBs 在植被中的浓度在 7 km 的范围内下降到源浓度的 0.1%[35]。类似的，对于多氯代二苯并-*p*-二噁英在松针样品中的环境调研结果也显示出类似的规律性[36]。

为了解释类似的实验现象，径向稀释模型（radial dilution model）[37]被运用到北美地区树皮中毒杀芬浓度的分析中。其模型在假定大气速率相对恒定和风向频率相对对称的条件下，认为半挥发性持久性化合物的点源排放总体会在较短的时间内受到大气层特定厚度圈层的充分稀释。

$$r_i = 6373\arccos[\sin(p_i)\sin(\text{ref}) + \cos(p_i)\cos(\text{ref})\cos|\delta\lambda_i|] \tag{1-10}$$

$$C(r) = \frac{\Delta M}{\Delta V} = \frac{m_0 \Delta r}{\Delta V} = \frac{m_0}{\mathrm{d}V/\mathrm{d}r} = a_0 r_i^{a_1} \tag{1-11}$$

式中，r_i 为采样点与释放源的距离，p_i 和 ref 为采样点与释放源的具体纬度，$|\delta\lambda_i|$ 为采样点与释放源的经度差；$C(r)$为化合物的理论预测浓度，ΔM 和ΔV 分别为化合物的释放总量和大气层特定圈层的体积，Δr 为大气层特定圈层的厚度；a_0 和 a_1 分别为公式整合后的特定系数。该模型能够很好地解释 POPs 从点源释放后的环境浓度随距离快速下降的趋势，并能够预测化合物在大气介质和其他环境介质之间的分配过程，如树皮-大气分配系数（K_{BA}）[37]。该模型还成功地运用于北美地区 PBDEs 等溴代阻燃剂的排放源分析[38]。

然而，以上的径向稀释模型并未考虑持久性有机污染物在大气传输过程中的平流传输过程，因而具有一定的局限性。在对北美地区树皮样品中 DP 等有机氯阻燃剂的分析[39]中引入高斯扩散模型（Gaussian diffusion model）[40-42]，成功实现对有机氯阻燃剂物质的污染源分析。其基本原理如公式（1-12）所示：

$$C_{\text{air}}(x,y,z) = \left(\frac{Q}{2\pi\mu\sigma_y\sigma_z}\right)\exp\left(\frac{-y^2}{2\sigma_y^2}\right)\left\{\exp\left(\frac{-(z+h)^2}{2\sigma_z^2}\right) + \exp\left(\frac{-(z-h)^2}{2\sigma_z^2}\right)\right\} \tag{1-12}$$

当持久性有机污染物的传输距离＞2 km 时，公式中纵向和横向的参数可忽略不计，则

$$C_{\mathrm{bark},i}=K_{\mathrm{BA}}C_{\mathrm{air},i}=K_{\mathrm{BA}}\left(\frac{Q}{\mu\pi\gamma_1\gamma_2}\right)d_i^{-(b_1+b_2)}=K'd_i^{-(b_1+b_2)} \tag{1-13}$$

式中，$C_{\mathrm{bark},i}$ 为持久性有机污染物在树皮中的浓度，K_{BA} 为树皮-大气分配系数，Q 为有机物点源释放浓度，γ_1、γ_2、b_1、b_2 分别为扩散系数，K'为公式整合后的特定系数。结合公式，径向稀释模型和高斯扩散模型在分析近地面点源排放持久性有机污染物的迁移规律时具有一致性。然而，径向稀释模型公式中的指数系数 a_1 的实际测定结果与理论值[37] $a_1=-2$ 相差不大，而高斯扩散模型公式中的指数系数 (b_1+b_2)则易受到大气稳定度的影响，介于 1.1～2.3 之间，一般约为 1.5 [39]。

1.2.2　生物富集和食物链放大效应

持久性有机污染物的生物富集能力是指生物从水、土壤、大气等环境介质和食物摄取途径等方式摄入有机污染物并难以在体内实现快速降解，而使生物体内此类有机物的含量高于各种摄入途径中该有机物含量的现象[43]。由于 POPs 物质均具有较高的辛醇-水分配系数和亲脂性，使得生物富集和食物链放大效应成为持久性有机污染物的一个主要特征。通常，持久性有机污染物的生物富集能力使用生物富集因子（bioaccumulation factor，BAF）和生物放大因子（biomagnification factor，BMF）来进行描述[44]，如式（1-14）和式（1-15）所示：

$$\mathrm{BAF}=C_{\mathrm{B}}/C_{\mathrm{WT}} \tag{1-14}$$

$$\mathrm{BMF}=C_{\mathrm{B}}/C_{\mathrm{A}} \tag{1-15}$$

式中，C_{A} 和 C_{B} 分别为持久性有机物在某一食物链营养级生物体及其次级营养级生物体中的浓度，C_{WT} 为该有机物在水体中的自由溶解态浓度。一般而言，当化合物的 BAF＞5000 时，则认为其具有生物富集能力；而当 BMF＞1 时，则认为其具有生物放大效应。

对水生生态系统和陆源生态系统的环境调研工作指出众多的持久性有机污染物，如 α-HCH[45]、DDT[46]、PCBs 和 PBDEs[47]、PCDD/Fs、全氟烷基化合物 [48] 等均能够通过食物链在高等生物体内达到高含量的富集。与此同时，近些年的研究显示，一些具有类似于持久性有机污染物特性的化合物，如 1,2-双(2,4,6-三溴苯氧基)乙烷[1,2-bis(2,4,6-tribromophenoxy)ethane，BTBPE][49]、得克隆[50]、HBCD[51]、1,2-二溴-4-(1,2-二溴乙基)环己烷[1,2-dibromo-4-(1,2-dibromoethyl)cyclohexane，TBECH][52]、得克隆 602（Dec-602）[53]等也显示出明显的生物富集能力。

持久性有机污染物在生物体内的实际富集情况会受到环境因素（如不同的环

境介质、有机质浓度、环境温度等）、化合物自身的物理-化学性质（如辛醇-水分配系数、不同异构体生物代谢能力的差异等）以及生物的生活状态（如食性、生长情况、栖息环境等）等多种因素的共同影响，并在不同的环境和生物种群中产生差异性[11,54-66]。例如，对 PAHs 生物富集因子模型计算和实际测定的比较认为 PAHs 等具有高辛醇-水分配系数的化合物会在炭黑、底泥和水体中的悬浮颗粒物等环境介质中吸附，进而影响其在生物体中的富集，使得通过实际测定得出的生物富集因子比理论值低约 1 个数量级[55,56]。此外，PAHs 在聚二甲基硅氧烷（polydimethylsiloxane，PDMS）等模型介质中的吸附实验结果[57]也表明，当环境温度从 5 ℃升高到 25 ℃时，PAHs 的生物富集能力出现了明显的下降趋势，而相类似的环境调研结果[11]也表明 α-HCH 等某些特定有机氯化合物的生物富集能力会受到季节变化的影响。持久性化合物的物理-化学性质也会对生物富集能力产生影响。一般认为，$2<\log K_{OW}<11$ 和 $6<\log K_{OA}<12$ 的化合物都具有一定的生物富集能力[44]。然而如图 1-4 所示，对于 PBDEs、PCBs 等化合物而言，当同系物的疏水性持续增加时（$\log K_{OW}>7$），会出现明显的生物富集能力下降的现象[62,63]。化合物的对映异构体和旋光异构体在环境和生物介质中不同的代谢半衰期也会影响到生物富集能力。例如，相对于 *anti*-DP 在生物体中的较高的代谢率，*syn*-DP 具有更长的生物半衰期而更容易实现在水生生物体内的富集[60]。类似地，(+)-α-HCH、(–)-PCB 84 和(+)-PCB 132[58,59]等物质具有更长的生物半衰期而更容易通过食物链富集。另外，生物的生活状态也会对 POPs 物质的生物富集能力产生影响。研究发现，陆生生物食性的水鸟体内更容易富集(–)-α-HBCD，而水生生物食性的水鸟体内更容易富集(+)-α-HBCD[64]。当水生生物在特定时期的生长速度大于通过食物对 POPs 物质的摄取时，则水生生物体内的 POPs 物质的含量会出现下降的趋势[65]。有趣的是，文献研究还发现日本 Arike 地区浅海生物易富集全氟辛基磺酸（perfluorooctane sulfonic acid，PFOS），而潮间带生物易富集全氟辛酸（perfluorooctanoic acid，PFOA）[66]。

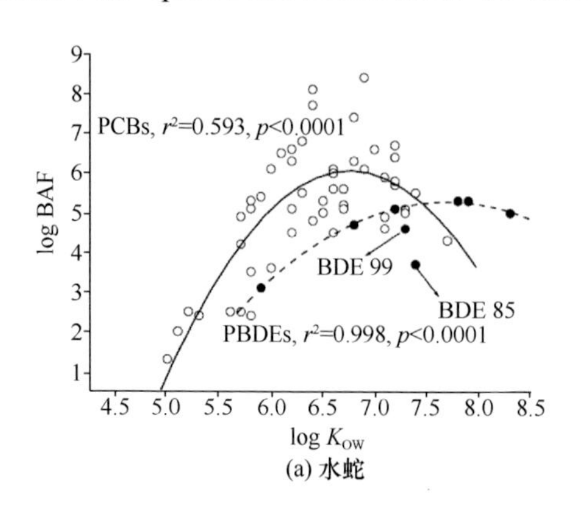

(a) 水蛇

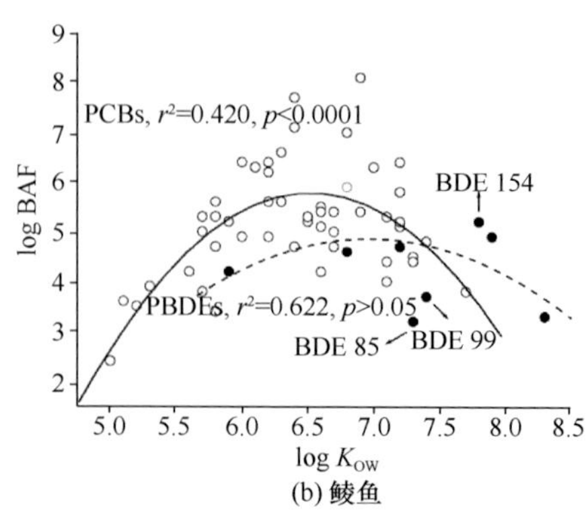

(b) 鲮鱼

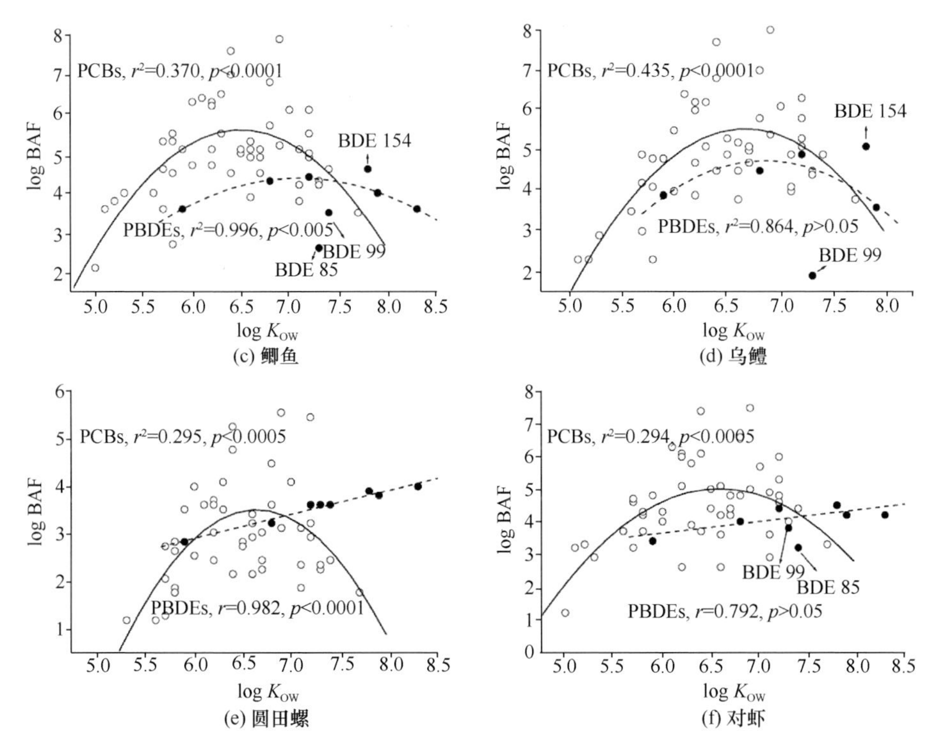

图 1-4　不同生物体中辛醇-水分配系数对 PBDEs 和 PCBs 生物富集能力的影响[63]

1.2.3　生物毒性和危害

持久性有机污染物在土壤、大气和水体等环境介质中的浓度通常会低于其在生物体内的最低可见有害作用水平（lowest observed adverse effect level，LOAEL）浓度。然而，当 POPs 物质一旦进入生物体后，会在生物体的脂肪和肝脏等器官中蓄积，并通过食物链在高等生物体内进行生物放大，可能超过生物体的 LOAEL 浓度，最终造成危害[67,68]。研究发现，以高等海洋生物为主要食物来源的因纽特人每天摄入的 PCBs 等有机氯化合物的数量高于其每日耐受摄入量（tolerable daily intake，TDI），因而可能产生潜在影响[69]。典型浓度（或剂量）-效应关系曲线中对应的无可见有害作用水平（no observed adverse effect level，NOAEL）、最低可见有害作用水平（LOAEL）和半数致死剂量或浓度参数见图 1-5[70]。

持久性有机污染物的生物毒性主要表现为生殖和内分泌干扰效应[71-73]、神经和发育毒性[74,75]及致癌性[76-78]等。例如，商用五溴二苯醚产品 DE-71 和四溴双酚 A（tetrabromobisphenol A，TBBPA）的低剂量暴露[71]能够在大鼠体内引起总三碘甲腺原氨酸（total triiodothyronine，TT_3）的减少和总甲状腺素（total thyroxine，TT_4）的增加；研究发现 HBCD 等能够引起小鼠甲状腺垂体质量的增加和甲状腺滤泡细胞

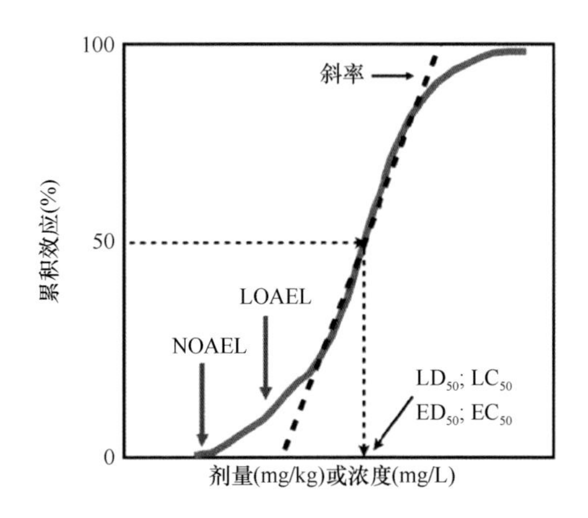

图 1-5 典型浓度（或剂量）-效应关系曲线中对应的无可见有害作用水平（NOAEL）、最低可见有害作用水平（LOAEL）和半数致死剂量或浓度参数[70]

的活化[72]；对多种全氟烷基化合物的酶联免疫吸附测定[73]等也显示出 PFOS、PFOA 和氟调聚醇（fluorotelomer alcohols，FTOHs）能够调控罗非鱼原代培养肝细胞雌激素受体通路并诱导卵黄蛋白原的形成。这些实验结果都显示出持久性有机污染物的生殖和内分泌干扰效应。多氯联苯的商用产品 Aroclor 1254 和 BDE 99 能够引起人细胞瘤细胞乳酸脱氢酶的释放和蛋白激酶 C 的转移并能引起细胞凋亡[74]。PFOS 能够影响斑马鱼胚胎相关基因的表达和色素减退、卵黄囊水肿、心脏畸形等发育畸形现象[75]。与此同时，实验证明 POPs 物质的低剂量暴露环境还与生物的致癌发病率相关。例如 2,3,7,8-四氯二苯并-*p*-二噁英（2,3,7,8-tetrachlorodibenzo-*p*-dioxin，2,3,7,8-TCDD）被国际癌症研究机构（International Agency for Research on Cancer，IARC）定义为人类 I 级致癌物[78]。DDT 的代谢物 *p,p'*- DDE 与子宫内膜癌的病因有关[76]。另有研究表明 PCBs 浓度与胚胎睾丸癌的发病率具有显著相关性[77]。

值得注意的是，有机污染物低剂量长期暴露还表现出非线性浓度剂量效应和复合效应特征。例如，外源雌激素在低于或接近 LOAEL 浓度时仍可诱发生物学效应，其剂量与效应关系曲线呈“U”形或倒“U”形[79]。Hayes 等[80]的研究结果显示，单一浓度为 10 ng/mL 的包括阿特拉津、异丙甲草胺在内的 10 种农药和除草剂混合物能显著增加非洲爪蟾（*Xenopus laevis*）发育过程的致畸率。

1.3 新型有机污染物的判别原则

1.3.1 物理-化学性质参数与环境行为特征的关系

研究认为，只有当市售化工产品满足以下 3 个要求时才能对自然环境和生物产生较为重要的影响[5]：①该化合物的物理-化学性质必须满足 POPs 类物质的特性，即环境持久性、长距离传输能力、生物富集能力和潜在的毒性特征。②该化合物必须具有一定的生产量和使用量。例如，研究[81]认为约 3000 t 的挥发性有机物释放入大气后并达到基本平衡时，其在大气中的浓度仅约 1 ng/m^3。一般而言，年产量＞454 t/a 的物质被称为高生产量物质，需要受到关注。③该化合物需具有特定的使用和环境释放途径，例如添加型溴代阻燃剂 PBDEs 的使用和含氟表面活性剂产品中全氟烷基化合物的残留。

在这 3 个条件当中，对化合物在环境、生物介质中迁移转化等环境化学行为影响最大的因素是该化合物的物理-化学参数。如表 1-1 所示，联合国环境规划署等[82-87]国际权威组织对具有潜在 POPs 特性化合物的物理-化学性质进行了明确归类。例如，当该化合物的过冷饱和蒸气压 V_p＜1000 Pa 并且其大气氧化半衰期 AO $T_{1/2}$＞2 d 时，认为其具有长距离传输能力；当该化合物在水体、底泥和土壤中的半衰期 $T_{1/2}$＞180 d 时，则认为其具有环境持久性；而当该化合物的辛醇-水分配系数 log K_{OW}＞5 并且生物富集因子（BAF）或生物浓缩因子（bioconcentration factor，BCF）＞5000 时，则认为其具有生物富集能力。

表 1-1　潜在 POPs 类物质的物理-化学特性及筛选标准[5]

国际法规	长距离传输能力		环境持久性			生物富集能力	
	V_p（Pa）	AO $T_{1/2}$（d）	水	土壤	底泥	BAF/BCF	log K_{OW}
UNEP[82]	＜1000	2	＞60	＞180	＞180	5000	5
UNECE[83]	＜1000	2	＞60	＞180	＞180	5000	5
加拿大[84]			＞180	＞180	＞360	5000	5
US EPA TSCA PBT[85]			＞180			5000	
US EPA TSCA release[85]			＞60			1000	
OSPAR[86]						500	4
REACH 附件Ⅻ			＞40		120	2000	
EU 技术指导-PBT[87]			＞60		180		
EU 技术指导-vPvBs[87]			＞60		＞180	5000	

注：V_p 表示过冷饱和蒸气压；AO $T_{1/2}$ 表示大气氧化半衰期；BAF/BCF 表示生物富集因子/生物浓缩因子。

从表 1-1 中可以看出，化合物的物理-化学性质与其在实际环境介质中迁移转化的能力有着密切关系，大量的模型预测和实验数据均证实了物理-化学参数与化合物环境行为之间的联系。例如，如图 1-6 所示，化合物的辛醇-水分配系数 K_{OW}、辛醇-大气分配系数 K_{OA} 和大气-水分配系数 K_{AW} 会对化合物的长距离传输能力产生重要的影响[88]。研究结果认为，并非所有的化合物都具有长距离传输的能力，目前的化工产品根据化合物物化性质的不同可大致分为 4 类：

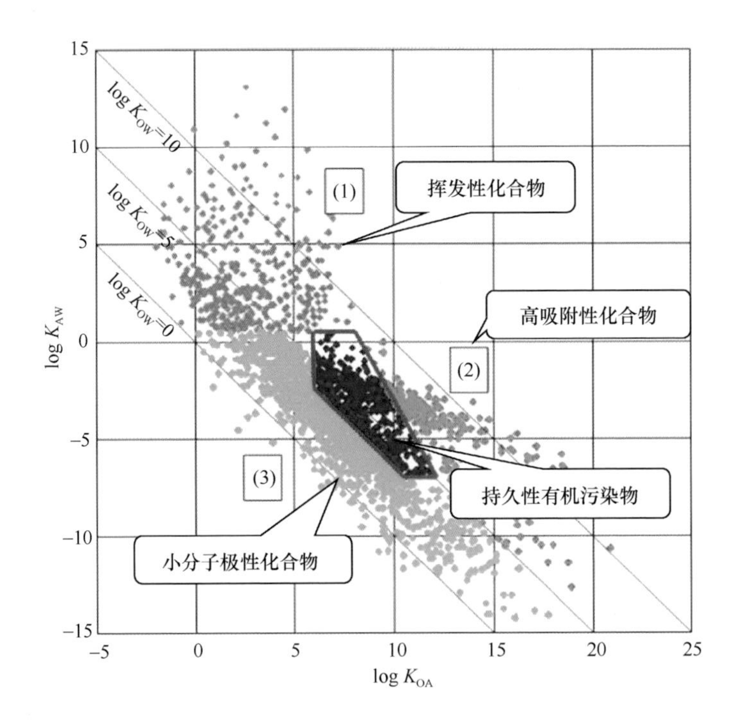

图 1-6 文献中报道的化合物物理-化学参数与长距离传输能力的关系[88]

（1）当 log K_{AW}>5 并且 log K_{OA}<8 时，化合物具有较强的挥发性。这类化合物可能会与已知的持久性有机污染物在分子结构上具有相似性，然而其挥发性更强，因此不易在鸟类等陆生动物体内富集。

（2）当 log K_{OA}>8 并且 log K_{OW}>5 时，化合物具有较高的吸附性，通常不易挥发，溶解度较低并且在大气和水体等环境介质中主要以颗粒物吸附相为主。颗粒沉降过程将有效降低该类化合物的长距离传输能力[89]。

（3）当 0<log K_{OW}<5 并且 log K_{AW}<0 时，化合物一般为小分子的极性化合物。该类化合物的分子结构中通常具有一个或多个极性基团，易于分配到水相介质中而难以在生物体内富集。

（4）只有当化合物的物理-化学性质参数在 6<log K_{OA}<12 并且–7<log K_{AW}<0.5 的特定范围内，化合物才具有可能的长距离传输能力。

Kelly 等[90]通过对不同环境介质中生物对化合物生物富集能力的研究，揭示出化合物的辛醇-水分配系数 K_{OW} 和辛醇-大气分配系数 K_{OA} 与生物富集能力的关系（图 1-7）。研究结果发现，对于大部分水生生物，5<log K_{OW}<8 的化合物都具有较强的生物富集能力；log K_{OW}<5 的化合物因为疏水性较弱，不易发生向生物脂肪组织的分配，从而导致生物富集能力不强；log K_{OW}>8 的化合物因为在底泥等有机介质中的强吸附作用而生物摄取速率较慢。对于海洋哺乳动物及陆源生物而言，$5<\log K_{OW}<8$ 的化合物同样具有很强的生物富集能力。然而与水生生物不同的是，$2<\log K_{OW}<5$ 并且 $\log K_{OA}>6$ 的化合物在大气介质中仍能通过呼吸作用实现富集。

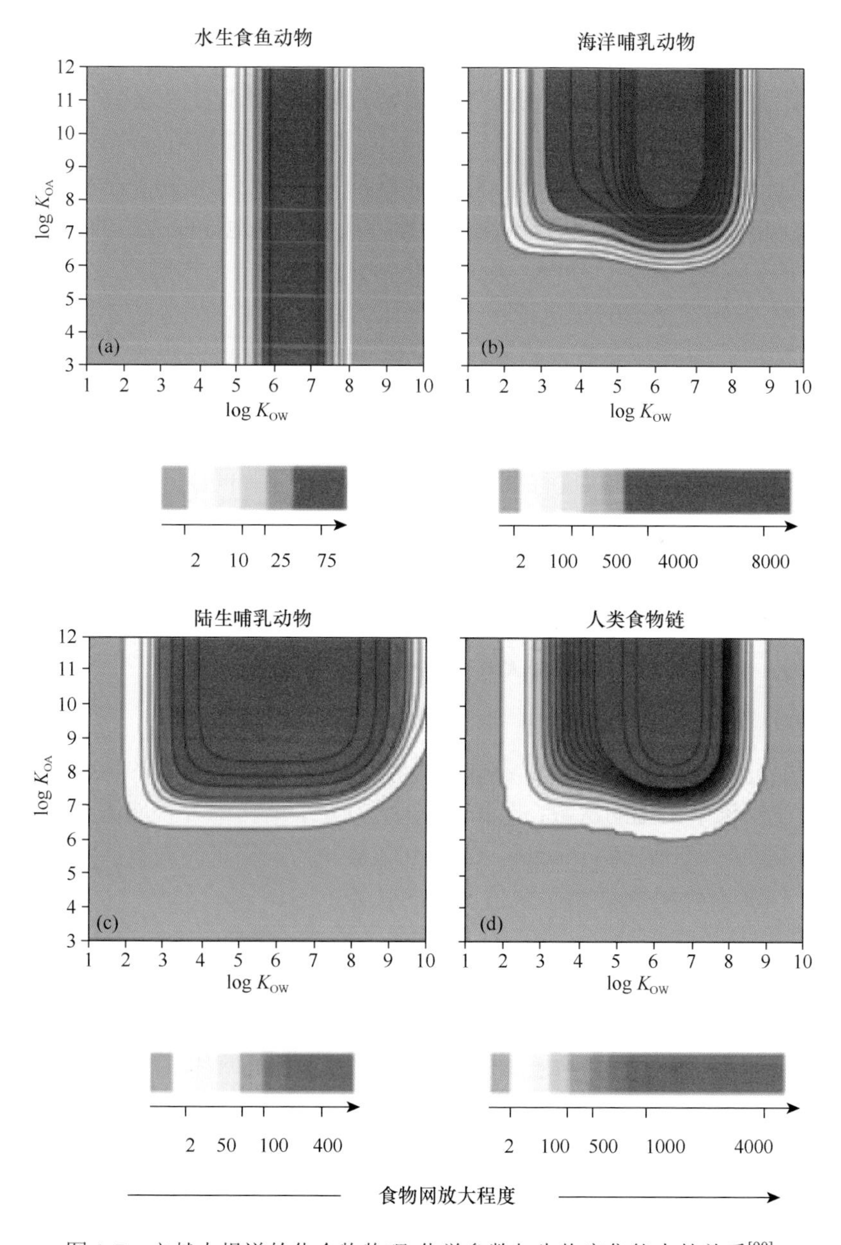

图 1-7　文献中报道的化合物物理-化学参数与生物富集能力的关系[90]

1.3.2 物理-化学性质参数的预测

对于数目众多的市售常用化工产品，在充足的环境行为特征和毒理学实验数据难以短时间获得的前提下，通过化学计量学的方法，利用定量结构-性质关系（quantitative structure-property relationship，QSPR）等模型对化合物的物理化学性质进行计算和高通量快速筛选，是目前国际上对具有潜在 POPs 特性化合物鉴别的主要途径。

化学计量学（Chemometrics）是一门以计算机和近代计算技术为基础，以化学量测的基础理论与方法学为研究对象，化学与统计学、数学和计算机科学交叉所产生的一门化学分支学科。主要运用数学、统计学、计算机科学以及其他相关学科的理论与方法，优化化学测量过程，并从化学测量数据中最大限度地提取有用的化学信息[91]。

定量结构-性质关系（QSPR）模型是化学计量学的一个重要分支，其基本假设是分子的物理-化学参数的变化依赖于该分子的结构变化，而分子的结构能够用反映分子结构特征的各种参数来描述，以及化合物的性质可以用化学结构的函数来表示[92,93]。目前，定量结构-性质关系模型已被广泛地运用于针对化合物的亨利常数 H[94]、辛醇-水分配系数 K_{OW}[95]、辛醇-大气分配系数 K_{OA}[96]、大气氧化半衰期 AO $T_{1/2}$[97]等物理-化学参数进行准确的模拟和预测（图 1-8）。例如，辛醇-水分配系数 K_{OW}、辛醇-大气分配系数 K_{OA}、亨利常数 H、生物浓缩因子（BCF）与化合物分子结构中各官能团的贡献存在如下关系[68]：

$$\log K_{OW} = \sum(f_i n_i) + \sum(c_j n_j) + 0.229 \tag{1-16}$$

$$\log K_{OA} = \log K_{OW} - \log[H] \tag{1-17}$$

$$\log BCF = -1.37 \times \log K_{OW} + 14.4 + \sum CF \tag{1-18}$$

式中，f_i 和 n_i 分别为分子结构中各官能团对其辛醇-水分配系数的贡献系数及该官能团在分子结构中出现的次数；c_j 和 n_j 分别为分子结构中各官能团相互连接过程带来的校正系数（correction factor，CF）和该校正情况出现的次数。∑CF 为总校正系数，与辛醇-水分配系数 K_{OW} 数值所在的具体范围相关。

1.3.3 环境化学行为的预测

利用定量结构-性质关系模型计算得到的物理-化学性质参数亦可用于进一步预测化合物的环境行为特性。例如，经济合作与发展组织（Organization for Economic Co-operation and Development，OECD）发布了多环境介质的逸度模型，利用大气-水分配系数（K_{AW}）、辛醇-水分配系数（K_{OW}）、大气/水体/土壤半衰期（$T_{1/2}$）参数对环境总持久性（overall persistence，P_{OV}）、长距离传输潜力（long-range transport potential，LRTP）和迁移效率（transport efficiency，TE）进行评估。

分子结构描述符	系数	验证集 最大值	数量
-CH3 [aliphatic carbon]	0.5473	20	7413
-CH2- [aliphatic carbon]	0.4911	28	7051
-CH [aliphatic carbon]	0.3614	23	3864
C [aliphatic carbon - No H, not tert]	0.9723	11	1361
=CH2 [olefinic carbon]	0.5184	4	235
=CH- or =C< [olefinic carbon]	0.3836	10	1847
#C [acetylenic carbon]	0.1334	6	126
-OH [hydroxy, aliphatic attach]	-1.4086	9	1525
-O- [oxygen, aliphatic attach]	-1.2566	12	1235
-NH2 [aliphatic attach]	1.4148	4	1179
-NH- [aliphatic attach]	-1.4962	5	2371
-N< [aliphatic attach]	-1.8323	6	2304
-CL [chlorine, aliphatic attach]	0.3102	12	356
-CL [chlorine, olefinic attach]	0.4923	4	88
-F [fluorine, aliphatic attach]	-0.0031	23	542
-F [fluorine, olefinic attach]	0.0545	2	43
-Br [bromine, aliphatic attach]	0.3997	6	67
-Br [bromine, olefinic attach]	0.3933	3	24
-I [iodine, aliphatic attach]	0.8146	2	79
Aromatic Carbon	0.2940	30	8792
Aromatic Nitrogen	-0.7324	4	1349

(a)

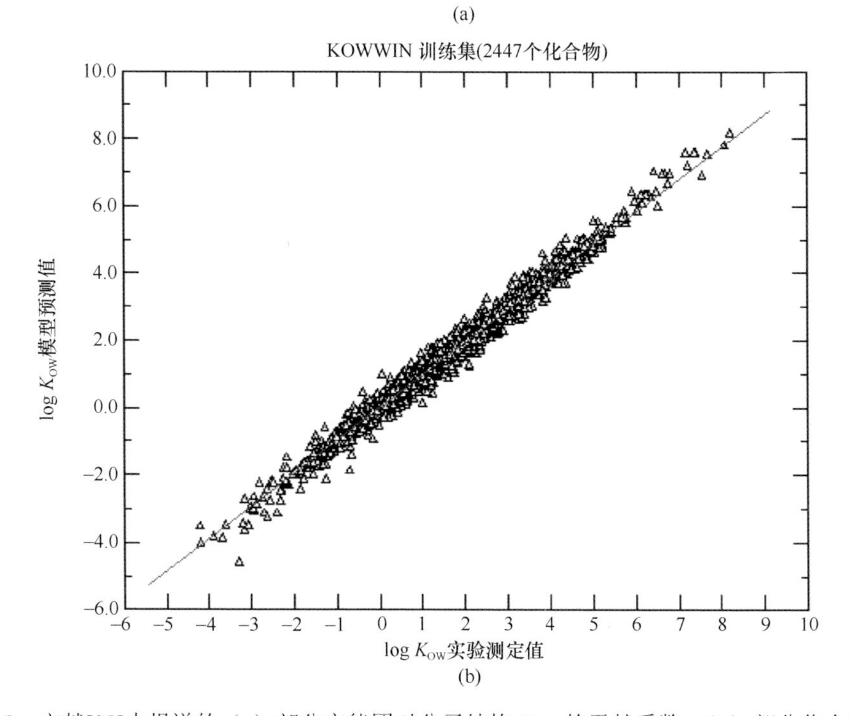

(b)

图 1-8　文献[98]中报道的（a）部分官能团对分子结构 K_{OW} 的贡献系数，（b）部分化合物 K_{OW} 的模型预测值与实验测定值之间的对应关系

笔者课题组[99]对苯并三唑类紫外线稳定剂（benzotriazole UV stabilizers，BZT-UVs）及其可能转化产物的环境行为进行了初步讨论。如图 1-9 所示，利用 EAWAG-BBD 转化路径预测系统（EAWAG-BBD Pathway Prediction System）及评价规则[100]可知，含有不同取代基团的 BZT-UVs 具有不同的转化途径。含有羧酸酯基团的 BZT-UVs（UV-8M 和 UV-384），其羧酸酯基团容易断裂形成相应的含羧酸的转化产物。脂肪基和芳香基取代的 BZT-UVs 可能容易发生水解反应，生成含羟基和醛基的产物。氯原子取代的 BZT-UVs 单体，如 UV-326，亦可能发生水解反应，甚至可能发生苯并三唑基团的断裂。此外，BZT-UVs 的酚羟基亚结构与抗氧剂 2,6-二叔丁基-4-甲基苯酚（2,6-di-*tert*-butyl-4-methylphenol，BHT）非常相似，因此 BZT-UVs 亦可能具有与 BHT 类似的转化途径，如生成苯氧基自由基和醌类代谢产物等。

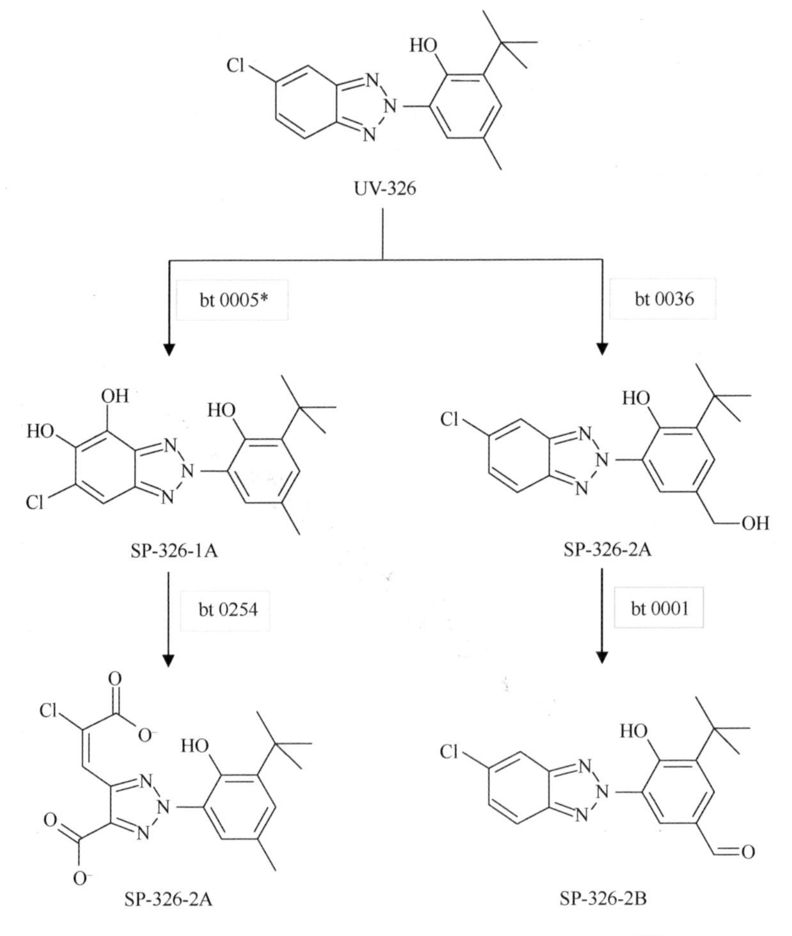

图 1-9　EAWAG-BBD 转化路径预测系统预测的 UV-326 环境转化途径[99]（详细结果和化学反应机理 bt00-××见 http://eawag-bbd.ethz.ch/predict/）

BZT-UVs 及其预测转化产物的基本物理-化学参数如辛醇-水分配系数（K_{OW}）、空气-水分配系数（K_{AW}），以及 BZT-UVs 在空气、水和土壤中的半衰期均可由 EPI Suite V4.1 计算得到。将预测参数的数值带入到 OECD P_{OV}-LRTP 工具进行计算，BZT-UVs 和其主要转化产物的综合半衰期（94.8～174 d）高于 60 d 的临界值，说明 BZT-UVs 和它的主要转化产物在环境中具有高稳定性（图 1-10）。BZT-UVs 和主要转化产物的特征迁移距离均超过 100 km，这表明当 BZT-UVs 被释放到环境中后有能力迁移到离污染源较远的环境介质中。

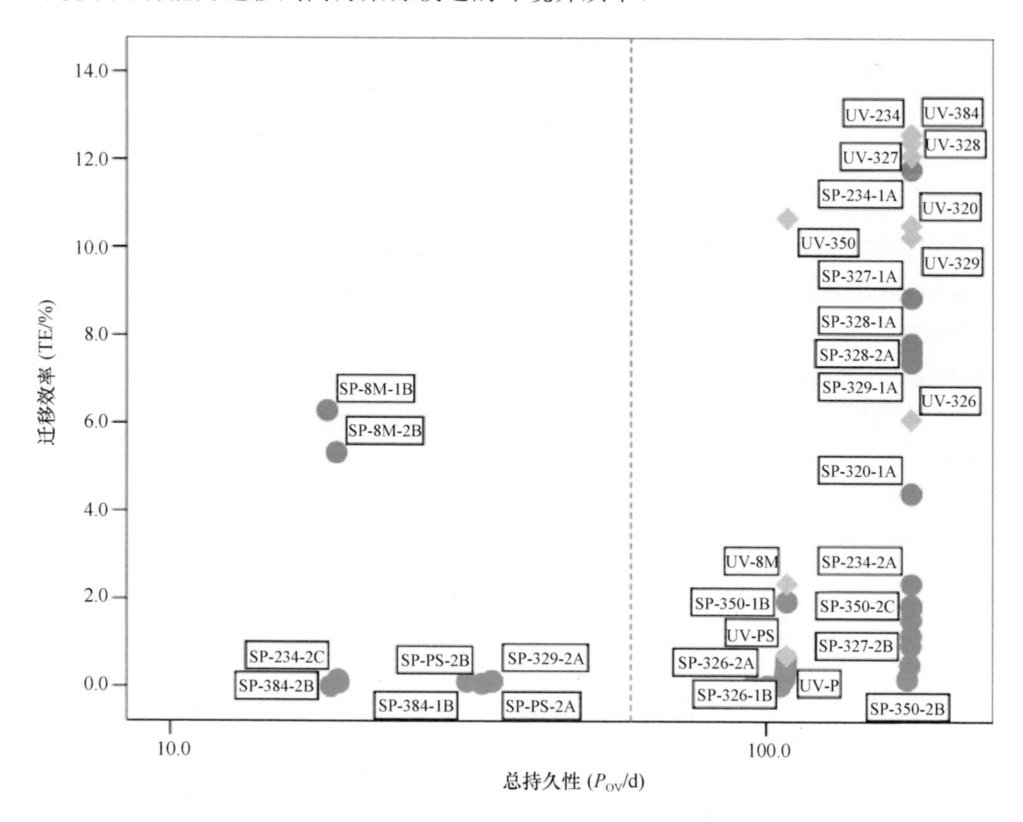

图 1-10　BZT-UVs 和大部分代谢产物具有较高的环境持久性和一定的迁移能力。代谢产物的结构由 EAWAG-BBD 预测模型获取，总持久性和迁移效率数据由 EPI Suite 计算得到的物理-化学参数经 P_{OV}-LRTP 工具获得。红线为总持久性为 60 d 的阈值[99]

1.3.4　水生生物毒性的预测

利用定量结构-性质关系模型计算得到的物理-化学性质参数也被用于化合物毒性效应的初步评估。例如，美国环境保护署（Environmental Protection Agency，EPA）发布的 ECOSAR 预测模型通过大量的文献和实验毒性数据结果，定量描述了 130 种不同分子结构类型化合物的辛醇-水分配系数 K_{OW} 对鱼（fish）、水蚤（daphnid）、绿藻（green algae）模式生物的毒性作用浓度值之间的函数关系，从而实现对高毒性化合物的快速筛选。每种分子类型化合物的预测各包含三类急性毒性当量（acute toxicity value, 如 LC_{50} 和 EC_{50}）、慢性毒性当量（chronic toxicity value, ChV）的结果。针对酚类化合物的预测公式[98]如下所示：

$$\text{鱼，96 h：}\log LC_{50}(\text{mmol/L})=-0.7322(\log K_{OW})+0.6378LC_{50} \quad (1\text{-}19)$$

$$\text{水蚤，48 h：}\log LC_{50}(\text{mmol/L})=-0.5667(\log K_{OW})-0.1481EC_{50} \quad (1\text{-}20)$$

$$\text{绿藻，96 h：}\log EC_{50}(\text{mmol/L})=-0.6089(\log K_{OW})+0.599EC_{50} \quad (1\text{-}21)$$

$$\text{鱼，30 d：}\log \text{ChV}(\text{mmol/L})=-0.5981(\log K_{OW})-0.7616\text{ChV} \quad (1\text{-}22)$$

$$\text{水蚤，21 d：}\log \text{ChV}(\text{mmol/L})=-0.5674(\log K_{OW})-0.8674\text{ChV} \quad (1\text{-}23)$$

$$\text{绿藻：}\log \text{ChV}(\text{mmol/L})=-0.6144(\log K_{OW})+0.2819\text{ChV} \quad (1\text{-}24)$$

进一步地，Zimmerman 等[101]深入评价了文献中报道的通过实验测定的 555 种具有水生生物急性毒性效应的外源性有机物针对黑头呆鱼（fathead minnow，*Pimephales promelas*）模式动物半数致死浓度值（LC_{50} fathead minnow 96-h）与通过定量结构-性质关系模型计算得到的辛醇-水分配比（octanol-water distribution ratio，$\log D_{O/W}$）、发生共价键反应的化学能垒（ΔE）和分子体积（V，$Å^3$）的关联。外源性有机物根据急性毒性半数致死浓度范围分为：高（0～0.0067 mmol/L）、中（0.0067～1.49 mmol/L）、低（1.49～3.32 mmol/L）、无（>3.32 mmol/L）风险暴露组。如图 1-11 所示，研究结果显示高风险暴露组的外源性化合物往往具有高 $\log D_{O/W}$、低反应能垒 ΔE 和大分子体积 V 的特点。当外源性化合物的上述物理-化学性质符合 $\log D_{O/W}<1.7$、$\Delta E>6$ eV、$V<620$ $Å^3$ 时，具有包括麻痹、乙酰胆碱酯酶抑制、神经抑制等 9 种毒性终靶点效应的化合物数量显著减少，仅占总体评价的外源性化合物数量的约 5%。

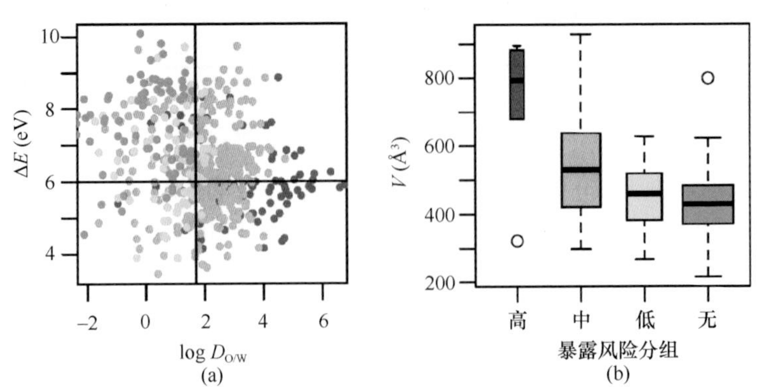

图 1-11 文献 [101] 中报道的物理-化学性质参数［（a）辛醇-水分配比 $\log D_{O/W}$ 和发生共价键反应的化学能垒 ΔE；（b）分子体积 V］与黑头呆鱼模式动物急性毒性的关联。散点图（a）和箱式图（b）红、橙、黄、绿分别代表按照半数致死浓度值范围归类的暴露风险

1.4　新型有机污染物的研究进展

1.4.1　新型卤代阻燃剂的发现与环境行为研究

卤代阻燃剂类有机物通常具有低饱和蒸气压和较高的辛醇-水分配系数，当释放到环境介质中，往往具有 POPs 物质类似的长距离传输能力、生物富集能力和毒性，因而受到了国际社会的广泛关注[102-107]。随着商用五溴二苯醚及商用八溴二苯醚类产品在含阻燃剂商品中的禁止和限制使用，其他类似物成为替代产品得以使用。这些化合物具有相似的分子结构和物理-化学性质，也可能同样具有类似于 POPs 物质的环境行为。

文献[108]报道以北美五大湖地区的环境介质为研究对象，从大气、底泥和水生生物样品的样品前处理和色谱分离过程中得到了一种具有高氯代结构特征的未知化合物。通过色谱保留时间比对和色谱图分析，该物质可能为已知 POPs 类物质灭蚁灵的同分异构体 DP，该化合物可作为阻燃剂类化工产品大量使用。通过薄层色谱分离方法，可得到两种不同的构象异构体。通过核磁共振技术分析，这两种构象异构体为 *syn*-DP 和 *anti*-DP（如图 1-12 所示）。进一步研究发现北美五大湖地区 *syn*-DP 和 *anti*-DP 在大气和底泥中的含量与 BDE 209 的含量较为接近。同时，对该地区水生生物样品的初步分析显示该化合物可能具有一定的生物富集能力，并能够在树皮等植物组织中富集[47]，污染源分析则表明北美地区环境介质中 DP 的检出与该地区的化工生产和排放直接相关。

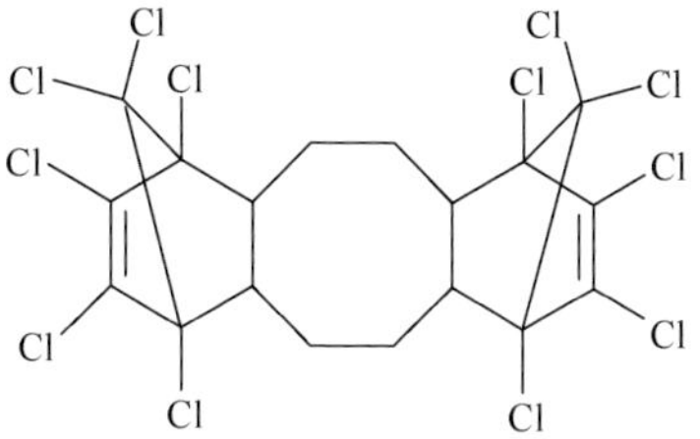

DP 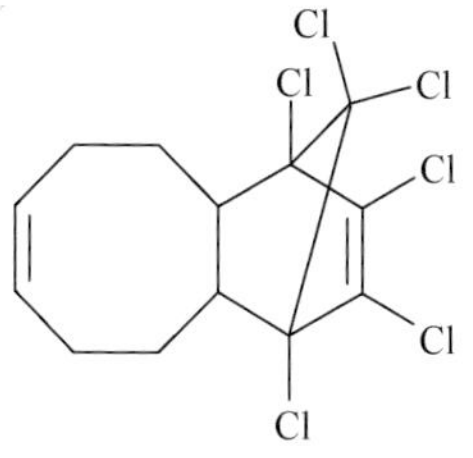　　1, 5-DPMA

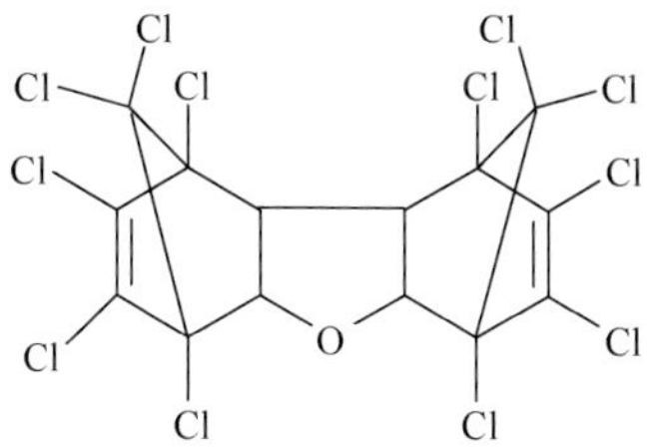

Dec-602 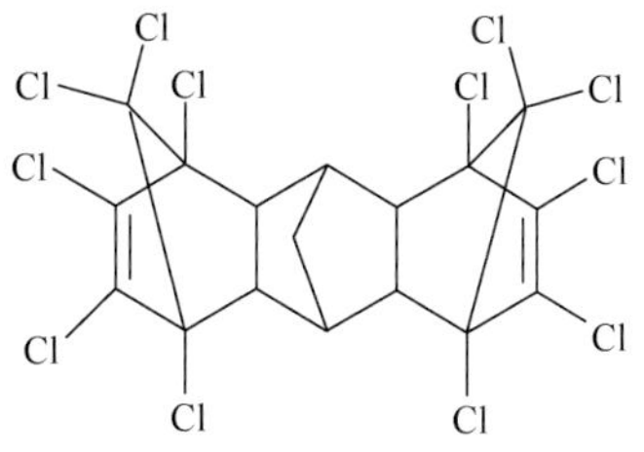　　Dec-603

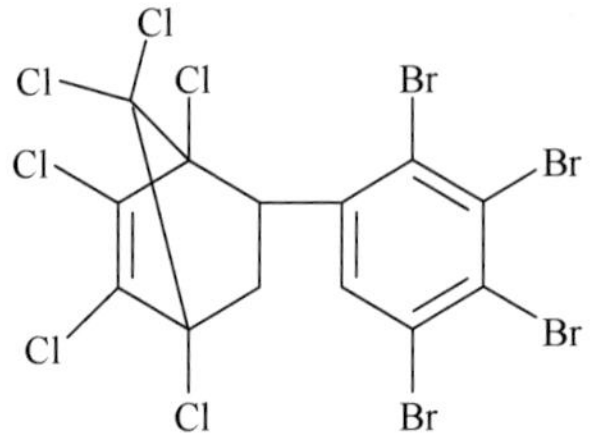

Dec-604

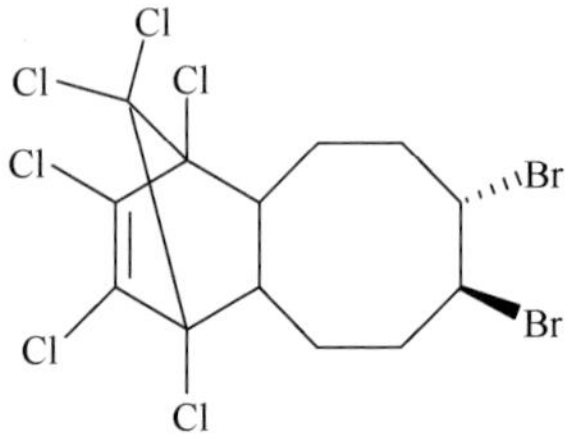

HCDBCO

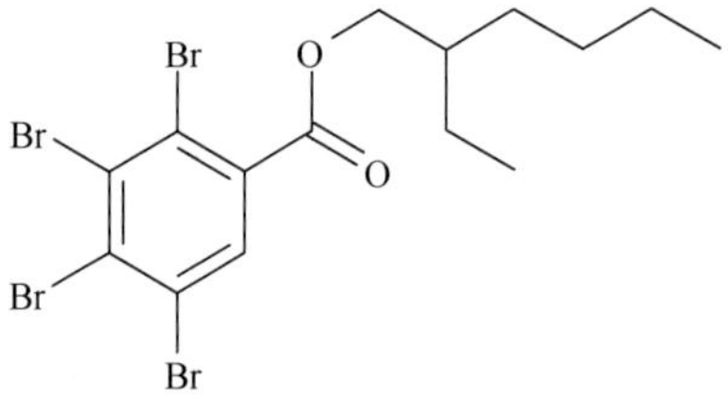

TBB

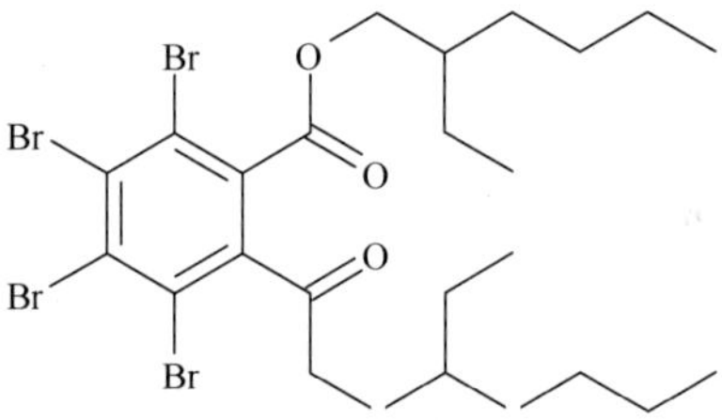

TBPH

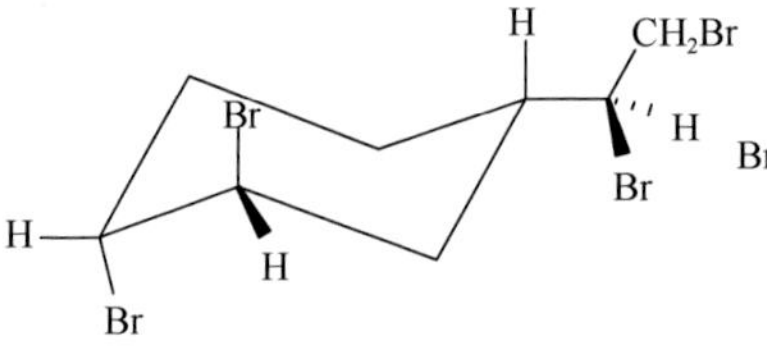

TBECH

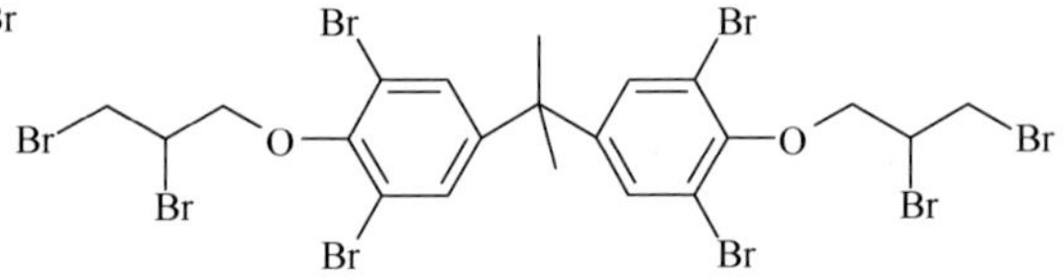

TBBPA-DBPE

图 1-12 环境介质中发现的部分新型卤代阻燃剂类化合物结构示意图（其中：1,5-DPMA 为 1,5-得克隆一元加合物（1,5-dechlorane plus monoadduct）；HCDBCO 为 4,5-二溴-1,1,2,2,3,3-六氯-4-(1,3-环戊二烯-1-基)环辛烷（hexachlorocyclopentadienyl dibromocyclooctane）；TBB 为 2-乙基己基-2,3,4,5-四溴苯甲酸酯（2-ethylhexyl-2,3,4,5-tetrabromobenzoate）；TBPH 为四溴邻苯二甲酸双(2-乙基己基)酯[(2-ethylhexyl) tetrabromophthalate]；TBECH 为 1,2-二溴-4-(1,2-二溴乙基)环己烷[1,2-dibromo-4-(1,2-dibromoethyl) cyclohexane]；TBBPA-DBPE 为四溴双酚 A 双(2,3-二溴丙基醚)[tetrabromo-bisphenol A bis(2,3-dibromopropyl ether)]）

该研究发现引起了国际同行的广泛关注，随后的研究表明 DP 在世界各地如加拿大和亚洲地区等的大气、水体和室内灰尘等环境介质中均有检出[109-113]。其中在大部分地区的样品中，*syn*-DP 与 *anti*-DP 的比值与 DP 阻燃剂类化工产品中的比例一致，说明了该类产品的使用历史和区域污染的特点[109-112]，而部分研究则发现一些样品中 *syn*-DP 与 *anti*-DP 的比值有较大的波动区间，显示出不同 DP 构象异构体在特定复杂环境介质中存在降解半衰期的差异性[112,113]。从南极洲至格陵兰岛的大气和海水样本的分析结果显示其浓度从北半球中部工业中心区向偏远地区呈现逐步降低的趋势，进而证明了 DP 的长距离传输能力[114]。*anti*-DP 在构象异构体中

比例的下降也说明 *anti*-DP 在大气介质中受到紫外光照射而发生降解，长距离传输过程中还会发生自由基脱氯反应而生成[DP-1Cl+1H]和[DP-2Cl+2H]两种代谢产物。与此同时，DP 在不同调查区域的随食物链富集的研究均显示 DP 能够随营养级的增加而实现富集[50,115]。研究还发现，*anti*-DP 更容易发生代谢，从而出现 *syn*-DP 在生物体内的选择性摄入和富集的现象[115]。总体而言，DP 的生物富集能力介于 PCBs 和 PBDEs 之间。此外，DP 在高危暴露人群中也发现生物富集现象[116,117]；相对而言，*anti*-DP 更易在人体内发生降解，同时会伴随一脱氯产物[DP-1Cl+1H]的生成。

对 DP 生产工艺的深入研究认为，第尔斯-阿尔德（Diels-Alder）反应是 DP 相关产品生产流程中的关键步骤[118]。由于工业原材料中存在一定数量的化学反应副产物，DP 的生产过程中也会形成一定数量的工业副产物（图 1-13）。可能的高含量副产物包括 1,4-DP、1,5-DPMA、Dec-602、得克隆 603（Dec-603）、得克隆 604（Dec-604）和 Chlordene Plus 等，副产物同样存在于 DP 的相关产品当中，可能伴

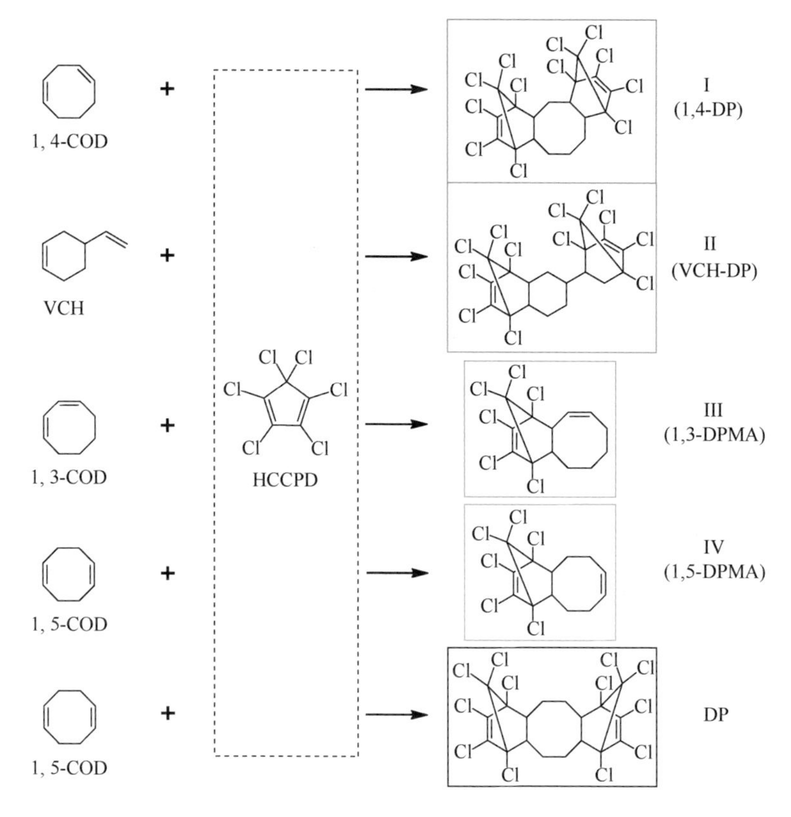

图 1-13　文献[118]中报道的 DP 生产工艺中在 Diels-Alder 反应中生成其他相关副产物的简要示意图［其中，COD：环辛二烯（cyclooctadiene）；VCH：乙烯基环己烯（vinylcyclohexene）；HCCPD：六氯环戊二烯（hexachlorocyclopentadiene）；DPMA：得克隆一元加合物（dechlorane plus monoadduct）］

随着 DP 的使用和释放途径进入环境介质并产生影响。例如，北美的五大湖地区及其支流的底泥及生物样品中发现较高浓度的 Dec-602、Dec-603、Dec-604 和 Chlordene Plus 等相关副产物[119]。Dec-602 和 Dec-604 在相关地区的空间分布上呈现出与 DP 的相似性，该地区的污染被认为与 DP 生产工厂的排放相关；对水生生物样品的分析也显示出 Dec-602 能在生物体内富集。与 DP 相比，Dec-602 的生物富集能力更强。另外，Dec-602、Dec-603、Dec-604 和 Chlordene Plus 等相关副产物在欧洲和亚洲的一些相关地区也有检出[53,120-121]。研究发现 Dec-602 和 DP 在鸟蛋中具有较高的富集倍数[120]；Dec-602、Dec-603、Dec-604 和 Chlordene Plus 等在海洋贝壳类生物样品中可以高富集，并且 Dec-602 具有更高的生物富集能力，这种现象可能与 Dec-602 相对较低的辛醇-水分配系数相关[121]。

此外，其他具有不同结构的卤代阻燃剂类化合物也在环境介质中发现。例如，室内大气和灰尘样品中检测出高含量的氯溴复合型阻燃剂 HCDBCO [122]。北美室内环境样品中鉴别出阻燃剂产品 Firemaster 550 的主要成分 TBB 和 TBPH [123]。其中，TBB 和 TBPH 在不同样品中比值的差异性表明这个现象来自于具有不同组分比例产品释放的共同作用。考虑到卤代阻燃剂类化合物通常具有高生物富集能力和相对较高含量，生物样品是发现新型阻燃剂物质的重要考察介质。例如加拿大北极地区白鲸的脂肪中发现一种具有高含量和生物富集能力的新型脂肪族阻燃剂 TBECH [52]，北美地区的鸟蛋样品中检测出四溴双酚 A 的衍生产物 TBBPA-DBPE [124]。

1.4.2 新型全氟和多氟烷基化合物的发现与环境行为研究

全氟和多氟烷基化合物（per- and polyfluoroalkyl substances，PFASs）具有优异的化学热稳定性和疏水、疏油的双疏特性而广泛应用于工业生产和日常生活用品中，如润滑剂、织物整理剂、涂料和食品包装材料等[125]。全氟羧酸（perfluoroalkyl carboxylic acids，PFCAs）和全氟磺酸（perfluoroalkane sulfonic acids，PFSAs）是两类重要的全氟和多氟烷基化合物，可通过工业排放、生活使用的直接途径或前驱体化合物环境转化的间接途径进入环境和生物体中[126-131]。其中，PFOA 和 PFOS 具有持久性、生物富集性、长距离传输能力及潜在的发育、免疫毒性等而受到关注[132-135]。2000 年起，主要的生产企业逐步淘汰 C_6、C_8 和 C_{10} 全氟磺酸类化合物的生产[136]；2009 年，全氟辛基磺酸及其盐作为限制性化学品列入《斯德哥尔摩公约》附件 B；2015 年，全氟辛酸及其盐类和相关化合物也被提议纳入《斯德哥尔摩公约》，正在接受进一步的研究评估。

对 PFOA、PFOS 环境污染问题的关注及相关商品化产品的限制使用使得新型全氟和多氟烷基化合物成为替代品。短链 C_4 氟化衍生物（如全氟丁基磺酸）已作为防污剂的主要成分[137]；氯代多氟醚基磺酸 F-53B 亦可作为铬雾抑制剂应用于电镀行业[138]。这些新型替代物与 PFOA、PFOS 等在分子结构上具有相似性，可能产生环境和健康风险。因此，全面了解新型全氟和多氟烷基化合物的结构和性质、环境和人体暴露途径、生物富集和转化等行为学特征对于科学、有效地评估环境和健康风险非常必要。

目前，在地表水、底泥、污水处理厂污泥、鱼类等环境和生物样品中发现的新型全氟和多氟烷基化合物主要包括：①短链（C_2～C_6）全氟烷基化合物及其衍生物；②环状结构的全氟烷基化合物；③在全氟碳链中引入醚键（—O—）形成的全氟聚醚和全氟醚基烷酸类化合物；④氯代或氢代多氟烷基化合物。常见新型全氟和多氟烷基化合物的种类、英文名称和结构式等如表 1-2 所示。

1）短链全氟烷基化合物

短链全氟羧酸和短链全氟磺酸是重要的全氟烷基化合物替代品之一。目前环境介质中发现的短链全氟烷基化合物从残留浓度水平上看，以全氟丁基羧酸（perfluorobutanoic acid，PFBA）、全氟己基羧酸（perfluorohexanoic acid，PFHxA）、全氟丁基磺酸（perfluorobutane sulfonic acid，PFBS）和全氟己基磺酸（perfluorohexane sulfonic acid，PFHxS）等 C_4、C_6 化合物为主[139-142]。中国、日本、印度、美国和加拿大等国家的饮用水中发现了 C_2、C_3、C_4、C_6 全氟磺酸和 C_3～C_6 全氟羧酸等短链全氟烷基化合物[143]。PFBS 和 PFBA 在我国武汉市饮用水中的浓度分别达到 18 ng/L 和 10 ng/L，远远高于 PFOS（$<$0.39 ng/L）和 PFOA（$<$0.44 ng/L）；PFHxS 在印度饮用水中有高浓度（81 ng/L）检出，而 PFOS 和 PFOA 基本无检出（$<$0.017～0.040 ng/L）。结果表明，PFBA、PFBS 和 PFHxS 等短链全氟烷基化合物已作为替代物在部分地区有广泛应用且其环境残留水平已超过 PFOS 和 PFOA 成为主要的全氟烷基污染物。

全氟烷基碳链结构中碳氟键（C—F）的稳定性使短链全氟烷基化合物在自然环境中表现出化学惰性，不易于发生光解、水解和生物降解等环境转化过程[144-146]。鱼类的体外暴露实验发现全氟羧酸和全氟磺酸的生物浓缩因子（BCF）与全氟烷基碳链长度有关[147]；PFBA、PFHxA 和 PFBS 等短链全氟烷基化合物在主要的富集部位（血液、肾脏、肝脏和胆囊）均无检出，表明其进入鱼体后没有发生生物富集现象；PFHxS 的生物浓缩因子（BCF = 9.6 L/kg）明显小于 PFOS（BCF = 1100 L/kg），略大于 PFOA（BCF = 4.0 L/kg），表明 PFHxS 有轻微的生物富集现象。在全氟烷基化合物对小鼠的毒性暴露测试实验中，短链同系物没有表现出明显的毒性效应，包括急性毒性、致癌性和生殖毒性等。然而，PFHxA 对水生生物的急性毒性高于 PFOA 约 3～5 倍[148,149]。研究证明，PFBA、PFHxA、PFBS 和 PFHxS 在水-底泥体系中的固-液分配系数（K_d = 0.004～2.9 L/kg）明显小于 PFOA（K_d = 4.9～6.5 L/kg），

表 1-2 部分新型全氟和多氟烷基化合物的缩写、中英文名称和分子结构式

缩写	中英文名称	分子结构式	参考文献
短链全氟烷基化合物（short-chain perfluoroalkyl substances）			
short-chain PFCAs	短链全氟羧酸（short-chain perfluoroalkyl carboxylic acids）	$F(CF_2)_nCOOH$ ($n = 2\sim5$)	[139-143]
short-chain PFSAs	短链全氟磺酸（short-chain perfluoroalkane sulfonic acids）	$F(CF_2)_nSO_3H$ ($n = 2\sim4$)	[139-142, 152]
环状全氟烷酸（cyclic perfluoroalkyl acids，CYPFAAs）			
PFMeCHS	全氟甲基环已基磺酸（perfluoromethylcyclohexane sulfonic acid）	$C_7F_{13}SO_3H$	[154]
PFPCPeS	全氟丙基环戊基磺酸（perfluoropropylcyclopentane sulfonic acid）	$C_8F_{15}SO_3H$	[155]
PFECHS	全氟乙基环已基磺酸（perfluoroethylenecyclohexane sulfonic acid）	$C_8F_{15}SO_3H$	[153, 154, 156]
全氟聚醚（perfluoropolyethers，PFPEs）			
ADONA	4,8-二氧-3*H*-全氟壬酸（4,8-dioxa-3*H*-perfluorononanoic acid）	$CF_3O(CF_2)_3OCHFCF_2COOH$	[157, 158]
GenX	2,3,3,3-四氟-2-(1,1,2,2,3,3,3-七氟丙氧基) 丙酸[2,3,3,3-tetrafluoro-2-(1,1,2,2,3,3,3-heptafluoropropoxy)propanoic acid]	$CF_3(CF_2)_2OCF(CF_3)COOH$	[159]
EEA	全氟[(2-乙氧基-乙氧基)乙酸]（perfluoro[(2-ethyloxy-ethoxy) acetic acid]）	$CF_3CF_2O(CF_2)_2OCF_2COOH$	[160]
PFPE	全氟乙酸，全氟-1,2-丙二醇和全氟-1,1-乙二醇共聚物 α 位取代，氯代六氟丙氧基末端取代（perfluoro acetic acid, α-substituted with the copolymer of perfluoro-1,2-propylene glycol and perfluoro-1,1-ethylene glycol, terminated with chlorohexafluoropropyloxy groups）（CAS：329238-24-6）	$C_3F_6ClO—[CF_2CF(CF_3)O]_n—[CF(CF_3)O]_m—CF_2COOH$ ($n = 1\sim4$，$m = 0\sim2$)	[161]
PFPE	全氟聚醚过氧化物（peroxidic fluoropolyether）	$A—O—(C_3F_6—O)_m(C_3F_6—O—O)_n—(CF_2O)_p—(CF_2OO)_q—(CF(CF_3)O)_r—B$， $A = CF_3, COO^-, CF_2COO^-$; $B = COO^-, CF_2COO^-$; $1 \leqslant n+q \leqslant m+p+r$，$m \geqslant n+p+q+r$	[162]
全氟醚基烷酸（perfluoroalkyl ether acids，PFEAs）			
PFECAs	全氟醚基羧酸（perfluoroalkyl ether carboxylic acids）	$C_nF_{2n-1}O_3H$ ($n = 3\sim8$)	[163]
PFESAs	全氟醚基磺酸（perfluoroalkyl ether sulfonic acids）	$C_nF_{2n+1}SO_4H$	[163]

续表

缩写	中英文名称	分子结构式	参考文献
氯代多氟烷基化合物（chlorine substituted perfluoroalkyl substances，Cl-PFASs）			
Cl-PFCAs	氯代全氟醚基羧酸（chlorine substituted perfluoroalkyl carboxylic acids）	$ClC_nF_{2n}COOH$ (n = 4～11)	[164]
Cl-PFSAs	氯代全氟醚基磺酸（chlorine substituted perfluoroalkyl sulfonic acids）	$F(CF_2)_nCFClSO_3H$ (n = 6,8)	[165]
Cl-PFESAs	氯代多氟醚基磺酸（chlorinated polyfluoroalkyl ether sulfonic acids）	$Cl(CF_2)_nOCF_2CF_2SO_3H$ (n = 6,8,10)	[167]
Cl-PFE/As	不饱和氯代全氟醚/醇（unsaturated chlorine substituted perfluorinated ethers/alcohols）	$ClC_nF_{2n-2}OH$ (n = 6～10)	[164]
DiCl-PFSAs	二氯代全氟磺酸（dichlorine substituted perfluoroalkyl sulfonic acids）	$F(CF_2)_nCCl_2SO_3H$ (n = 2)	[166]
氢代多氟烷基化合物（hydro substituted perfluoroalkyl substances，H-PFASs）			
H-PFCAs	氢代全氟羧酸（hydro substituted perfluoroalkyl carboxylic acids）	$HC_nF_{2n}COOH$ (n = 5～16)	[164]
H-PFE/As	不饱和氢代全氟醚/醇（unsaturated hydro substituted perfluorinated ethers/alcohols）	$HC_nF_{2n-2}OH$ (n = 7～11)	[164]
MFCAs	单氟烷基羧酸（monofluoroalkyl carboxylic acids）	$F(CH_2)_nCOOH$ (n = 4～9)	[168]
TrFCAs	三氟烷基羧酸（trifluoroalkyl carboxylic acids）	$CF_3(CH_2)_nCOOH$ (n = 2～8)	[168]
TeFCAs	四氟烷基羧酸（tetrafluoroalkyl carboxylic acids）	$CF_3CHF(CH_2)_nCOOH$ (n = 6～7)	[168]
PeFDA	五氟烷基羧酸（pentafluoroalkyl carboxylic acid）	$CF_3CF_2(CH_2)_nCOOH$ (n = 7)	[168]
HFCA	六氟壬酸（hexafluorodecanoic acid）	$CF_3CF_2CHF(CH_2)_nCOOH$ (n = 6)	[168]
MFECA	单氟醚基羧酸（monofluoroalkyl ether carboxylic acids）	$F(CH_2)_nO(CH_2)_mCOOH$ ($n+m$ = 4～9)	[168]
TrFECAs	四氟醚基羧酸（trifluoroalkyl ether carboxylic acids）	$CF_3(CH_2)_nO(CH_2)_mCOOH$ ($n+m$ = 4～8)	[168]
PoFASs	多氟磺酸（polyfluoroalkyl sulfonic acids）	$C_nF_xH_{2n-x+2}SO_3H$ (n = 6, x = 2; n = 8, x = 8)	[168]

表明短链全氟烷基化合物在土壤或底泥上的吸附能力较弱，更易于分配在水中进行迁移[150,151]。

总体而言，短链全氟烷基化合物在环境中的生物富集性和潜在的毒性均弱于PFOS和PFOA。同时，短链同系物也表现出相似的环境行为，难以发生降解过程并可能进行长距离传输。目前，短链全氟烷基化合物也成为全氟烷基化合物环境痕量分析的重要部分。除上述常见的 C_4 和 C_6 同系物外，全氟乙基磺酸（perfluoroethane sulfonic acid，PFEtS）和全氟丙基磺酸（perfluoropropane sulfonic acid，PFPrS）等 C_2 和 C_3 同系物亦有检出[152]。这些短链全氟烷基化合物的来源、生产和使用等尚不清楚，其环境赋存与行为以及潜在的生物学效应也应引起关注。

2）环状全氟烷酸

环状全氟烷酸（cyclic perfluoroalkyl acids，CYPFAAs）是一类具有环状全氟碳链结构的全氟烷基化合物（通常为五元环和六元环），常用作航天器液压液中的抗腐蚀剂。全氟乙基环己基磺酸（perfluoroethylenecyclohexane sulfonic acid，PFECHS）被认为是一种可能具有持久性和生物富集性的化学品，已被列入加拿大《国内物质清单》（Domestic Substance List，DSL）和美国《有毒物质控制法案》（TSCA）清单更新条例[153]。商品化FC-98产品的主要成分为环状全氟烷酸：全氟乙基环己基磺酸（66%～70%）、全氟甲基环己基磺酸（perfluoromethylenecyclohexane sulfonic acid，PFMeCHS，18%～22%）、全氟二甲基环己基磺酸（dimethylperfluorocyclohexane sulfonic acid，9%～13%）和全氟环己基磺酸（perfluorocyclohexane sulfonic acid，1%～3%）。FC-98 在 1994 年和 1998 年的年产量达到 4.5～227 t [153]。

两种环状全氟烷酸（PFECHS 和 PFMeCHS）首先在北美五大湖的湖水和鱼类样品中发现[154]。PFECHS 在湖水中的浓度范围为 0.16～5.65 ng/L，与 PFOS 浓度水平（0.16～5.51 ng/L）相当，而在鱼类样品中的浓度（0～3.7 ng/g）显著低于 PFOS（2.3～96 ng/g）。因此，PFECHS 在鱼类体内的生物富集因子（BAF）明显小于 PFOS（PFECHS，log BAF = 2.8；PFOS，log BAF = 4.5）。我国北京国际机场周边河流的河水、底泥和鱼类样品中发现了全氟丙基环戊基磺酸（perfluoropropylcyclopentane sulfonic acid，PFPCPeS）和全氟乙基环己基磺酸同分异构体[155]。其浓度与 PFOS 相比具有很大差异，PFPCPeS 和 PFECHS 在河水中的浓度［PFPCPeS，N.D.（not detected，未检测出）～129 ng/L；PFECHS，N.D.～195 ng/L］显著高于 PFOS（N.D.～13.2 ng/L）；在底泥中的浓度（PFPCPeS，N.D.～0.39 ng/g；PFECHS，N.D.～1.86 ng/g）低于 PFOS（0.17～15.1 ng/g）；在鱼类样品中的浓度（PFPCPeS，2.27～4.89 ng/g；PFECHS，22.0～52.2 ng/g）远低于 PFOS（196～322 ng/g）。以上结果显示 PFPCPeS 和 PFECHS 在水-底泥体系中的固液分配系数（PFPCPeS，K_d = 7.05 L/kg；PFECHS，

K_d = 55.1 L/kg）远小于 PFOS（K_d = 636 L/kg），表明 PFPCPeS 和 PFECHS 在底泥上的吸附能力较弱，更易于分配在水中进行迁移；PFPCPeS 和 PFECHS 在鱼体内的生物富集因子（PFPCPeS，log BAF = 1.9；PFECHS，log BAF = 2.7）同样小于 PFOS（log BAF = 4.6），与文献[154]结果保持一致。后续对水体中的大型溞使用浓度为 0.06 mg/L 的 PFECH 持续暴露 12 天，发现 PFECH 会破坏其内分泌系统而表现出一定的生殖毒性[169]。

目前，针对环状全氟烷酸的研究主要集中在环境赋存和污染浓度的调研。与 PFOS 相比，环状全氟烷酸不易于在生物体内累积，但更容易发生环境迁移。环状全氟烷酸的环境可降解性以及潜在的生物学效应等相关研究依然匮乏。

3）全氟聚醚

全氟聚醚（perfluoropolyethers，PFPEs）是在全氟羧酸或全氟磺酸分子的碳链结构中引入一个或多个醚键（—O—）形成的一类新型全氟烷基化合物。目前商品化的全氟聚醚产品主要有：ADONA、GenX、EEA 等（详见表 1-2）。ADONA、GenX 和 EEA 可作为全氟辛酸铵（ammonium perfluorooctanoate，APFO）替代物用作氟聚物工业生产过程中的乳化剂[157,160]，目前欧洲登记的 GenX 年产量达 10～100 t。

ADONA 和 GenX 在工业生产过程中会随着废水废气的排放进入环境中。ADONA 在工厂排出的废水中检出浓度为 0.32～6.2 μg/L，与 PFOA 相当（0.03～7.5 μg/L）[159]。研究发现 ADONA 可通过工厂的废气排放到空气中进而沉降到地面，沉积速率达到 684 ng/(m^2·d)。德国莱茵河和中国小清河河水样品中可检测到 GenX。GenX 在莱茵河两处采样点的浓度达到 86.1 ng/L 和 73.1 ng/L，远远高于 PFOS（1.84 ng/L 和 1.71 ng/L）和 PFOA（6.56 ng/L 和 7.50 ng/L）；在我国小清河流域河水样品中 GenX 的浓度范围为 N.D.～3825 ng/L，同时还伴随有高浓度 PFOA 的检出（38.07～152 500 μg/L）。结果表明 GenX 随着工业生产的大量使用不可避免地进入到环境中，特定区域 GenX 的环境浓度水平远远超过 PFOA 和 PFOS，成为主要的全氟烷基污染物。此外，还有大量其他新型全氟醚基化合物发现的文献报道，例如天然水体样品中可鉴别出 10 种新型全氟醚基羧酸（perfluoroalkyl ether carboxylic acids，PFECAs）和 2 种新型全氟醚基磺酸（perfluoroalkyl ether sulfonic acids，PFESAs）同系物[163]，而这些新型全氟醚基污染物的来源和赋存浓度水平尚不明确。目前对全氟聚醚类化合物的环境行为、健康风险研究依然很少。在 ADONA 的毒性测试实验中，雌性小鼠口服 5 天后［298 mg/(kg·d)］，致死率达到 100%，雄性小鼠在相同的剂量下可引起体重降低、肝脏组织增殖等症状[157]。

全氟聚醚商品种类较多，分子结构上表现出差异性。由于缺乏商品化标准品，对该类化合物的结构确认尚有一定难度。同时，针对全氟聚醚化合物持久性、生物富集性、潜在毒性和长距离传输能力等特性的后续研究对于正确评估其环境行为和生物学效应具有指导意义。

4）氯代多氟烷基化合物和氢代多氟烷基化合物

氯代多氟烷基化合物或氢代多氟烷基化合物（chlorine or hydrogen-substituted polyfluoroalkyl substances，Cl-/H-PFASs）是指分子结构中含有一个或多个氯原子和氢原子的一类新型多氟烷基化合物。当前，新型氯代或氢代多氟烷基化合物的环境发现已经成为全氟和多氟烷基化合物研究的热点问题。

6∶2 氯代多氟醚基磺酸（6∶2 chlorinated polyfluorinated ether sulfonic acid，Cl-6∶2 PFESA）是铬雾抑制剂 F-53B 中的主要成分，首次在我国污水处理厂出水和河水样本中发现[138]。随后，针对我国 20 个不同地区的污泥样品的疑似目标分析（suspect screening analysis）确认，该工业品为 3 种氯代多氟醚基磺酸同系物（Cl-6∶2 PFESA，Cl-8∶2 PFESA 和 Cl-10∶2 PFESA）的混合物。3 种同系物在不同地域采集的所有样品中均有检出。Cl-6∶2 PFESA 的含量最高，浓度范围为 0.02～209 ng/g，与 PFOS（N.D.～218 ng/g）相当[167]。Cl-6∶2 PFESA 在鱼体内主要集中在肾脏、生殖腺、肝脏和心脏等器官，且表现出比 PFOS 更明显的生物富集行为（Cl-6∶2 PFESA，log BAF = 4.124～4.322；PFOS，log BAF = 3.279～3.430）[170]。研究证明 Cl-6∶2 PFESA 对水生生物具有中度毒性，对斑马鱼持续暴露 96 h 的半数致死浓度（LC_{50}）为 15.5 mg/L，与 PFOS（17 mg/L）类似[138]。具有类似醚基结构的多种一氢代全氟羧酸（hydro substituted perfluorocarboxylates，H-PFCAs）、一氢代全氟醇/醚（unsaturated hydro substituted perfluorinated ethers/alcohols，H-PFE/As）、一氯代全氟羧酸（chlorine substituted perfluorocarboxylates，Cl-PFCAs）和一氯代全氟醇/醚（unsaturated chlorine substituted perfluorinated ethers/alcohols，Cl-PFE/As）亦报道在氟化工厂废水中发现[164]。上述化合物表现出与全氟羧酸和全氟磺酸类似的质谱行为，可产生$[C_2F_5]^-$（m/z = 118.992）、$[C_3F_7]^-$（m/z = 168.988）和$[SO_3F]^-$（m/z = 98.956）等特征二级质谱碎片，可用于特征官能团结构的确认。多氯代和多氢代的多氟化合物也是新型的环境污染物，例如湖鳟鱼（*Salvelinus namaycush*）样本中发现了一种二氯取代的多氟烷基磺酸（DiCl-PFSAs）[166]和多种多氢取代的多氟烷基化合物，氢原子在分子结构中的数量可达到 8～20[168]。目前，对新型氯代和氢代多氟烷基化合物的研究大多针对类似物的环境存在性判别和准确结构的鉴定，其来源、生产使用和环境赋存等尚不清楚。

1.4.3 新型天然产物的发现与环境行为研究

除了部分人为生产和使用的化工产品具有持久性有机污染物的特征外，一些天然来源或非人为故意原因产生的化合物同样可能具有类似性质。该类化合物或通过低等动植物合成，或通过燃烧等化学反应过程生成，能够在食物链富集，并通过大气传输和生物携带过程实现远距离迁移[171]。目前，研究较多的新型持久性天然产物主要包括卤代双吡咯类化合物（halogenated bipyrroles，HBPs）及溴代二噁英类化合物（多溴代二苯并-*p*-二噁英/呋喃，polybrominated dibenzo-*p*-dioxins/furans，PBDD/Fs）。

卤代双吡咯类化合物（HBPs）主要由海洋低等动植物产生，并通过食物链富集和迁移。由于卤代原子数量和位置的不同，HBPs 的同系物种类很多，单体的准确识别尚有一定难度。主要以七氯代-1-甲基双吡咯（Cl_7-MBP，methyl bipyrrole）、一溴六氯代-1-甲基双吡咯（$BrCl_6$-MBP）、四溴二氯代-1,2 –二甲基双吡咯（Br_4Cl_2-DBP，dimethyl bipyrrole）和六溴代-1,2 –二甲基双吡咯（Br_6-DBP）等[172-174]为主，基本结构如图 1-14 所示。环境研究数据显示，HBPs 在非洲[175]、日本[176]、北美[174]和北极[173]等广阔地域的海洋生物及大气介质中均有发现。此外，鱼油、鸟蛋及鱼类市售食品中也有较高含量的检出[177]。进一步的研究认为 HBPs 类物质在人体乳汁中富集，显示出该类化合物对人体的潜在影响[146,175]。对海洋生物食物链的分析认为，MBPs 类化合物具有较高的生物富集能力，其在生物体内的含量与年龄具有一定的相关性[178,179]，并且 MBPs 在除鳍足类动物之外海洋生物中普遍检出，也说明其在特定生物条件下才具有的代谢特征。DBPs 类化合物在环境行为上与 MBPs 类化合物具有相似性[174]。Br_3Cl_3-DBP、Br_4Cl_2-DBP 及 Br_6-DBP 等化合物能够在除环斑海豹外的大多数海洋生物中检测到并具有很强的生物富集能力。然而，尽管 HBPs 类化合物具有环境持久性和生物富集能力，该类化合物对生物及人体的影响及可能的生物转化途径还有待于进一步的研究。

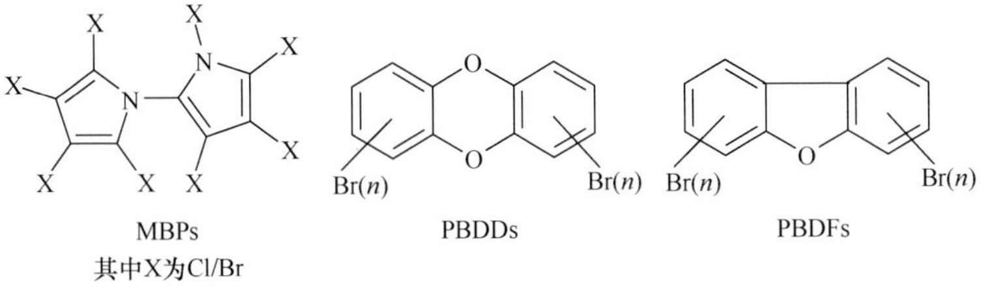

MBPs
其中X为Cl/Br
PBDDs
PBDFs

图 1-14　卤代双吡咯类和溴代二噁英类化合物的结构示意图

溴代二噁英类化合物是一类通过燃烧等非人为故意排放过程生成的化合物，其结构和生成机理与氯代二噁英类化合物（PCDD/Fs）相似。PBDD/Fs 同样具有类似的环境持久性、生物富集能力和毒性特征[180]，然而目前对这一类化合物的研究并不充分。一般而言，氯酚类化合物是 PBDD/Fs 生成可能的前驱体化合物，并且只有邻位取代的氯酚类化合物才能发生作用[181]。研究认为，PBDD/Fs 能够通过室外垃圾焚烧过程中产生，并且在特定条件下与 PBDEs 的热解反应有关[182]。目前，PBDD/Fs 在大气[183,184]、海绵[185]、深海鱼类[186]及人体[187]样本中均有发现。该类化合物能够在海洋生物食物链中实现高富集，并且其在海洋生物体内的含量呈现出逐步上升的趋势。此外，PBDD/Fs 在海洋生物体内的富集情况还与海洋生物的年龄存在一定的相关性[186]。

参考文献

[1] Ritter L, Solomon K R, Forget J, et al. Persistent organic pollutants: An assessment report on DDT, aldrin, dieldrin, endrin, chlordane, heptachlor, hexachlorobenzene, mirex, toxaphene, polychlorinated biphenyls, dioxins, and furans. The International Programme on Chemical Safety (IPCS), 2005.

[2] 王亚韡, 蔡亚岐, 江桂斌. 斯德哥尔摩公约新增持久性有机污染物的一些研究进展. 中国科学: 化学, 2010, 40(2): 99-123.

[3] 余刚, 周隆超, 黄俊, 等. 持久性有机污染物和《斯德哥尔摩公约》履约. 环境保护, 2010, 23: 13-15.

[4] Chemical Abstracts Service. 2015 [2015-06-24]. http://www.cas-china.org/index.php?c=list&cs=chemical_substances.

[5] Muir D C G, Howard P H. Are there other persistent organic pollutants? A challenge for environmental chemists. Environ. Sci. Technol., 2006, 40(23): 7157-7166.

[6] D'eon J C, Mabury S A. Production of perfluorinated carboxylic acids (PFCAs) from the biotransformation of polyfluoroalkyl phosphate surfactants (PAPS): Exploring routes of human contamination. Environ. Sci. Technol., 2007, 41(13): 4799-4805.

[7] Muir D C G, Omelchenko A, Grift N P, et al. Spatial trends and historical deposition of polychlorinated biphenyls in Canadian midlatitude and Arctic lake sediments. Environ. Sci. Technol., 1996, 30(12): 3609-3617.

[8] Hung H, Halsall C J, Blanchard P, et al. Temporal trends of organochlorine pesticides in the Canadian Arctic atmosphere. Environ. Sci. Technol., 2002, 36(5): 862-868.

[9] Shen L, Wania F, Lei Y D, et al. Atmospheric distribution and long-range transport behavior of organochlorine pesticides in North America. Environ. Sci. Technol., 2005, 39(2): 409-420.

[10] Norstrom R J, Simon M, Muir D C G , et al. Organochlorine contaminants in Arctic marine food chains: Identification, geographical distribution and temporal trends in polar bears. Environ. Sci. Technol., 1988, 22(9): 1063-1071.

[11] Hargrave B T, Phillips G A, Vass W P, et al. Seasonality in bioaccumulation of organochlorines in lower trophic level Arctic marine biota. Environ. Sci. Technol., 2000, 34(6): 980-987.

[12] Fernandez P, Vilanova R M, Grimalt J O. Sediment fluxes of polycyclic aromatic hydrocarbons in European high altitude mountain lakes. Environ. Sci. Technol., 1999, 33(21): 3716-3722.

[13] Blais J M, Schindler D W, Muir D C G , et al. Accumulation of persistent organochlorine compounds in mountains of western Canada. Nature, 1998, 395(6702): 585.

[14] Davidson D A, Wilkinson A C, Blais J M, et al. Orographic cold-trapping of persistent organic pollutants by vegetation in mountains of western Canada. Environ. Sci. Technol., 2003, 37(2): 209-215.

[15] Simonich S L, Hites R A. Global distribution of persistent organochlorine compounds. Science, 1995, 269(5232): 1851-1854.

[16] Wania F, Mackay D. A global distribution model for persistent organic chemicals. Sci. Total Environ., 1995, 160: 211-232.

[17] Wania F, Mackay D. Global fractionation and cold condensation of low volatility organochlorine compounds in polar regions. Ambio, 1993, 22: 10-18.

[18] Wania F, Mackay D. The global distribution model. A non-steady state multi-compartmental mass balance model of the fate of persistent organic pollutants in the global environment. Technical Report, 2000: 5.

[19] Wania F, Mackay D. Peer reviewed: Tracking the distribution of persistent organic pollutants. Environ. Sci. Technol., 1996, 30(9): 390A-396A.

[20] Grimalt J O, Fernandez P, Berdie L, et al. Selective trapping of organochlorine compounds in mountain lakes of temperate areas. Environ. Sci. Technol., 2001, 35(13): 2690-2697.

[21] Grimalt J O, Borghini F, Sanchez-Hernandez J C, et al. Temperature dependence of the distribution of organochlorine compounds in the mosses of the Andean mountains. Environ. Sci. Technol., 2004, 38(20): 5386-5392.

[22] Wang P, Zhang Q, Wang Y, et al. Altitude dependence of polychlorinated biphenyls (PCBs) and polybrominated diphenyl ethers (PBDEs) in surface soil from Tibetan Plateau, China. Chemosphere, 2009, 76(11): 1498-1504.

[23] Wania F, Westgate J N. On the mechanism of mountain cold-trapping of organic chemicals. Environ. Sci. Technol., 2008, 42(24): 9092-9098.

[24] Bidleman T F. Atmospheric processes. Environ. Sci. Technol., 1988, 22(4): 361-367.

[25] Finizio A, Mackay D, Bidleman T, et al. Octanol-air partition coefficient as a predictor of partitioning of semi-volatile organic chemicals to aerosols. Atmos. Environ., 1997, 31(15): 2289-2296.

[26] Goss K U, Schwarzenbach R P. Gas/solid and gas/liquid partitioning of organic compounds: Critical evaluation of the interpretation of equilibrium constants. Environ. Sci. Technol., 1998, 32(14): 2025-2032.

[27] Harner T, Bidleman T F. Octanol-air partition coefficient for describing particle/gas partitioning of aromatic compounds in urban air. Environ. Sci. Technol., 1998, 32(10): 1494-1502.

[28] Lee R G M, Jones K C. Gas-particle partitioning of atmospheric PCDD/Fs: Measurements and observations on modeling. Environ. Sci. Technol., 1999, 33(20): 3596-3604.

[29] Pankow J F. Common gamma-intercept and single compound regressions of gas-particle partitioning data *vs* $1/T$. Atmos. Environ. Part A General Topic., 1991, 25(10): 2229-2239.

[30] Pankow J F. An absorption model of gas/particle partitioning of organic compounds in the atmosphere. Atmos. Environ., 1994, 28(2): 185-188.

[31] Pankow J F, Bidleman T F. Interdependence of the slopes and intercepts from log-log correlations of measured gas-particle paritioning and vapor pressure—I. Theory and analysis of available data. Atmos. Environ. Part A General Topics., 1992, 26(6): 1071-1080.

[32] Yamasaki H, Kuwata K, Miyamoto H. Effects of ambient temperature on aspects of airborne polycyclic aromatic hydrocarbons. Environ. Sci. Technol., 1982, 16(4): 189-194.

[33] Meredith M L, Hites R A. Polychlorinated biphenyl accumulation in tree bark and wood growth rings. Environ. Sci. Technol., 1987, 21(7): 709-712.

[34] Hermanson M H, Hites R A. Polychlorinated biphenyls in tree bark. Environ. Sci. Technol.,

1990, 24(5): 666-671.

[35] Hermanson M H, Johnson G W. Polychlorinated biphenyls in tree bark near a former manufacturing plant in Anniston, Alabama. Chemosphere, 2007, 68(1): 191-198.

[36] Safe S, Brown K W, Donnelly K C, et al. Polychlorinated dibenzo *para*-dioxins and dibenzofurans associated with wood-preserving chemical sites: Biomonitoring with pine needles. Environ. Sci. Technol., 1992, 26(2): 394-396.

[37] McDonald J G, Hites R A. Radial dilution model for the distribution of toxaphene in the United States and Canada on the basis of measured concentrations in tree bark. Environ. Sci. Technol., 2003, 37(3): 475-481.

[38] Zhu L, Hites R A. Brominated flame retardants in tree bark from North America. Environ. Sci. Technol., 2006, 40(12): 3711-3716.

[39] Qiu X, Hites R A. Dechlorane plus and other flame retardants in tree bark from the northeastern United States. Environ. Sci. Technol., 2007, 42(1): 31-36.

[40] Pasquill F. The estimation of the dispersion of windborne material. Meteorol. Mag., 1961, 90: 33-49.

[41] Gifford F A. Chapter 3: An outline of theories of diffusion in the lower layers of the atmosphere. // Slade D H. Meteorology and Atomic Energy. U.S. Atomic Energy Commission, 1968.

[42] Overcamp T J. General Gaussian Diffusion-Deposition Model for elevated point sources. J. Appl. Meteorol., 1976, 15(11): 1167-1171.

[43] Gobas F A P C. Bioconcentration and bio-magnification in the aquatic environment. //Boethling R S, Mackay D. Handbook of Property Estimation Methods for Chemicals, Environmental and Health Sciences. Boca Raton, FL: CRC Press,2000: 189-231.

[44] Mackay D, Fraser A. Bioaccumulation of persistent organic chemicals: Mechanisms and models. Environ. Pollut., 2000, 110(3): 375-391.

[45] Moisey J, Fisk A T, Hobson K A, et al. Hexachlorocyclohexane (HCH) isomers and chiral signatures of alpha-HCH in the Arctic marine food web of the Northwater Polynya. Environ. Sci. Technol., 2001, 35(10): 1920-1927.

[46] Fisk A T, Hobson K A, Norstrom R J. Influence of chemical and biological factors on trophic transfer of persistent organic pollutants in the Northwater Polynya marine food web. Environ. Sci. Technol., 2001, 35(4): 732-738.

[47] Burreau S, Zebuhr Y, Broman D, et al. Biomagnification of PBDEs and PCBs in food webs from the Baltic Sea and the northern Atlantic Ocean. Sci. Total Environ., 2006, 366(2-3): 659-672.

[48] Houde M, Czub G, Small J M, et al. Fractionation and bioaccumulation of perfluorooctane sulfonate (PFOS) isomers in a Lake Ontario food web. Environ. Sci. Technol., 2008, 42(24): 9397-9403.

[49] Zhang X L, Luo X J, Liu H Y, et al. Bioaccumulation of several brominated flame retardants and dechlorane plus in waterbirds from an E-waste recycling region in South China: Associated with trophic level and diet sources. Environ. Sci. Technol., 2011, 45(2): 400-405.

[50] Tomy G T, Pleskach K, Ismail N, et al. Isomers of dechlorane plus in Lake Winnipeg and Lake Ontario food webs. Environ. Sci. Technol., 2007, 41(7): 2249-2254.

[51] Tomy G T, Budakowski W, Halldorson T, et al. Biomagnification of alpha- and gamma-hexabromocyclododecane isomers in a Lake Ontario food web. Environ. Sci. Technol., 2004, 38(8): 2298-2303.

[52] Tomy G T, Pleskach K, Arsenault G, et al. Identification of the novel cycloaliphatic brominated

flame retardant 1,2-dibromo-4-(1,2-dibromoethyl)cyclo-hexane in Canadian Arctic beluga (*Delphinapterus leucas*). Environ. Sci. Technol., 2008, 42(2): 543-549.

[53] Shen L, Reiner E J, Macpherson K A, et al. Dechloranes 602, 603, 604, dechlorane plus, and chlordene plus, a newly detected analogue, in tributary sediments of the Laurentian Great Lakes. Environ. Sci. Technol., 2011, 45(2): 693-699.

[54] Catalan J, Ventura M, Vives I, et al. The roles of food and water in the bioaccumulation of organochlorine compounds in high mountain lake fish. Environ. Sci. Technol., 2004, 38(16): 4269-4275.

[55] Hauck M, Huijbregts M A J, Koelmans A A, et al. Including sorption to black carbon in modeling bioaccumulation of polycyclic aromatic hydrocarbons: Uncertainty analysis and comparison to field data. Environ. Sci. Technol., 2007, 41(8): 2738-2744.

[56] Gaskell P N, Brooks A C, Maltby L. Variation in the bioaccumulation of a sediment-sorbed hydrophobic compound by benthic macroinvertebrates: Patterns and mechanisms. Environ. Sci. Technol., 2007, 41(5): 1783-1789.

[57] Muijs B, Jonker M T O. Temperature-dependent bioaccumulation of polycyclic aromatic hydrocarbons. Environ. Sci. Technol., 2009, 43(12): 4517-4523.

[58] Wiberg K, Letcher R J, Sandau C D, et al. The enantioselective bioaccumulation of chiral chlordane and alpha-HCH contaminants in the polar bear food chain. Environ. Sci. Technol., 2000, 34(12): 2668-2674.

[59] Konwick B J, Garrison A W, Black M C, et al. Bioaccumulation, biotransformation, and metabolite formation of fipronil and chiral legacy pesticides in rainbow trout. Environ. Sci. Technol., 2006, 40(9): 2930-2936.

[60] Tomy G T, Thomas C R, Zidane T M, et al. Examination of isomer specific bioaccumulation parameters and potential *in vivo* hepatic metabolites of *syn*- and *anti*-dechlorane plus isomers in juvenile rainbow trout (*Oncorhynchus mykiss*). Environ. Sci. Technol., 2008, 42(15): 5562-5567.

[61] Czub G, McLachlan M S. Bioaccumulation potential of persistent organic chemicals in humans. Environ. Sci. Technol., 2004, 38(8): 2406-2412.

[62] Wang Y W, Li X M, Li A, et al. Effect of municipal sewage treatment plant effluent on bioaccumulation of polychlorinated biphenyls and polybrominated diphenyl ethers in the recipient water. Environ. Sci. Technol., 2007, 41(17): 6026-6032.

[63] Wu J P, Luo X J, Zhang Y, et al. Bioaccumulation of polybrominated diphenyl ethers (PBDEs) and polychlorinated biphenyls (PCBs) in wild aquatic species from an electronic waste (E-waste) recycling site in South China. Environ. Int., 2008, 34(8): 1109-1113.

[64] He M J, Luo X J, Yu L H, et al. Tetrabromobisphenol-A and hexabromocyclododecane in birds from an E-waste region in South China: Influence of diet on diastereoisomer- and enantiomer-specific distribution and trophodynamics. Environ. Sci. Technol., 2010, 44(15): 8357-8357.

[65] Tomy G T, Palace V P, Halldorson T, et al. Bioaccumulation, biotransformation, and biochemical effects of brominated diphenyl ethers in juvenile lake trout (*Salvelinus namaycush*). Environ. Sci. Technol., 2004, 38(5): 1496-1504.

[66] Tomy G T, Budakowski W, Halldorson T, et al. Fluorinated organic compounds in an eastern Arctic marine food web. Environ. Sci. Technol., 2004, 38(24): 6475-6481.

[67] Brunstrom B, Halldin K. Ecotoxicological risk assessment of environmental pollutants in the Arctic. Toxicol. Lett., 2000, 112, 111-118.

[68] Dietz R, Bossi R, Riget F F, et al. Increasing perfluoroalkyl contaminants in east Greenland

polar bears (*Ursus maritimus*): A new toxic threat to the Arctic bears. Environ. Sci. Technol., 2008, 42(7): 2701-2707.

[69] Kinloch D, Kuhnlein H, Muir D C G. Inuit foods and diet: A preliminary assessment of benefits and risks. Sci. Total Environ., 1992, 122(1-2): 247-278.

[70] Felsot A. Toxicology and environmental fate of herbicides. IPM Technical Webinar Series. 2013 [2015-06-24]. https://pdfs.semanticscholar.org/43e4/51bbce2299fd8a9729ea67194925cbf9ea47.pdf.

[71] Legler J. New insights into the endocrine disrupting effects of brominated flame retardants. Chemosphere, 2008, 73(2): 216-222.

[72] van der Ven L T M, Verhoef A, van de Kuil T, et al. A 28-day oral dose toxicity study enhanced to detect endocrine effects of hexabromocyclododecane in wistar rats. Toxicol. Sci., 2006, 94(2): 281-292.

[73] Liu C S, Du Y B, Zhou B S. Evaluation of estrogenic activities and mechanism of action of perfluorinated chemicals determined by vitellogenin induction in primary cultured tilapia hepatocytes. Aquat. Toxicol., 2007, 85(4): 267-277.

[74] Madia F, Giordano G, Fattori V, et al. Differential *in vitro* neurotoxicity of the flame retardant PBDE-99 and of the PCB Aroclor 1254 in human astrocytoma cells. Toxicol. Lett., 2004, 154(1-2): 11-21.

[75] Shi X J, Du Y B, Lam P K S, et al. Developmental toxicity and alteration of gene expression in zebrafish embryos exposed to PFOS. Toxicol. Appl. Pharmacol., 2008, 230(1): 23-32.

[76] Hardell L, van Bavel B, Lindstrom G, et al. Adipose tissue concentrations of *p,p'*-DDE and the risk for endometrial cancer. Gynecol. Oncol., 2004, 95(3): 706-711.

[77] Hardell L, van Bavel B, Lindstrom G, et al. Concentrations of polychlorinated biphenyls in blood and the risk for testicular cancer. Int. J. Androl., 2004, 27(5): 282-290.

[78] McGregor D B, Partensky C, Wilbourn J, et al. An IARC evaluation of polychlorinated dibenzo-*p*-dioxins and polychlorinated dibenzofurans as risk factors in human carcinogenesis. Environ. Health Persp., 1998, 106(Suppl 2): 755-760.

[79] 刘君，胥志祥，黄斌，等. 外源雌激素的低剂量非线性效应研究进展. 生态学杂志，2015, 34(09): 2673-2680.

[80] Science News. Pesticide cocktail amplifies frog deformities. 2002 [2002-11-17]. https://www.sciencemag.org/ news/2002/12/pesticide-cocktail-amplifies-frog-deformities/.

[81] Webster E, Mackay D, Wania F. Evaluating environmental persistence. Environ. Toxicol. Chem., 1998, 17(11): 2148-2158.

[82] UNEP. Final act of the conference of plenipotentiaries on the stockholm convention on persistent organic pollutants; United Nations Environment Program: Geneva, Switzerland, 2001:44.

[83] UNECE. Protocol to the 1979 convention on long-rangetransboundary air pollution on persistent organic pollutants; United Nations Economic Commission for Europe: Aarhus, Denmark, 1998.

[84] Environment Canada. Toxic substances management policy. Persistence and Bioaccumulation Criteria; En 40-499./2-1995.E; Government of Canada: Ottawa, ON, 1995.

[85] United States Environmental Protection Agency. Proposed category for persistent, bioaccumulative, and toxic chemicals. Fed. Regist., 1998, 63: 53417-53423.

[86] Wiandt S, Poremski H J. Selection and prioritisation procedure of hazardous substances for the marine environment within OSPAR/DYNAMEC. Ecotoxicology, 2002, 11(5): 393-399.

[87] European Commission. Technical guidance document on risk assessment; Joint Research Centre,

Institute for Health and Consumer Protection, European Chemicals Bureau: Ispra, Italy, 2003.
[88] Brown T N, Wania F. Screening chemicals for the potential to he persistent organic pollutants: A case study of Arctic contaminants. Environ. Sci. Technol., 2008, 42(14): 5202-5209.
[89] Wania F. Assessing the potential of persistent organic chemicals for long-range transport and accumulation in polar regions. Environ. Sci. Technol., 2003, 37(7): 1344-1351.
[90] Kelly B C, Ikonomou M G, Blair J D, et al. Food web-specific biomagnification of persistent organic pollutants. Science, 2007, 317(5835): 236-239.
[91] 梁逸曾, 俞汝勤. 化学计量学在我国的发展. 化学通报, 1999, 19(10): 14-19.
[92] 王连生, 支正良. 分子连接性与分子结构-活性. 北京: 中国环境科学出版社, 1992.
[93] 许禄, 胡昌玉. 应用化学图论. 北京, 科学出版社, 2000.
[94] Hine J, Mookerjee P K. Intrinsic hydrophilic character of organic compounds - correlations in terms of structural contributions. J. Org. Chem., 1975, 40(3): 292-298.
[95] Meylan W M, Howard P H. Atom fragment contribution method for estimating octanol-water partition-coefficients. J. Pharm. Sci., 1995, 84(1): 83-92.
[96] Meylan W M, Howard P H. Estimating octanol-air partition coefficients with octanol-water partition coefficients and Henry's law constants. Chemosphere, 2005, 61(5): 640-644.
[97] Kwok E S C, Atkinson R. Estimation of hydroxyl radical reaction-rate constants for gas-phase organic-compounds using a structure-reactivity relationship: An update. Atmos. Environ., 1995, 29(14): 1685-1695.
[98] USEPA. Kowwin Technique Note, Estimation Program Interface (EPI) Suite, V 4.10; Washington, DC: U.S. Environmental Protection Agency, Exposure Assessment Branch, 2007.
[99] Ruan T, Liu R Z, Fu Q, et al. Concentrations and composition profiles of benzotriazole UV stabilizers in municipal sewage sludge in China. Environ. Sci. Technol., 2012, 46(4): 2071-2079.
[100] Ng C A, Scheringer M, Fenner K, et al. A framework for evaluating the contribution of transformation products to chemical persistence in the environment. Environ. Sci. Technol., 2011, 45(1): 111-117.
[101] Kostal J, Voutchkova-Kostal A, Anastas P T, et al. Identifying and designing chemicals with minimal acute aquatic toxicity. Proc. Natl. Acad. Sci. U. S. A., 2015, 112(20): 6289-6294.
[102] Birnbaum L S, Staskal D F. Brominated flame retardants: Cause for concern? Environ. Health Persp., 2004, 112(1): 9-17.
[103] Legler J, Brouwer A. Are brominated flame retardants endocrine disruptors? Environ. Int., 2003, 29(6): 879-885.
[104] Costa L G, Giordano G. Developmental neurotoxicity of polybrominated diphenyl ether (PBDE) flame retardants. Neurotoxicology, 2007, 28(6): 1047-1067.
[105] Official Journal of the European Union. 2003 [2003-2-15]. http://eurlex.europa.eu/LexUriServ/site/en/oj/ 2003/l_042/l_04220030215en00450046.pdf/.
[106] National Caucus of Environmental Legislators. 2007 [2007-6-18]. http://www. ncel.net:80/newsmanager/news_article.cgi?news_id/.
[107] United Nations Environment Programme. 2007 [2007-6-18]. http://chm.pops.int/Convention/POPsReview Committee/StatusofWork/tabid/94/language/en-US/Default.aspx.
[108] Hoh E, Zhu L Y, Hites R A. Dechlorane plus, a chlorinated flame retardant, in the Great Lakes. Environ. Sci. Technol., 2006, 40(4): 1184-1189.
[109] Qiu X, Marvin C H, Hites R A. Dechlorane plus and other flame retardants in a sediment core from Lake Ontario. Environ. Sci. Technol., 2007, 41(17): 6014-6019.

[110] Ren N Q, Sverko E, Li Y F, et al. Levels and isomer profiles of dechlorane plus in Chinese air. Environ. Sci. Technol., 2008, 42(17): 6476-6480.
[111] Qi H, Liu L Y, Jia H L, et al. Dechlorane plus in surficial water and sediment in a Northeastern Chinese river. Environ. Sci. Technol., 2010, 44(7): 2305-2308.
[112] Wang D G, Yang M, Qi H, et al. An Asia-specific source of dechlorane plus: Concentration, isomer profiles, and other related compounds. Environ. Sci. Technol., 2010, 44(17): 6608-6613.
[113] Zhu J, Feng Y L, Shoeib M. Detection of dechlorane plus in residential indoor dust in the city of Ottawa, Canada. Environ. Sci. Technol., 2007, 41(22): 7694-7698.
[114] Moller A, Xie Z Y, Sturm R, et al. Large-scale distribution of dechlorane plus in air and seawater from the Arctic to Antarctica. Environ. Sci. Technol., 2010, 44(23): 8977-8982.
[115] Wu J P, Zhang Y, Luo X J, et al. Isomer-specific bioaccumulation and trophic transfer of dechlorane plus in the freshwater food web from a highly contaminated site, South China. Environ. Sci. Technol., 2010, 44(2): 606-611.
[116] Zheng J, Wang J, Luo X J, et al. Dechlorane plus in human hair from an E-waste recycling area in South China: Comparison with dust. Environ. Sci. Technol., 2010, 44(24): 9298-9303.
[117] Ren G F, Yu Z Q, Ma S T, et al. Determination of dechlorane plus in serum from electronics dismantling workers in South China. Environ. Sci. Technol., 2009, 43(24): 9453-9457.
[118] Sverko E, Reiner E J, Tomy G T, et al. Compounds structurally related to dechlorane plus in sediment and biota from Lake Ontario (Canada). Environ. Sci. Technol., 2010, 44(2): 574-579.
[119] Shen L, Reiner E J, Macpherson K A, et al. Identification and screening analysis of halogenated norhornene flame retardants in the Laurentian Great Lakes: Dechloranes 602, 603, and 604. Environ. Sci. Technol., 2010, 44(2): 760-766.
[120] Guerra P, Fernie K, Jiménez B, et al. Dechlorane plus and related compounds in peregrine falcon (*Falco peregrinus*) eggs from Canada and Spain. Environ. Sci. Technol., 2011, 45(4): 1284-1290.
[121] Jia H L, Sun Y Q, Liu X J, et al. Concentration and bioaccumulation of dechlorane compounds in coastal environment of Northern China. Environ. Sci. Technol., 2011, 45(7): 2613-2618.
[122] Zhu J P, Hou Y Q, Feng Y L, et al. Identification and determination of hexachlorocyclopentadienyl dibromocyclooctane (HCDBCO) in residential indoor air and dust: A previously unreported halogenated flame retardant in the environment. Environ. Sci. Technol., 2008, 42(2): 386-391.
[123] Stapleton H M, Allen J G, Kelly S M, et al. Alternate and new brominated flame retardants detected in U.S. house dust. Environ. Sci. Technol., 2008, 42(18): 6910-6916.
[124] Letcher R J, Chu S G. High sensitivity method for determination of tetrabromobisphenol-S and tetrabromobisphenol-A derivative flame retardants in Great Lakes herring gull eggs by liquid chromatography–atmospheric pressure photoionization–tandem mass spectrometry. Environ. Sci. Technol., 2010, 44(22): 8615-8621.
[125] Kissa E. Fluorinated surfactants and repellents. 2nd eds. New York: Marcel Dekker, 2001.
[126] Wang T Y, Khim J S, Chen C L, et al. Perfluorinated compounds in surface waters from Northern China: Comparison to level of industrialization. Environ. Int., 2012, 42: 37-46.
[127] Li F, Zhang C J, Qu Y, et al. Quantitative characterization of short- and long-chain perfluorinated acids in solid matrices in Shanghai, China. Sci. Total Environ., 2010, 408(3): 617-623.
[128] Zhao X L, Xia X H, Zhang S W, et al. Spatial and vertical variations of perfluoroalkyl substances in sediments of the Haihe river, China. J. Environ. Sci., 2014, 26(8): 1557-1566.

[129] Zhou Z, Shi Y L, Vestergren R, et al. Highly elevated serum concentrations of perfluoroalkyl substances in fishery employees from Tangxun Lake, China. Environ. Sci. Technol., 2014, 48(7): 3864-3874.
[130] Gao Y. Fu J J, Cao H M, et al. Differential accumulation and elimination behavior of perfluoroalkyl acid isomers in occupational workers in a manufactory in China. Environ. Sci. Technol., 2015, 49(11): 6953-6962.
[131] Bao J, Liu W, Liu L, et al. Perfluorinated compounds in the environment and the blood of residents living near fluorochemical plants in Fuxin, China. Environ. Sci. Technol., 2011, 45(19): 8075-8080.
[132] Young C J, Furdui V I, Franklin J, et al. Perfluorinated acids in Arctic snow: New evidence for atmospheric formation. Environ. Sci. Technol., 2007, 41(10): 3455-3461.
[133] Zhao S Y, Zhu L Y, Liu L, et al. Bioaccumulation of perfluoroalkyl carboxylates (PFCAs) and perfluoroalkane sulfonates (PFSAs) by earthworms (*Eisenia fetida*) in soil. Environ. Pollut., 2013, 179: 45-52.
[134] Pan C G, Zhao J L, Liu Y S, et al. Bioaccumulation and risk assessment of per- and polyfluoroalkyl substances in wild freshwater fish from rivers in the Pearl River Delta region, South China. Ecotoxicol. Environ. Saf., 2014, 107: 192-199.
[135] Lau C, Anitole K, Hodes C, et al. Perfluoroalkyl acids: A review of monitoring and toxicological findings. Toxicol. Sci., 2007, 99(2): 366-394.
[136] Ritter S K. Fluorochemicals go short. Chem. Eng. News., 2010, 88: 12-17.
[137] Renner R. The long and the short of perfluorinated replacements. Environ. Sci. Technol., 2006, 40(1): 12-13.
[138] Wang S W, Huang J, Yang Y, et al. First report of a Chinese PFOS alternative overlooked for 30 years: Its toxicity, persistence, and presence in the environment. Environ. Sci. Technol., 2013, 47(18): 10163-10170.
[139] Fang S H, Chen X W, Zhao S Y, et al. Trophic magnification and isomer fractionation of perfluoroalkyl substances in the food web of Taihu Lake, China. Environ. Sci. Technol., 2014, 48(4): 2173-2182.
[140] Moller A, Ahrens L, Surm R, et al. Distribution and sources of polyfluoroalkyl substances (PFAS) in the River Rhine watershed. Environ. Pollut., 2010, 158(10): 3243-3250.
[141] Eriksson U, Karrman A, Rotander A, et al. Perfluoroalkyl substances (PFASs) in food and water from Faroe Islands. Environ. Sci. Pollut. Res., 2013, 20(11): 7940-7948.
[142] 孟晶, 王铁宇, 王佩, 等. 淮河流域土壤中全氟化合物的空间分布及组成特征. 环境科学, 2013, 8(8): 3187-3194.
[143] Mak Y L, Taniyasu S, Yeung L W Y, et al. Perfluorinated compounds in tap water from China and several other countries. Environ. Sci. Technol., 2009, 43(13): 4824-4829.
[144] Parsons J R, Saez M, Dolfing J, et al. Biodegradation of perfluorinated compounds. Rev. Environ. Contam. Toxicol., 2008, 196: 53-71.
[145] Young C J, Mabury S A. Atmospheric perfluorinated acid precursors: Chemistry, occurrence, and impacts. Rev. Environ. Contam. Toxicol., 2010, 208: 1-109.
[146] Ruan T, Lin Y F, Wang T, et al. Methodology for studying biotransformation of polyfluoroalkyl precursors in the environment. TrAC-Trend Anal. Chem., 2015, 67: 167-178.
[147] Martin J W, Mabury S A, Solomon K R, et al. Bioconcentration and tissue distribution of perfluorinated acids in rainbow trout (*Oncorhynchus mykiss*). Environ. Toxicol. Chem., 2003,

22(1): 196-204.
[148] Borg D, Håkansson H. Environmental and health risk assessment of perfluoroalkylated and polyfluoroalkylated substances (PFASs) in Sweden. Report 6513, The Swedish Environmental Protection Agency, 2012.
[149] Asahi Glass Co. Ltd. Non-ECA PFOA Information Forum (EPA-HQ-OPPT-2003–0012–1094.4). PFOA Information Forum., 2006.
[150] Venkatesan A K, Halden R U. Loss and *in situ* production of perfluoroalkyl chemicals in outdoor biosolids-soil mesocosms. Environ. Res., 2014, 132: 321-327.
[151] Vierke L, Möller A, Klitzke S. Transport of perfluoroalkyl acids in a water-saturated sediment column investigated under near-natural conditions. Environ. Pollut., 2014, 186: 7-13.
[152] Barzen-Hanson K A, Field J A. Discovery and implications of C_2 and C_3 perfluoroalkyl sulfonates in aqueous film-forming foams and groundwater. Environ. Sci. Technol. Lett., 2015, 2(4): 95-99.
[153] Howard P H, Muir D C G. Identifying new persistent and bioaccumulative organics among chemicals in commerce. Environ. Sci. Technol., 2010, 44(7): 2277-2285.
[154] De Silva A O, Spencer C, Scott B F, et al. Detection of a cyclic perfluorinated acid, perfluoroethylcyclohexane sulfonate, in the Great Lakes of North America. Environ. Sci. Technol., 2011, 45(19): 8060-8066.
[155] Wang Y, Vestergren R, Shi Y L, et al. Identification, tissue distribution, and bioaccumulation potential of cyclic perfluorinated sulfonic acids isomers in an airport impacted ecosystem. Environ. Sci. Technol., 2016, 50(20): 10923-10932.
[156] De Solla S R, De Silva A O, Letcher R J. Highly elevated levels of perfluorooctane sulfonate and other perfluorinated acids found in biota and surface water downstream of an international airport, Hamilton, Ontario, Canada. Environ. Int., 2012, 39(1): 19-26.
[157] Gordon S C. Toxicological evaluation of ammonium 4,8-dioxa-3*H*-perfluorononanoate, a new emulsifier to replace ammonium perfluorooctanoate in fluoropolymer manufacturing. Regul. Toxicol. Pharmacol., 2011, 59(1): 64-80.
[158] EFSA Panel on Food Contact Materials. Scientific opinion on the safety evaluation of the substance, 3*H*-perfluoro-3-[(3-methoxy-propoxy) propanoic acid], ammonium salt, CAS No. 958445-44-8, for use in food contact materials. EFSA J., 2011, 9(6): 2182.
[159] Heydebreck F, Tang J H, Xie Z Y, et al. Alternative and legacy perfluoroalkyl substances: Differences between European and Chinese river/estuary systems. Environ. Sci. Technol., 2015, 49(14): 8386-8395.
[160] EFSA Panel on Food Contact Materials. Scientific opinion on the safety evaluation of the substance, perfluoro-[(2-ethyloxy-ethoxy) acetic acid], ammonium salt, CAS No. 908020-52-0, for use in food contact materials. EFSA J., 2011, 9(6): 2183.
[161] EFSA Panel on Food Contact Materials. Scientific opinion on the safety evaluation of the substance perfluoro acetic acid, α-substituted with the copolymer of perfluoro-1,2-propylene glycol and perfluoro-1,1-ethylene glycol, terminated with chlorohexafluoropropyloxy groups, CAS No. 329238–24-6 for use in food contact materials. EFSA J., 2010, 8(2): 1519.
[162] Xie X, Qu J, Bai R, et al. Peroxidic fluoropolyether and its use in emulsion polymerization of fluorin-containing monomer. U. S. Patent No. 8, 536: 269. 2013-9-17.
[163] Strynar M, Dagnino S, McMahen R, et al. Identification of novel perfluoroalkyl ether carboxylic acids (PFECAs) and sulfonic acids (PFESAs) in natural waters using accurate mass

time-of-flight mass spectrometry (TOFMS). Environ. Sci. Technol., 2015, 49(19): 11622-11630.
[164] Liu Y, Pereira A D, Martin J W. Discovery of C_5~C_{17} poly- and perfluoroalkyl substances in water by in-line SPE-HPLC-orbitrap with in-source fragmentation flagging. Anal. Chem., 2015, 87(8): 4260-4268.
[165] Rotander A, Karrman A, Toms L M L, et al. Novel fluorinated surfactants tentatively identified in firefighters using liquid chromatography quadrupole time-of-flight tandem mass spectrometry and a case-control approach. Environ. Sci. Technol., 2015, 49(4): 2434-2442.
[166] Crimmins B S, Xia X Y, Hopke P K, et al. A targeted/non-targeted screening method for perfluoroalkyl carboxylic acids and sulfonates in whole fish using quadrupole time-of-flight mass spectrometry and MSe. Anal. Bioanal. Chem., 2014, 406(5): 1471-1480.
[167] Ruan T, Lin Y F, Wang T, et al. Identification of novel polyfluorinated ether sulfonates as PFOS alternatives in municipal sewage sludge in China. Environ. Sci. Technol., 2015, 49(11): 6519-6527.
[168] Baygi S F, Crimmins B S, Hopke P K, et al. Comprehensive emerging chemical discovery: Novel polyfluorinated compounds in Lake Michigan trout. Environ. Sci. Technol., 2016, 50(17): 9460-9468.
[169] Houde M, Douville M, Giraudo M, et al. Endocrine-disruption potential of perfluoroethylcyclohexane sulfonate (PFECHS) in chronically exposed *Daphnia magna*. Environ. Pollut., 2016, 218: 950-956.
[170] Shi Y L, Vestergren R, Zhou Z, et al. Tissue distribution and whole body burden of the chlorinated polyfluoroalkyl ether sulfonic acid F-53B in crucian carp (*Carassius carassius*): Evidence for a highly bioaccumulative contaminant of emerging concern. Environ. Sci. Technol., 2015, 49(24): 14156-14165.
[171] Weber K, Goerke H. Persistent organic pollutants (POPs) in antarctic fish: Levels, patterns, changes. Chemosphere, 2003, 53(6): 667-678.
[172] Teuten E L, Reddy C M. Halogenated organic compounds in archived whale oil: A pre-industrial record. Environ. Pollut., 2007, 145(3): 668-671.
[173] Vetter W, Gaul S, Olbrich D, et al. Monobromo and higher brominated congeners of the marine halogenated natural product 2,3,3′,4,4′,5,5′-heptachloro-1′-methyl-1,2′-bipyrrole (Q_1). Chemosphere, 2007, 66(10): 2011-2018.
[174] Tittlemier S A, Fisk A T, Hobson K A, et al. Examination of the bioaccumulation of halogenated dimethyl bipyrroles in an Arctic marine food web using stable nitrogen isotope analysis. Environ. Pollut., 2002, 116(1): 85-93.
[175] Vetter W, Alder L, Kallenborn R, et al. Determination of Q_1, an unknown organochlorine contaminant, in human milk, Antarctic air, and further environmental samples. Environ. Pollut., 2000, 110(3): 401-409.
[176] Haraguchi K, Hisamichi Y, Kotaki Y, et al. Halogenated bipyrroles and methoxylated tetrabromodiphenyl ethers in Tiger Shark (*Galeocerdo cuvier*) from the Southern Coast of Japan. Environ. Sci. Technol., 2009, 43(7): 2288-2294.
[177] Vetter W, Stoll E. Qualitative determination of bioaccumulative halogenated natural products in food and novel food. Eur. Food Res. Technol., 2002, 215(6): 523-528.
[178] Pangallo K C, Reddy C M. Distribution patterns suggest biomagnification of halogenated 1'-methyl-1,2'-bipyrroles (MBPs). Environ. Sci. Technol., 2009, 43(1): 122-127.
[179] Pangallo K C, Reddy C M. Marine natural products, the halogenated 1′-methyl-1,2′-bipyrroles,

biomagnify in a Northwestern Atlantic food web. Environ. Sci. Technol., 2010, 44(15): 5741-5747.

[180] Du B, Zheng M H, Huang Y R, et al. Mixed polybrominated/chlorinated dibenzo-*p*-dioxins and dibenzofurans in stack gas emissions from industrial thermal processes. Environ. Sci. Technol., 2010, 44(15): 5818-5823.

[181] Yu W N, Hu J T, Xu F, et al. Mechanism and direct kinetics study on the homogeneous gas-phase formation of PBDD/Fs from 2-BP, 2,4-DBP, and 2,4,6-TBP as precursors. Environ. Sci. Technol., 2011, 45(5): 1917-1925.

[182] Gullett B K, Wyrzykowska B, Grandesso E, et al. PCDD/F, PBDD/F, and PBDE emissions from open burning of a residential waste dump. Environ. Sci. Technol., 2010, 44(1): 394-399.

[183] Wang L C, Tsai C H, Chang-Chien G P, et al. Characterization of polybrominated dibenzo-*p*-dioxins and dibenzofurans in different atmospheric environments. Environ. Sci. Technol., 2007, 42(1): 75-80.

[184] Li H R, Yu L P, Sheng G Y, et al. Severe PCDD/F and PBDD/F pollution in air around an electronic waste dismantling area in China. Environ. Sci. Technol., 2007, 41(16): 5641-5646.

[185] Unger M, Asplund L, Haglund P, et al. Polybrominated and mixed brominated/chlorinated dibenzo-*p*-dioxins in sponge (*Ephydatia fluviatilis*) from the Baltic Sea. Environ. Sci. Technol., 2009, 43(21): 8245-8250.

[186] Haglund P, Malmvarn A, Bergek S, et al. Brominated dibenzo-*p*-dioxins: A new class of marine toxins? Environ. Sci. Technol., 2007, 41(9): 3069-3074.

[187] Choi J W, Fujimaki S, Kitamura K, et al. Polybrominated dibenzo-*p*-dioxins, dibenzofurans, and diphenyl ethers in Japanese human adipose tissue. Environ. Sci. Technol., 2003, 37(5): 817-821.

第 2 章　发现新型化学污染物的基础方法

本章导读

- 分析方法的研究是发现新型有机污染物的关键，其主要难点在于无特定的目标化合物为研究对象，有机污染物赋存浓度往往处于痕量水平，环境基质干扰效应严重；须探讨综合运用前沿技术手段，拓展识别分析新方法体系。
- 样品前处理方法的研究目标是在有效清除环境基质干扰的前提下尽可能地保留有机组分整体信息；介绍针对简单基质的萃取、净化一体化流程和针对复杂基质的多级分选流程。
- 引导发现策略的设计是实现新型有机污染物发现的关键；介绍定量结构-性质关系模型在 POPs 特性化合物的高通量筛选，高分辨质谱非目标分析在外源性污染物信息获取和挖掘方面的应用。
- 多重信息的获取和整合是新型有机污染物结构解析的有效途径；介绍基于质谱数据库和化学数据库信息的同步获取，以及利用“漏斗式”剔除、加权排序方法对未知化合物的结构进行解析的流程。

与传统环境污染物分析方法相比，新型有机污染物发现更加强调样品处理程序的普遍适用性，力争在消除环境基质干扰的前提下尽可能多地保留化合物信息。具体到关键学术研究领域，尚存在以下难点问题亟待深入研究：①未知环境污染物的发现具有偶然性。以往研究思路主要是利用常规分析方法进一步深化探索，面向的潜在目标物类型单一。效率低下是未知污染物发现过程中的主要瓶颈[1,2]。②现有分析策略多为针对性的方法优化。然而，来自美国《有毒物质控制法案》（Toxic Substances Control Act，TSCA）和欧盟《化学品的注册、评估、授权和限制》（Registration，Evaluation，Authorisation and Restriction of Chemical Substances，REACH）等法规的相关数据显示，数百万种工业化学品的物理-化学特征具有较大的差异性[3,4]。专一性的样品前处理、仪器分析流程难以涵盖具有不同官能团结构特征的潜在目标物。③单一技术手段尚无法实现潜在污染物的结构解析。环境有机污染物赋存浓度往往处于 ng/kg～mg/kg 的痕量水平；远低于定性仪器（如核磁、红外等）测定范围；复杂环境基质效应同样会对结构解析产生干扰。针对上述难点问题，需从样品前处理和仪器分析流程、引导发现过程分析策略、化合物信息获取和整合等方面展开探索。

2.1 样品前处理技术

复杂环境介质中众多化合物物理-化学性质的离散性给外源性小分子有机污染物整体成分的有效萃取、杂质净化和浓缩等样品前处理步骤带来挑战，也是未知污染物识别方法建立的主要科学问题之一。研究方法需以针对疏水性有机小分子信息提取的最大化为目标。

2.1.1 简单环境基质的萃取和净化方法

如环境基质对外源性小分子有机化合物前处理净化和仪器分析的干扰较小（如部分表层水体样品、土壤等），在尽可能保留环境样品整体信息的要求下，前处理方法宜采用萃取、净化一体化流程。

固相萃取（solid phase extraction，SPE）是最为常用的液-固富集方法。其原理是萃取液或液体样品流经充填有填料的柱床，待测物被选择性吸附、分配并保留于填料柱中；随后再用极少量的有机溶剂进行洗脱。通过吸附剂的活化、洗脱液的选择和 pH 值的调节，实现分析物在萃取阶段的最大保留和解吸阶段的最大去除。由于具有持久性、生物富集性和毒性（P,B&T）效应的新型污染物多为疏水性强（$\log K_{OW}>5$）的有机物，故 SPE 填料中往往选取含有 C_{18} 取代基团的键合硅胶材料。文献研究结果显示，C_{18} 填料能够有效保留污水中 60 余种疏水性有机污染物，如多环芳烃、烷基酚、多氯联苯、有机氯农药、杀虫剂、除草剂、多溴二苯醚等[5]。近年来，将 *N*-乙烯吡咯烷酮等亲水性的基团与二乙烯基苯等亲脂性基团按照比例聚合而形成的亲水亲脂平衡（hydrophilic-lipophilic balance，HLB）系列水浸润高聚合物填料兼顾了中性疏水有机物和更广泛的极性分析物。该有机溶剂兼容性和标准化的活化、洗脱操作流程对大量环境污染物均表现出良好的保留和解吸性能，因而在未知污染物非目标分析（nontarget analysis）中得到广泛应用[6]。为了更精细地获取中性、酸性和碱性组分，亦可将阳离子交换固相萃取柱与阴离子交换固相萃取柱串联使用。例如，污水样本中的复杂环境基质混合物可利用混合型阳离子交换吸附剂处理，通过甲醇洗脱获得样本中的中性和酸性组分；利用2%氨水的甲醇溶液获得碱性组分。上述含中性和酸性组分的甲醇溶液经去离子水稀释后，经过混合型阴离子交换吸附剂富集步骤，通过甲醇洗脱获得样本中的中性组分；再利用 2%甲酸的甲醇溶液获得酸性组分[7]。依托类似的前处理方法，在获取地下水样本中全氟磺酸、氟调聚磺酸和全氟羧酸等分析物的同时，亦可同步获取样本中的阳离子组分信息，从而发现氟调聚硫代羟基铵、氟调聚磺氨基甜菜碱等新型多氟化合物[8]。值得注意的是，固相萃取的主要功能是将痕量分析物浓缩、介质转移（把分析物从样本基体转移至溶剂中）[9]。例如，文献中使用直接大体积进样方法与 C_{18}、HLB 固相萃取方法进行对比，考察其对污水处理厂进水中 8 种全氟羧酸和 5 种全氟磺酸污染物定量分析性能的影响。结果显示，这两种分析方法在基质效应干扰的控制上无显著性差别[10]。同时，新型环境污染物的发现过程往往需借助液相色谱-高分辨质谱检测手段。固相萃取的脱盐功能有助于化合物的定性解吸过程，例如通过固相萃取将河水样本中的盐分去除有助于对溶解性有机物（dissolved organic matter，DOM）组分精确质量数的测定[11]。

固相微萃取（solid phase microextraction，SPME）技术的原理与固相萃取类似，通过在熔融石英纤维表面固载高表面积聚合物，实现对待测物的吸附和浓缩。待测物可利用溶剂解吸、热解吸等方法进行解吸附，再进行后续仪器分析。固相微萃取可广泛用于气体、液体和固体类型的样本介质，尤其在气相样品和挥发性液体样品萃取、分离方面卓有成效[12]。根据吸附方法的不同，固相微萃取可大致分为直接浸入式萃取、顶空萃取和膜保护萃取三种萃取方式。固相微萃取可供选择的固载高聚物涂层种类较多，如常见的聚二甲基硅氧烷（polydimethylsiloxane，PDMS）、聚丙烯酸酯（polyacrylate，PA）、二乙烯基苯（divinylbenzene，DVB）、聚乙二醇（Carbowax，CW）、碳分子筛（Carboxen，CAR）等，传统固相微萃取过程往往根据样品中组分在萃取纤维涂层上的吸附和解吸特点，选择合适的高聚物涂层萃取头以减少其他组分的影响，并使目标组分达到最佳的萃取效率。然而，新型环境污染物发现的分析方法以尽可能多地获取样本中有机化合物信息为前提，往往将对疏水性化合物有广谱吸附效果的 PDMS 涂层纤维作为首要吸附材料。文献[13]中报道了顶空固相微萃取-气相色谱/高分辨飞行时间质谱联用方法，使用目标分析（target analysis）和非目标分析策略研究表层河水和地下水中的有机污染物。该方法评价了 PDMS、PDMS/DVB、PA、CW/DVB 涂层萃取头对农药、烷基酚、氯苯、多环芳烃等 60 余种目标化合物的吸附解吸性能，综合结果显示 PDMS 涂层对目标化合物具有最佳的富集能力[13]。该方法操作较为简便，仅需要通过比较、控制样本中加入的氯化钠含量即可达到分析要求。该方法除了鉴别出样本中存在的上述目标化合物之外，还发现了双酚 A、2,6-二叔丁基-4-甲基苯酚（2,6-di-*tert*-butyl-4-methylphenol，BHT）及其苯甲醛转化产物（BHT-CHO）、多环麝香和二苯甲酮紫外线吸收剂等其他环境污染物。此外，固相微萃取方法是一种基于分析物在固载高聚物表面实现吸附平衡的非耗尽性萃取方法，克服了固相萃取的部分缺点，如环境大分子物质对填料空隙的堵塞以及与小分子有机物的分析干扰，大大降低了空白值[14]，是新型环境污染物发现方法中有效的前处理技术手段之一。固相微萃取与质谱联用技术日趋完善，如固相微萃取可通过特定的接口与电子轰击质谱、电感耦合等离子体质谱、激光解吸/电离质谱、大气压电离质谱和常压敞开式质谱实现联用[15]。自动化在线联用技术的进步省去了待测物的介质转移过程，在缩短分析时间的同时也提升了方法的灵敏度，实现了萃取、净化和仪器分析的一体化流程[16]。

搅拌棒吸附萃取（stir-bar sorptive extraction，SBSE）是一种新型固相微萃取技术，是在内封磁芯的玻璃管表面涂覆一定厚度的 PDMS 等高聚物或套上高聚物硅橡胶管制成。萃取时，通过磁芯的转动完成搅拌过程并吸附目标物[17]。与传统的固相微萃取技术相比，搅拌棒吸附萃取使用的 PDMS 等高聚物吸附剂的体积更大。基于 PDMS 涂层体积为 100 μL 的搅拌棒吸附萃取方法和基于 PDMS 涂层体积为 0.5 μL 的浸入式固相微萃取方法对多环芳烃类化合物萃取性能的比较结果显示，搅拌棒吸附萃取方法也适用于 K_{OW} 值更低的多环芳烃类化合物[18]。其原理是，传统固相微萃取纤维中的 PDMS 涂层体积小，导致两相的体积比例变大，更高 K_{OW} 值的分析物才更易于富集到萃取纤维中；同理，搅拌棒吸附萃取吸附涂层的高体积可吸附更多的低 K_{OW} 值分析物，测量结果亦更加准确[19]。搅拌棒吸附萃取方法和顶空固相微萃取方法已应用于非目标分析果汁样本中的挥发性成分。结果显示，搅拌棒吸附萃取能够检测和鉴别如长链饱和羧酸等更多的有机物，可对醚、酮、萜烯和醇类挥发性化合物进行半定量分析[20]。与此同时，搅拌棒吸附萃取是一个动态平衡过程。目标物在搅拌棒和原样本相的浓度和分配系数与物质自身的 K_{OW} 呈线性相关性，特别适用于考察未知复杂目标物组分的物理-化学性质信息。如利用搅拌棒吸附萃取方法考察油砂过程污染的水体（oil sand process-affected water，OSPW）中 2114 种有机极性成分的辛醇-水分配系数。研究结果显示，正离子组分的辛醇-水分配系数普遍高于负离子组分，其中 O^+、NO^+和 SO^+组分具有较高的亲脂性，相关物质的环境持久性和潜在的长期暴露毒性值得持续关注[21]。

基质固相分散（matrix solid-phase dispersion，MSPD）萃取也是一种基于固相萃取原理的新颖萃取技术。其基本操作是将环境样本基质直接与固相萃取吸附剂一起研磨，使样品成为微小的碎片分散在吸附剂的表面，再通过不同极性溶剂将分析物依次洗脱下来[12]。常见的基质固相分散萃取的步骤包括样品和吸附剂的研磨、装填柱、淋洗、干燥和洗脱。在新型有机污染物发现的分析方法开发中，固相分散吸附剂往往选择弗罗里硅土、硅胶等，主要用于油脂、色素等大分子的去除，尽量保留疏水性小分子有机物组分信息。值得注意的是，基质固相分散萃取吸附剂与传统的固相萃取吸附剂相同，但作用方式存在差别。基质固相分散萃取吸附剂在研磨过程中提供剪切力，破坏样品组织结构，便于样品组分溶解、分散附着与吸附。样品组分中的弱极性分子分散在吸附剂键合相，与样本组织基质形成两相物质表面；而极性分子与吸附剂载体表面未被键合的硅烷醇结合，或形成氢键[22]。基质分散固相萃取适用于直接处理固体、半固体环境介质，避免了液相萃取中出现的乳化现象，可节约前处理时间和有机溶剂用量。利用中空不锈钢支架作为接口，通过串联阀切换，可实现基质固相分散萃取方法对农药残留组分的在线分离、富集和测定[23]。

类似的针对简单环境基质的萃取、净化一体化前处理方法还包括池内净化-加速溶剂萃取（accelerated solvent extraction with in-cell clean-up）法。该方法特点是将固相吸附剂置于加速溶剂萃取池的底部，通过玻璃纤维滤膜等隔离后，将分散的环境样本置于萃取池的上端。萃取过程中，溶剂洗脱液先经过样本基质提取得到含有分析物的组分，再经过固相吸附剂以去除高分子杂质。洗脱液无需再净化，经浓缩后直接进入仪器分析。文献研究结果认为，底泥样本中有机氯农药的回收率主要受到溶剂极性、硅胶吸附剂体积、萃取温度的影响，而上述优化过程为标准化的加速溶剂萃取方法开发流程，易得到良好的分析结果[24]。

限进介质固相萃取（restricted access matrix solid phase extraction）是较为新型的固相萃取方法，兼具针对大分子的体积排阻和针对小分子化合物的萃取能力。其原理是通过控制吸附剂的孔径，使环境样品中的大分子不能进入吸附剂的内孔。而对材料外表面进行适当的亲水性修饰能防止大分子化合物发生不可逆的变形或吸附，从而避免填料孔径的堵塞和对分析物吸附效率的下降。这种结构上的特点可保证在腐殖酸或生物大分子等的存在下，实现对小分子分析物的萃取[25]。与此同时，基于表面增强激光解吸/电离（surface-enhanced laser desorption/ionization，SELDI）技术可利用碳、硅、纳米金属等无机材料和新型有机分子，通过电子的转移过程达到良好的电离效果，并有效降低质谱低质量范围端的空白，适用于多组分小分子混合物的检测[26]。而将上述两种技术相结合，亦能达到外源性有机污染物小分子与大分子环境介质快速有效分析的效果。例如，将有序介孔碳作为限进介质固相萃取吸附剂，以石墨烯作为表面增强激光解吸基质，可从尿液样本中快速扫描检测到全氟烷基化合物、多溴二苯醚、疏水性长链季铵盐等有机污染物[27]。后续研究结果证实有序介孔碳亦可作为表面增强激光解离基质，对上述小分子有机污染物的分析具有低背景值、高重复性和高耐盐度等特点[28]。

2.1.2　复杂环境基质的预处理和分离方法

复杂环境介质（如大气细颗粒物、污水处理厂底泥等）组分的来源广泛，往往由高含量的生物碳、极性有机酸、多酚、色素、糖类和脂肪酸等组成。当复杂环境介质未经过充分的前处理过程，与分析物一同进入仪器分析时，会造成分析物的回收率降低、对定性定量结果产生干扰。因此，在新型有机污染物分析方法研究中，需对复杂样本中基质可能的组成成分类别及其消除原理具有充分认识，能将小分子疏水有机物与其他杂质分子进行初步分离。例如，需从复杂环境介质中分离得到同时包含长链烷烃、单芳香环、多芳香环等物理-化学性质较为宽泛的组分，亦可采用多级分选的处理流程。

QuEChERS（quick，easy，cheap，effective，rugged and safe）是 Anastassiades 等发明的一种快速、简单、价廉、有效、坚固和安全的样品前处理技术，最早用于食品等复杂样本基质中提取和净化农药残留[29]。该方法以乙腈为单一提取试剂，辅以无水硫酸镁等无机盐去除乙腈中混合的水分，然后将提取液用固相吸附剂和无机盐涡旋混合进一步去除样品中的杂质和水分，是一种融合了固相微萃取和基质固相分散萃取技术的新方法[30]。QuEChERS 方法的核心在于其针对不同的复杂环境基质组分，形成了较为完善的选择性固相吸附剂使用方法。例如，乙二胺-*N*-丙基硅烷（primary secondary amine，PSA）、氨基（—NH_2）吸附剂和中性氧化铝具有弱阴离子交换能力，可通过氢键作用去除脂肪酸、糖类等极性化合物；C_{18} 对油脂、维生素等去除能力较强；弗罗里硅土可用于吸附蜡质等脂溶性杂质；而石墨化炭黑具有平面结构，能有效去除色素和甾醇类非极性干扰物。文献报道石墨化炭黑对具有芳香环结构的农药回收率也会产生影响[31,32]。在新型有机污染物分析方法建立过程中，除使用 QuEChERS 技术流程实现复杂样本基质去除外，还可利用石墨化炭黑实现脂肪族化合物与芳香族化合物的初步分离。例如，文献报道将 PSA 和 C_{18} 作为固相吸附剂、乙酸钠和无水硫酸镁作为无机盐，利用 QuEChERS 和气相色谱-质谱联用法评价了谷物中 219 种农药残留的分析效果。结果显示，绝大部分农药残留分析物的方法回收率在 70%～120%范围内，且相对标准偏差低于 20%。该方法在基质干扰控制上亦取得较好效果，61%的分析物的基质效应低于 50%[33]。随着该样品前处理技术的不断发展和应用，除农药和违禁药物残留外，QuEChERS 方法还适用于抗氧化剂和食品添加剂、内分泌干扰物、紫外线吸收剂、卤代阻燃剂、全氟烷基化合物等多种环境有机污染物，适宜处理的环境介质包括水体、底泥和土壤、肉类和海鲜、蜂蜜、果蔬及血液、尿液等[34]。利用 QuEChERS 作为萃取和净化步骤建立的非目标分析方法[35]，可用于研究鱼肉和母乳样本中的环境污染物。方法评价中，文献使用了 77 种污染物作为评价化合物，覆盖了农药残留、药物、个人护理用品、多溴二苯醚、多氯联苯、多环芳烃、有机氯杀虫剂等极性和非极性污染物，相关化合物的辛醇-水分配系数范围达到–0.3～10。结果显示，对于非极性目标物，PSA/C_{18} 吸附剂以及氧化锆（Z-Sep）吸附剂均能达到良好的提取效果（回收率＞80%）；对于极性污染物，Z-Sep 和 PSA/C_{18} 及蛋白-油脂过滤膜联用亦能达到＞60%的回收率。利用上述建立的分析方法，从鱼肉样本中还发现了氟虫腈及其两种转化产物。

凝胶渗透色谱（gel permeation chromatography，GPC）法是一种按照溶质分子的大小进行分离的体积排阻色谱技术。其原理是 GPC 凝胶柱的孔径具有一定的分布，凝胶内具有一定的空隙，当待分离的组分进入 GPC 凝胶柱后，较小的分子能渗透到空隙内。分子越小，在空隙内驻留的时间越长，而不能进入空隙的大分子物质则会快速跟随流动相洗脱。因此，大分子首先被淋洗，较小的分子在后面流出，从而实现按分子大小的分级[36]。该分离原理仅考察待分离组分的分子量信息，与化合物的结构和极性特征无关，且不易受到样品中其他组分性质的干扰，是将小分子疏水性有机污染物与脂肪和色谱等高分子量基质进行分离的有效手段。通常使用聚苯乙烯交联材料的 Bio-Beads SX-3 填料作为凝胶固定相，而乙酸乙酯：环己烷（V：V，1：1）或二氯甲烷：正己烷（V：V，1：1）混合溶剂作为流动相即可实现对有机氯农药、有机磷农药、多氯联苯、杀真菌剂及其他半挥发性有机物残留的良好净化效果[37]。因而，凝胶渗透色谱法是便捷、可标准化程度高的样品制备技术。在新型有机污染物发现的前处理方法开发过程中，可使用凝胶渗透色谱法将小分子疏水性有机污染物与大分子环境基质分离，再根据紫外检测器和二极管阵列检测器中的出峰情况，依次多段分离、收集分子量在 m/z = 400～1500 的不同小分子化合物组分，进行后续的毒性测试和结构定性分析。与此同时，因凝胶渗透色谱流动相与气相色谱-质谱或液相色谱-质谱仪具有兼容性，可将两者进行联用以降低分析时间和成本[38,39]。例如，将凝胶渗透色谱法作为样品前处理流程与气相色谱-质谱仪串联，可用于分析底泥样本中的 847 种有机污染物。结果显示，该方法对物理-化学性质较为宽泛的小分子有机物都能达到很好的分离和净化效果。40 种加标分析物的辛醇-水分配系数范围为 $\log K_{OW}$ = 0.28～6.6，回收率为 84%～128%。该方法的建立对于污染地区环境样本中优先控制污染物的评估具有指导意义[40]。文献报道使用凝胶渗透色谱法与二维气相色谱-质谱仪联用建立非目标分析方法，从室内灰尘标准样品中鉴定出邻苯二甲酸酯、多环芳烃、硝基化合物和有机卤代有机污染物等[41]。

当需要从复杂环境介质中分离得到物理-化学性质较为宽泛的组分信息时，亦可采用多级分选的处理流程。该方法的常用策略是环境样本经萃取后在反向、离子交换吸附柱上富集，采用不同极性的溶剂洗脱得到若干组分，再使用色谱-质谱仪等仪器鉴别各组分中的污染物。在分析受石油污染底泥的提取液中难以分辨的复杂混合物（unresolved complex mixture，UCM）时，前处理方法可使二氯甲烷提取液经过硅胶填充柱吸附、分配后分别使用正己烷和正己烷：二氯甲烷（V：V，1：1）溶剂得到疏水程度不同的两个组分[42]。其中，第一个组分再经过硝酸银浸渍的硅胶柱，分别使用正己烷和二氯甲烷溶剂即可分离得到饱和烷烃和单芳香环化合物；第二个组分同样经过硝酸银浸渍的硅胶柱，分别使用正己烷：二氯甲烷（V：V，9：1）和二氯甲烷溶剂即可分离得到双芳香环和多芳香环化合物。类似的多级分选方法在保留小分子疏水有机污染物信息和最大限度去除环境基质干扰的同时，通过组分分离、收集的方式降低了复合有机物组分的复杂性，有助于锁定其中的致毒物并实现目标物的定性结构解析，因而在效应导向分析（effect-directed analysis，EDA）策略中得到广泛应用[43]。美国环境保护署在20世纪90年代制定的水体沉积物毒性鉴别评估标准中也将多级分选的程序引入到环境基质的毒性评估方法中。例如，间歇水毒性鉴别评估标准中分别使用C_{18}固相萃取柱去除、乙二胺四乙酸（ethylenediaminetetraacetic acid，EDTA）螯合、沸石/石莼吸附的实验考察非极性有机物、阳离子重金属、氨和胺盐组分的毒性效应贡献值[44]。近年来，基于在线色谱柱分离与毒性测试相结合的自动化联用技术得到快速发展，显著提高了毒性筛查和结构鉴定的效率[45]。例如，文献[46]报道了气相色谱组分收集和毒性同步测试的分析方法。含卤代有机污染物的组分经反相气相色谱柱分离后，气态组分与三通阀接口中引入的溶剂混合溶解，分馏器按照时间先后顺序依次收集，数秒的溶剂组分分别进入96孔板各个单元，并用于后续的高通量毒性测试。类似地，基于液相色谱梯度淋洗与96孔板收集和飞行时间质谱在线联用的方法，可解决气相色谱柱柱容量低、样品进样量小、化合物浓度低、不易发现毒性效应的难点[47]。

值得注意的是，疏水性小分子有机污染物在复杂环境基质中并非都处于游离状态，如土壤、表层水体悬浮物中含有胡敏酸、富里酸等天然腐殖质高分子有机物可与有机污染物相互作用，从而影响有机污染物的吸附/解吸、迁移和转化等行为。腐殖质对有机污染物的吸附机理较为复杂，如腐殖质中含有的醌基、酮基等羰基基团可在微生物的作用下与有机污染物发生加成反应，形成不可逆的共价键；大量的O、N极性官能团亦可与有机污染物的相应结构互相作用而形成氢键[48]。选取不同混合溶剂可调整萃取试剂的极性，达到破坏环境基质-有机污染物氢键、提高萃取效率的目的[49]。利用^{14}C标记的标准品对全氟醇在土壤中的吸附和微生物转化过程的研究结果显示，全氟醇和全氟羧酸转化产物在培养时间为1天和84天的样本中均主要以高分子量有机复合物的形式存在。样品前处理过程中，可使用碱性乙腈溶液萃取的方法实现对全氟醇和转化产物的有效提取[50]。与此同时，对复杂环境基质未知有机污染物组分的生物可利用性（bioavailability）考察也是效应导向分析的重要考察内容。通常使用环糊精、聚2,6-二苯基对苯醚（TENAX）、生物组织液或模拟生物组织液作为吸附剂，仅提取可生物利用部分的有机污染物；或在萃取剂中直接加入已吸附负载的硅树脂、聚乙烯被动采样盘等，以考察未知有机污染物组分的缓慢平衡释放过程对生物的致毒效应[43]。

2.2　引导发现策略

未知污染物发现的分析方法的研究对象是复杂环境介质整体，所覆盖组分的复杂程度决定了多样化引导发现方法策略的重要性。而如下定量结构-性质关系模型方法、高分辨质谱非目标分析方法、生物效应导向分析方法（详见第 3 章）等分析技术手段（包括且不限于）的综合运用是避免弯路、实现未知污染物发现“必然性”的可靠保证。

2.2.1　定量结构-性质关系模型方法

定量结构-性质关系（quantitative structure-property relationship，QSPR）是运用统计分析工具研究化合物结构与物理-化学性质之间确定函数关系的理论计算方法。其基本假设是分子性质的变化取决于化学结构的变化，且分子的结构可通过反映结构特征的各种参数来表示[51,52]。该方法的建立仅需要一系列分子的结构信息及各个化合物通过实验得到的实际物理-化学参数数据，将两者通过统计分析建立定量关系函数模型。一旦可靠的数学模型建立完成后，即可用它来预测具有类似官能团分子结构的新型化合物性质参数。该分析方法具有简单、准确、高通量的特点。

定量结构-性质关系模型方法在新型环境污染物发现方面的应用源于国际组织对化学品监管工作的迫切需求。美国化学文摘社（Chemical Abstracts Service，CAS）网站公布的数据[53]显示，2006 年市售的化合物种类多达 840 万种，其中直接受到管制的化合物约 24 万种，美国的常见市售化工产品就有约 9.6 万种。为了加强对市售化学产品使用的控制，欧盟、美国等地区和国家先后制定了 REACH [54,55]和 TSCA [56]等法案，以便于对具有环境持久性、生物富集性和毒性（P，B&T）的化工产品进行筛选和监管，以减少化学品的生产和使用对人体及其他生物的潜在危害。然而根据欧盟 REACH 的数据[57]，在欧洲使用的约 10 万种化合物当中，仅有约 3%的化合物具有充分的毒理学实验数据。

化合物的物理-化学性质与其在实际环境介质中迁移转化的能力有着密切关系，模型预测和实验数据均证实不同物理-化学参数与化合物环境行为之间的联系。对于数目众多的市售常用化工产品，在充足的环境行为特征和毒理学实验数据难以短时间获得的前提下，通过化学计量学的方法，利用定量结构-性质关系模型对化合物的物理-化学性质进行计算。利用理论计算得到的多种物理-化学参数的集合实现高通量快速筛选，是国际上对具有潜在持久性有机污染物（POPs）特性的化合物进行识别的主要途径。

Howard 和 Muir[54]对包含美国环境保护署高生产量（High Production Volume，HPV）物质计划、美国《有毒物质控制法案》（TSCA）、加拿大《国内物质清单》（Domestic Substance List，DSL）在内的共计 22 263 种市售化学品的物理-化学性质进行预测。分别将所有化合物的分子结构信息通过简化分子线性输入规范（simplified molecular input line entry system，SMILES）命名规则进行统一编码，利用美国环境保护署公布的定量结构-性质关系模型软件包 EPI Suite 对辛醇-水分配系数（K_{OW}，KOWWIN）、生物浓缩因子（BCF，BCFWIN）、亨利定律常数（Henry's law constant，HENRYWIN）、大气-水分配系数（K_{AW}，MPBPWIN）和大气氧化半衰期（AO $T_{1/2}$，AOPWIN）进行快速计算和预测。一般认为，log K_{OW}＞5 的化合物可具有一定的生物富集能力；当 AO $T_{1/2}$＞2 d 时，具有大气稳定性；log K_{AW}＞–5 和＜–1 的化合物具有潜在的可长距离传输特性。在总体的化合物数据库中，具有生物富集能力、大气稳定性、可长距离传输的化合物分别占 19%、10%和 32%。同时具有环境持久性和生物富集能力的化合物有 610 种，包括 62%的卤代化合物（181 种氟代物、116 种氯代物、80 种溴代物、10 种碘代物）和 7.9%的硅氧烷类化合物。上述化合物生产量均＞454 t/a，更易于通过工业生产和日常使用过程进入环境介质。因此，该结果对于确定需优先控制的新型环境污染物，集中研究力量开展后续环境行为调研和毒性测试研究具有重要意义。

Brown 和 Wania[58]开发了另外一种基于化合物结构-性质关系的污染物筛选方法。该方法选取了具有长距离传输能力的在北极地区检出的 86 种已知有机污染物作为统计分析的训练集。依据结构原子（structural atom，SA）、卤化程度（degree of halogenation，CX）和内部连通度（degree of internal connectivity，XS）对训练集中的目标物进行编码、评价和建立函数模型，并对选自 USEPA HPV、TSCA、CDSL 中的 105 584 种化合物的物理-化学性质进行了预测。其中，822 种化合物具有大气介质中的持久性，是潜在的能够迁移到北极地区的污染物。这些化合物主要包括多氯联苯、多氯萘、二噁英、多溴二苯醚、多氯二苯醚、氯苯、氯酚和硝基苯/酚等。

更为简单地，该方法可以单独用于某一类型化合物物理-化学性质的分析。表 2-1 给出了典型的溴代阻燃剂类化学品的 QSPR 模型计算结果。不难发现，被《斯德哥尔摩公约》列入受控清单的五溴二苯醚（penta-brominated diphenyl ether，penta-BDE）、八溴二苯醚（octa-BDE）和六溴环十二烷（hexabromocyclododecane，HBCD）预测得到的辛醇-水分配系数、大气氧化半衰期、生物富集因子的数值范围均与其持久性和生物富集性很好地吻合（octa-BDE 可通过环境转化过程生产低溴代的高富集性转化产物）。TBECH、HCDBCO 等溴代阻燃剂化合物亦具有一定的生物富集能力（BCF＞2153）。特别的是，氮杂环阻燃剂 2,3-二溴丙基异氰酸酯

表 2-1　典型溴代阻燃剂类化合物物理-化学参数的 QSPR 模型计算结果

化合物	CAS	S_W [a]	V_P [b]	AO $T_{1/2}$ [c]	log K_{OW}	BCF	log K_{OA}	log K_{AW}
TBC	52434-90-9	1.14E–05	1.18E–15	1.629	7.37	1.989E+04	23.68	–16.31
BrTriaz	52434-59-0	8.62E–06	8.85E–12	0.977	7.52	6074	17.52	–10.00
BrPhTriaz	25713-60-4	1.85E–11	6.97E–19	7.224	11.46	3	21.46	–10.01
DBDPE	84852-53-9	2.60E–12	3.98E–10	169.2	13.24	3	19.34	–6.10
DP	13560-89-9	6.53E–07	7.06E–10	0.468	11.27	3	14.79	–3.52
TBECH	3322-93-8	0.06915	1.05E–04	2.2	5.24	2153	8.01	–2.77
HCDBCO	51936-55-1	6.82E–05	1.07E–07	0.816	7.91	3633	11.05	–3.14
TBB	N.A.[d]	3.40E–03	3.43E–08	0.979	8.75	256	12.34	–3.59
TBPH	26040-51-7	1.91E–06	1.71E–11	0.49	11.95	3	16.86	–4.91
penta-BDE	32534-81-9	0.0107	1.08E–06	19.5	7.66	3.69E+04	11.15	–4.31
octa-BDE	32536-52-0	1.11E–08	1.27E–02	93.6	10.33	3	15.85	–5.52
HBCD	3194-55-6	2.00E–05	1.68E–08	2.13	7.74	6211	11.8	4.15

注：TBC 表示 2,3-二溴丙基异氰酸酯[tris-(2,3-dibromopropyl) isocyanurate]；BrTriaz 表示 2,4,6-三(2,3-二溴丙氧基)-1,3,5-三嗪[2,4,6-tris(2,3-dibromopropoxy)-1,3,5-triazine]；BrPhTriaz 表示 2,4,6-三(2,4,6-三溴苯氧基)-1,3,5-三嗪[2,4,6-tris(2,4,6-tribromophenoxyl)-1,3,5-triazine]；DP 表示得克隆（dechlorane plus）；TBECH 表示 1,2-二溴-4-(1,2-二溴乙基)环己烷[1,2-dibromo-4-(1,2-dibromoethyl) cyclohexane]；HCDBCO 表示 4,5-二溴-1,1,2,2,3,3-六氯-4-(1,3-环戊二烯-1-基)环辛烷（hexachlorocyclopentadienyl-dibromocyclooctane）；TBB 表示 2-乙基己基-2,3,4,5-四溴苯甲酸酯（2-ethylhexyl-2,3,4,5-tetrabromobenzoate）；TBPH 表示四溴邻苯二甲酸双(2-乙基己基)酯[(2-ethylhexyl) tetrabromophthalate]。

a. 溶解度（mg/L）；b. 饱和蒸气压（mmHg，25 ℃）；c. 大气氧化半衰期（d）；d. 无相关信息。

[tris-(2,3-dibromopropyl) isocyanurate，TBC]在辛醇-水分配系数（log K_{OW} = 7.37）、生物浓缩因子（BCF = 1.989×10^4）、大气-水分配系数（log K_{AW} = −16.31）和大气氧化半衰期（AO $T_{1/2}$ = 1.629 d）等关键物理-化学参数上与持久性有机污染物高度一致，是一类文献中从未报道的潜在 POPs 特性化合物[59]。后续的环境调研结果和生物毒性实验亦证实其环境持久性、生物富集能力和潜在的水生生物毒性效应（详见第 3 章）。

值得注意的是，基于 QSPR 理论计算的高通量筛选方法并不能完全反映环境介质中发生的实际情况，特别是易发生环境转化过程的化合物[54]。例如，双[1-(叔丁基过氧)-1-甲基乙基]苯（化合物 A，图 2-1）作为一种常见的橡胶交联剂，年产量超过 450 t。QSPR 模型数据显示，该化合物具有较高的辛醇-水分配系数（log K_{OW} = 7.34）和较高的生物浓缩因子（log BCF = 4.35），其在环境介质中的生物转化半衰期高达 182 d，因此可能具有类似于 POPs 的环境持久性和生物富集能力。然而在实际环境介质中（特别是碱性环境条件下），其分子结构的过氧基团会迅速发生水解作用而最终生成双醇结构的水解产物（化合物B）。该化合物因具有较高的亲水性而不具备高生物富集能力（log BCF = 1.1）。相反地，美国的五大湖地区发现了一种新型的高氯代阻燃剂——得克隆[60]。QSPR 模型数据显示，该化合物具有过高的辛醇-水分配系数（log K_{OW} = 11.3）而不具有明显的食物链富集能力（log BCF = 0.732）。然而对北美地区安大略湖中水生——生物食物链中得克隆含量的进一步分析表明，其仍具有一定的生物放大效应。因此，定量结构-性质关系模型对化合物进行的高通量筛选方法的准确性还有待于进一步的优化和完善。

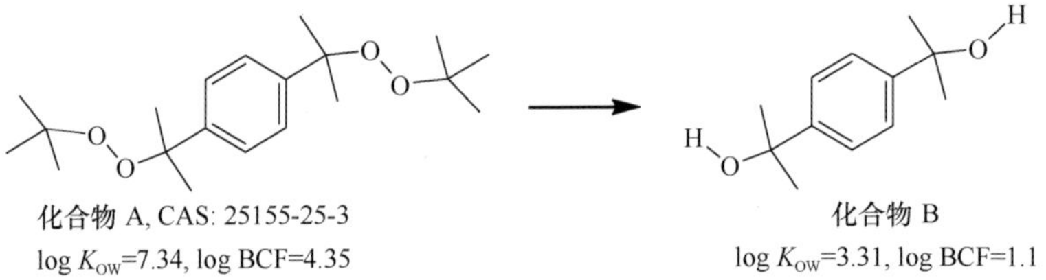

化合物 A, CAS: 25155-25-3
log K_{OW}=7.34, log BCF=4.35

化合物 B
log K_{OW}=3.31, log BCF=1.1

图 2-1 QSPR 模型根据化合物 A 分子结构计算认为其具有持久性和生物富集能力；而实际上化合物 A 易在环境介质中发生水解反应生成化合物 B，其并不是典型的持久性和生物富集性化合物[54]

2.2.2 高分辨质谱非目标分析方法

新型化学污染物分析中常用的质谱仪器主要有低分辨质谱如三重四极杆质谱（QqQ MS）、四极离子阱质谱（Qtrap MS）、线性离子阱质谱（linear ion trap MS），高分辨质谱如飞行时间串联质谱（time-of-flight mass spectrometer，TOF-MS）、傅里叶变换离子回旋共振质谱（Fourier transform ion cyclotron resonance mass spectrometer，FT-ICR MS）、静电场轨道阱质谱（Orbitrap MS）等。三重四极杆质谱具有优越的定量分析能力，检出限较高，但分辨率较低，定性分析中易受到环境基质的干扰；四级离子阱质谱可获得化合物的多级质谱碎片信息，适用于化合物的结构解析，但同样由于分辨率低，适用性受到限制；线性离子阱也可获得化合物的多级质谱，相对于四极杆质谱不具有中性丢失和多反应监测等筛选特征碎片离子的功能。高分辨质谱具有高分辨率，可以精确测量带电离子的荷质比，进而分析元素组成、获得化合物的分子式，在新型化学污染物结构解析过程中发挥着至关重要的作用，但在化合物定量分析中应用较少。样品分析过程中，通常会根据研究对象、实验条件选取不同的分析流程实现化合物结构的确认，如目标分析（target analysis）、疑似目标分析（suspect screening analysis）和非目标分析（nontarget analysis）[61]（图 2-2）。

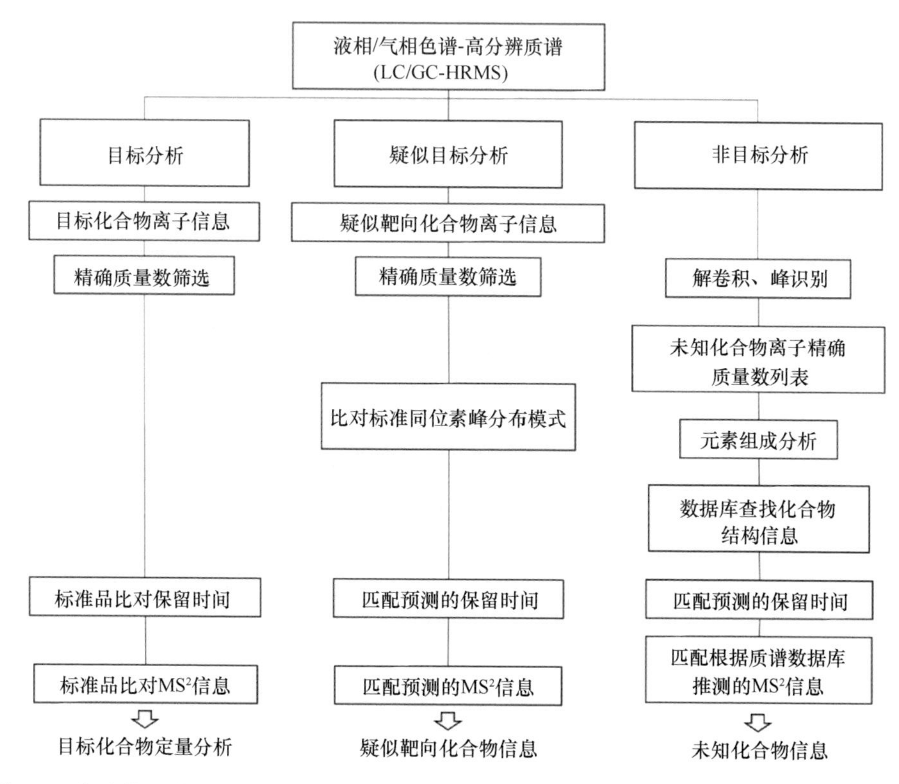

图 2-2　高分辨质谱定性分析（目标分析、疑似目标分析和非目标分析）方法的基本流程[61]

目标分析即根据标准品获得化合物质谱信号，通过对比母离子分子量、保留时间和二级质谱（MS^2）碎片离子信息实现对目标化合物的确认。在环境污染物标准品难以获得的诸多情况下，该方法的应用存在一定的局限性。与目标分析方法不同的是，疑似目标分析方法针对可能存在的疑似物，利用质谱信号中的精确分子量、同位素丰度信息以及预测的保留时间、碎裂行为特征实现分子结构解析。非目标分析更为复杂，研究对象为样品测定时获取的所有高分辨质谱数据（未知化合物）。在没有任何可参考的化合物信息条件下，通常经过数据解卷积、峰识别获得所有未知化合物离子的精确质量数并与数据库匹配，利用色谱和质谱数据信息（同位素峰分布、保留时间、特征 MS^2 碎片和裂解规律）逐步剔除不符合的化合物结构。疑似目标分析和非目标分析方法不依赖化合物标准品，在新型化学污染物分析中应用更为广泛。

非目标分析方法不以特定的目标污染物作为研究对象，而是对整个环境样本中包含的化合物信息进行全面的分析。常见非目标分析方法的样品准备过程较为简单，样品前处理过程多采用具有广谱性的预处理步骤，如使用 C_{18} 固相萃取柱、

PDMS 固相微萃取纤维将环境样本中的疏水性组分进行选择性富集；或简单萃取和收集高浓度化合物暴露前后的环境样本。仪器分析主要采集样品的全扫描总离子流图或通过数据依赖性采集（data-dependent acquisition）同步获取高丰度离子的二级质谱碎片信息。对获取的色谱和质谱数据的深入挖掘是非目标分析方法的关键步骤，需要依据指定的实验方案和感兴趣的化合物类型灵活选取适当的数据筛选规则。例如，利用质量缺陷（mass defect）、色谱理论保留时间等定性判别标准寻找合适的样品色谱峰；设定观测质量数±10 mDa 误差的扫描窗口获取部分信号对应的精确质量数；利用精确质量数搜索化学数据库，获取可能的化合物元素组成列表；将质谱谱图中观察到的同位素指纹信息与可能化合物元素组成列表中的理论值一一对应，以缩小匹配的相同元素组成化合物范围；搜索可能化合物结构式，利用二级质谱碎片信息、相似官能团回溯分析等定性判别标准确认化合物结构式。

需要指出的是，上述的非目标分析方法流程是针对质谱数据处理的普适性方法，并不针对特定结构的物质。其在未知污染物发现运用中的难点主要在于具有典型环境意义的差异性样本组的设计，以突出外源性污染物信息的获取和挖掘。例如，文献中报道利用虹鳟鱼模式动物评价污水处理厂出水的新型环境污染物标志物时，通过平行设置多个暴露过程样本组，关注模式生物摄入（intake）和排出（excretion）动力学变化区间内所有化合物的变化，以消除内源性生物基质干扰，并提取发生变化的外源性污染物及转化产物组分的信息；同步设置生物可利用性评价模型（固相微萃取方法）样本组，进一步获取具有生物富集能力的污染物组分信息；从而发现了包括烷基苯磺酸表面活性剂、三氯生磺酸盐等在内的数十种主要贡献污染物[62]。

非目标分析方法已在新型卤代环境污染物发现的研究中发挥了重要作用。例如，溴元素由 ^{79}Br 和 ^{81}Br 两种同位素组成，且天然同位素丰度接近 1∶1。因此，多个溴取代的有机化合物的质谱同位素峰簇丰度信息可近似使用杨辉三角模型进行解析。当有机溴化合物在质谱中经电离和碰撞碎裂后会产生一定丰度比例的 $[^{79}Br]^-$ 和 $[^{81}Br]^-$ 子离子，可作为判断该前驱体化合物是否含溴及含溴数目的诊断性信息。利用上述研究手段，将质谱质量数为 100～1000 *m*/*z* 的扫描范围分别以 5 *m*/*z* 的质量数宽度分割为 180 个扫描窗口，在 10 eV、30 eV、60 eV 碰撞碎裂参数下，观察前驱体离子和二级碎片离子的生成[63]。同时含有 $[^{79}Br]^-$、$[^{81}Br]^-$ 子离子的前驱体化合物被认为是天然生成或人工合成的含溴有机化合物。美国密歇根湖底泥样本中共发现了 2520 个可能的含溴化合物质谱信号，其中 1593 个信号的有机溴化合物元素组成得以确认。高分辨质谱也用于鉴别具有大量同类物的复杂混合物。例如，氯化石蜡（chlorinated paraffins，CPs）是由一系列不同碳链长度和氯化度同类物组成的复杂的混合物，高分辨质谱测定的精确质量数信息可以对具有相同整数质量数的同类物进行有效区分，从而使定性和定量结果更为准确[64,65]。

然而，文献中报道新型化学污染物结构解析的可靠性需要统一的标准加以衡量。Schymanski 等[66]提出了高分辨质谱结构识别置信度的五个级别（级别 1～5，图 2-3）。当测定得到的一级、二级质谱信息和色谱保留时间信息与标准化合物完全相同时，可认为该化合物具有确认的分子结构（级别 1）。在无法获取标准化合物的情况下，如相同质谱参数（分辨率、碰撞能量、离子源）下生成的一级、二级质谱信息与质谱数据库中信息逐一匹配，且质谱碎片信息包含与化合物结构相关的特征性碎裂方式时，可认为该化合物具有可能的分子结构（级别 2）。上述两个级别具有较高的识别置信度，可用于新型化学污染物结构解析的需求。但当质谱分析过程中只能获取一级质谱信息或一级质谱的同位素/加合物信息时，则仅能得到明确的精确质量数（级别 5）、元素组成信息（级别 4），无法推测得到可能的官能团、分子结构。

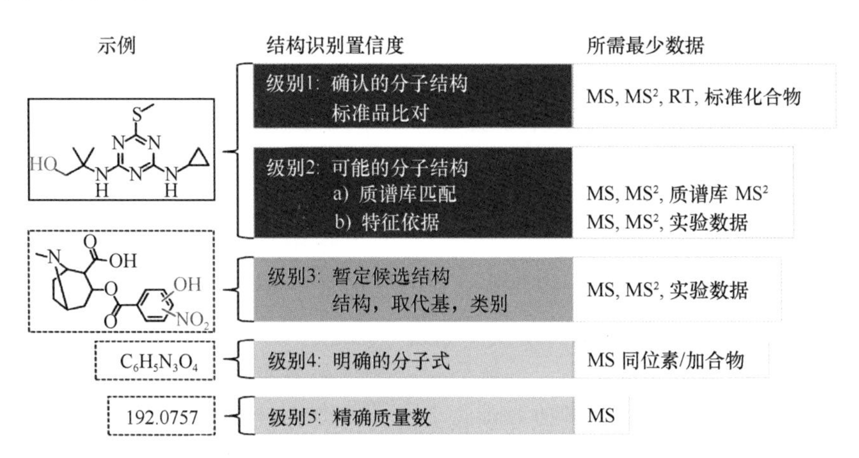

图 2-3　高分辨质谱在有机污染物结构鉴定中的置信度分级方法（其中：RT 为化合物保留时间；MS 为化合物质谱电离获得的一级离子信息；MS^2 泛指通过质谱裂解方式得到的任何结构碎片信息）[66]

2.3　信息处理和整合

2.3.1　多重结构信息的获取

色谱-质谱联用技术在新型化学污染物结构解析和确认上发挥了主要作用，基于精确分子量、同位素元素组成、二级质谱碎片离子的质谱单一信息在识别置信度上仍存在不足（图 2-3）。除质谱数据能够指示待测化合物结构外，色谱保留特征也与物理-化学性质相关。如图 2-4 所示，基于化合物色谱保留特征的化合物筛选方法可得到独立于质谱数据库的额外化学数据信息[67,68]。此外，液相色谱和气相色谱分析的原理不同，适用的分析物也略有差别。因此，可根据需要分别选取基于液相或气相色谱保留特征的化合物筛选方法。

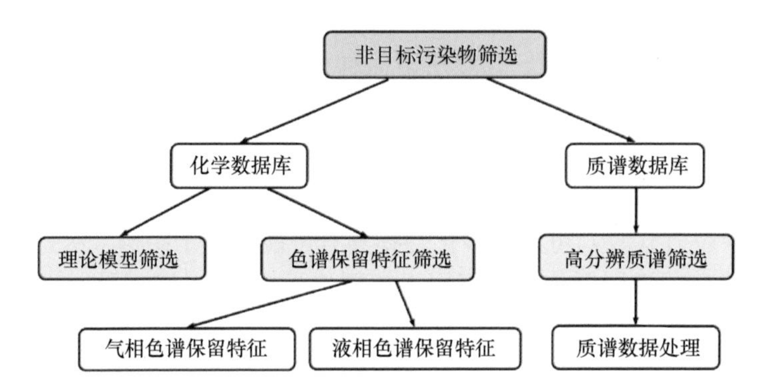

图 2-4 化学数据库信息（理化性质参数及相关的色谱保留特征）在新型化学污染物结构解析中能够发挥重要作用[67]

液相色谱基于化合物在流动相和固定相之间的分配系数、吸附能力等不同而实现分离。辛醇-水分配系数（log K_{OW}）和色谱疏水性指数（chromatographic hydrophobicity index，CHI）等参数可用来预测化合物的色谱行为[67]。辛醇-水分配系数可以较好地预测中性化合物在 C_{18} 反相液相色谱分析柱上的保留行为。当流动相采用简单的等度洗脱或梯度洗脱程序时，化合物的保留时间与辛醇-水分配系数往往呈现出显著的二元一次方程函数关系[69]。如基于 92 种农药、药物和杀虫剂标准物质建立的液相保留时间和 log K_{OW} 的线性描述方程[70]，可用于预测目标物可能环境转化产物的色谱保留行为。当疑似化合物信号具有与转化产物接近的精确分子量，而实际保留时间与预测值差别较大时，可将该疑似信号视为干扰物排除。线性溶剂化能关系（linear solvation energy relationship，LSER）与化合物的氢键酸度、氢键碱度、极化率和偶极性等因素相关，通常使用 CHI 描述化合物在流动相和固定相之间的分配行为。CHI 与液相保留时间之间也存在显著的二元一次方程函数关系。文献[71]通过在 CHI 和化合物液相保留时间（t_R）之间构建如下函数关系来计算化合物的 CHI 实际值。

$$\mathrm{CHI} = 4.95 \times t_R - 3.88$$

式中，CHI 是指线性梯度系统中洗脱化合物需要的有机溶剂的百分含量。

类似地，气相色谱是基于化合物沸点、极性和吸附性的差异实现分离，而大多数有机物的保留指数（retention index，RI）与大气压下该化合物的沸点（boiling point，BP）具有相关性，气相色谱分析物的保留时间和保留指数亦存在明确的函数关系。根据使用分析物的不同，通常使用的保留指数类型包括基于 C_6～C_{36} 直链烷烃的 Kovats RI 体系和基于一元至五元环多环芳烃的 Lee RI 体系。

相对于保留时间，色谱保留特征参数（log K_{OW}、CHI、RI）共有的优势在于参数本身几乎不受梯度设置、柱规格等因素的影响，仅与分析物的种类和结构相关，便于不同仪器参数条件下实验数据的后续利用和比较。上述参数能够在新型化学污染物发现方法体系中发挥重要作用，现有的定量结构-性质关系模型能够仅根据化合物的结构信息实现对色谱保留特征参数的准确预测，为环境污染物非目标分析提供额外的参考信息。例如，文献[72]利用 400 余种挥发性和半挥发性化合物建立训练集，使用 Dragon 软件将训练集包含化合物的分子结构分解成与蒸气压、辛醇-水分配系数、极性表面积、分子量、氢供体个数等物理-化学参数相关的多个分子描述符，利用标准品实际测定的气相色谱保留特征参数（RI）值与物理-化学参数建立函数关系。该模型得到的理论计算 RI 值与实际测定值具有一致性，准确度在 85%～115%之间。该方法应用于烟草燃烧挥发性组分的识别，确认了 23 种可能存在的芳香族有机物。

2.3.2 信息体系整合

对质谱数据和色谱保留特征等多重化合物结构信息综合利用的有效方式之一是建立逐层的“漏斗式”剔除体系（图 2-5）。例如，在对双氯芬酸（diclofenac）环境转化的研究中[73]，通过高分辨质谱精确质量数扫描可先行确定转化产物分子的

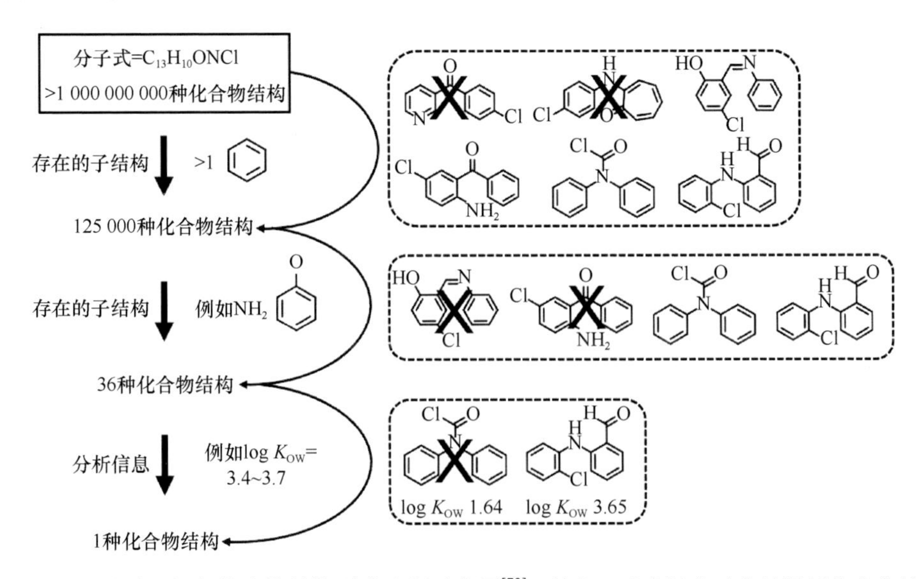

图 2-5 “漏斗式”疑似化合物结构剔除流程示意图[73]（其中：元素组成对应的疑似化合物结构数据通过 MOLGEN 获取，官能团筛选后数据通过 MOLGEN-MS 和 NIST 数据库获取，疑似结构对应的 log K_{OW} 理论预测值由 EPI Suite 计算获取）

元素组成为 $C_{13}H_{10}ONCl$。然而，化学数据库中与该元素组成对应的可能分子结构过多，难以实现转化产物分子结构的确认；通过特征二级质谱碎片信息增加筛选规则，将转化产物的结构限制为不含有氨基、酚羟基的芳香族化合物，将可能的候选化合物种类逐步缩小；再者，经过色谱保留行为可估算得到该化合物的辛醇-水分配系数（$\log K_{OW}$）范围，即能剔除具有较高亲水性的氨基甲酰氯等官能团，得到 2-(2-氯苯胺)苯甲醛为唯一符合条件的转化产物结构。

上述“漏斗式”研究体系的不足之处在于，通过多层次的剔除规则，最终可能仍然会有少量均满足筛选剔除条件值范围的非唯一性的疑似物结构，特别是同分异构体。因此，多重化合物信息进行综合利用的有效方式之二则是利用加权排序手段进行进一步判别。该方法中，对质谱、色谱数据的量化和权重设置是考察的难点。Schymanski 等[70]在对德国易北河水样的可致突变性致毒组分分析中，将疏水性（以 $\log K_{OW}$ 表征）、色谱保留行为（RI）、质谱行为（MV 和 S）和分子结构特征（E）作为评价参数建立加权排序方法，如公式（2-1）所示：

$$\mathrm{CS}=\left[\mathrm{MV}+S+\frac{\sum \log K_{\mathrm{OW}}}{n(\log K_{\mathrm{OW}})}+\frac{\sum \mathrm{RI}}{n(\mathrm{RI})}+\frac{\sum E}{n(E)}\right]/5 \tag{2-1}$$

式中，MV 和 S 为气相色谱-质谱碎片信息经 MOLGEN-MS 和 MetFrag 软件进行谱图比对和归一化量化结果，赋值范围为 0～1；当实际测定的疏水性（K_{OW}）、色谱保留行为（RI）和分子结构特征（E）值与 QSPR 模型理论计算得到的结果范围吻合时，则赋值为 1，反之为 0。考察的 5 个特征参数均具有相同的权重。综合评分（CS）高的疑似物的可能结构被认为具有更高的置信度。利用上述方法，发现邻苯二甲酰亚胺（phthalimide）和邻苯二甲酸酐（phthalic anhydride）为主要的关键致毒污染物。

2.4 展　　望

传统 POPs 的削减或限制使用促进了化学品的更新换代，新型化学品的大量生产和使用必然导致其通过直接或间接的方式释放到环境中。这些化学品是否会表现出持久性、生物富集性、潜在毒性和长距离传输能力等特性尚不明确，发现新型化学污染物是赋存行为、健康风险评估更深入研究的前提。新型化学污染物分子结构的多样性和环境基质的复杂性要求采取多元化分析手段的综合运用。复杂环境样本的前处理方法、引导发现策略（定量结构-性质关系模型方法和非目标分析方法等）、多重信息的获取及整合方法均为新型化学污染物的分子识别和结构鉴定提供了有效的工具。目前，已有一定数量的新型化学污染物检出的文献报道，环境行为特征等研究有待开展。

然而，新型化学污染物的发现方法还面临诸多挑战：①对不同物理-化学性质的有机物组分的分离和预处理有待加强。例如，采用阳离子交换固相萃取柱与阴离子交换固相萃取柱串联使用的固相萃取方法可以得到更精细的中性、酸性和碱性组分[7]；亲水相互作用色谱（hydrophilic interaction chromatography，HILIC）可适用于分离亲水性更高的短链化合物；利用毒性效应导向分析（effect directed analysis）的分级分离过程可以精确获取生物效应活性的有机物组分等。②化合物的化学数据库和质谱数据库信息十分匮乏。目前常用的质谱数据库有 NIST、Metlin、Massbank 等，其中所包含化合物的种类和数量远远不能满足非目标分析的需求。充分利用现有数据库信息能有效提高新型化学污染物发现效率；也可通过质谱碎裂行为预测模型（如 MetFrag）或自行建立化合物数据库获取更多的化合物信息。③高分辨质谱谱图的信息量庞大，非目标分析要求更为高效的数据解析手段。如组学研究中常用的化学计量学方法主成分分析（principal component analysis，PCA）、分层聚类分析（hierarchichal cluster analysis，HCA）和偏最小二乘-判别分析（partial least squares-discriminant analysis，PLS-DA）等可有效地对大数据阵列进行筛选和分类，去除其中的无效信号而保留具有显著性差异的化合物信息。

参考文献

[1] Bletsou A A, Jeon J, Hollender J, et al. Targeted and non-targeted liquid chromatography-mass spectrometric workflows for identification of transformation products of emerging pollutants in the aquatic environment. TrAC-Trend Anal. Chem., 2015, 66: 32-44.

[2] Ruan T, Lin Y F, Wang T, et al. Methodology for studying biotransformation of polyfluoroalkyl precursors in the environment. TrAC-Trend Anal. Chem., 2015, 67: 167-178.

[3] Strempel S, Scheringer M, Ng C A, et al. Screening for PBT chemicals among the "existing" and "new" chemicals of the EU. Environ. Sci. Technol., 2012, 46: 5680-5687.

[4] Howard P H, Muir D C G. Identifying new persistent and bioaccumulative organics among chemicals in commerce. III: Byproducts, impurities, and transformation products. Environ. Sci. Technol., 2013, 47: 5259-5266.

[5] Pitarch E, Portoles T, Marin J M, et al. Analytical strategy based on the use of liquid chromatography and gas chromatography with triple-quadrupole and time-of-flight MA analyzers for investigating organic contaminants in wastewater. Anal. Bioanal. Chem., 2010, 397: 2763-2776.

[6] Baker D R, Kasprzyk-Hordern B. Critical evaluation of methodology commonly used in sample collection, storage and preparation for the analysis of pharmaceuticals and illicit drugs in surface water and wastewater by solid phase extraction and liquid chromatography-mass spectrometry. J. Chromatogr. A, 2011, 1218: 8036-8059.

[7] Laven M, Alsberg T, Yu Y, et al. Serial mixed-mode cation- and anion-exchange solid-phase extraction for separation of basic, neutral and acidic pharmaceuticals in wasterwater and

analysis by high-performance liquid chromatography-quadrupole time-of-flight mass spectrometry. J. Chromatogr. A, 2009, 1216: 49-62.
[8] Backe W J, Day T C, Field J A. Zwitterionic, cationic and anionic fluorinated chemicals in aqueous film forming foam formulations and groundwater from U.S. millitary based by nonaqueous large-volume injection HPLC-MS/MS. Environ. Sci. Technol., 2013, 47: 5266-5234.
[9] 傅若农. 近年国内固相萃取-色谱分析的进展. 分析试验室, 2007, 26: 100-122.
[10] Backe W J, Field J A. Is SPE necessary for environmental analysis? A quantitative comparison of matrix effects from large-volume injection and soli-phase extraction based methods. Environ. Sci. Technol., 2012, 46: 6750-6758.
[11] Tfaily M M, Hodgkins S, Podgorski D C, et al. Comparison of dialysis and solid-phase extraction for isolation and concentration of dissolved organic matter prior to Fourier transform ion cyclotron resonance mass spectrometry. Anal. Bioanal. Chem., 2012, 404: 447-457.
[12] 吴芳华. 固相萃取新技术研究进展. 分析测试技术与仪器, 2012, 18: 114-120.
[13] Hernandez F, Portoles T, Pitarch E, et al. Target and nontarget screening of organic micropollutants in water by solid-phase microextraction combined with gas chromatography/high-resolution time-of-flight mass spectrometry. Anal. Chem., 2007, 79: 9494-9504.
[14] 江桂斌. 环境样品前处理技术. 北京: 化学工业出版社, 2004, 110.
[15] Deng J W, Yang Y Y, Wang X W, et al. Strategies for coupling solid-phase microextraction with mass spectrometry. TrAC-Trend Anal. Chem., 2014, 55: 55-67.
[16] Vatinno R, Vuckovic D, Zambonin C G, et al. Automated high-throughput method using solid-phase microextraction-liquid chromatography-tandem mass spectrometry for the determination of ochratoxin A in human urine. J. Chromatogr. A, 2008, 1201: 215-221.
[17] 孙海红, 钱叶苗, 宋相丽, 等. 固相萃取技术的应用与研究新进展. 现代化工, 2011, 31: 21-26.
[18] Baltussen E, Sandra P, David F, et al. Stir bar sorption extraction (SBSE), a novel extraction technique for aqueous samples: Theory and principles. J. Microcolumn Sep., 1999, 11: 737-747.
[19] 赵良雨, 冯志彪. 新型样品前处理: 搅拌棒吸附萃取技术及其在食品分析中的应用. 饮料工业, 2008, 11: 8-11.
[20] Barba C, Thomas-Danguin T, Guichard E. Comparison of stir bar sorption extraction in the liquid and vapour phases, solvent-assisted flavour evaporation and headspace solid-phase microextraction of the (non)-targeted analysis of volatiles in fruit juice. LWT-Food Sci. Technol., 2016, 85: 334-344.
[21] Zhang K, Pereira A S, Martin J W. Estimates of octanol-water partitioning for thousands of dissolved organic species in oil sands process-affected water. Environ. Sci. Technol., 2015, 49: 8907-8913.
[22] 林星辰, 余彬彬, 叶丹霞. 固相萃取技术新发展及其在环境分析中的应用.化工时刊, 2014, 9: 28-34.
[23] Kristenson E M, Haverkate E G J, Slooten C J, et al. Miniaturized automated matrix solid-phase dispersion extraction of pesticides in fruit followed by gas chromatographic-mass spectrometric analysis. J. Chromatogr. A, 2001, 917: 277-286.
[24] Doudu G O, Goonetilleke A, Ayoko G A. Optimization of in-cell accelerated solvent extraction technique for the determination of organochlorine pesticides in river sediments. Talanta, 2016,

150: 278-285.

[25] 蔡亚岐, 牟世芬. 限进介质固相萃取及其应用. 分析化学, 2005: 1647-1652.

[26] 张森, 倪彧, 李树奇, 等. 适用小分子化合物 MALDI 分析的基质研究. 化学进展, 2014, 26: 158-166.

[27] Wang J, Liu Q, Gao Y, et al. High-throughput and rapid screening of low-mass hazardous compounds in complex samples. Anal. Chem., 2015, 87: 6931-6939.

[28] Huang X, Liu Q, Fu J J, et al. Screening of toxic chemicals in a single drop of human whole blood using ordered mesoporous carbon as a mass spectrometry probe. Anal. Chem., 2016, 88: 4107-4113.

[29] Anastassiades M, Lehotay S J, Stajnbaher D, et al. Fast and easy multiresidue method employing acetonitrile extraction/partitioning and "dispersive solid-phase extraction" for the determination of pesticide residues in produce. J. AOAC Int., 2003, 86: 412-431.

[30] 高阳, 徐应明, 孙扬, 等. QuEChERS 提取法在农产品农药残留检测中的应用进展. 农业资源与环境学报, 2014, 31: 110-117.

[31] 易江华, 段振娟, 方国臻, 等. QuEChERS 方法在食品农兽药残留检测中的应用. 中国食品学报, 2013, 13: 153-158.

[32] 张媛媛, 张卓, 陈忠正, 等. QuEChERS 方法在茶叶农药残留检测中的应用研究进展. 食品安全质量检测学报, 2014, 5: 2711-2716.

[33] He Z Y, Wang L, Peng Y, et al. Multiresidue analysis of over 200 pesticides in cereals using a QuEChERS and gas chromatography-tandem mass spectrometry-based method. Food Chem., 2015, 169: 372-380.

[34] Gonzalez-Curbelo M A, Socas-Rodriguez B, Herrera-Herrera A V, et al. Evolution and applications of the QuEChERS method. TrAC-Trend Anal. Chem., 2015, 71: 169-185.

[35] Baduel C, Mueller J F, Tsai H H, et al. Development of sample extraction and clean-up strategies for target and non-target analysis of environmental contaminants in biological matrices. J. Chromatogr. A, 2015, 1426: 33-47.

[36] 饶竹. 环境有机污染物检测技术及其应用. 地质学报, 2011, 85, 1948-1962.

[37] 周相娟, 李伟, 许华, 等. 凝胶渗透色谱技术及其在食品安全检测方面的应用. 现代仪器, 2009, 15: 1-4.

[38] 李淑静, 董梅, 许泓, 等. 在线凝胶渗透色谱-二维气相色谱/质谱法测定鲫鱼样品中的 14 种农药残留. 色谱, 2014, 32: 157-161.

[39] Lu D S, Qiu X L, Feng C, et al. Simultaneous determination of 45 pesticides in fruit and vegetable using an improved QuEChERS method and on-line gel permeation chromatography-gas chromatography/mass spectrometry. J. Chromatogr. B, 2012, 895-896: 17-24.

[40] Bu Q W, Wang D H, Liu X, et al. A high throughput semi-quantification method for screening organic contaminants in river sediments. J. Environ. Manage., 2014, 143: 135-139.

[41] Hilton D C, Jones R S, Sjodin A. A method for rapid, non-target screening for environmental contaminants in household dust. J. Chromatogr. A, 2010, 1217: 6851-6856.

[42] Frysinger G S, Gaines R B, Xu L, et al. Resolving the unresolved complex mixture in petroleum-contaminated sediments. Environ. Sci. Technol., 2003, 37: 1653-1662.

[43] Brack W. Effect-directed analysis of complex environmental contamination. The Handbook of Environmental Chemistry series 15. Berlin: Springer Science & Business Media, 2011.

[44] 王玉婷, 于红霞, 张效伟, 等. 基于毒性效应的间隙水致毒物质鉴别技术进展. 生态毒理学

报, 2016, 11: 11-25.
[45] Simon E, Lamoree M H, Hamers T, et al. Challenges in effect-directed analysis with a focus on biological samples. TrAC-Trend Anal. Chem., 2015, 67: 179-191.
[46] Pieke E, Heus F, Hamstra J H, et al. High-resolution fractionation after gas chromatography for effect-directed analysis. Anal. Chem., 2013, 85: 8204-8211.
[47] Nielen M W, van Bennekom E O, Heskamp H H, et al. Bioassay-directed identification of estrogen residues in urine by liquid chromatography electrospray quadrupole time-of-flight mass spectrometry. Anal. Chem., 2004, 76: 6600-6608.
[48] 郝全龙, 谯华, 周从直, 等. 腐殖质吸附土壤有机污染物研究进展. 当代化工, 2014, 43: 2068-2071.
[49] Vazquez-Roig P, Pico Y. Pressurized liquid extraction of organic contaminants in environmental and food samples. TrAC-Trend Anal. Chem., 2015, 71: 55-64.
[50] Liu J X, Wang N, Buck R C, et al. Aerobic biodegradation of [^{14}C] 6:2 fluorotelomer alcohol in a flow-through soil incubation system. Chemosphere, 2010, 80: 716-723.
[51] 李鹏霞, 陈晶, 周喜斌, 等. 定量结构-性质/活性关系在分析和环境化学中的进展及应用. 分析科学学报, 2011, 27: 241-245.
[52] 胡之德, 刘焕香. 定量结构-性质关系在分析化学中的应用研究进展. 分析测试技术与仪器, 2005, 11: 243-249.
[53] Chemical Abstracts Service. CHEMLIST (Regulated Chemicals Listing); American Chemical Society: Columbus, OH. 2006 [2015-6-24]. http://www.cas.org/CASFILES/chemlist.html.
[54] Muir D C G, Howard P H. Are there other persistent organic pollutants? A challenge for environmental chemists. Environ. Sci. Technol., 2006, 40: 7157-7166.
[55] European Commission. RECHA. [2018-8-1]. http://ec.europa.eu/environment/chemicals/reach/reach_intro.htm.
[56] United States Environmental protection Agency. [2018-8-1]. http://www.epa.gov/lawsregs/laws/tsca.html.
[57] European Parliament and Council Regulation (EC) No. 1272/2008 of the European Parliament and of the Council of 16 December 2008 on classification, labelling and packaging of substances and mixtures, amending and repealing Directives 67/548/EEC and 1999/45/EC, and amending Regulation (EC) No. 1907/2006. J. Eur. Union, 2008, 353.
[58] Brown T N, Wania F. Screening chemicals for the potential to be persistent organic pollutants: A case study of Arctic contaminants. Environ. Sci. Technol., 2008, 42: 5202-5209.
[59] Ruan T, Wang Y W, Wang C, et al. Identification and evaluation of a novel heterocyclic brominated flame retardant tris(2,3-dibromopropyl) isocyanurate in environmental matrices near a manufacturing plant in Southern China. Environ. Sci. Technol., 2009, 43: 3080-3086.
[60] Hoh E, Zhu L Y, Hites R A. Dechlorane plus, a chlorinated flame retardant, in the Great Lakes. Environ. Sci. Technol., 2006, 40: 1184-1189.
[61] Krauss M, Singer H, Hollender J. LC-high resolution MS in environmental analysis: From target screening to the identification of unknowns. Anal. Bioanal. Chem., 2010, 397: 943-951.
[62] Al-Salhi R, Abdul-Sada A, Lange A, et al. The xenometabolome and novel contaminant markers in fish exposed to a wastewater treatment works effluent. Environ. Sci. Technol., 2012, 46: 9080-9088.
[63] Peng H, Chen C, Saunders D M V, et al. Untargeted identification of organo-bromine compounds in lake sediments by ultrahigh-resolution mass spectrometry with the data-

independent precursor isolation and characteristic fragment method. Anal. Chem., 2015, 87: 10237-10246.

[64] Gao W, Wu J, Wang Y, et al. Quantification of short- and medium-chain chlorinated paraffins in environmental samples by gas chromatography quadrupole time-of-flight mass spectrometry. J. Chromatogr. A, 2016, 1452: 98-106.

[65] Xia D, Gao L, Zheng M, et al. A novel method for profiling and quantifying short- and medium-chain chlorinated paraffins in environmental samples using comprehensive two-dimensional gas chromatography-electron capture negative ionization high-resolution time-of-flight mass spectrometry. Environ. Sci. Technol., 2016, 50: 7601-7609.

[66] Schymanski E L, Jeon J, Gulde R, et al. Identifying small molecules via high resolution mass spectrometry: Communicating confidence. Environ. Sci. Technol., 2014, 48: 2097-2098.

[67] 邓东阳, 于红霞, 张效伟, 等. 基于毒性效应的非目标化学品鉴别技术进展. 生态毒理学报, 2015, 10: 13-25.

[68] Schymanski E L, Bataineh M, Goss K U, et al. Integrated analytical and computer tools for structure elucidation in effect-directed analysis. TrAC-Trend Anal. Chem., 2009, 28: 550-561.

[69] Poole C F, Gunatilleka A D, Poole S K. In search of a chromatographic model for biopartitioning. Adv. Chromatogr., 2000, 40: 159-230.

[70] Kern S, Fenner K, Singer H P, et al. Identification of transformation products of organic contaminants in natural waters by computer-aided prediction and high-resolution mass spectrometry. Environ. Sci. Technol., 2009, 43: 7039-7046.

[71] Ulrich N, Mühlenberg J, Retzbach H, et al. Linear solvation energy relationships as classifiers in non-target analysis: A gas chromatographic approach. J. Chromatogr. A, 2012, 1264: 95-103.

[72] Dossin E, Martin E, Diana P, et al. Prediction models of retention indices for increased confidence in structural elucidation during complex matrix analysis: Application to gas chromatography coupled with high-resolution mass spectrometry. Anal. Chem., 2016, 88: 7539-7547.

[73] Schymanski E L, Gallampois C M J, Krauss M, et al. Consensus structure elucidation combining GC/EI-MS, structure generation, and calculated properties. Anal. Chem., 2012, 84: 3287-3295.

第3章　生物效应导向的污染物筛选与分析方法

本章导读

- 效应导向分析（EDA）技术结合了毒性评价和化学分析方法，以生物效应为导向，配合适当的分离技术，可大大减少效应污染物发现过程中的工作量。
- 介绍EDA技术的发展历史及分析步骤；对比EDA与毒性识别评估（TIE）方法的异同与利弊。
- 介绍 EDA 技术中针对液体样品、固体样品和生物样品的常见提取方法及相关操作仪器；通过对萃取方法的优化，解决“生物可利用性”的假设问题，以减少传统“耗竭式”提取方法对环境风险评价的偏差。
- 对EDA生物效应测试常见方法进行综述，通过具体实例介绍体外测试的常用靶点与相应检测细胞，以及体内生物效应测试常用的模式生物。
- 利用色谱技术手段进行组分分离可以大大降低样品复杂性，并达到纯化和富集效应组分的目的，有利于后续效应化合物的鉴定。自动化与高通量是EDA样品组分分离及收集步骤未来的发展方向。

3.1　引　　言

3.1.1　化学品的使用和管理

随着科技的快速发展，人工化学品不断被合成，并广泛应用于工业制造及各类日常生活产品。截至2015年6月，美国化学文摘社（Chemical Abstracts Service，CAS）收录了包括合金、配位化合物、矿物质、聚合物和盐类等在内的化合物1亿种[1]。短短3年后，该数字迅速增加到了1.37亿，平均每年有超过1200万种新化学品出现。1976年美国颁布了《有毒物质控制法案》（Toxic Substances Control Act，TSCA），收录了除农药、烟草、药品和化妆品之外的所有在美国生产合成或者进口的化学物质，至今已包含超过8.6万种物质，年平均新增400多种新化合物[2]。欧盟化学品管理局（European Chemicals Agency，ECHA）于1971年和1981年分别发布了《欧盟现有商用化学物质名录》（European Inventory of Existing Commercial Chemical Substances，EINECS）和《欧洲已申报化学物质名录》（European List of Notified Chemical Substances，ELINCS），登记的在欧洲市场上使用的化学物质（除聚合物外）超过 10 万种[3]。我国环境保护部也于 2013 年发布了《中国现有化学物质名录》（Inventory of Existing Chemical Substances of China，IECSC），在 2016 年 3 月增补后，收录化学物质已经超过 4.5 万种[4]。

为趋利避害、合理安全地使用化学品，同时尽可能减少化学品引起的环境污染[5,6]，需要建立系统规范的化学品管理体系。欧盟于 2007 年开始实施《化学品注册、评估、授权和限制》（Registration，Evaluation，Authorization and Restriction of Chemicals，REACH）法规[7]，对欧盟市场上的化学物质进行统一管理。相关生产厂家和进口商对欧盟市场年销售量超过 1 t 的化学产品（包括其下游产品）必须进行注册并提供物理-化学性质数据，年销售量超过 10 t 的，还需提供环境持久性、生物富集性和毒性（persistence，bioaccumulation and toxicity，P,B&T）等数据以便对其进行环境风险评估。对于高风险的“高关注度化合物”（substances of very high concern，SVHC），须限制其生产和进口并积极寻找合适的替代物。在美国，TSCA 曾是美国环境保护署（Environmental Protection Agency，EPA）管控工业化学品的主要法规。其要求生产商或进口商提前 90 天提交预生产申报（premanufacture notice，PMN），由 EPA 根据化学品对环境和人类健康风险评价分别审批，做出同意或者禁止的决定。对于已经列入 TSCA 的超过 8 万种的化学品，企业需向 EPA 进行包括厂址、年生产/进口量、可能的暴露量以及加工和使用信息等内容的化学数据报告（Chemical Data Reporting）。自 2016 年 6 月起，美国进一步发布了更为严格和全面的 TSCA 改革法案——《21 世纪弗兰克 • R. 劳腾伯格化学品安全法案》（The Frank R. Lautenberg Chemical Safety for the 21st Century Act）[8]。与 TSCA 相比，该法案废除了 EPA 在进行有毒物质限制时的“最不繁重要求”的管理措施，要求对所有现有物质和新物质进行安全性审查并进行风险分级，对高优先等级化学品进行全面安全评价；对化学品的安全评价从基于“风险-效益平衡”标准（risk-benefit balancing standard）转为基于“风险”标准（risk-based standard）；该法案也给予 EPA 更大的权限，可以要求企业对化学品进行额外的健康安全测试，加强了对婴幼儿、孕妇和老人等弱势群体的保护；提高了信息公开程度，赋予了公众知情权。我国还没有建立化学品管理的单行法，主要依靠相关国家法律，国务院条例和部委规章以及地方性法规的相互补充[9]。2003 年发布的《新化学物质环境管理办法》（Measures for Environmental Management of New Chemical Substances）要求对拟生产或者进口的新化学物质进行预申报登记，标志着我国新化学物质管理制度的建立[10]。

3.1.2 毒性化学品的筛查

不同化学品的毒性效应特点具有显著差异，不同物质相互作用又会产生复合效应。因而，开发快速、系统性方法以准确地鉴定出复杂基质中的（主要）毒性效应物质是现代毒理学研究的一个重要方向。研究人员通过建立化学品毒性数据并在环境中定向检测目标物质，评估其可能产生的环境及人类健康风险。经过多年发展，不同的毒理学数据库已经建立起来。美国国家医学图书馆（National Library of Medicine，NLM）建立的TOXNET毒理学数据网络中包含了多个毒理学数据库[11]，比如美国环境保护署于1985年建立的综合风险信息系统（Integrated Risk Information System，IRIS）包含了超过550种环境污染物的毒理学（主要为致癌性）数据；有害物质数据库（Hazardous Substances Data Bank）列出了超过5800种危险化学品的环境灾害、人体暴露和检测方法等方面的数据；国际毒性风险估计（International Toxicity Estimates for Risk，ITER）提供了全球各权威机构对600多种化学品的健康风险和致癌性的相关数据。依据建立的毒理学数据，各国家和地区都建立了持续的重点污染物环境及人体监测和风险评估计划。比如，美国于1996年颁布了《安全饮用水法案》（Safe Drinking Water Act，SDWA），要求EPA对公共水体中的约30种未经法律规范的污染物进行常规检测，并每5年对污染物名单进行重新评估和更新[12]。欧盟于2000年发布的《水框架指令》（Water Framework Directive，WFD）要求各成员国对流域内所有的水体进行综合监测和治理，禁止或者限制重点污染物的继续排放[13]。加拿大从2006开始实施《化学品管理计划》（Chemical Management Plan，CMP），对加拿大人整体、母婴及北部原住民等不同群体血液中的污染物进行定期监测和健康风险评估，并相应地调整污染物管理措施[14]。2017年，我国也已建成覆盖全国省市县三级的环境空气质量监测系统[15]，并于2018年7月底建成覆盖全国十大流域1366条河流和139座重要湖库的地表水环境质量监测系统，实现对重点污染物的实时在线监测[16]。近年来，新的环境污染物激增，污染物交互作用也更为复杂，现有的毒理学数据已经远远不能满足解决现实问题的需要。因此，如何快速、准确、低成本地对大量污染物及混合物进行毒性测试和健康风险评估变得尤为重要。根据欧盟新型环境物质监测参考实验室、研究中心及相关组织网络NORMAN（Network of reference laboratories, research centers and related organizations for monitoring of emerging environmental substances）的估计，现有的可能环境污染物已经达到4万多种[17]。2008年，美国国立卫生研究院（National Institutes of Health，NIH）联合食品药品监督管理局（Food and Drug Administration，FDA）和EPA开展了“毒理学21世纪研究计划”（Toxicology in the 21st Century，Tox21）[18]。该项目以人源性细胞的体外毒性通路测试和少量的动物染毒测试为靶向测试核心，通过广泛关注的毒性测试种类，利用自动化高通量筛选技术，实现不同化学品的毒性测试，对毒性特点进行评估和分析。自动化毒性筛选流程可以在一周之内完成 1 万多种化学品在 15 种不同浓度上的 3 次重复分析，使得短期内对大量化学品的毒性测试成为可能，并大大降低了费用和时间成本。这些基于化合物纯品的评价方法更多的是对已知纯品化合物进行毒性筛查，建立构效关系，评估其可能的环境健康风险，进而通过调整相关物质的排放政策降低其环境风险。然而，由于已知污染物可能只占样品中污染混合物的很小比例，此类方法只能简单呈现样品中所检测化合物的浓度或者毒性效应，并不能完全反映样品中所有甚至是主要有害物质的含量，也就无法准确评估其环境健康风险。

20 世纪 80～90 年代，美国和欧洲的研究者们提出利用毒性识别评估（toxicity identification evaluation，TIE）[19]和效应导向分析（effected directed analysis，EDA）[20]寻找全部或者主要的毒性污染物，用以克服“从物质到风险”评价方法的缺点。两种方法均为首先测试样品的生物效应或者毒性以反映其健康风险，之后以生物效应为指导，结合化学分析手段，找出主要的效应污染物。

3.1.3　毒性识别评估

毒性识别评估（TIE）方法由美国 EPA 提出，最早用于测定工业废水毒性及确定其中的关键毒物。TIE 多以水样和沉积物为样品，利用活体生物的毒性反应（例如致死率）来追踪鉴别效应毒物。TIE 方法分为 3 个步骤［图 3-1(a)］：①样品的毒性表征和效应毒物的类别鉴定，运用各种物理化学方法改变样品中各物质性质（如添加乙二胺四乙酸螯合剂），通过测试改变前后样品的毒性效应，初步判断出效应毒物的种类（如添加乙二胺四乙酸螯合剂后毒性降低说明效应毒物可能为金属离子）；②效应毒物的鉴别，采用与①中鉴别出的效应毒物类别相一致的分离分析手段对可能的效应毒物进行检测［比如利用电感耦合等离子体-质谱（ICP-MS）分析金属离子］，确定具体物质和浓度；③效应毒物的确认，运用加标测试、物种敏感度或相关性分析等方法进一步确认效应毒物，并计算毒性贡献率。若鉴定出的效应物质毒性与样品总体毒性相差太大，需要重新回到第一步骤进行第二轮分析，直至找出（主要）效应毒物。

3.1.4　效应导向分析技术

效应导向分析（EDA）流程见图 3-1(b)。与 TIE 类似，EDA 也以生物效应测试为基础，以主要效应毒物的鉴定为目标。但在具体分析中，两者在假设、方法及样品种类等方面各有侧重。TIE 以反映污染物在真实生态环境下的健康风险为主要目标，而 EDA 则更侧重于回答样品中哪（几）种物质引起了观测的毒性效应。

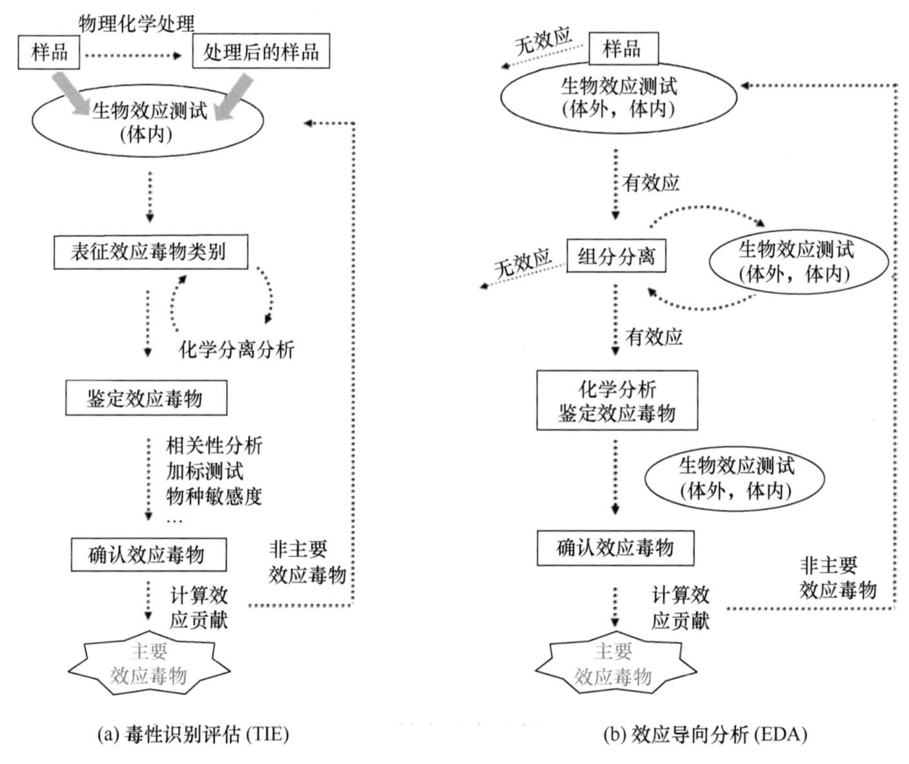

图 3-1 毒性识别评估（TIE）和效应导向分析（EDA）分析流程示意图

TIE 预设毒性效应物质可以为有机、无机或者金属离子等物质（主要分为氨氮、重金属、非极性有机物和硫化物四类），而 EDA 则将可能的物质范围限制为有机物。因而相应地，在具体分析中，TIE 多使用不经处理的原样品在整体动物水平上（即体内实验）进行毒性测试，并将生物利用度考虑在内，提高毒性测试的生态相关性。EDA 则往往首先对样品进行有机物提取，并对有机组分进行分离以降低样品复杂性，再对提取物和分离组分进行细胞模型毒性测试（即体外实验，含少量体内动物模型），以便找出阳性组分进行后续效应毒物的鉴定。TIE 适用于分析水样[21,22]和沉积物[23,24]这两类样品，而 EDA 还在大气[25]、土壤[26,27]、原油[28,29]、灰尘[30]、食品包装[31]以及生物样品（如血浆[32]）等样品中有所应用。在效应毒物的鉴定中，基于标准品对经典/优先控制的污染物进行检测和定量的目标分析（target analysis）是 TIE 中的主要方法。近年来全扫描高分辨质谱的兴起和快速发展使得在没有标准品提供的前提下对样品中的未知物质进行鉴定的非目标分析（nontarget analysis）成为可能。EDA 中主要依靠非目标分析对主要甚至全部未知效应毒物进行鉴定[32]。

Qu 等[33]利用 EDA 技术成功地完成了河流底泥中神经毒性效应物的鉴定。样品经加速溶剂萃取（accelerated solvent extraction，ASE）提取和凝胶排阻色谱净化后，通过硅胶固相萃取（solid phase extraction，SPE）小柱粗分为 F1 和 F2 两个组分。以大鼠小脑颗粒神经元细胞（cerebellar granule neuron，CGN）作为生物评价模型，发现 F2 组分具有显著的神经毒性，以反相制备色谱对其进行细分并每隔 1 min 自动收集馏分。对所有馏分进行生物测试，结果显示 F2.17 为毒性组分。借助紫外检测器和质量检测器对该组分进行分析，确定了四溴双酚 A 双丙烯基醚为主要效应污染物。

以下从样品提取、生物效应测试、组分的分离和收集以及效应物质鉴定四方面对 EDA 分析方法进行详细介绍。

3.2　样品提取

有机物提取是 EDA 分析的重要步骤，关乎后续风险评价的成败。不适当的提取流程可使样品中的效应组分丢失或者保留太多杂质，影响生物效应测试效果。有机溶剂提取是最常用的提取方法，但近几年来，随着对真实环境污染的模拟要求的增加，能反映生物可利用度的新提取方法得到持续发展。

3.2.1　常规样品提取方法

3.2.1.1　液体样品提取

液液萃取（liquid-liquid extraction，LLE）法[34]和 SPE[32,35]是两种最常用于液体样品的提取方法。LLE 是利用溶解度的差异，将样品中的部分有机物转移到溶剂。索氏提取（Soxhlet extraction）法是其中的代表方法，具有成本低、回收率高、重现性好的优点[36]，但操作烦琐、费时费力、有机溶剂消耗量大[37]。SPE 技术以固定相为萃取剂，通过梯度洗脱实现对不同组分的分离和富集。SPE 柱有不同的填料（如 C_{18}[35]、XAD[38]、MCX[32]和 HLB[35]），用于提取不同类型的有机化合物。文献[39]利用 C_{18} 填料的 SPE 柱对孔隙水进行提取分离，最终确定了多环芳烃为样品中的主要致畸化合物。为了获得足量的提取物以利于后续生物效应测试，有研究者搭建了水样分析的大容量固相萃取（large volume-solid phase extraction，LV-SPE）装置[40,41]，分析容量高达 1000 L。其原理是利用真空采样系统将水样吸入到填充有固定相（如弱阳离子交换 WCX 键合相）的不锈钢萃取桶中进行过滤，之后通过对固定相进行除湿、冷干和萃取等处理富集所需要的样品成分。该装置应用于分析 50 L 溪水中具有雌雄激素激动效应、能够抑制藻类生长或导致鱼胚胎毒性的有机物[22]。同时，复杂样品往往需要联合多种提取方法。例如，文献报道在提取北极熊血浆中的甲状腺激素干扰物时使用了 LLE-SPE 联用技术[42]，结果显示该方法对羟基多氯联苯、羟基多溴二苯醚和全氟烷基化合物等都有较高的回收率。

3.2.1.2 固体样品提取

固体样品（如土壤、沉积物、空气颗粒物、食品等）的提取可选取乙腈、二氯甲烷、正己烷等溶剂，萃取方法有索氏萃取[36]、超声萃取（ultrasonic extraction）[43]、加速溶剂萃取（ASE）[44]、加压溶剂萃取（pressurized liquid extraction，PLE）[45]和微波辅助萃取（microwave-assisted extraction，MWAE）[46]。除索氏萃取外，其他几种方法均具有节省溶剂、流程快速、基质影响小和重现性好的优点。ASE 和 PLE 都是在高温高压下利用有机溶剂对样品进行快速提取的方法。利用 ASE 技术提取生物修复前后的土壤中有机物，研究发现三环和四环的多环芳烃（PAHs）可转变成为更具毒性的羟基化和羧基化代谢产物，从而解释修复后土壤毒性增加的原因[47]。文献报道在利用 PLE 方法对湿地底泥样本的有机物质提取液中，PAHs 为重要的细胞毒性物质[44]。

3.2.1.3 生物样品提取

近年来，生物样品（如植物提取液[48,49]、动物血液[32,50]和组织器官[51,52]）在 EDA 分析中的应用越来越广泛。针对生物样品的处理，需要将痕量的有机物从与脂质和/或蛋白质的结合态中释放出来，并尽量去除激素等内源性物质。因此，一般需要额外步骤对粗提样品进行净化，如利用丙酮-正己烷系统对海豹肝脏样品进行萃取，粗提样品再经过硫酸钠/22%硫酸硅胶/44%硫酸硅胶/硫酸钠填充柱完成净化[51]。该方法对 1,2,3,7,8-PeCDD、*p*,*p*′-DDE 以及 PCB-126 的回收率在 80%～110%之间。加速膜辅助清理（accelerated membrane-assisted cleanup，AMAC）可除去生物样品中 90%脂质，同时保持对 PCB-28、芘、*p*,*p*′-DDE 和 γ-六氯环己烷等化合物＞80%的回收率[53,54]，适合处理富含脂质的生物样品。文献基于 ASE 装置对不同材质的萃取膜在 AMAC 应用中的性能进行了评估，结果显示低密度聚乙烯（low-density polyethylene，LDPE）膜在分析物的回收率和脂质的去除率上比流延聚丙烯（cast polypropylene，CPP）膜有更好的效果[53]，实际应用中还可以通过温度、压力、透析时间等参数优化提升 AMAC 的净化能力。

3.2.2 仿生样品提取方法

上述介绍的提取方法均为耗竭式提取，原理基于假设采样样品中的有机物质已经与周围环境介质达到了平衡，有机提取过程不损失样品中的效应有机物（即 100%回收率，100% recovery）。效应有机物可以全部被生物体吸收（即 100%生物可及性，

100% bioaccessibility）并全部产生效应（即 100%生物利用度，100% bioavailability）。然而此假设在现实中往往并不成立。以河流底泥样品为例，如采样点位于排污口附近，就无法实现有机物在底泥和流水之间的平衡；样品提取过程往往不能达到 100%回收；而且也仅有从底泥解吸的那部分有机物才能被吸收，进入生物体的有机物也只有到达效应检测范围才能产生毒性效应。可以预见，常规耗竭式提取方法给出的 EDA 分析结果与实际环境风险相比可能有偏差，并进而影响毒性效应物的鉴别。因而，建立更接近于真实环境暴露状况的仿生样品提取方法具有重要意义。

生物可及性导向的提取（bioaccessibility-directed extraction，BDE）方法可解决常规 EDA 分析中"100%生物可及性"的假设问题。该替代方法为温和萃取法，如以丁醇作为萃取剂[55]或者采用 CO_2 超临界流体萃取[56]方法，可减弱有机物在提取溶剂中的溶解度。此外，文献还报道在样品中加入 TENAX[57]、XAD[38]或羟丙基-β-环糊精[23]等萃取剂替代有机提取溶剂，只有从样品中解吸出来进入水相的有机物才能被萃取剂吸收。针对利用 ASE 和 TENAX 方法对底泥进行提取的比较实验[58]发现，ASE 方法会高估样品的藻类毒性，这是因为耗竭式提取物中还包含了低生物利用度的其他毒性有机物。

基于分配的被动采样（partitioning-based passive sampling，PBPS）法在评价污染底泥的环境风险中亦应用广泛。该方法是借助于浓度差使有机污染物在样品介质和采样膜之间达到被动平衡的采样技术，因而可以模拟污染物在环境介质和生物体的分配行为。根据极性有机化合物综合采样器（polar organic compound integrative sampler，POCIS）[59]和 LDPE[60]等膜材料的性质，单独或者联合使用[61]可用于提取特定性质的污染物。例如，在鉴定多环芳烃类致畸物时使用了能够特异性吸附多环芳烃的 Blue Rayon 采样器[62]。PBPS 流程操作简便，能够很好地与体外毒性测试整合联用[63]；但因需要的采样平衡时间过长，在 EDA 方法中的应用有限。

3.3 生物效应测试

环境样品经提取、纯化后需进行生物效应测试，以判断该样品是否具有毒理学研究意义。具有毒性效应的样品经一级分离后（参见 3.4 节），需要继续对各组分进行毒性测试，以决定是否进行下一级的分离分析。毒理学的发展提供了可供选择的众多毒性评价方法，然而如何选择合适的毒性终点和测试方法是 EDA 方法研究的关键问题。除了满足与具体的样品基质、目标毒性和疑似毒物等相匹配的条件外，毒性测试的选择应该兼顾两个基本原则：①能够检出毒性组分或者毒性物质，即要求该测试能够区分有毒和非毒成分，并能够定量毒性成分，且需具有操作方便、快速、灵敏、重现性高等优点；②能够基于毒性测试结果进行环境风险评价，即在进行特定环境相关的毒性测试时该方法能够在低剂量下显示污染物的急性、慢性毒性效应[64]。近年来，有学者提出了“有害结局路径”（adverse outcome pathway，AOP）的概念[65]，研究由污染物暴露引起的分子水平的反应与群体水平的最终有害结局之间的联系，可以预见，未来 AOP 的发展能够在 EDA 毒性测试选择上给予指导。

3.3.1 样品暴露方式

选定合适的毒性测试方法后，需要使样品提取物与被测生物接触，即“暴露”。EDA 分析中，样品经提取、组分分离和纯化后，保存于不同的有机溶剂中。常规暴露方法是将提取物转溶至生物相容性助溶剂[如二甲基亚砜（dimethyl sulfoxide，DMSO）] 中，然后作为整体直接加入测试体系中。这种方法没有考虑样品进入溶剂基质时可能发生的组成成分变化，以及实际环境暴露中物质的生物利用度问题。基于分配的暴露（partition-based dosing，PBD）方法则在一定程度上解决了这些弊端，尤其在用于底泥等固体样品的测试中。PBD 方法依靠装载有样品提取物的固定相装置［如 C_{18} 固相萃取盘[66]、硅胶 O 型圈[67]、特氟龙（Teflon）搅拌棒[68]、半透膜装置[54]和聚二甲基硅氧烷膜[69]等]，通过缓慢释放化合物以达到连续的固定相-测试介质-生物间的分配，模拟真实环境中的底泥-水-生物系统分配。PBD 方法抵消了因容器吸附、物质蒸发/降解和生物摄取带来的污染物浓度变化[70]及生物利用度偏差，因而能够更准确地进行毒理学评价。采用 PBD 方法对底泥中能够抑制藻类细胞增殖的化学物质进行的鉴定结果显示[71]，三氯生（triclosan）是主要毒性贡献物。而在直接溶剂暴露方法中，PAHs 的高生物利用度掩盖了高水溶性的三氯生的毒性效应，导致 PAHs 被鉴定为关键致毒物质。

3.3.2 体外测试

体外测试（*in vitro* assay）是研究微生物、细胞或其他生物分子在脱离其正常的生物学背景之外的情况下对被测物质的反应，具有耗时短、灵敏度高和特异性强的优点。美国的 Tox21 计划[72]和欧盟的 WFD 项目[73]均基于体外生物效应测试实现高通量和自动化检测。

3.3.2.1 遗传毒性效应

有机污染物（如部分 PAHs 同系物）或者其生物转化产物能够在生物体内形成 DNA 加合物，造成点突变、链断裂或 DNA 重组等其他变化，从而引起细胞的癌变、畸变和损伤等，这称作物质的遗传毒性效应[74]。遗传毒性是最早应用于 EDA 分析的生物学终点。目前常见的遗传毒性检测方法有埃姆斯波动测试（Ames fluctuation assay，简称 Ames）和碱性 DNA 解旋测试。

诱变剂仅改变突变频率而不改变突变方向，因此，可以通过考察经化学品暴露后的微生物是否发生回复突变来评价其遗传毒性。Ames 法[75-77]即是通过检测组氨酸缺陷型（His^-）鼠伤寒沙门氏菌株（*Salmonella typhimurium*）经化学品暴露后回复到原养型的能力来反映该化学品的遗传毒性。文献[77]使用 Ames 法对莱茵河下游水样中致突变剂的筛查结果发现，除邻甲苯胺和 2,6-二甲代苯胺外，去甲哈尔满和 *β*-咔啉也具有致突变性，且分别与前两者有强烈的协同作用。经典 Ames 法操作烦琐，难以实现高通量检测。因此有研究者通过培育转入了萤光素酶报告基因（*lux*）的新菌株提高了检测灵敏度和检测速度[76]。基于应急（SOS）反应的新检测系统回避了组氨酸的影响，简单易行[78]。

碱性 DNA 解旋测试也称彗星测定法[79]，在遗传毒性评价中广泛使用。在碱性条件下，双链 DNA 会发生解螺旋并释放出损伤的 DNA 断链和片段。通过聚丙烯酰胺凝胶电泳（polyacrylamide gel electrophoresis，PAGE），不同分子量的 DNA 片段会因迁移速度的差异而处于电场的不同位置，形成类似彗星尾巴的形状。DNA 损伤越大，则断裂点越多，DNA 片段越小，“彗星尾巴”面积越大，荧光强度也越强，由此可以用于判断 DNA 的受损程度[80]。曾有研究者对多瑙河沿岸的野生欧白鱼（*Alburnus albumus*）血样进行彗星测定[79]，结果显示城市废水，而非鱼的饮食，是引起其红细胞中 DNA 损伤的主要原因。

随着化学激活萤光素酶基因表达测试（chemically activated luciferase gene expression assay，CALUX）技术的广泛运用，基于 p53-CALUX 的检测方法已成功建立[81]。该方法是以放线菌素 D 或环磷酰胺作为阳性对照，通过检测 p53 蛋白的激活强度来评价样品的毒性效应，具有较高的灵敏度和特异性，且能够识别多种类型的遗传毒性化合物。

3.3.2.2 芳香烃受体效应

二噁英类芳香族化合物是含有一个或多个苯环的有机化合物，被认定为一级致癌物[82]和优先控制污染物。芳香烃受体（aryl hydrocarbon receptor，AhR）蛋白是一种胞质受体蛋白[83]，可特异性结合二噁英类化合物，诱导细胞色素 P4501A（*CYP1A*）等相应基因[84]。通过测定 7-乙氧基异吩噁唑酮-*O*-脱乙基酶（7-ethoxyresorufin-*O*-deethylase，EROD）的活性可以推算芳香族化合物的含量[44]。EROD 法周期短、结果精确，目前已经应用于多种细胞系（如虹鳟鱼细胞系 RTL-W1[85]、大鼠肝肿瘤细胞系 H4IIE[86]和食蚊鱼肝癌细胞系 PLHC-1[59]等）芳香族化合物的检测。然而，该方法检出限较差，高浓度底物可能会抑制细胞色素酶 P4501A 的活性产生假阴性结果[87]。

相比之下，基于重组细胞的二噁英应答化学激活萤光素酶基因表达测试（dioxin responsive chemically activated luciferase gene expression assay，DR-CALUX）测定法则克服了上述缺点[88,89]。DR-CALUX 方法是通过基因重组技术将萤火虫的萤光素酶报告基因（*luc*）整合到芳香烃受体细胞核内的 DRE 序列下游，制备成报告基因质粒，并转染到宿主细胞获得稳定转染的细胞系。当待测污染物与细胞系共同孵育时，可以诱导萤光素酶的转录表达。通过测定萤光素的发光强度，获得样品中待测物质的二噁英毒性当量（toxic equivalent，TEQ）。常见的重组细胞系有人类骨肉瘤细胞系（U2-OS）[90]、大鼠肝癌细胞系（H4IIE-*luc*）[91]和小鼠肝癌细胞系（CBG2.8D）[92]等。利用转染了萤光素酶的小鼠肝癌细胞系（H1L6.1c3）对挪威两处受污染海域的底泥进行毒性效应筛查的研究结果发现，奥斯陆港和格陵兰地区样品中的 AhR 激动剂分别为 PAHs 和含氮/氧多环芳烃化合物（N/O-PAHs）[93]。

化学激活荧光基因表达测试（chemically activated fluorescent gene expression assay，CAFLUX）是在 DR-CALUX 的基础上，用水母（*Aequorea victoria*）的绿色荧光蛋白酶（*gfp*）代替萤光素酶作为报告基因。文献[29]利用小鼠肝癌细胞系（H1G1-*luc*）鉴定出原油中的芳香烃效应污染物主要集中在 log K_{OW} 为 5～8（C_{14}～C_{32}烷烃）的中高沸点馏分中。

3.3.2.3 内分泌干扰效应

环境内分泌干扰物指的是能够通过干扰体内正常激素的合成、分泌、转运、结合和代谢等改变内分泌系统功能并引起个体或种群可逆性或不可逆性生物学效应的外源化合物。它们常在低浓度（nmol/L～μmol/L）下产生影响[94]，通过核受体（nuclear receptor，NR）、胞浆受体和非受体途径引发内分泌效应。EDA 中常见的核受体检测终点包括雌雄激素受体（estrogen receptor/androgen receptor，ER/AR）、糖皮质激素受体（glucocorticoid receptor，GR）、过氧化物酶体增殖物激活受体（peroxisome proliferator-activated receptor，PPAR）、甲状腺激素受体（thyroid hormone receptor，TR）和孕激素受体（progesterone receptor，PR）等。非受体途径指的是通过下丘脑-垂体-性腺轴（HPG 轴）、下丘脑-垂体-甲状腺轴（HPT 轴）或下丘脑-垂体-肾上腺轴（HPA 轴）中的某些环节影响类固醇激素的正常合成、结合和代谢等过程，进而干扰内分泌活动[95]。

基于酵母细胞系建立的酵母菌雌激素筛选（yeast estrogen screen，YES）[96]和酵母菌雄激素筛选（yeast androgen screen，YAS）法[97]在评价化合物的雌/雄激素激动或拮抗活性中具有良好的效果。酵母菌模型的评价体系容易获得，成本低廉，但灵敏度较差。因此，整合各种报告基因的高灵敏度检测方法如萤火虫萤光素酶报告基因检测法（*luc*-CALUX assay）[98]、绿色萤光素酶报告基因检测法

（*flu-/gfp*-CAFLUX assay）[99]和 β-半乳糖苷酶报告基因检测法（β-galactosidase-CALUX assay）[100]等相继发展起来。CALUX 测定系统也被推广到其他多种细胞系，用于多种内分泌干扰物的鉴定。例如，基于人乳腺癌细胞系（T47D）雌激素效应的 ER-CALUX[101]检测法已成功被用于鉴定藻类、水蚤和斑马鱼胚胎中的三氯生、吖啶、17α-炔雌醇（EE2）和 3-硝基苯并蒽酮（3-NBA）等新型内分泌干扰物。基于人类造骨细胞系（U2-OS）的 AR-CALUX 和 GR-CALUX 则分别被用于检测污染物的雄性激素和糖皮质激素效应[102]。PR-CALUX 和 TR-CALUX[103]在孕激素和甲状腺激素效应的检测中也显示了良好的应用效果。

GeneBLAzer 测定法[104]也常用于检测各类内分泌干扰效应，通过检测 520 nm 波长下的绿色荧光信号或 447 nm 波长下的蓝色荧光信号，确定 β-内酰胺酶［*bla*(*M*)］的表达水平。近年来，GeneBLAzer 法在不同受体（包括 ER-/*anti*-ER、AR-/*anti*-AR、PR-/*anti*-PR、GR-/*anti*-GR、PPAR-/*anti*-PPAR、RXR 和 RAR）介导的内分泌干扰效应检测中都得到应用[105]。文献[106]通过 CRISPR/Cas9 基因组编辑开发了糖皮质激素受体敲除突变细胞系，消除了雄激素效应检测中的糖皮质激素干扰，提高了检测的特异性。

非受体途径产生内分泌干扰效应的研究在 EDA 中也有涉及。通过定量检测类固醇激素及代谢产物含量[107]，可以反映测试物质的内分泌干扰效应。此外，某些咪唑类杀真菌剂和植物黄酮可分别通过影响芳香化酶（CYP19）和 17β-羟基类固醇脱氢酶（17β-HSD）的活性调节激素，影响内分泌系统[108]。因此可以通过测定 CYP19 芳香化酶活性来探究测试化合物对类固醇激素的影响[107]。

3.3.2.4　神经毒性效应

神经毒性效应常以乙酰胆碱酯酶（acetylcholinesterase，AChE）的活性作为评价指标。乙酰胆碱（acetylcholine，ACh）是存在于神经突触间隙的神经递质，传递神经兴奋后能够被 AChE 水解为乙酸和胆碱[109]。AChE 的失活会导致 ACh 的降解受阻，后者持续与受体结合，诱导神经元细胞的过度兴奋，产生神经毒性。文献[110]以 AChE 的活性作为毒性测试终点，地表水中的主要 AChE 活性抑制剂为吡虫啉、噻虫啉和抗蚜威等 3 种杀虫剂。通过二维液相色谱分离制备法结合高分辨率飞行时间质谱（time-of-flight mass spectrometer，TOF-MS），确定了泰必利、氨磺必利和拉莫三嗪为捷克某污水处理厂废水中的主要 AChE 抑制剂[111]。

神经毒性评价也可以通过神经元细胞的直接暴露实验进行。Qu 等[33]建立了以新生大鼠小脑颗粒神经元（CGN）的原代培养细胞为基础的化合物神经毒性评价方法。该方法对某溴化阻燃剂工厂下游的水、底泥和土壤等样品的检测结果显示，四溴双酚 A 双丙烯基醚为主要的神经毒性污染物。

3.3.2.5 细胞应激效应

当细胞响应外界环境压力（如毒素暴露、活性氧损伤或机械损伤等）时，会发生一系列防御或适应性变化以增强生存能力，称为细胞应激效应。细胞应激效应中的短期机制能尽可能减少急性伤害对细胞的损伤，长期机制可以通过提供一系列必要条件来对抗不利环境因素[112]。EDA 方法中选用的细胞应激效应除前文所述的 p53 蛋白遗传毒性通路外，还有 ARE/Nrf2 通路介导的氧化应激[113]以及启动细胞内信号通路进而调节靶蛋白活性（比如促进 NF-κB 转录因子的表达）介导的炎症效应[114]。

萤光素酶报告基因 ARE 转录因子整合进人乳腺癌细胞系 MCF7，可构建通过激活 Nrf2 通路引发氧化应激来应答效应化学物的 AREc32 细胞系[113]。文献[115, 116]分别以叔丁基氢醌和苯酚为阳性和阴性对照，测定了污水、再生水、雨水和饮用水等 9 种环境样品在 AREc32 细胞系的氧化应激效应。通过定量水样中可能含有的 269 种化学污染物的含量，评估其可能引起的氧化应激效应，研究者们发现样品中超过 99.9%的氧化应激效应来自于未知污染物。NF-κB 参与调控免疫反应的早期和炎症反应，据统计，ToxCast 数据库中 3%的化学物质能够在 NF-κB-*bla* 实验中产生诱导效应[117]，该效应终点有助于识别环境介质中的致炎性有毒污染物。

3.3.3 体内生物测试

体内（*in vivo*）生物测试是指将模式生物暴露于环境样品中，通过死亡率、孵化率、胚胎发育和个体生长等指标来评价样品的生物效能的测试方法。由于整体生物的使用，体内生物测试在生态相关性上较体外测试更高，能更好地反映污染物的生态毒理学效应，因而能给出更准确的环境风险评价。常见的模式生物包含藻类[66,118]、浮游动物（如水蚤[43]、摇蚊[119]）、小型昆虫（如水生寡毛虫[29]和跳虫[120]）、小型动物（如新西兰泥螺[121]、淡水蜗牛[110]和钩虾[122]）和鱼类[27,47,96,123]等。

污染诱导的群落耐受性（pollution-induced community tolerance，PICT）检测法最早由 Blanck 和 Wängberg[124]提出，是通过检测藻类群落功能的变化来评价受试物质毒性效应的高灵敏度方法。一项以 PICT 为指导的研究通过检测藻类群落光合作用的变化，确定了 *N*-苯基-2-萘胺、三丁基锡和普罗米芬为主要的毒性污染物[66]。

以小型昆虫和动物体内的某种生物效应为毒性终点的研究在 EDA 分析中也有涉及。文献[119]以摇蚊（*Chironomus dilutus*）体内酶反应为毒性终点，证明了珠江底泥提取物中诱导摇蚊氧化应激反应的主要污染物为氯氰菊酯、烯酰吗啉、卵磷脂和噻吩氯等。以钩虾（*Gammarus pulex*）为模式生物测试了具有不同辛醇-水分配系数（K_{OW}）值的污染物的生物富集效应，结果显示亲水性新烟碱类杀虫剂（如吡虫啉）在钩虾体内累积明显[125]。在以土壤跳虫（*Folsomia candida*）为测试生物的毒性测试中，吡虫啉也表现出了明显的累积并展示了较强的致死毒性[120]。

以鱼类为对象的体内毒性测试多为鱼胚胎毒性实验（fish embryo toxicity test，FET）[27,96,123]。斑马鱼（*Danio rerio*）以小体积、高繁殖力、发育迅速、易饲养以及胚胎透明等特点而成为毒性评价的常用模型。另外，黑头呆鱼（*Pimephales promelas*）[126]也常被用到。常规鱼胚胎毒性测试是将受精 24 h 或 48 h 的鱼卵暴露于不同浓度的样品中，观察胚胎变化（如心率、水肿、头长、血液循环以及神经毒性等）及死亡率[127]。将斑马鱼暴露于当地入侵物种杉叶蕨藻（*Caulerpa taxifoliais*）海藻的代谢产物的研究发现，有机阴离子转运蛋白 Oatp1d1 活性受到明显抑制[123]。进一步通过液相色谱串级四极杆时间飞行质谱（liquid chromatography tandem quadrupole time-of-flight mass spectrometry，LC-QTOF-MS）鉴定，蕨藻半倍萜（caulerpenyne）为主要的效应毒物。通过色谱质谱联用技术测定神经递质的研究，考察了农药对斑马鱼胚胎和幼鱼神经系统发育的影响[128]。

3.4 组分的分离和收集

3.4.1 组分分离

如果环境样品的有机提取物在生物测试中毒性效应显著，后续则需要对提取物进行组分分离，通过生物测试去除非活性杂质，筛出活性组分。组分分离能够大大降低样品复杂性，达到纯化和富集效应组分的目的，有利于效应化合物的鉴定。

色谱技术是最常用的组分分离手段，主要包括开放型柱色谱（open column chromatography）、薄层色谱（thin layer chromatography，TLC）、固相萃取（SPE）、气相色谱和液相色谱。具体操作中，一般先使用开放型色谱柱、商业化的 SPE 柱或 TLC 对样品的有机提取物进行初步分离（即“粗分”），经相关生物效应测定后再用气相或者液相色谱进行精分（又称“细分”）[129]。分馏不足可能导致效应毒物鉴定的失败，因此，如果必要，在对精分馏分进行生物测试后，还可以对其中的效应馏分继续进行下一级甚至几级的分离。

科学而合理地进行样品分离及馏分收集对效应毒物的成功鉴定至关重要。在具体策略的制定中，应综合考虑样品的特性、可能效应物的性质以及所采用的生物效应测试的种类等[130]。从可能效应物的性质角度来考虑，一种常用的做法是借助结构类似的模式化合物建立大致的分离流程[64]。从样品的角度来考虑，可以根据极性、亲/疏水性、分子量和特定官能团等进行组分分离[131]。亲/疏水性是指导组分中化合物分离的一个常用原则，其大小用辛醇-水分配系数 K_{OW} 表示[29]：亲水性越高，log K_{OW} 值越低[132]。因此，可以根据已知模式化合物的 log K_{OW} 值和其在色谱柱上的保留时间之间的相关关系[29]设定合适的色谱分馏梯度。类似地，可以利用线性溶剂化能关系（linear solvation energy relationship，LSER）模型[133]对不同 K_{OW} 值的化合物在色谱柱的流出进行合理设定。相应地，在 GC 分离中，可以基于物质的沸点差异制定分离与收集策略。

3.4.2 样品有机提取物的粗分

色谱分析柱技术是 EDA 中最常见的粗分技术，具有高效、简便、容量大的特点。常见的色谱柱填料包括硅胶[134]、氧化铝[135]、弗罗里硅土[136]和多孔凝胶[119]等。在不同极性有机溶剂的洗脱下，样品中的化合物可以根据极性的不同[135,137]或者分子量的差异（如凝胶色谱[119]）实现分离。以氧化铝为色谱柱填料，通过不同极性的有机溶剂洗脱，可将底泥样品提取物粗分为脂肪族（非极性饱和物）、芳香族（中等极性化合物）和极性化合物 3 个组分[137]。通过调节洗脱液的 pH 值，还可以根据酸碱性对样品中的物质进行分离[77,105,138]。

在对提取物粗分的研究中，薄层色谱（TLC）分离技术也有广泛应用。该技术是根据样品中各成分对吸附剂（如硅胶、氧化铝）的不同吸附力或者在固定相（如含水硅胶）和流动相间的不同分配系数实现分离的。TLC 技术的优势在于，在正向分离中，流动相溶剂能够在分离后完全蒸发而不会影响后期的毒性评价。同时，该方法还可以和紫外-可见光（UV-Vis）、MS 等检测技术灵活结合实现自动化，减少多步样品处理和转移带来的样品损失，并提高整个 EDA 的准确性。文献[139]用 TLC-YES 联用装置完成了从样品制备到筛出含雌激素活性化合物组分的分析步骤。进一步建立的自动化 TLC-bioassays-ESI-MS 多级串联分析系统，可用于鉴定接骨木果实提取物中的自由基清除剂、抗菌剂、雌激素激活剂和乙酰胆碱酯酶抑制剂等多种效应化合物[48]。TLC-bioassays-MS 自动化联用的实现为高通量 EDA 系统的建立提供了可能[140]。

SPE 多为吸附色谱，适用于对液体基质的样品（如水样）进行分析，并可以根据样品及可能的效应物的性质灵活选择合适的填料（如 C_{18}[141]、XAD[38]）、柱容量及洗脱策略。比如通过调节洗脱液的极性和 pH 值，C_{18}-SPE 柱可以将样品中的中性、弱酸/碱（弱极性）、强酸/碱（强极性）组分依次洗脱分离。但 SPE 柱价格昂贵，不适合大量样品的分析。

3.4.3 次级馏分细分

3.4.3.1 气相色谱分离

气相色谱（GC）适用于分离挥发性强的热稳定性化合物。在 EDA 中，除了直接应用 GC 进行样品分离，也常常将 GC 与 MS 联用以同时实现对效应毒物的分析鉴定[142]。GC 分离条件的优化可以通过更换色谱柱、改变柱温和调节升温程序等方法实现。GC 的分离制备和组分收集在开放的管状阱中进行[143]，但气溶胶的形成容易导致目标产物的损失。基于多孔板（如 96 孔规格）的在线 GC-MS 连续分离制备与分析方法可解决上述问题[144-146]。如图 3-2 所示，该分离制备系统在 GC 柱出口连接了一个 Y 型接头实现分流，一部分色谱流出组分直接进入 MS，其余大部分则被导入另一个 Y 型接头中，与气化的捕集溶剂混合后，流出 GC 柱箱，在多孔板上冷凝并被收集。利用质谱仪分析多孔板中不同时间点收集的馏分，并将结果与在线记录的色谱质谱谱图进行比较，即可以进行馏分收集性能的分析和优化。同时，对多孔板各馏分进行生物效应分析，结合质谱分析可以对效应组分的毒性化合物进行鉴定。利用该系统对灰尘样品进行分离，成功鉴定出了其中的雄激素/抗雄激素效应污染物。

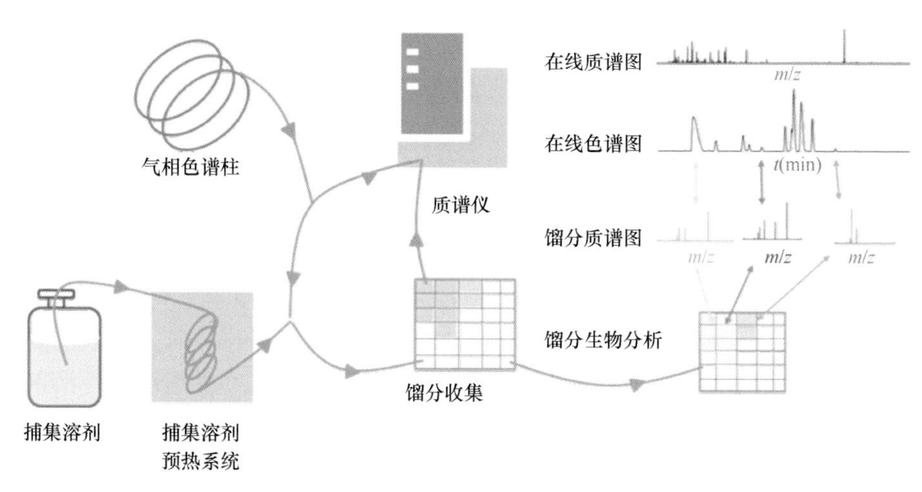

图 3-2 GC-MS 分流进样式样品分馏示意图（基于 Kool 等[144]）

3.4.3.2 液相色谱分离

液相色谱（LC）是现代化学分析学科研究中最常用的分离分析技术，可以分为液-固吸附色谱（liquid-solid adsorption chromatography，LSC）、液-液分配色谱（liquid-liquid partition chromatography，LLC）、尺寸排阻色谱（size exclusion chromatography，SEC）、离子交换色谱（ion exchange chromatography，IEC）和亲和色谱（affinity chromatography，AC）等[147]。其中 LLC 又可以分为反相（reversed phase-liquid chromatography，RP-LC）、正相（normal phase-liquid chromatography，NP-LC）和亲水相互作用液相色谱（hydrophilic interaction liquid chromatography，HILIC）。LC 的分离条件主要通过选用不同色谱柱和调节流动相（如流动相组成、洗脱梯度和流速）两方面进行优化。如果需要对大量样品进行分离和富集，可以

选用大容量的制备液相色谱（preparative liquid chromatography）。

反相液相色谱（RP-LC）以非极性材料（如 C_{18}）为固定相，极性溶剂为流动相（如甲醇和水），多用于非极性和/或弱极性化合物的分离分析。与 NP-LC 相比，RP-LC 在现代环境分析中应用更广泛。据统计，RP-LC 占据了 LC 分析的 80%以上。相比于 NP-LC 中甲苯、正己烷、二氯甲烷等高毒性流动相，RP-LC 中使用的水、甲醇、乙腈等流动相更安全环保。文献[27]对土壤提取物进行适当的前处理后，采用 RP-LC 分两次对样品进行分馏。首先以甲醇和水作为流动相，通过梯度洗脱将样品粗分为 5 个组分。生物效应测试后再次利用 RP-LC 对具有毒性效应的 2 号和 4 号组分进行二次分馏，以 3 min 为时间间隔对不同 K_{OW} 的物质进行分段收集，共分得 20 个次级馏分。通过对 20 个组分进行生物活性测试，并对活性样品进行气相色谱-质谱联用分析（gas chromatography mass selective detection，GC-MSD），检出了 11*H*-苯并[*b*]芴、9-甲基吖啶、4-氮杂芘和 2-苯基喹啉等效应污染物。然而，高极性的有机溶剂在样品分离后很难被去除（如高纯度氮气辅助蒸发），去除过程又不可避免地会引起样品的丢失。

正相液相色谱（NP-LC）是最早发展起来的色谱技术。以极性材料（如硅胶[147]、聚乙二醇）为固定相，非极性疏水溶剂为流动相。NP-LC 主要用于分离中等极性和强极性的化合物，分析物按照极性从大到小依次被洗脱。EDA 中，NP-LC 除了用于分离饱和羧酸、酚类和氨基酸等典型物质[148]，也可以用于分离无法在 RP-LC 进行分析的高亲脂性化合物[90]。此类化合物多存在于固体样品中，难以在高极性的 RP-LC 流动相中溶解，而容易溶解在甲苯、正己烷、二氯甲烷等弱极性溶剂中。因而 NP-LC 的应用具有优势，尤其是制备色谱方法的使用。如果样品成分过于复杂，单一色谱柱无法实现有效分离，可以采用多级色谱柱串联，利用差异性的分离机制实现物质的逐级分离。例如，对底泥样品提取液进行分离[149]使用了氰丙基（CN）柱、硝基苯基（NO）柱和多孔石墨碳（PGC）柱的三级串联线色谱分离程序。首先，样品被导入 CN 柱，极性化合物如硝基-PAHs 等因偶极-偶极力和氢键作用被保留而获得分离；接着，流出液被导入 NO 柱，样品中的非/弱极性 PAHs 因与 NO 柱之间的电子作用而被吸附保留；缺电子氯化芳香族化合物如 PCBs、PCDD/Fs 和氯化萘等则被洗脱并导入 PGC 柱进行最终分离。

亲水相互作用液相色谱（HILIC）主要用于分离极性物质，如生物分子、极性代谢物和无机物等。HILIC 采用亲水性固定相，如硅胶柱、乙二醇键合相、氨基酸键合相和离子键合相等。分析中，在这些固定相表面可以形成一层水膜，而被分析物则通过在水膜和流动相之间的液-液分配而实现分离。通过梯度提高流动相中水相的比例，被分析物会依据极性从小到大依次流出。神经递质具有高极性的特点。例如，HILIC-MS 联用可对 20 多种神经递质及其前体和代谢物进行分析，分离度良好，并能进行定性和定量分析[150]。

3.4.4　组分收集

组分收集方式分为手动收集和自动化收集[151]。在初级和次级分离中，手动分离都是最普遍的分离方式，相应地，手动收集也是馏分收集的主要方式。手动分离中分离和测试在时间和空间上是分开的，因而在组分收集上具有较强的灵活性。收集过程中的富集、蒸发、pH 调节等操作都具有较强的重复性，所以收集的时间和体积可以在已有的分析方法基础上随时优化。同时，手动收集可以选择性地只对色谱图中的某些峰进行收集，减少了后期生物检测的成本。这种目的明确的收集方式特别适合 EDA。大多数情况下，高效应组分中的主要色谱峰就来自于样品中的主要效应污染物。但是，如果效应化合物的仪器响应很低（如效应化合物是高毒性的痕量污染物），这种“选择性”的手动收集方式有可能导致重要化合物的丢失，进而导致 EDA 的失败。并且，作为 EDA 中一个重要的限速步骤，手动分离和收集固然灵活，但是其时间成本高、操作差异大，难以适应大量样品的分析需求。因而，自动化和高通量是 EDA 样品组分分离及收集的发展方向。

3.4.5　自动化组分分离及高通量筛选

EDA 中，样品的多级分离费时费力，并产生大量的分离组分，给后续生物测试及效应物鉴定带来巨大的压力，尤其在对相关环境信息很少的样品进行分析时，或者效应物质完全未知时。因此，自动化组分分离技术耦合高通量生物效应测试方法的开发是 EDA 发展的一个重要方向[152]。

美国 Tox21 计划[18]和欧盟 WFD 项目[73]均是基于体外实验建立的高通量毒性筛查项目，能够对大量样品进行快速毒性检测。类似高通量毒性筛查平台的搭建可以解决 EDA 研究中大量样品组分的生物效应测试问题。文献已有针对自动化组分分离技术的探索。例如，基于 GC 开发了样品组分优化微分法，可对色谱流出组分进行等时间间隔收集并收入 384 孔板中[144]，并在没有额外溶剂交换的情况下，对 384 孔板中的各馏分进行 AhR 测试。基于 HPLC 的类似探索也有报道[153]，样品提取物经 RP-LC 分离后的流出物每隔 20 s 进行收集并置于 96 孔板中。重复实验产生两块同样馏分的 96 孔板，分别用于化学分析和生物效应测试。2016 年，江桂斌等[37]提出搭建“高通量多功能成组毒理学分析系统”的申请，并得到国家自然科学基金委国家重大科研仪器研制项目资助。该项目目的为整合通用样品提取模块和高通量多靶点生物效应测试模块，实现从样品提取到效应物鉴定和环境风险评价的一体化分析。未来，该系统以期在未知毒物的鉴定、化合物复合毒性评测、环境风险以及健康效应评价等领域发挥重大作用。

3.5 效应物质鉴定

3.5.1 已知污染物的监测

样品的生物活性组分确定后，需要对效应化合物进行识别。一直以来，根据经验对样品相关典型污染物（如 PCBs[154]）进行直接监测定量是污染物分析的主要方法。从 20 世纪 80～90 年代起，随着危险物质名单或者优先控制污染物名单等的建立及不断调整扩充，环境分析监测的污染物范围也在慢慢扩大[17,155]。而早期 EDA 研究中效应毒物的“鉴定”常常是通过对名单上的已知污染物进行筛查而进行的。研究者的经验和其对目标样品的了解、候选污染物的毒理学信息、是否有标准品提供等都会影响污染物筛查范围的确定。

色谱-质谱联用是污染物监测的主要技术手段。GC-MS 和 LC-MS 分别主要用于分析非/低极性和中高极性的化合物[156,157]。常见的检测器类型有四极杆（quadrupole）、三重四极杆（triple quadrupole，TQ）、离子阱（ion trap，IT）和飞行时间（time-of-flight，TOF），能够通过多种扫描方式［如多反应监测（multiple reaction monitoring，MRM）］对特定物质进行检测定量。对已知污染物进行筛查需要目标污染物的标准品，其可以提供特征分析参数（如色谱保留时间、紫外吸收波长、质谱 MRM 和单位浓度仪器响应等）。然后对样品进行分析，通过比对分析参数，即可确定样品中是否含有某种污染物，并可以依据标准品标准曲线定量该污染物。

3.5.2 未知污染物的发现

在 EDA 中，基于已知污染物筛查的方法只能解决很小一部分研究中主要效应污染物的鉴定问题。多数情况下，已知污染物仅能解释样品中很小一部分的生物效应，大部分的生物效应则来自于未知污染物的贡献[64,115,116]。在没有标准品的情况下对未知污染物进行鉴定的方法称为非目标分析。早期发展起来的光谱技术，包括紫外吸收光谱（ultraviolet absorption spectrum，UA）、红外光谱（infrared spectrum，IR）和拉曼光谱（Raman spectrum）等，能够提供物质的官能团信息。核磁共振（nuclear magnetic resonance，NRM）波谱可判断分子的碳骨架结构及氢原子连接方式。上述方法的综合运用可以实现未知物结构的确认。然而光谱仪器灵敏度差（mg 级别），对样品的纯度有高要求，很难在痕量环境分析中广泛应用。近些年发展起来的高分辨率质谱（high resolution mass spectrometry，HRMS）具有较高的灵敏度（如 fg～pg 级别），在痕量未知物鉴定中有很大应用潜力。HRMS 主要包括飞行时间质谱（TOF-MS）、轨道阱质谱（Orbitrap-MS）和傅里叶变换离子回旋共振质谱（FTICR-MS）三类。色谱分离有助于降低样品复杂性，提高检测灵敏度和特异性，因而色谱-高分辨质谱联用在未知物鉴定中较为常见。

HRMS 进行未知物鉴定的基础在于其超高的质量准确度、高灵敏度和高扫描速度。分辨率（resolution）是反映质谱仪区分不同质量数（即不同物质）的能力。分辨率越高，能够分辨的质量差越小。比如分辨率 450 000～650 000（在 $m/z = 500$ 下）的 FTICR-MS 能够分辨相差小于 3 mDa 的两个质谱峰[158]，而在分辨率 10 000 的早期 TOF 质谱仪上则显示为一个峰。质量准确度指的是质谱仪测得的粒子质量与理论值之间的差异，可以用于反向推测分子式。质量准确度越高，越容易找出正确的分子式。TOF-MS 和 Orbitrap-MS 的质量准确度一般在 5 ppm①之内[159]，而 FTICR-MS 则常常能够达到 2 ppm 之内[160]。HRMS 的检测灵敏度常在 pg～ng 水平（有时候可以达到 fg），远远低于光谱法的 mg 水平检出限，可以用于痕量污染物的分析。根据选用分辨率的不同，HRMS 的扫描速度一般在 1～10 Hz，适合于色谱进行联用。

目前，利用 HRMS 对未知的效应污染物的鉴定已经应用于水[62,161]、土壤[27]和生物样品（如北极熊血浆[32]）基质，实例见表 3-1。具体分析方法往往遵从以下基本流程：①效应组分经色谱分离后流入 HRMS 中进行全扫描分析，获得样品中所有检出离子的保留时间和精确分子质量信息。一般而言，分析环境样品和生物样品的质谱分辨率应该分别不低于 30 000[162]和 100 000[163]。②全扫描质谱图分析，挑选疑似效应物离子。HRMS 能同步检测大量样品离子，产生庞大的数据量。考虑到组分富集效应，EDA 中一般推荐从主要色谱峰中的最高响应离子开始，依次向次要离子过渡。③利用元素分析软件（如 Xcalibur）对疑似效应物离子进行分子式组成分析，并利用质谱的高质量准确度和“7 项黄金准则”[131]进行分子式筛选。④对疑似效应物离子进行 MS^n 分析，通过碎片信息反向验证③中筛选出的可能分子式，并推断结构信息。同时，利用数据库（如 ChemSpider，NIST 和 Scifinder）进行分子量、分子式以及 MS/MS 图谱的搜索比对，推测可能的化学结构。⑤通过对比商业或者合成标准品的色谱质谱行为，完成结构确认。值得一提的是，GC-MS 分析条件简单、重现性好，已有多个基于低分辨质谱的 MS/MS 数据库。在初期 EDA 中，对气相效应污染物的鉴定很大一部分也是通过 GC 联用低分辨率质谱仪，产生 MS/MS 图谱，并在图谱数据库中进行搜索对比而实现的。相对而言，LC-MS 分析条件复杂、重现性差，少有成熟的 MS/MS 数据库用于对比[62]。因而极性污染物的鉴定分析主要依靠 HRMS 技术。

① ppm 表示 part-per-million，10^{-6}。

表 3-1　非目标分析方法鉴定出的效应污染物

毒性终点	生物分析方法	样品来源	效应污染物	化学分析仪器	参考文献
144 h 致死、致畸变率	斑马鱼胚胎毒性实验	垃圾填埋场土壤	11*H*-苯并[*b*]芴，9-甲基吖啶，4 氮杂萘，2-苯基喹啉和 1-甲基-7-异丙基菲	GC-MSD	[27]
20 d 致死率	摇蚊毒性实验	河流底泥	烯酰吗啉，丁烯酸苯酯和噻吩甲氯，氯氰菊酯	GC-MS	[119]
乙酰胆碱酯酶活性	乙酰胆碱酯酶抑制效应评价	废水厂废水	泰必利，氨磺必利和拉莫三嗪	LC × LC-ESI-TOF-MS	[111]
致突变性	Ames 波动测试	化工废水	2,3-吩嗪二胺和 2,8-吩嗪二胺等 14 种胺类	LC-HRMS	[75]
	Ames 波动测试	地表水	包括芳香胺和生物碱在内的 21 种环境污染物	LC-HRMS	[41]
	Ames 波动测试	室内灰尘、烘干机棉绒	磷酸三(2-丁氧基乙基)酯，磷酸三(2-氯丙基)磷酸盐，邻苯二甲酸正丁基苄基丁酯，邻苯二甲酸二丁酯，磷酸三丁酯，磷酸三乙酯和 *N,N*-二乙基-间甲苯甲酰胺	LTQ-FTICR-MS	[77]
雌激素活性	ER-CALUX	电子产品外壳	双酚 A，2,4-二叔丁基苯酚和双酚 A 类似物	LC-APCI/ESI-TOF-HRMS	[164]
	酵母雌激素筛选（YES）	油砂加工废水	14 种非芳族化合物和 16 种芳族化合物	LTQ-Orbitrap-ESI-MS	[129]
	酵母细胞报告基因（yEGFP）分析	小牛尿	17β-雌二醇（E2），雌马酚	LC-QTOF-MS/MS	[165]
抗雄激素活性	*anti*-AR-CALUX	地表水	4-甲基-7 二乙基氨基香豆素	LC-HRMS/MS	[166]
雄激素活性	AR-CALUX	河流底泥	7*H*-苯并[*de*]蒽-7-酮，佳乐麝香，吐纳麝香，特拉斯麝香，磷酸三(1-氯-2-丙基)酯，磷酸三辛酯，诺龙，雄烯酮	LTQ-Orbitrap-ESI-MS	[167]
甲状腺激素活性	TTR 竞争结合实验	北极熊血浆	4-羟基七氯噻吩	HR-GC-EI-MS	[136]

3.5.3　主要毒性效应物的判定

EDA 方法中，为了验证检出的污染物是否是样品中的主要效应毒物，需要：①利用商业或者合成标准品确认所检出的污染物与测试的生物效应间的对应关系；②通过定量检出的效应毒物，借助标准品毒性曲线或者毒性当量法，测算上述效应毒物对样品总生物效应的贡献百分比。

测算化合物的毒性效应总和是评价其对样品总毒性贡献率的第一步，往往需要根据每种化合物的毒性效应曲线及其在样品中的浓度来进行计算[168]，并考虑物质间的相互作用。针对二噁英类物质的 AhR 毒性效应，研究者们建立了以高毒性的 2,3,7,8-TCDD 为基准的更简便快捷的毒性当量（toxic equivalent，TEQ）法，即将类似污染物在样品中的毒性换算为对 TCDD 的相对毒性［具体计算如式（3-5）所示］。若所鉴定化合物只能解释很小部分的样品毒性，则需寻找可能的原因，重新进行 EDA。

$$\mathrm{TEF_{TCDD}} = 1 \tag{3-1}$$

$$\mathrm{TEF}_i = \mathrm{EC_{15TCDD}} / \mathrm{EC}_{15i} \tag{3-2}$$

$$\mathrm{TEQ}_{\text{化合物}} = \sum \mathrm{TEF}_i \times C_i \tag{3-3}$$

$$\mathrm{TEQ}_{\text{样品}} = \mathrm{EC_{15TCDD}} / \mathrm{EC}_{15\,\text{样品}} \tag{3-4}$$

$$\text{贡献率}_{\text{化合物}} = \mathrm{TEQ}_{\text{化合物}} / \mathrm{TEQ}_{\text{样品}} \times 100\% \tag{3-5}$$

式（3-1）中 TEF（toxicity equivalency factor）为毒性当量因子。式（3-2）和式（3-3）中 i 代表鉴定出的某一效应化合物，式（3-2）和式（3-4）中的 EC 表示有效浓度（effective concentration），体外实验中常选取 EC_{15}。EC_{15TCDD}、EC_{15i} 和 $EC_{15\,\text{样品}}$分别表示产生阳性对照 TCDD 最高活性 15%的 TCDD，化合物 i 和样品的浓度单位分别为 μmol/L 培养液、μmol/L 培养液和 kg/L 培养液。许多化合物（i）的 EC_{15} 可以从已发表文献或 ToxCast 数据库中获得[105]。公式（3-3）中的 C_i 表示单位样品中的某化合物在培养液中的浓度，单位 $\mu mol_{\text{化合物}}/(kg_{\text{样品}}\cdot L)$培养液。

3.5.4　展望

农药、药品、工业用品以及阻燃剂的使用，导致"新型污染物"与已知环境污染物在复杂环境混合物中共存[169]。目前的分析技术能够实现对已知污染物的高灵敏且高选择性的检测分析，而 EDA 作为一种新发展起来的分析方法，可以有效实现对环境样品中未知效应污染物的识别[70]。EDA 方法结合样品组分分离、生物效应测试和化学分析等多种技术手段对样品中的效应物质进行鉴定。近年来，全扫描高分辨质谱的出现及其在未知物鉴定领域的应用大大推动了 EDA 的发展，并已于复杂样品基质中鉴定出了大量新型有机污染物[62,170-172]。然而，EDA 仍存在诸多困难，常常导致未知效应污染物鉴定的失败，如可用样品量少、样品提取方法不合理以及复合毒性效应，因此建立一个针对复杂毒性样品鉴定的统一指导标准[173]是后续研究的重要方向之一。例如，为了尽可能广泛地保留多样化结构信息，往往需要简化对环境样品的前处理步骤[125]，同时不可避免地带来后续样品组分分离及生物效应测试工作量的大幅度增加。对各分析步骤进行优化，并进行合理联用，将促进 EDA 的进一步发展。

参 考 文 献

[1] Chemical Abstracts Service. 2015 [2015-6-24]. http://www.cas-china.org/index.php?c=list&cs=chemical_substances.

[2] U.S. Environmental Protection Agency. Chemicals under the Toxic Substances Control Act (TSCA). [2018-8-1]. https://www.epa.gov/chemicals-under-tsca.

[3] European Chemicals Agency. EC Inventory. [2018-8-1]. https://echa.europa.eu/information-on-chemicals/ec-inventory.

[4] 中华人民共和国环境保护部. 关于增补《中国现有化学物质名录》的公告. 2016 [2018-8-1]. www.mee.gov.cn/gkml/hbb/bgg/201603/t20160315_332884.htm.

[5] Wikipedia. *Exxon Valdez* oil spill. [2018-8-1]. https://en.wikipedia.org/wiki/Exxon_Valdez_oil_spill.

[6] Wikipedia. Bhopal disaster. [2018-8-1]. https://en.wikipedia.org/wiki/Bhopal_disaster.

[7] European Union. Regulation (EC) No. 1907/2006 of the european parliament and of the council Official Journal of the European Union. 2007 [2018-8-1]. https://ec.europa.eu/growth/sectors/chemicals/reach_en.

[8] European Chemicals Agency. Full Text of the Frank R. Lautenberg Chemical Safety for the 21st Century Act. 2016 [2018-8-1]. https://www.epa.gov/assessing-and-managing-chemicals-under-tsca/full- text-frank-r-lautenberg-chemical-safety-21st.

[9] 中华人民共和国生态环境部. 化学品环境管理. [2018-8-2]. http://www.mee.gov.cn/hjzli/hxphjgl/zcfg/.

[10] 王蕾, 汪贞, 刘济宁, 等. 化学品管理法规浅析. 中国环境管理, 2017, 9: 41-46.

[11] National Library of Medicine. TOXNET Databases. [2018-8-1]. https://toxnet.nlm.nih.gov/.

[12] US Environmental Protection Agency. Third Unregulated Contaminant Monitoring Rule. [2018-8-1]. https://www.epa.gov/dwucmr/third-unregulated-contaminant-monitoring-rule.

[13] European Commission. The EU Water Framework Directive-integrated river basin management for Europe. 2003 [2018-8-1]. http://ec.europa.eu/environment/water/water-framework/index_en.html.

[14] Canada Government. Human Biomonitoring of Environmental Chemicals. [2018-8-1]. https://www.canada.ca/en/health-canada/services/environmental-workplace-health/environmental-contaminants/human-biomonitoring-environmental-chemicals.html#a1.

[15] 中国环境监测总站. 全国实时空气质量检测. [2018-8-1]. http://www.cnemc.cn/.

[16] 中华人民共和国生态环境部. 生态环境部通报近期国家地表水水质自动监测站建设进展情况. [2018-8-1]. http://www.gov.cn/shuju/2018-07/15/content_5306539.htm.

[17] Norman. Norman Database System. [2018-8-1]. https://www.norman-network.com/nds/common/.

[18] National Institutes of Health. Toxicology in the 21st Century (Tox21). [2018-8-1]. https://ncats.

nih.gov/tox21.
[19] U.S. Environmental Protection Agency. Methods for aquatic toxicity identification evaluations: Phase I toxicity characterization procedures. 2nd ed. EPA-600-6-91-003. 1991.
[20] Schuetzle D, Lewtas J. Bioassay-directed chemical analysis in environmental research. Anal. Chem., 1986, 58: 1060A-1075A.
[21] Valitalo P, Massei R, Heiskanen I, et al. Effect-based assessment of toxicity removal during wastewater treatment. Water Res., 2017, 126: 153-163.
[22] Schulze T, Ahel M, Ahlheim J, et al. Assessment of a novel device for onsite integrative large-volume solid phase extraction of water samples to enable a comprehensive chemical and effect-based analysis. Sci. Total Environ., 2017, 581: 350-358.
[23] Zielke H, Seiler T B, Niebergall S, et al. The impact of extraction methodologies on the toxicity of sediments in the zebrafish (*Danio rerio*) embryo test. J. Soil. Sediment., 2011, 11: 352-363.
[24] Hongxia Y, Jing C, Yuxia C, et al. Application of toxicity identification evaluation procedures on wastewaters and sludge from a municipal sewage treatment works with industrial inputs. Ecotoxicol. Environ. Saf., 2004, 57: 426-430.
[25] Wang J, Xie P, Xu Y, et al. Differing estrogen activities in the organic phase of air particulate matter collected during sunny and foggy weather in a Chinese city detected by a recombinant yeast bioassay. Atmos. Environ., 2004, 38: 6157-6166.
[26] Wolz J, Schulze T, Lubcke-von Varel U, et al. Investigation on soil contamination at recently inundated and non-inundated sites. J. Soil Sediment., 2011, 11: 82-92.
[27] Legler J, van Velzen M, Cenijn P H, et al. Effect-directed analysis of municipal landfill soil reveals novel developmental toxicants in the zebrafish *Danio rerio*. Environ. Sci. Technol., 2011, 45: 8552-8558.
[28] dos Anjos N A, Schulze T, Brack W, et al. Identification and evaluation of CYP1A transcript expression in fish as molecular biomarker for petroleum contamination in tropical fresh water ecosystems. Aquat. Toxicol., 2011, 103: 46-52.
[29] Vrabie C M, Sinnige T L, Murk A J, et al. Effect-directed assessment of the bioaccumulation potential and chemical nature of Ah receptor agonists in crude and refined oils. Environ. Sci. Technol., 2012, 46: 1572-1580.
[30] Kassotis C D, Hoffman K, Stapleton H M. Characterization of adipogenic activity of house dust extracts and semi-volatile indoor contaminants in 3T3-L1 cells. Environ. Sci. Technol., 2017, 51: 8735-8745.
[31] Bengtstrom L, Rosenmai A K, Trier X, et al. Non-targeted screening for contaminants in paper and board food-contact materials using effect-directed analysis and accurate mass spectrometry. Food Addit. Contam. A., 2016, 33: 1080-1093.
[32] Simon E, van Velzen M, Brandsma S H, et al. Effect-directed analysis to explore the polar bear exposome: Identification of thyroid hormone disrupting compounds in plasma. Environ. Sci. Technol., 2013, 47: 8902-8912.
[33] Qu G B, Shi J B, Wang T, et al. Identification of tetrabromobisphenol A diallyl ether as an emerging neurotoxicant in environmental samples by bioassay-directed fractionation and HPLC-APCI-MS/MS. Environ. Sci. Technol., 2011, 45: 5009-5016.
[34] Tufi S, Lamoree M H, De Boer J, et al. Cross-platform metabolic profiling: Application to the aquatic model organism *Lymnaea stagnalis*. Anal. Bioanal. Chem., 2015, 407: 1901-1912.
[35] Guo F, Liu Q, Qu G B, et al. Simultaneous determination of five estrogens and four androgens

in water samples by online solid-phase extraction coupled with high-performance liquid chromatography-tandem mass spectrometry. J. Chromatogr. A, 2013, 1281: 9-18.
[36] Hong S, Yim U H, Ha S Y, et al. Bioaccessibility of AhR-active PAHs in sediments contaminated by the Hebei Spirit oil spill: Application of Tenax extraction in effect-directed analysis. Chemosphere, 2016, 144: 706-712.
[37] 曲广波，史建波，江桂斌．效应引导的污染物分析与识别方法．化学进展，2011，23: 2389-2398.
[38] Plewa M J, Wagner E D, Richardson S D. TIC-Tox: A preliminary discussion on identifying the forcing agents of DBP-mediated toxicity of disinfected water. J. Environ. Sci., 2017, 58: 208-216.
[39] Fang M L, Getzinger G J, Cooper E M, et al. Effect-directed analysis of elizabeth river porewater: Developmental toxicity in zebrafish (*Danio rerio*). Environ. Toxicol. Chem., 2014, 33: 2767-2774.
[40] Tousova Z, Oswald P, Slobodnik J, et al. European demonstration program on the effect-based and chemical identification and monitoring of organic pollutants in European surface waters. Sci. Total Environ., 2017, 601-602: 1849-1868.
[41] Muz M, Krauss M, Kutsarova S, et al. Mutagenicity in surface waters: Synergistic effects of carboline alkaloids and aromatic amines. Environ. Sci. Technol., 2017, 51: 1830-1839.
[42] Simon E, Bytingsvik J, Jonker W, et al. Blood plasma sample preparation method for the assessment of thyroid hormone-disrupting potency in effect-directed analysis. Environ. Sci. Technol., 2011, 45: 7936-7944.
[43] Cristale J, Garcia Vazquez A, Barata C, et al. Priority and emerging flame retardants in rivers: Occurrence in water and sediment, *Daphnia magna* toxicity and risk assessment. Environ. Int., 2013, 59: 232-243.
[44] Regueiro J, Matamoros V, Thibaut R, et al. Use of effect-directed analysis for the identification of organic toxicants in surface flow constructed wetland sediments. Chemosphere, 2013, 91: 1165-1175.
[45] Schantz M M. Pressurized liquid extraction in environmental analysis. Anal. Bioanal. Chem., 2006, 386: 1043-1047.
[46] Srogi K. A review: Application of microwave techniques for environmental analytical chemistry. Anal. Lett., 2006, 39: 1261-1288.
[47] Chibwe L, Geier M C, Nakamura J, et al. Aerobic bioremediation of PAH contaminated soil results in increased genotoxicity and developmental toxicity. Environ. Sci. Technol., 2015, 49: 13889-13898.
[48] Kruger S, Mirgos M, Morlock G E. Effect-directed analysis of fresh and dried elderberry (*Sambucus nigra* L.) via hyphenated planar chromatography. J. Chromatogr. A, 2015, 1426: 209-219.
[49] Nickavar B, Rezaee J, Nickavar A. Effect-directed analysis for the antioxidant compound in *Salvia verticillata*. Iran. J. Pharm. Res., 2016, 15: 241-246.
[50] Plassmann M M, Schmidt M, Brack W, et al. Detecting a wide range of environmental contaminants in human blood samples-combining QuEChERS with LC-MS and GC-MS methods. Anal. Bioanal. Chem., 2015, 407: 7047-7054.
[51] Suzuki G, Tue N M, van der Linden S, et al. Identification of major dioxin-like compounds and androgen receptor antagonist in acid-treated tissue extracts of high trophic-level animals.

Environ. Sci. Technol., 2011, 45: 10203-10211.

[52] Martinez-Gomez C, Lamoree M, Hamers T, et al. Integrated chemical and biological analysis to explain estrogenic potency in bile extracts of red mullet (*Mullus barbatus*). Aquat. Toxicol., 2013, 134: 1-10.

[53] Schulze T, Magerl R, Streck G, et al. Use of factorial design for the multivariate optimization of polypropylene membranes for the cleanup of environmental samples using the accelerated membrane-assisted cleanup approach. J. Chromatogr. A, 2012, 1225: 26-36.

[54] Streck H G, Schulze T, Brack W. Accelerated membrane-assisted clean-up as a tool for the clean-up of extracts from biological tissues. J. Chromatogr. A, 2008, 1196: 33-40.

[55] Liste H H, Alexander M. Butanol extraction to predict bioavailability of PAHs in soil. Chemosphere, 2002, 46: 1011-1017.

[56] Hawthorne S B, Lanno R, Kreitinger J P. Reduction in acute toxicity of soils to terrestrial oligochaetes following the removal of bioavailable polycyclic aromatic hydrocarbons with mild supercritical carbon dioxide extraction. Environ. Toxicol. Chem., 2005, 24: 1893-1895.

[57] Schwab K, Brack W. Large volume TENAX® extraction of the bioaccessible fraction of sediment-associated organic compounds for a subsequent effect-directed analysis. J. Soil Sediment, 2007, 7: 178-186.

[58] Schwab K, Altenburger R, Lubcke-von Varel U, et al. Effect-directed analysis of sediment-associated algal toxicants at selected hot spots in the river Elbe Basin with a special focus on bioaccessibility. Environ. Toxicol. Chem., 2009, 28: 1506-1517.

[59] Creusot N, Aït-Aïssa S, Tapie N, et al. Identification of synthetic steroids in river water downstream from pharmaceutical manufacture discharges based on a bioanalytical approach and passive sampling. Environ. Sci. Technol., 2014, 48: 3649-3657.

[60] Bergmann A J, Tanguay R L, Anderson K A. Using passive sampling and zebrafish to identify developmental toxicants in complex mixtures. Environ. Toxicol. Chem., 2017, 36: 2290-2298.

[61] Liscio C, Abdul-Sada A, Al-Salhi R, et al. Methodology for profiling *anti*-androgen mixtures in river water using multiple passive samplers and bioassay-directed analyses. Water Res., 2014, 57: 258-269.

[62] Gallampois C M, Schymanski E L, Krauss M, et al. Multicriteria approach to select polyaromatic river mutagen candidates. Environ. Sci. Technol., 2015, 49: 2959-2968.

[63] Li J Y, Tang J Y M, Jin L, et al. Understanding bioavailability and toxicity of sediment-associated contaminants by combining passive sampling with *in vitro* bioassays in an urban river catchment. Environ. Toxicol. Chem., 2013, 32: 2888-2896.

[64] Brack W. Effect-directed analysis: A promising tool for the identification of organic toxicants in complex mixtures? Anal. Bioanal. Chem., 2003, 377: 397-407.

[65] 王艳华, 段化伟. 有害结局路径策略在毒理学研究中的发展和应用. 中华预防医学杂志, 2015, 49:1115-1118.

[66] Rotter S, Gunold R, Mothes S, et al. Pollution-induced community tolerance to diagnose hazardous chemicals in multiple contaminated aquatic systems. Environ. Sci. Technol., 2015, 49: 10048-10056.

[67] Bougeard C, Gallampois C, Brack W. Passive dosing: An approach to control mutagen exposure in the Ames fluctuation test. Chemosphere, 2011, 83: 409-414.

[68] Houtman C J, Booij P, van der Valk K M, et al. Biomonitoring of estrogenic exposure and identification of responsible compounds in bream from Dutch surface waters. Environ. Toxicol.

Chem., 2007, 26: 898-907.
[69] Booij P, Lamoree M H, Leonards P E G, et al. Development of a polydimethylsiloxane film-based passive dosing method in the *in vitro* Dr-Calux (R) assay. Environ. Toxicol. Chem., 2011, 30: 898-904.
[70] Simon E, Lamoree M H, Hamers T, et al. Challenges in effect-directed analysis with a focus on biological samples. TrAC-Trend. Anal. Chem., 2015, 67: 179-191.
[71] Bandow N, Altenburger R, Streck G, et al. Effect-directed analysis of contaminated sediments with partition-based dosing using green algae cell multiplication inhibition. Environ. Sci. Technol., 2009, 43: 7343-7349.
[72] Tice R R, Austin C P, Kavlock R J, et al. Improving the human hazard characterization of chemicals: A Tox21 update. Environ. Health Persp., 2013, 121: 756.
[73] Brack W, Dulio V, Aring gerstrand M, et al. Towards the review of the European Union Water Framework Directive: Recommendations for more efficient assessment and management of chemical contamination in European surface water resources. Sci. Total Environ., 2017, 576: 720-737.
[74] Blankenship A. Relative potencies of Halowax mixtures and individual polychlorinated naphthalenes (PCNs) to induce Ah receptor-mediated responses in the rat hepatoma H4IIE-*luc* cell bioassay. Organohalogen Compounds, 1999, 42: 217-220.
[75] Muz M, Dann J P, Jager F, et al. Identification of mutagenic aromatic amines in river samples with industrial wastewater impact. Environ. Sci. Technol., 2017, 51: 4681-4688.
[76] Zwart N, Lamoree M H, Houtman C J, et al. Development of a luminescent mutagenicity test for high-throughput screening of aquatic samples. Toxicol. *in Vitro*, 2018, 46: 350-360.
[77] Lubcke-von Varel U, Bataineh M, Lohrmann S, et al. Identification and quantitative confirmation of dinitropyrenes and 3-nitrobenzanthrone as major mutagens in contaminated sediments. Environ. Int., 2012, 44: 31-39.
[78] 郝召, 金建玲. 生物样品体外致突变高通量检测方法研究进展. 应用与环境生物学报, 2012, 18: 518-523.
[79] Deutschmann B, Kolarevic S, Brack W, et al. Longitudinal profile of the genotoxic potential of the River Danube on erythrocytes of wild common bleak (*Alburnus alburnus*) assessed using the comet and micronucleus assay. Sci. Total Environ., 2016, 573: 1441-1449.
[80] Hannigan M P, Cass G R, Lafleur A L, et al. Seasonal and spatial variation of the bacterial mutagenicity of fine organic aerosol in Southern California. Environ. Health Persp., 1996, 104: 428-436.
[81] van der Linden S C, von Bergh A R, van Vught-Lussenburg B M, et al. Development of a panel of high-throughput reporter-gene assays to detect genotoxicity and oxidative stress. Mutat. Res.-Gen. Tox. En., 2014, 760: 23-32.
[82] Singh K P, Wyman A, Casado F L, et al. Treatment of mice with the Ah receptor agonist and human carcinogen dioxin results in altered numbers and function of hematopoietic stem cells. Carcinogenesis, 2009, 30: 11-19.
[83] Giesy J P, Kannan K. Dioxin-like and non-dioxin-like toxic effects of polychlorinated biphenyls (PCBs): Implications for risk assessment. Crit. Rev. Toxicol., 1998, 28: 511-569.
[84] Hilscherova K, Machala M, Kannan K, et al. Cell bioassays for detection of aryl hydrocarbon (AhR) and estrogen receptor (ER) mediated activity in environmental samples. Environ. Sci. Pollut. R., 2000, 7: 159-171.

[85] Brack W, Schirmer K, Erdinger L, et al. Effect-directed analysis of mutagens and ethoxyresorufin-*O*-deethylase inducers in aquatic sediments. Environ. Toxicol. Chem., 2005, 24: 2445-2458.
[86] Wolz J, Fleig M, Schulze T, et al. Impact of contaminants bound to suspended particulate matter in the context of flood events. J. Soil Sediment., 2010, 10: 1174-1185.
[87] Eichbaum K, Brinkmann M, Buchinger S, et al. *In vitro* bioassays for detecting dioxin-like activity: Application potentials and limits of detection, a review. Sci. Total Environ., 2014, 487: 37-48.
[88] Houtman C J, Cenijn P H, Hamers T, et al. Toxicological profiling of sediments using *in vitro* bioassays, with emphasis on endocrine disruption. Environ. Toxicol. Chem., 2004, 23: 32-40.
[89] Houtman C J, Booij P, Jover E, et al. Estrogenic and dioxin-like compounds in sediment from Zierikzee harbour identified with CALUX assay-directed fractionation combined with one and two dimensional gas chromatography analyses. Chemosphere, 2006, 65: 2244-2252.
[90] Weiss J M, Hamers T, Thomas K V, et al. Masking effect of *anti*-androgens on androgenic activity in European river sediment unveiled by effect-directed analysis. Anal. Bioanal. Chem., 2009, 394: 1385-1397.
[91] Brack W, Blaha L, Giesy J P, et al. Polychlorinated naphthalenes and other dioxin-like compounds in Elbe River sediments. Environ. Toxicol. Chem., 2008, 27: 519-528.
[92] Zhang S, Li S, Zhou Z, et al. Development and application of a novel bioassay system for dioxin determination and aryl hydrocarbon receptor activation evaluation in ambient-air samples. Environ. Sci. Technol., 2018, 52: 2926-2933.
[93] Grung M, Naes K, Fogelberg O, et al. Effects-directed analysis of sediments from polluted marine sites in Norway. J. Toxicol. Env. Heal. A., 2011, 74: 439-454.
[94] Grimaldi M, Boulahtouf A, Delfosse V, et al. Reporter cell lines for the characterization of the interactions between human nuclear receptors and endocrine disruptors. Front. Endocrinol., 2015, 6: 62.
[95] Liu C, Zhang X, Deng J, et al. Effects of prochloraz or propylthiouracil on the cross-talk between the HPG, HPA, and HPT axes in zebrafish. Environ. Sci. Technol., 2010, 45: 769-775.
[96] Higley E, Grund S, Jones P D, et al. Endocrine disrupting, mutagenic, and teratogenic effects of upper Danube River sediments using effect-directed analysis. Environ. Toxicol. Chem., 2012, 31: 1053-1062.
[97] Mertl J, Kirchnawy C, Osorio V, et al. Characterization of estrogen and androgen activity of food contact materials by different *in vitro* bioassays (YES, YAS, ERα and AR CALUX) and chromatographic analysis (GC-MS, HPLC-MS). PLoS One, 2014, 9: e100952.
[98] Houtman C J, Van Houten Y K, Leonards P G, et al. Biological validation of a sample preparation method for ER-CALUX bioanalysis of estrogenic activity in sediment using mixtures of xeno-estrogens. Environ. Sci. Technol., 2006, 40: 2455-2461.
[99] Fetter E, Krauss M, Brion F, et al. Effect-directed analysis for estrogenic compounds in a fluvial sediment sample using transgenic CYP19A1B-GFP zebrafish embryos. Aquat. Toxicol., 2014, 154: 221-229.
[100] Brinkmann M, Maletz S, Krauss M, et al. Heterocyclic aromatic hydrocarbons show estrogenic activity upon metabolization in a recombinant transactivation assay. Environ. Sci. Technol., 2014, 48: 5892-5901.
[101] Di Paolo C, Ottermanns R, Keiter S, et al. Bioassay battery interlaboratory investigation of

emerging contaminants in spiked water extracts: Towards the implementation of bioanalytical monitoring tools in water quality assessment and monitoring. Water Res., 2016, 104: 473-484.
[102] Van Der Linden S C, Heringa M B, Man H Y, et al. Detection of multiple hormonal activities in wastewater effluents and surface water, using a panel of steroid receptor CALUX bioassays. Environ. Sci. Technol., 2008, 42: 5814-5820.
[103] Escher B I, Allinson M, Altenburger R, et al. Benchmarking organic micropollutants in wastewater, recycled water and drinking water with *in vitro* bioassays. Environ. Sci. Technol., 2014, 48: 1940-1956.
[104] Fang M L, Webster T F, Stapleton H M. Effect-directed analysis of human peroxisome proliferator-activated nuclear receptors (PPAR gamma 1) ligands in indoor dust. Environ. Sci. Technol., 2015, 49: 10065-10073.
[105] König M, Escher B I, Neale P A, et al. Impact of untreated wastewater on a major European river evaluated with a combination of *in vitro* bioassays and chemical analysis. Environ. Pollut., 2016, 220: 1220-1230.
[106] Zwart N, Andringa D, de Leeuw W J, et al. Improved androgen specificity of AR-EcoScreen by CRISPR based glucocorticoid receptor knockout. Toxicol. *in Vitro*, 2017, 45: 1-9.
[107] Houtman C J, Legler J, Thomas K. Effect-directed analysis of endocrine disruptors in aquatic ecosystems. Springer, 2011: 237-265.
[108] He Y, Wiseman S B, Zhang X, et al. Ozonation attenuates the steroidogenic disruptive effects of sediment free oil sands process water in the H295R cell line. Chemosphere, 2010, 80: 578-584.
[109] Soreq H, Seidman S. Acetylcholinesterase-New roles for an old actor. Nat. Rev. Neurosci., 2001, 2: 294-302.
[110] Tufi S, Wassenaar P N, Osorio V, et al. Pesticide mixture toxicity in surface water extracts in snails (*Lymnaea stagnalis*) by an *in vitro* acetylcholinesterase inhibition assay and metabolomics. Environ. Sci. Technol., 2016, 50: 3937-3944.
[111] Ouyang X, Leonards P E, Tousova Z, et al. Rapid screening of acetylcholinesterase inhibitors by effect-directed analysis using LC×LC fractionation, a high throughput *in vitro* assay, and parallel identification by time of flight mass spectrometry. Anal. Chem., 2016, 88: 2353-2360.
[112] Bakkenist C J, Kastan M B. Initiating cellular stress responses. Cell, 2004, 118: 9-17.
[113] Wang X J, Hayes J D, Wolf C R. Generation of a stable antioxidant response element: Driven reporter gene cell line and its use to show redox-dependent activation of Nrf2 by cancer chemotherapeutic agents. Cancer Res., 2006, 66: 10983-10994.
[114] Jin L, Gaus C, Escher B I. Adaptive stress response pathways induced by environmental mixtures of bioaccumulative chemicals in dugongs. Environ. Sci. Technol., 2015, 49: 6963-6973.
[115] Escher B I, van Daele C, Dutt M, et al. Most oxidative stress response in water samples comes from unknown chemicals: The need for effect-based water quality trigger values. Environ. Sci. Technol., 2013, 47: 7002-7011.
[116] Escher B I, Dutt M, Maylin E, et al. Water quality assessment using the AREc32 reporter gene assay indicative of the oxidative stress response pathway. J. Environ. Monit., 2012, 14: 2877-2885.
[117] Knight A W, Little S, Houck K, et al. Evaluation of high-throughput genotoxicity assays used in profiling the US EPA ToxCast™ chemicals. Regul. Toxicol. Pharmacol., 2009, 55: 188-199.
[118] Bandow N, Altenburger R, Lü bcke-von Varel U, et al. Partitioning-based dosing: An approach

to include bioavailability in the effect-directed analysis of contaminated sediment samples. Environ. Sci. Technol., 2009, 43: 3891-3896.
[119] Qi H, Li H, Wei Y, et al. Effect-directed analysis of toxicants in sediment with combined passive dosing and *in vivo* toxicity testing. Environ. Sci. Technol., 2017, 51: 6414-6421.
[120] van Gestel C A M, e Silva C de L, Lam T, et al. Multigeneration toxicity of imidacloprid and thiacloprid to *Folsomia candida*. Ecotoxicology, 2017, 26: 320-328.
[121] Schmitt C, Vogt C Machala M, et al. Sediment contact test with *Potamopyrgus antipodarum* in effect-directed analyses-challenges and opportunities. Environ. Sci. Pollut. R., 2011, 18: 1398-1404.
[122]Inostroza P A, Massei R, Wild R, et al. Chemical activity and distribution of emerging pollutants: Insights from a multi-compartment analysis of a freshwater system. Environ. Pollut., 2017, 231: 339-347.
[123] Marić P, Ahel M, Senta I, et al. Effect-directed analysis reveals inhibition of zebrafish uptake transporter Oatp1d1 by caulerpenyne, a major secondary metabolite from the invasive marine alga *Caulerpa taxifolia*. Chemosphere, 2017, 174: 643-654.
[124] Blanck H, Wängberg S Å. Induced community tolerance in marine periphyton established under arsenate stress. Can. J. Fish. Aquat. Sci., 1988, 45: 1816-1819.
[125] Inostroza P A, Wicht A J, Huber T, et al. Body burden of pesticides and wastewater-derived pollutants on freshwater invertebrates: Method development and application in the Danube River. Environ. Pollut., 2016, 214: 77-85.
[126] Morandi G D, Wiseman S B, Pereira A, et al. Effects-directed analysis of dissolved organic compounds in oil sands process-affected water. Environ. Sci. Technol., 2015, 49: 12395-12404.
[127] Kokel D, Bryan J, Laggner C, et al. Rapid behavior-based identification of neuroactive small molecules in the zebrafish. Nat. Chem. Biol., 2010, 6: 231-237.
[128] Tufi S, Leonards P, Lamoree M, et al. Changes in neurotransmitter profiles during early zebrafish (*Danio rerio*) development and after pesticide exposure. Environ. Sci. Technol., 2016, 50: 3222-3230.
[129] Yue S, Ramsay B A, Brown R S, et al. Identification of estrogenic compounds in oil sands process waters by effect directed analysis. Environ. Sci. Technol., 2015, 49: 570-577.
[130] Brack W, Ait-Aissa S, Burgess R M, et al. Effect-directed analysis supporting monitoring of aquatic environments: An in-depth overview. Sci. Total Environ., 2016, 544: 1073-1118.
[131] Brack W, Kind T, Hollert H, et al. Sequential fractionation procedure for the identification of potentially cytochrome P4501A-inducing compounds. J. Chromatogr. A, 2003, 986: 55-66.
[132] Li H, Zhang J, You J. Diagnosis of complex mixture toxicity in sediments: Application of toxicity identification evaluation (TIE) and effect-directed analysis (EDA). Environ. Pollut., 2017, 237: 944-954.
[133] Ulrich N, Muhlenberg J, Schuurmann G, et al. Linear solvation energy relationships as classifier in non-target analysis: An approach for isocratic liquid chromatography. J. Chromatogr. A, 2014, 1324: 96-103.
[134] Hong S, Giesy J P, Lee J S, et al. Effect-directed analysis: Current status and future challenges. Ocean Sci. J., 2016, 51: 413-433.
[135] Radović J R, Thomas K V, Parastar H, et al. Chemometrics-assisted effect-directed analysis of crude and refined oil using comprehensive two-dimensional gas chromatography–time-of-flight mass spectrometry. Environ. Sci. Technol., 2014, 48: 3074-3083.

[136] Sandau C D, Meerts I A, Letcher R J, et al. Identification of 4-hydroxyheptachlorostyrene in polar bear plasma and its binding affinity to transthyretin: A metabolite of octachlorostyrene? Environ. Sci. Technol., 2000, 34: 3871-3877.

[137] Brack W, Schirmer K. Effect-directed identification of oxygen and sulfur heterocycles as major polycyclic aromatic cytochrome P4501A-Inducers in a contaminated sediment. Environ. Sci. Technol., 2003, 37: 3062-3070.

[138] Hug C, Krauss M, Nusser L, et al. Metabolic transformation as a diagnostic tool for the selection of candidate promutagens in effect-directed analysis. Environ. Pollut., 2015, 196: 114-124.

[139] Schonborn A, Grimmer A A. Coupling sample preparation with effect-directed analysis of estrogenic activity-proposal for a new rapid screening concept for water samples. J. Planar. Chromat., 2013, 26: 402-408.

[140] Choma I M, Jesionek W. TLC-Direct bioautography as a high throughput method for detection of antimicrobials in plants. Chromatography, 2015, 2: 225-238.

[141] Qu G B, Shi J B, Jiang G B. Development and application of effect-directed analysis in environmental research. Prog. Chem., 2011, 23: 2389-2398.

[142] Meinert C, Moeder M, Brack W. Fractionation of technical *p*-nonylphenol with preparative capillary gas chromatography. Chemosphere, 2007, 70: 215-223.

[143] Eyres G T, Urban S, Morrison P D, et al. Method for small-molecule discovery based on microscale-preparative multidimensional gas chromatography isolation with nuclear magnetic resonance spectroscopy. Anal. Chem., 2008, 80: 6293-6299.

[144] Jonker W, Stöckl J B, de Koning S, et al. Continuous fraction collection of gas chromatographic separations with parallel mass spectrometric detection applied to cell-based bioactivity analysis. Talanta, 2017, 168: 162-167.

[145] Pieke E, Heus F, Kamstra J H, et al. High-resolution fractionation after gas chromatography for effect-directed analysis. Anal. Chem., 2013, 85: 8204-8211.

[146] Jonker W, Clarijs B, de Witte S L, et al. Gas chromatography fractionation platform featuring parallel flame-ionization detection and continuous high-resolution analyte collection in 384-well plates. J. Chromatog. A, 2016, 1462: 100-106.

[147] Brack W, Ulrich N, Bataineh M. Separation techniques in effect-directed analysis. Springer Semin. Immunopathol., 2011, 83-118.

[148] Borgund A E, Erstad K, Barth T. Normal phase high performance liquid chromatography for fractionation of organic acid mixtures extracted from crude oils. J. Chromatogr. A, 2007, 1149: 189-196.

[149] Lübcke-von Varel U, Streck G, Brack W. Automated fractionation procedure for polycyclic aromatic compounds in sediment extracts on three coupled normal-phase high-performance liquid chromatography columns. J. Chromatogr. A, 2008, 1185: 31-42.

[150] Tufi S, Lamoree M, de Boer J, et al. Simultaneous analysis of multiple neurotransmitters by hydrophilic interaction liquid chromatography coupled to tandem mass spectrometry. J. Chromatogr. A, 2015, 1395: 79-87.

[151] Giera M, Irth H. Simultaneous screening and chemical characterization of bioactive compounds using LC-MS-based technologies (affinity chromatography). Springer, 2011: 119-141.

[152] Wernersson A S, Carere M, Maggi C, et al. The European technical report on aquatic effect-based monitoring tools under the water framework directive. Environ. Sci. Eur., 2015, 27: 1-11.

[153] Booij P, Vethaak A D, Leonards P E, et al. Identification of photosynthesis inhibitors of pelagic

marine algae using 96-well plate microfractionation for enhanced throughput in effect-directed analysis. Environ. Sci. Technol., 2014, 48: 8003-8011.

[154] Koh C H, Khim J S, Kannan K, et al. Polychlorinated dibenzo-*p*-dioxins (PCDDs), dibenzofurans (PCDFs), biphenyls (PCBs), and polycyclic aromatic hydrocarbons (PAHs) and 2,3,7,8-TCDD equivalents (TEQs) in sediment from the Hyeongsan River, Korea. Environ. Pollut., 2004, 132: 489-501.

[155] US Environmental Protection Agency. Third Unregulated Contaminant Monitoring Rule. [2018-8-1]. https:// www.epa.gov/dwucmr/third-unregulated-contaminant-monitoring-rule.

[156] Liao W, Draper W M, Perera S K. Identification of unknowns in atmospheric pressure ionization mass spectrometry using a mass to structure search engine. Anal. Chem., 2008, 80: 7765-7777.

[157] Ehrenhauser F S, Wornat M J, Valsaraj K T, et al. Design and evaluation of a dopant-delivery system for an orthogonal atmospheric-pressure photoionization source and its performance in the analysis of polycyclic aromatic hydrocarbons. Rapid Commun. Mass Spectrom., 2010, 24: 1351-1357.

[158] Byer J D, Siek K, Jobst K. Distinguishing the C_3 *vs* SH_4 mass split by comprehensive two-dimensional gas chromatography-high resolution time-of-flight mass spectrometry. Anal. Chem., 2016, 88: 6101-6104.

[159] Liu Y, Pereira A D S, Martin J W. Discovery of C_5~C_{17} poly- and perfluoroalkyl substances in water by in-line SPE-HPLC-Orbitrap with in-source fragmentation flagging. Anal. Chem., 2015, 87: 4260-4268.

[160] D'Agostino L A, Mabury S A. Identification of novel fluorinated surfactants in aqueous film forming foams and commercial surfactant concentrates. Environ. Sci. Technol., 2014, 48: 121-129.

[161] Gallampois C M J, Schymanski E L, Bataineh M, et al. Integrated biological-chemical approach for the isolation and selection,of polyaromatic mutagens in surface waters. Anal. Bioanal. Chem., 2013, 405: 9101-9112.

[162] Krauss M, Singer H, Hollender J. LC-high resolution MS in environmental analysis: From target screening to the identification of unknowns. Anal. Bioanal. Chem., 2010, 397: 943-951.

[163] Mao Yuan. Application of FT-ICR mass spectrometry in study of proteomics, petroleomics and fragmentomics. Dissertations & Theses - Gradworks, 2013.

[164] Jonker W, Ballesteros-Gomez A, Hamers T, et al. Highly selective screening of estrogenic compounds in consumer-electronics plastics by liquid chromatography in parallel combined with nanofractionation-bioactivity detection and mass spectrometry. Environ. Sci. Technol., 2016, 50: 12385-12393.

[165] Nielen M W F, van Bennekom E O, Heskamp H H, et al. Bioassay-directed identification of estrogen residues in urine by liquid chromatography electrospray quadrupole time-of-flight mass spectrometry. Anal. Chem., 2004, 76: 6600-6608.

[166] Muschket M, Di Paolo C, Tindall A J, et al. Identification of unknown antiandrogenic compounds in surface waters by effect-directed analysis (EDA) using a parallel fractionation approach. Environ. Sci. Technol., 2018, 52: 288-297.

[167] Weiss J M, Simon E, Stroomberg G J, et al. Identification strategy for unknown pollutants using high-resolution mass spectrometry: Androgen-disrupting compounds identified through effect-directed analysis. Anal. Bioanal. Chem., 2011, 400: 3141-3149.

[168] Brack W, Segner H, Möder M, et al. Fixed-effect-level toxicity equivalents-a suitable parameter

for assessing ethoxyresorufin-*O*-deethylase induction potency in complex environmental samples. Environ. Toxicol. Chem., 2000, 19: 2493-2501.

[169] Chibwe L, Titaley I A, Hoh E, et al. Integrated framework for identifying toxic transformation products in complex environmental mixtures. Environ. Sci. Tech. Let., 2017, 4: 32-43.

[170] Bataineh M, Arabi A A, Iqbal J, et al. Method development for selective and nontargeted identification of nitro compounds in diesel particulate matter. Energ. Fuel., 2017, 31: 11615-11626.

[171] Schymanski E L, Jeon J, Gulde R, et al. Identifying small molecules via high resolution mass spectrometry: Communicating confidence. Environ. Sci. Technol., 2014, 48: 2097-2098.

[172] Hill D W, Kertesz T M, Dan F, et al. Mass spectral metabonomics beyond elemental formula: Chemical database querying by matching experimental with computational fragmentation spectra. Anal. Chem., 2008, 80: 5574-5582.

[173] Brack W, Schmitt-Jansen M, Machala M, et al. How to confirm identified toxicants in effect-directed analysis. Anal. Bioanal. Chem., 2008, 390: 1959-1973.

第 4 章　环境中新型卤代阻燃剂及其衍生物的发现

本章导读

- 介绍定量结构-性质关系模型策略方法在新型溴代阻燃剂物理-化学性质快速预测和筛选方面的应用。研究发现，氮杂环溴代阻燃剂三-2,3-(二溴丙基)异氰酸酯（TBC）在大气氧化半衰期（AO $T_{1/2}$ = 1.63 d）、辛醇-水分配系数对数（log K_{OW} = 7.37）、生物浓缩因子对数（log BCF = 4.30）等参数上与经典 POPs 具有相似性。此外，异氰酸酯结构也表现出独特的性质，如高辛醇-大气分配系数对数（log K_{OA} = 23.68）。
- 通过液相色谱-质谱分析方法的建立，TBC 在生产工厂周边环境和生物样本中发现，研究显示其具有一定的区域迁移和生物富集能力。TBC 具有潜在的发育毒性、内分泌干扰效应等。其在黄河三角洲湿地、环渤海地区的检出揭示了环境赋存的普遍性；污灌区农田土壤中浓度水平呈上升趋势。
- 介绍效应导向分析策略方法；以大鼠小脑颗粒神经元细胞为毒性筛选终点，发现四溴双酚 A 双烯丙醚（TBBPA-BAE）是阻燃剂工厂周边环境样本中的主要贡献效应污染物。
- 通过液相色谱-大气压电离质谱法、电喷雾萃取电离质谱法等分析方法的建立，在沉积物、土壤、海洋生物等环境介质中首次报道了 8 种四溴双酚 A/四溴双酚 S（TBBPA/S）衍生物；进一步研究发现，TBBPA/S 衍生物在环渤海食物网中呈现营养级稀释的趋势，可能与生物体代谢转化过程相关。通过对脱溴、异丙基断裂、羟基化、醚键断裂等转化方式的研究，发现 3 种 TBBPA 单端醚键衍生物。

4.1　氮杂环溴代阻燃剂

4.1.1　氮杂环溴代阻燃剂的简介

目前的氮杂环溴代阻燃剂主要有四种（图 4-1）：三(2,3-二溴丙基)异氰酸酯

[tris(2,3-dibromopropyl) isocyanurate，TBC]、三(三-2,3-二溴丙基)三嗪[2,4,6-tris(2,3-dibromopropoxy)-1,3,5-triazine]、三(三溴苯氧基)三嗪[2,4,6-tris-(2,4,6-tribromophenyl)-1,3,5-triazine]、*N*,*N'*-乙撑双四溴邻苯二甲酰亚胺[*N*,*N'*-ethylene bis(tetrabromophthalimide)][1]。

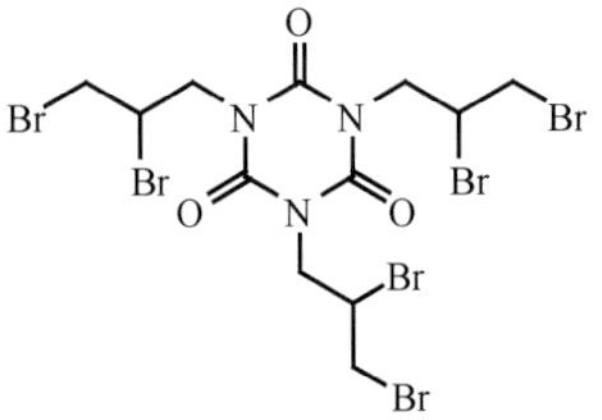

三(2,3-二溴丙基)异氰酸酯
CAS: 52434-90-9

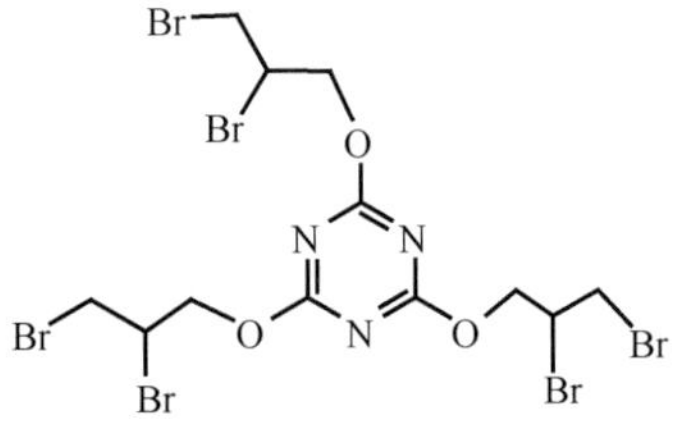

三(三-2,3二溴丙基)三嗪
CAS: 52434-59-0

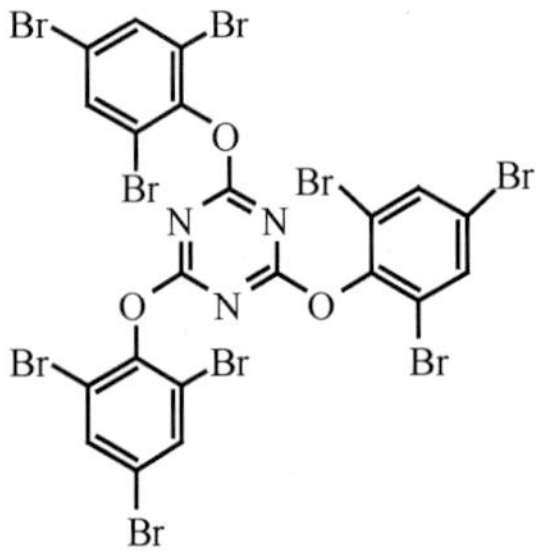

三(三溴苯氧基)三嗪
CAS: 25713-60-4

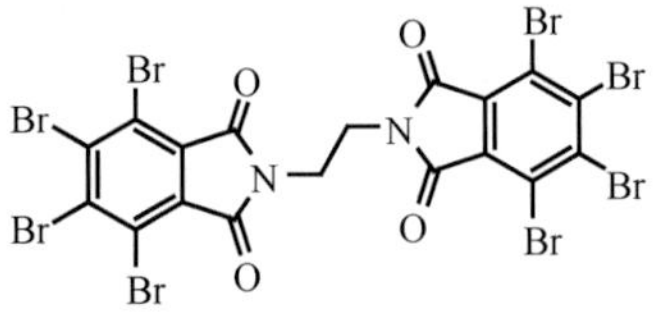

N,*N'*-乙撑双四溴邻苯二甲酰亚胺
CAS: 32588-76-4

图 4-1　氮杂环溴代阻燃剂类化合物的结构示意图

N,*N'*-乙撑双四溴邻苯二甲酰亚胺（CAS：32588-76-4）是一种复合型溴系阻燃剂，商品名为 Saytex BT93，是一种具有优良光、热稳定性和电气性能的阻燃剂，能与多种树脂材料相容，因而应用广泛，特别适合高温加工的树脂和弹性体，以及在电线电缆和电子电气设备机体制造中应用[2]。该阻燃剂在合成过程中存在产率较低、产物泛黄等缺点，目前的生产量和应用量都受到一定限制[3]。*N*,*N'*-乙撑双四溴邻苯二甲酰亚胺的生物富集性不明显，且不易降解[4]。

三(2,3-二溴丙基)异氰酸酯（TBC，CAS：52434-90-9）是一种新型的六溴代阻燃剂类物质[4]，自 20 世纪 80 年代起，作为一种阻燃剂替代产品在我国生产并广泛应用于玻璃钢、农用聚亚氨酯、不饱和聚酯以及合成纤维等工业领域。TBC 作为一种具有三嗪环的添加型溴代阻燃剂，其添加量小、不影响材料的力学性能，在通用橡胶和聚丙烯的生产中普遍应用。针对 TBC 发展的改型方法如微胶囊化技术，有效改善了 TBC 的热稳定性差、易腐蚀模具等问题[5]。统计数据显示，自 1996 年起中国 TBC 的生产量不低于 500 t/a，其至今仍在持续生产和使用[2,5]。三(三-2,3-二溴丙基)三嗪是 TBC 的同分异构体，工厂的生产量和使用量都很少，文献中也鲜有报道。

三(三溴苯氧基)三嗪[6]是丙烯腈-丁二烯-苯乙烯塑料和高压聚苯乙烯中的重要添加型阻燃剂。目前针对此物质的研究较少，仅有报道利用大气压化学电离质谱（atmospheric pressure chemical ionization-mass spectrometry，APCI-MS）技术，全扫模式下在塑料制品中首次发现，广泛存在于荷兰采样地区的灰尘样品中[7]。

4.1.2　三-(2, 3-二溴丙基)异氰酸酯的生物毒性

TBC 具有潜在的发育毒性、内分泌干扰效应等。其浓度为 10～1000 ng/mL 的水平时会抑制植物的光合作用，阻碍微拟球藻的生长[8]。TBC 能够通过影响线粒体引发斑马鱼幼鱼鱼鳔发育缺陷和运动障碍，最终导致幼鱼的死亡[9]。暴露实验发现 TBC 对斑马鱼的存活率和正常生长没有大的影响，但是对肝脏和腮具有显著的影响，高剂量（4 mg/L）的暴露会引起肠杯状细胞的增殖、睾丸及卵细胞的变化等[10]。TBC 也表现出明显的内分泌干扰效应，对水生生态系统具有潜在危害[11]。TBC 会造成啮齿类动物的肝脏和肺的损伤，线粒体是产生毒性效应的主要细胞器，如 BALB/c 鼠暴露后产生剂量依赖的肝细胞凋亡、线粒体衰退和内质网扩张[12]。TBC 会干扰类固醇基因的转录，从而抑制性激素的合成[13]。

4.1.3　三-(2, 3-二溴丙基)异氰酸酯的物化性质简介

4.1.3.1　定量结构-性质关系模型筛查持久性有机污染物

有机物的物理-化学性质与其结构密切相关，基于物质结构的定量结构-性质关系（quantitative structure-property relationship，QSPR）模型能很好地表征持久性有机污染物（persistent organic pollutants，POPs）的环境行为特征。对于数目众多的市售常用化工产品，在充分的环境行为、毒理学实验数据难以在短时间内获得的前提下，通过 QSPR 模型对化合物的物理-化学性质进行预测，实现高通量快速筛选，是国际上目前对具有潜在 POPs 特性化合物鉴别的有效途径。

化学计量学主要运用数学、统计学、计算机科学以及其他相关学科的理论与方法，优化化学测量过程，并从化学测量数据中最大限度地提取有用的化学信息[14]。常用的化学计量学方法有多元线性回归、主成分分析、偏最小二乘法、人工神经网络等[15]。QSPR 模型是化学计量学的一个重要分支，其基本假设是分子的物理-化学参数的变化依赖于该分子的结构变化，而分子的结构能够用反映分子结构特征的各种参数来描述，化合物的性质可以用化学结构的函数来表示[16,17]。例如，研究认为辛醇-水分配系数 K_{OW} 与化合物分子结构中各官能团的贡献存在相关关系[18]，

如公式（4-1）所示。

$$\log K_{\mathrm{OW}}=\sum(f_i n_i)+\sum(c_j n_j)+0.229 \tag{4-1}$$

式中，f_i 和 n_i 分别为分子结构中各官能团对其辛醇-水分配系数的贡献系数及该官能团在分子结构中出现的次数；c_j 和 n_j 分别为分子结构中各官能团相互连接过程带来的校正系数和该校正情况出现的次数。

不同的分子结构描述符对化合物的 K_{OW} 值的贡献系数不同，常见的分子结构描述符如—CH_3、—CH_2—、—CH、C、═CH_2—、═CH—、—OH、—NH_2、—NH—、—N< 、—Cl/F/Br/I、芳香碳、芳香胺等的贡献系数从–1.8323 到 0.9723，对 2447 个化合物的 K_{OW} 预测值与实验值的对比发现，实验值和预测值的吻合度很高[19]。目前，定量结构-性质关系模型已被广泛地运用于针对化合物的亨利常数 H[20]、辛醇-水分配系数 K_{OW}[18]、辛醇-大气分配系数 K_{OA}[21]、大气氧化半衰期 AO $T_{1/2}$[22]及好氧生物降解半衰期[23]等的物理-化学参数的模拟和预测，应用范围非常广泛。

4.1.3.2 TBC 的物理化学性质及定量结构-性质关系（QSPR）模型研究

TBC 的氮杂环分子结构与以往广泛研究和报道的脂肪族和芳香族阻燃剂化合物存在明显不同。这种分子结构上的异同使得 TBC 的物理-化学性质与典型的 POPs 物质相比具有一定的相似或差异性，从而进一步影响 TBC 在环境介质中迁移转化的行为。定量结构-性质关系模型能够很好地描述给定分子结构中的原子/化学键/官能团对分子整体物理-化学参数的贡献和影响。

如图 4-2 和图 4-3 所示，根据 K_{OW} 和 K_{OA} 相关模型的计算，TBC 同样具有较高的辛醇-水分配系数（$\log K_{\mathrm{OW}}=7.37$）和辛醇-大气分配系数（$\log K_{\mathrm{OA}}=23.68$）。一般认为，当化合物具有较强的有机相富集能力（$\log K_{\mathrm{OW}}>5$，$\log K_{\mathrm{OA}}>8$）时，该化合物在环境介质中的存在相主要以大气颗粒物为主[24]。因此，结合相关参数的计算结果，TBC 更倾向于在大气颗粒相中富集，从而具有一定的区域迁移能力。TBC 也能够实现在较高脂肪含量的树皮等植被以及常用被动采样装置中的高富集[25]。从图 4-2 中不难看出 TBC 分子中的氮杂环结构并未对理论辛醇-水分配系数值产生较大的影响。虽然含氮的三嗪环[—CO—N—CO—N—CO—，贡献因子 $\sum(f_i n_i)=3.1359$]和共轭结构[—N—C(═O)—N—，贡献因子 $\sum(f_i n_i)=3.0762$]能够显著地增加 TBC 的疏水性，然而其共有的叔胺结构[—N═，贡献因子 $\sum(f_i n_i)=-5.4969$]通常具有较强的极性（水溶性），从而对 TBC 的疏水性特征产生较强的抑制作用。因此，TBC 疏水性的主要贡献官能团是其支链的脂肪链结构和卤族元素，这与广泛研究的芳香族和脂肪族阻燃剂化合物较为相似，这也在一定程度上说明了 TBC 在环境介质中吸附/富集行为上与其他常见阻燃剂类化合物行为的相似性。与此同时，图 4-4 所示的 TBC 在大气传输过程中可能发生的大气氧化过程主要以与羟基自由基的反应为主，其在 5×10^5 mol/cm^3 羟基自由基平均浓度条件下的大气氧化半衰期能够达到 1.63 天，说明 TBC 在随大气运动迁移的过程中能够在大气环境中稳定存在，具有一定的长距离迁移能力。

```
SMILES : N1(CC(Br)CBr)C(=O)N(CC(Br)CBr)C(=O)N(CC(Br)CBr)C1(=O)
CHEM   : 1,3,5-Triazine-2,4,6(1H,3H,5H)-trione, 1,3,5-tris(2,3-dibromopropyl)-
MOL FOR: C12 H15 Br6 N3 O3
MOL WT : 728.70
-------+-----+--------------------------------------------+---------+--------
 TYPE  | NUM |        LOGKOW FRAGMENT DESCRIPTION         |  COEFF  |  VALUE
-------+-----+--------------------------------------------+---------+--------
 Frag  |  6  |  -CH2-    [aliphatic carbon]               | 0.4911  |  2.9466
 Frag  |  3  |  -CH      [aliphatic carbon]               | 0.3614  |  1.0842
 Frag  |  3  |  -N<      [aliphatic attach]               |-1.8323  | -5.4969
 Frag  |  6  |  -Br      [bromine, aliphatic attach]      | 0.3997  |  2.3982
 Frag  |  3  |  -NC(=O)N-     [urea]                      | 1.0453  |  3.1359
 Factor|  3  |  -CO-N-CO-N-CO-  structure  correction      | 1.0254  |  3.0762
 Const |     |  Equation Constant                         |         |  0.2290
-------+-----+--------------------------------------------+---------+--------
                                                 Log Kow   =   7.3732
```

$$\log K_{\mathrm{OW}} = \sum(f_i n_i) + \sum(c_j n_j) + 0.229 = 7.3732$$

图 4-2　TBC 辛醇-水分配系数 log K_{OW} 的计算结果

```
SMILES : N1(CC(Br)CBr)C(=O)N(CC(Br)CBr)C(=O)N(CC(Br)CBr)C1(=O)
CHEM   : 1,3,5-Triazine-2,4,6(1H,3H,5H)-trione, 1,3,5-tris(2,3-dibromopropyl)-
MOL FOR: C12 H15 Br6 N3 O3
MOL WT : 728.70
-------------------------- KOAWIN v1.10 Results --------------------------

Log Koa (octanol/air) estimate:  23.683
    Koa (octanol/air) estimate:  4.818e+023
 Using:
   Log Kow:  7.37  (KowWin est)
   HenryLC:  1.19e-018  atm-m3/mole (HenryWin est)
   Log Kaw:  -16.313  (air/water part.coef.)

 LogKow   : ----  (exp database)
 LogKow   : 7.37 (KowWin estimate)
 Henry LC: --- atm-m3/mole(exp database)
 Henry LC: 1.19e-018 atm-m3/mole (HenryWin bond estimate)

 Log Koa (octanol/air) estimate:  23.683 (from KowWin/HenryWin)
```

$$\log K_{\mathrm{OA}} = \log K_{\mathrm{OW}}(RT) - \log[H] = 23.683$$

图 4-3　TBC 辛醇-大气分配系数 log K_{OA} 的计算结果

```
SMILES : N1(CC(Br)CBr)C(=O)N(CC(Br)CBr)C(=O)N(CC(Br)CBr)C1(=O)
CHEM   : 1,3,5-Triazine-2,4,6(1H,3H,5H)-trione, 1,3,5-tris(2,3-dibromopropyl)-
MOL FOR: C12 H15 Br6 N3 O3
MOL WT : 728.70
------------------- SUMMARY (AOP v1.92): HYDROXYL RADICALS -------------------
Hydrogen Abstraction         =   6.5675 E-12 cm3/molecule-sec
Reaction with N, S and -OH   =   0.0000 E-12 cm3/molecule-sec
Addition to Triple Bonds     =   0.0000 E-12 cm3/molecule-sec
Addition to Olefinic Bonds   =   0.0000 E-12 cm3/molecule-sec
Addition to Aromatic Rings   =   0.0000 E-12 cm3/molecule-sec
Addition to Fused Rings      =   0.0000 E-12 cm3/molecule-sec

   OVERALL OH Rate Constant =   6.5675 E-12 cm3/molecule-sec
   HALF-LIFE =     1.629 Days (12-hr day; 1.5E6 OH/cm3)
   HALF-LIFE =    19.543 Hrs
```

图 4-4 TBC 大气氧化半衰期的计算结果

对于 $7<\log K_{OW}<8$ 的化合物，其生物富集因子可表示为[18]

$$\log BCF = -1.37\times\log K_{OW} + 14.4 = 4.299$$

TBC 的理论生物富集因子为 19 900，可能具有较强的生物富集能力。与多氯联苯（polychlorinated biphenyls，PCBs）、多溴二苯醚（polybrominated diphenyl ethers，PBDEs）、多氯代二苯并-*p*-二噁英和多氯代二苯并呋喃（polychlorinated dioxins/furans，PCDD/Fs）、氯丹等经典 POPs 相比，TBC 具有类似的高辛醇-水分配系数 K_{OW}、高辛醇-大气分配系数 K_{OA}、较高的大气氧化半衰期和理论生物富集因子。因而，TBC 可能同样具有潜在 POPs 类化合物的分子结构和环境行为特征。

TBC 与其他 POPs 相比也具有独特的物理-化学特征，即 TBC 的辛醇-大气分配系数（$\log K_{OA} = 23.68$）和大气-水分配系数（$\log K_{AW} = -16.31$）比典型 POPs 类物质高出约 10 个数量级。辛醇-大气分配系数和水-大气分配系数同样能够对化合物的环境迁移转化行为产生影响而具有重要的环境学意义。例如，高的辛醇-大气分配系数意味着 TBC 不易通过生物的呼吸作用从生物体呼吸系统排出，因而在陆源生物体中具有更高的生物富集能力；而较高的水-大气分配系数则意味着 TBC 在环境介质的水相和大气相中发生分配的过程中更易于保持于水相中而因此会减少通过大气传输过程对生物的影响。

通过定量结构-性质关系模型的计算，上述 TBC 的物理-化学参数和特征与其分子结构密切相关。从图 4-5 中不难看出，TBC 分子结构中与氮杂环相关的碳-氮键（C—N，贡献因子 $f = 3.9030$）和共轭结构[—N—C(═O)—N—，贡献因子 $f = 14.5566$]引起饱和蒸气压理论值的增加。

```
SMILES : N1(CC(Br)CBr)C(=O)N(CC(Br)CBr)C(=O)N(CC(Br)CBr)C1(=O)
CHEM   : 1,3,5-Triazine-2,4,6(1H,3H,5H)-trione, 1,3,5-tris(2,3-dibromopropyl)-
MOL FOR: C12 H15 Br6 N3 O3
MOL WT : 728.70
-------------------------- HENRYWIN v3.20 Results --------------------------
----------+--------------------------------------------+---------+---------
  CLASS   |      BOND CONTRIBUTION DESCRIPTION         | COMMENT | VALUE
----------+--------------------------------------------+---------+---------
 HYDROGEN |  15  Hydrogen to Carbon (aliphatic) Bonds  |         | -1.7952
 FRAGMENT |   6  C-C                                   |         |  0.6978
 FRAGMENT |   3  C-N                                   |         |  3.9030
 FRAGMENT |   6  C-Br                                  |         |  4.9122
 FRAGMENT |   6  CO-N                                  |         | 14.5566
 FACTOR   |   *  Two or more N-CO bonds                |         | -3.2000
 FACTOR   |   3  -N-CO-N-CO-                           |         | -2.7600
----------+--------------------------------------------+---------+---------
 RESULT   |    BOND ESTIMATION METHOD for LWAPC VALUE  |  TOTAL  | 16.314
----------+--------------------------------------------+---------+---------
HENRYs LAW CONSTANT at 25 deg C = 1.19E-018 atm-m3/mole
                                = 4.85E-017 unitless
                                = 1.20E-013 Pa-m3/mole
```

图 4-5　TBC 亨利常数的计算结果

4.1.4　三-(2,3-二溴丙基)异氰酸酯的分析方法

4.1.4.1　液相色谱-三重四极杆质谱法

目前，新型溴代阻燃剂类化合物的仪器分析方法主要包括气相色谱-三重四极杆质谱（gas chromatography-triple quadrupole mass spectrometry，GC-MS/MS）、液相色谱-三重四极杆质谱（liquid chromatography-triple quadrupole mass spectrometry，LC-MS/MS）、薄层色谱（thin layer chromatography，TLC）和核磁共振（nuclear magnetic resonance，NMR）方法等。由于卤代阻燃剂类化合物的半挥发性和正相溶剂中的高溶解性，气相色谱-质谱联用技术成为仪器分析的首选方法。常见卤代阻燃剂类化合物的碳-卤键的键能远低于碳-碳键和碳-氢键的键能，电子捕获负化学电离源（electron capture negative ionization，ECNI）通常能够得到化合物结构信息更多的离子碎片和更好的检测效果。例如，GC-ECNI-MS 是对 PBDEs 类化合物进行分析的主要方法[26,27]，也被用于两类新型的溴代阻燃剂类化合物 TBPH 和 HCDBCO 的环境鉴别[28,29]。然而，气相色谱-质谱方法并不能解决卤代阻燃剂类化合物分析方法开发过程中产生的所有问题。文献[30-33]报道高溴代的阻燃剂类化合物如 BDE-209 易于在气相色谱的进样口和色谱柱中发生分解而不得不使用较短的色谱柱进行快速分析。与此同时，也有报道表明六溴环十二烷（hexabromocyclododecane，HBCD）同系物不能通过气相色谱柱实现基线分离，并且当温度高于 160 ℃时，同分异构体之间会发生相互转换。近年来，基于电喷雾电离（electrospray ionization，ESI）和 APCI 的 LC-MS 替代方法广泛用于新型溴代阻燃剂类化合物的分析中。

电离方式的选择对于化合物定性和定量分析方法的开发起到至关重要的作用。TBC 为氮杂环结构，脂肪支链含有六个溴原子，分子量高达 728.7。其挥发性较低，饱和蒸气压值约为 1.18×10^{-15} Pa。文献报道中 TBC 标准样品的热解温度仅为 195 ℃，工业产品因表面包覆材料的不同而热解温度有所差异。该类化合物易在分析过程中发生热解反应而不宜于使用 GC-MS 方法，笔者课题组利用 GC-MS 方法对 TBC 进行实验也进一步验证了这个结论，发现基于电离过程更加温和的 ESI 和 APCI 的 LC-MS 方法是更好的检测方式[34]。

TBC 分子结构中具有叔胺结构，在碱性和高离子浓度下能够结合自由态的 H 离子形成$[M+H_n]^{n+}$的正离子；与此同时，TBC 分子结构中具有含有 Br 原子的脂肪支链，卤族元素的高电负性使得 α 位的 H 原子易于脱去而形成$[M-H]^-$ 的负离子。笔者课题组率先开发了针对 TBC 的质谱检测方法。通过实验证明，在中性和质谱能够承受的较高离子强度条件下，TBC 能够在 ESI 源（Waters Quattro Premier XE，Micromass，Manchester，UK）中实现较好的电离，并且主要以负离子为主。这与文献中报道的其他种类的阻燃剂类化合物（如 HBCD 等）在液相-大气压电离条件的现象类似。TBC 在 ESI 条件下电离的主要离子为$[M-H]^-$离子，一簇的 7 个峰即为 Br 的同位素峰，其比例与六溴代化合物 1∶6∶15∶20∶15∶6∶1 的同位素峰分布具有很高的相似性，证明了 TBC 在液相色谱-大气压电离模式下的软电离行为。同时，含量较低的以 m/z = 764.8 为最高丰度的$[M-H+Cl]^-$簇离子也可被质谱检测到，但是由于$[M-H+Cl]^-$加合离子的低丰度及加合类离子在碰撞诱导解离（collision induced dissociation，CID）过程中的不稳定性，故选择$[M-H]^-$离子中最高丰度的 m/z = 727.8 作为方法开发过程中的母离子。优化后的质谱参数条件为，毛细管电压（capillary voltage）：3.3 kV；锥孔电压（cone voltage）：30 V；源温度（source temperature）：110 ℃；脱溶剂温度（desolvation temperature）：450 ℃；脱溶剂气体流速（desolvation gas flow）：450 L/h；锥孔气体流速：50 L/h。

对 TBC 在 APCI 源条件的参数进行优化，结果显示出与 ESI 条件下相似的电离效果[34]。不同的是，由于电离机制的不同，APCI 条件下的解吸气温度只有在较低的条件下时才能得到较好的电离效果。研究认为，卤代阻燃剂类化合物在 CID 条件下通常只能得到 m/z = 79/81 的 Br^-离子峰[35]，其结论在 TBC 的实验过程中得到了验证。进一步对质谱条件进行优化时表明，当碰撞电压为 11 eV 时，$[M-H]^-$＞Br^-能够达到最大丰度；而当将碰撞能量逐步增加至 70 eV 的过程中，仅有少量不稳定中间离子出现（如 m/z = 683.9）而未发现其他稳定的离子碎片产生。究其原因，可能是 TBC 分子结构中的 C—Br 键的键能要小于 C—C、C—N 和 C═O 键的键能，使得 CID 过程主要以 C—Br 键的解离为主。因此，在方法开发过程中分别选择了 727.8＞79 和 727.8＞81 分别作为定性和定量离子。TBC 使用 APCI 进行测定，优化后的质谱条件分别为，锥孔电流（cone current）：5 μA；锥孔电压（cone voltage）：30 V；源温度（source temperature）：110 ℃；APCI 针温度（APCI probe temperature）：150 ℃；脱溶剂气体流速（desolvation gas flow）：150 L/h；锥孔气体流速：50 L/h。

对于卤代阻燃剂检测的 LC-MS 方法，通常使用反向色谱分离的方式。在实验中，选择 Sunfire C_{18}（2.1 mm × 150 mm × 5 μm）、Symmetry C_{18}（2.1 mm × 150 mm × 5 μm）和 Zorbax ODS C_{18}（4.6 mm × 150 mm × 5 μm）色谱柱进行分析。其中，Sunfire C_{18} 对分析物的吸附性过强，而 Symmetry 和 Zorbax ODS 均能实现较好的分离。典型的色谱柱流动相条件为：流动相为甲醇（A）和水（B），流速为 0.3 mL/min，起始流动相组成为 80%的 A 和 20%的 B，10 min 内增加到 100%的 A，维持 8 min，在 7 min 内回到初始状态。经测定，TBC 在 ESI 和 APCI 条件下的仪器检出限（instrument detection limit，IDL，S/N =3）分别为 6.0 pg 和 4.3 pg。加标样品色谱图如图 4-6 所示。

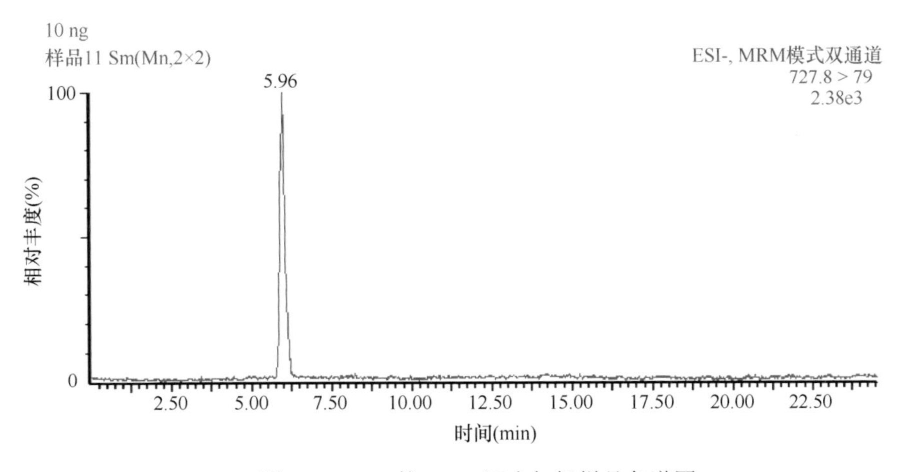

图 4-6 TBC 的 10 ng 河水加标样品色谱图

从以上描述中针对 LC-MS 的参数优化过程可看出，TBC 的液相-大气压电离及 CID 裂解行为与文献报道的 HBCD 的相关方法学结论类似[32]，因此开发同时测定 TBC 和 HBCD 的液相色谱-质谱联用方法将有助于扩展高效液相色谱在卤代阻燃剂类化合物检测方法上的运用。通过实验发现在 ESI 和 APCI 条件下测定 TBC 的仪器优化参数同样适用于 HBCD 的分析。如图 4-7 所示，在 ESI 条件下，当毛细管电压、锥孔电压和脱溶剂气温度等关键性参数分别为 3.3 kV、30 V 和 450 ℃时，HBCD 能够达到最高的电离效率；HBCD 的 CID 离子碎片以 Br^- 占绝大多数，并且在碰撞能量为 11 eV 时达到最优化。在相同浓度条件下，其质谱相应值与 TBC

相近。因此，选择 640.3＞79 和 640.3＞81 分别作为定性和定量离子。在色谱分离条件优化的过程中，当初始流动相中有机相（甲醇）的比例较低时，TBC 和 α-HBCD、β-HBCD、γ-HBCD 的分离度较高而质谱响应值较差，故应保持初始流动相中有机相的含量不低于 70%；而保持流动相梯度中有机相的总量不变，乙腈/甲醇的比例（*V*/*V*）逐步升高时，TBC 和 β-HBCD 的质谱响应值升高，而 α-HBCD、γ-HBCD 的响应值下降。因此，合适的流动相梯度条件将同时影响到 TBC 和 α-HBCD、β-HBCD、γ-HBCD 的分离度及质谱响应值。优化后的流动相条件为：流动相为甲醇（A）、乙腈（B）和水（C），流速为 0.4 mL/min，初始流动相组成为，30%的 A、30%的 B 和 40%的 C；10 min 后，改变为无水流动相，70%的 A、30%的 B 和 0%的 C，并维持此状态 4.9 min；然后在 0.1 min 内回到初始状态，30%的 A、30%的 B 和 40%的 C，并保持 5 min。TBC 和 α-HBCD、β-HBCD、γ-HBCD 能够实现基线分离，图 4-8 为 ESI、APCI 条件下的加标样品色谱图，从图中可以看出，同等浓度下，TBC 和 α-HBCD、β-HBCD、γ-HBCD 在 APCI 条件下的质谱响应强度高于 ESI 条件下的质谱响应，APCI 条件下，同时测定这四种物质更加灵敏。APCI 条件下，TBC 和 α-HBCD、β-HBCD、γ-HBCD 的仪器检出限分别为 4.3 pg、0.5 pg、0.4 pg、0.3pg。

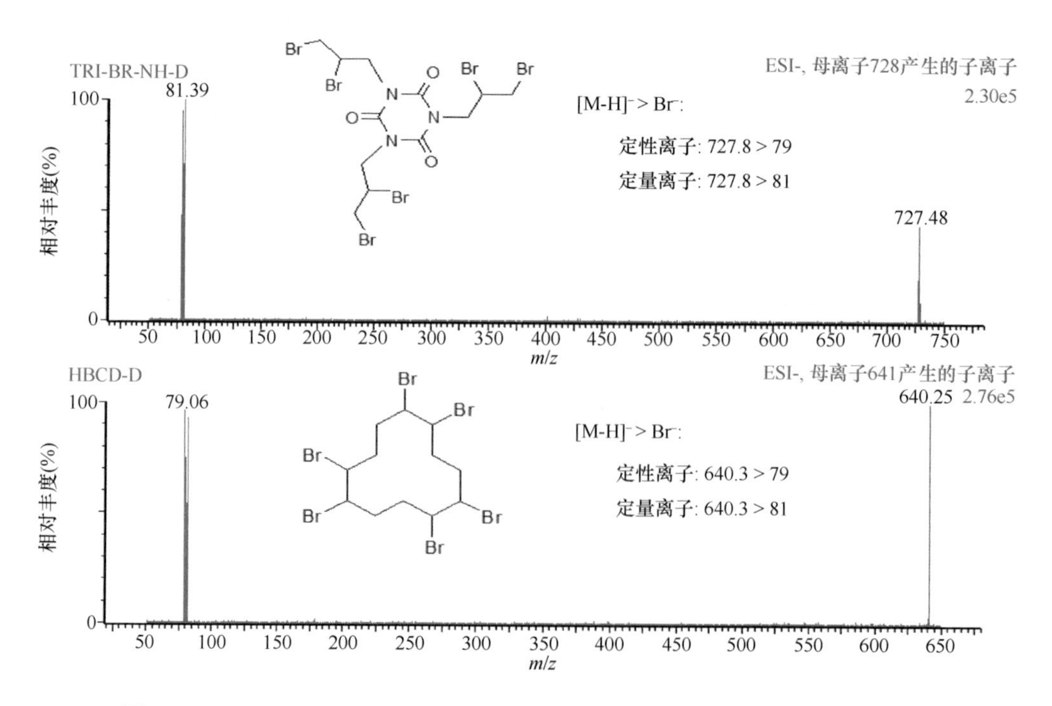

图 4-7 TBC 和 HBCD 在相同仪器参数和浓度（1 μg/mL）下的二级离子扫描图

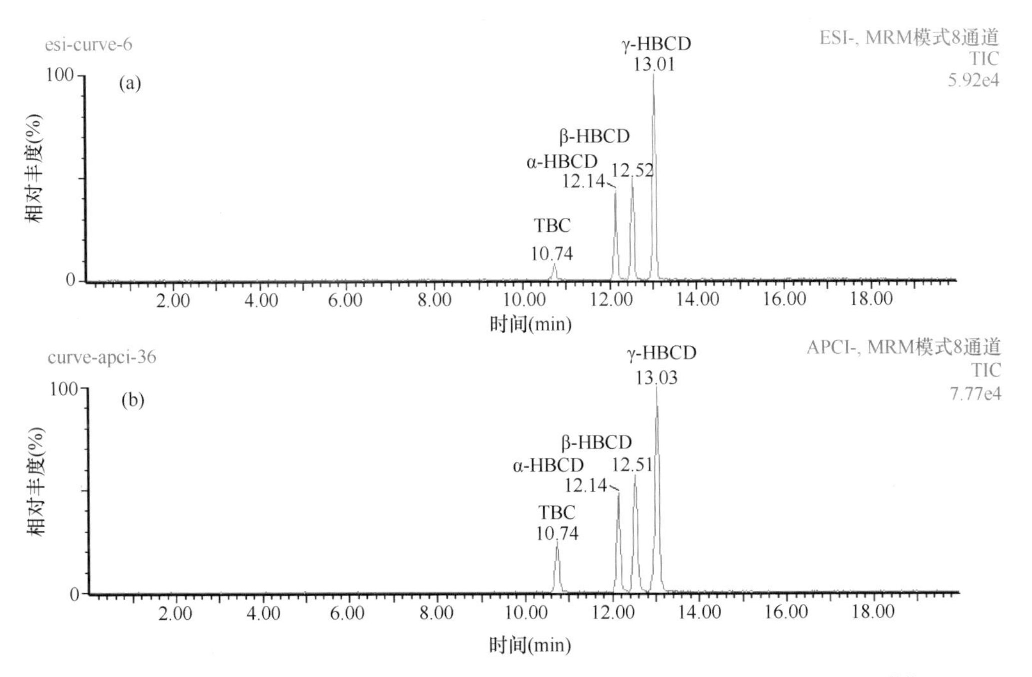

图 4-8　TBC 和 HBCD 在（a）ESI 和（b）APCI 条件下的标准样品色谱图[36]

4.1.4.2　其他分析方法

除质谱方法外，电化学方法是较常用的检测技术。电化学发光方法利用电化学发光试剂在电极上的氧化或者还原反应进行检测。$Ru(bpy)_3^{2+}$是常用的电化学发光试剂，电化学发光信号由激发态的 $Ru(bpy)_3^{2+}$经过猝灭机理回到基态产生。电化学与 TBC 的抗体蛋白，或与分子印记技术的结合也有助于提高测定的选择性和灵敏度。

电化学发光方法简单，仪器也比较便宜。目前，很多金属纳米材料在电化学发光检测中应用广泛，优点包括独特的尺寸相关的电、磁和光性能，制备简单，表面积大和尺寸可控，可有效增强电化学发光的检测信号。同时，TBC 中的叔胺基团亦可有效地增强电化学检测的信号。基于电化学发光技术，硝酸银增强的金纳米修饰的电极施加电势后，氧化 TBC 和 $Ru(bpy)_3^{2+}$成为 TBC^+和 $Ru(bpy)_3^{3+}$，TBC^+的质子丢失后进一步与 $Ru(bpy)_3^{3+}$反应生产激发态的 $Ru(bpy)_3^{2+*}$，产生电化学发光信号，此方法能快速、灵敏地检测 TBC，检出限达到 5.0×10^{-8} mol/L，线性范围为 1.0×10^{-7}～5.0×10^{-5} mol/L[37]。

电化学发光的免疫检测是快速和高通量的生物分析技术，光敏原料和抗体的特性是电化学发光免疫检测的关键。将兔子体内产生的 TBC 抗体 TBC-Ab 与牛血清蛋白（bovine serum albumin，BSA）结合形成 BSA-TBC（非标记），TBC 通过共价键交联到脉冲电沉积方法构建的多元混合的 $CdTe/Au\text{-}TiO_2$ 纳米束上，形成免疫探针技术，增强了光子吸收和光电流响应，在可见光区域增强了光电转化效率，对 TBC 的检出限达到 5.0×10^{-11} mol/L，线性范围为 5.0×10^{-11}～5.0×10^{-5} mol/L[38]。非标记的电化学发光免疫传感器，将 TBC 抗体 *anti*-TBC 交联于核/壳结构的 CdTe/CdS 量子点修饰的 TiO_2 纳米束（NT）电极（CdTe/CdS-TiO_2），检测 TBC 的灵敏度更低，达到了 6×10^{-12} mol/L[39]。以鲁米诺标记的半抗原-抗体免疫复合物由于空间位阻变大和扩散系数的降低，会引起鲁米诺标记的半抗原的电致发光信号强度的降低，TBC 与 TBC 抗体间的独特的免疫反应会释放出鲁米诺半抗原，使得电致发光信号强度恢复，基于以上原理，通过鲁米诺发光和 Ti/TiO_2 纳米束构建的均相电化学发光免疫分析分析技术，对 TBC 分析的检出限达到 2.0×10^{-10} mol/L，线性范围从 4.2×10^{-10}～1.7×10^{-7} mol/L[40]。

分子印记技术是利用模板分子，在合成的聚合物过程中构建特定的用于识别模板分子的三维空位，将模板分子以物理或化学技术从聚合物中脱除后，此聚合物可用于特异性检测模板分子。TBC 与邻-氨酚经电聚合后，用硫酸溶液将 TBC 从聚合材料脱除，以此印记材料构建 TBC 的分子印记电极，检测 TBC 的检出限为 6.64×10^{-11} mol/L，而电极的结合位点数量的增多是提高检测灵敏度的关键[41]。

酶联免疫吸附测定（enzyme-linked immunosorbent assay，ELISA）方法是近几年发展的用于 TBC 检测的新技术。ELISA 是采用抗原与抗体的特异反应将待测物与酶连接，然后通过酶与底物产生颜色反应，对受检物质进行定性或定量分析的一种检测方法。一种竞争性的间接 ELISA 方法，对 TBC 的检测灵敏度较高[42]，如非均相的生物素-链霉素-放大的 ELISA 方法，利用合成的 TBC-半抗原与转运蛋白获得 TBC 人造抗原，免疫后从兔血清中获得 *anti*-TBC 克隆抗体，用于检测 TBC 时，检出限为 0.0067 ng/mL。此方法对河水中 TBC 的回收率高于 92%[43]，且与 ELISA 相似的单克隆抗体技术可实现环境中 TBC 的灵敏和选择性检测[44]。基于金纳米颗粒结合探针 DNA 技术开发的实时免疫-PCR 方法，检测 TBC 的检出限低至 0.97 pg/L，线性范围为 0.1 pg/L～0.1 ng/L[45]。

4.1.4.3 TBC 在复杂环境样品中的前处理流程

样品净化过程是环境分析测试技术的一个重要环节，能够有效提升实验分析能力，实现对待测物的痕量和超痕量分析。样品前处理流程主要包括样品萃取过程和净化浓缩过程。针对持久性有机污染物在环境介质中的低含量、低挥发性、易吸附于有机介质等特点，POPs 的样品萃取过程通常使用传统的索氏提取（Soxhlet extraction，SE）或加速溶剂萃取（accelerated solvent extraction，ASE）方法，如美国 EPA 3545 方法[46]；净化浓缩过程中通常使用凝胶渗透色谱柱分离的方法，如针对 PCBs 样品分析的美国 EPA 1668A 方法[47]和针对 PBDEs 样品分析的美国 EPA 1614（draft）方法[48]等。根据 TBC 的物理-化学性质，笔者课题组也开发了一套应用于水、底泥、土壤和生物样品的前处理流程。

对于河水样品，可采用固相萃取（solid phase extraction，SPE）富集和洗脱的前处理方式。具体的实验步骤为：先取样 300 mL，加入 10 ng ^{13}C-HBCD 内标后抽滤通过 0.7 μm 的玻璃滤膜。SPE 萃取柱分别使用 3 mL 甲醇和 3 mL 去离子水进行预淋洗。过滤后的水样以 2～3 mL/min 的速率通过 SPE 小柱，使待测物在 SPE 小柱上富集。随后，分别使用 3 mL 去离子水和 3 mL 40%的甲醇水溶液清洗小柱，以尽可能地去除干扰物质。最后，分别使用 3 mL 的甲醇洗脱 3 次，使待测物从 SPE 小柱上洗脱下来。TBC 为中性的疏水性化合物，传统的 C_{18} 填料的 SPE 小柱（如 LC-18 和 ENVI-18 等）和高聚物填料的 SPE 小柱（如 HLB）可能对 TBC 具有较好的吸附能力。结果显示，LC-18、ENVI-18 和 HLB 对 TBC 的富集和回收能力（75%～81%）没有明显的区别，而 ENVI-18 和 HLB 的重复性（约 2%）相对较好。因此，选用 HLB 小柱作为河水样品中 TBC 的吸附和净化材料。对于土壤、底泥和生物样本，均可以采用加速溶剂萃取和硅胶层析柱分离的净化方法。土壤、底泥和生物样本经过冷冻干燥后，称取 0.5～1 g 干重样品并与 15 g 无水硫酸钠混合均匀后使用二氯甲烷作为溶剂进行加速溶剂萃取过程。萃取温度和压力分别为 150 ℃和 1500 psi[①]，每周期萃取时间为 5 min，共萃取 3 个周期并合并萃取相。萃取出的有机相经过 10 g 酸性硅胶处理后以除去生物样品中的脂肪成分并通过无水硫酸钠小柱进行液固分离。处理后的有机相经过旋转蒸发浓缩至约 2 mL 后经进一步的净化可以与其他的溴代阻燃剂同时测定。

TBC 与 HBCD 同时测定的净化在 8 g 中性硅胶柱中进行柱层析。中性硅胶柱使用 50 mL 正己烷进行预淋洗。加样后，分别使用 38 mL 正己烷、50 mL 1∶1 正己烷/二氯甲烷（获取 HBCD 组分）和 40 mL 二氯甲烷依次（获取 TBC 组分）进行淋洗。最后，淋洗液经旋转浓缩后溶剂置换为 8∶2 甲醇/水相，定容至 1 mL，并进行仪器分析。在样品处理流程中，加速溶剂萃取和酸性硅胶处理步骤后 TBC 的回收率（76%～92%）相对较低，而硅胶层析柱分离（98%～101%）和溶剂置换步骤（90%～96%）中 TBC 的回收率相对较高，并且凝胶渗透色谱分离步骤中 TBC 的总体回收率为 58%～73%，能够较好地满足不同环境基质样品分析的要求。

TBC、HBCD 和 PBDEs 同时分析的净化在复合硅胶柱上进行。多种净化用硅胶填充于玻璃层析柱（长度 20 cm，直径 18 mm）中，从下向上依次填充为：1 g 活化硅胶，4 g 碱性硅胶（1.2%，*w/w*），1 g 活化硅胶，8 g 酸性硅胶（30%，*w/w*），2 g 活化硅胶，4 g 无水硫酸钠。上样后用 100 mL 正己烷洗脱 PBDEs 组分，然后用 100 mL 二氯甲烷洗脱 HBCD 和 TBC 组分。

① 1 psi=6.894 76×10^3 Pa。

4.1.4.4 实际样品分析

根据上述样品处理步骤的优化过程，进一步优化前处理流程针对不同环境介质的处理效果，结果显示该前处理流程能够较好地降低不同环境基质的影响。其中，TBC 在河水、土壤、底泥和生物样品中的方法检出限（method detection limit，MDL）分别为 1.5 ng/L、2.5 ng/g、1.5 ng/g 和 1.0 ng/g。图 4-9 为典型污染区域的土壤和鲤鱼肌肉样品经上述前处理方法得到的待测物色谱图。不难看出，TBC 和 HBCD 在不同环境基质样品中的质谱基质效应较小，TBC 和 α-HBCD、β-HBCD、γ-HBCD 均能实现基线分离。并且从图中可以看出，四种待测物在上述环境样品中均能检测出，其中 HBCD 同分异构体的比例在土壤和生物样品中显示出与文献中报道相类似的差异性。底泥样品中主要以商用 HBCD 化工产品的主成分 γ-HBCD 为主，而 α-HBCD 相对更易发生生物富集而在鲤鱼肌肉样品中占主要成分。

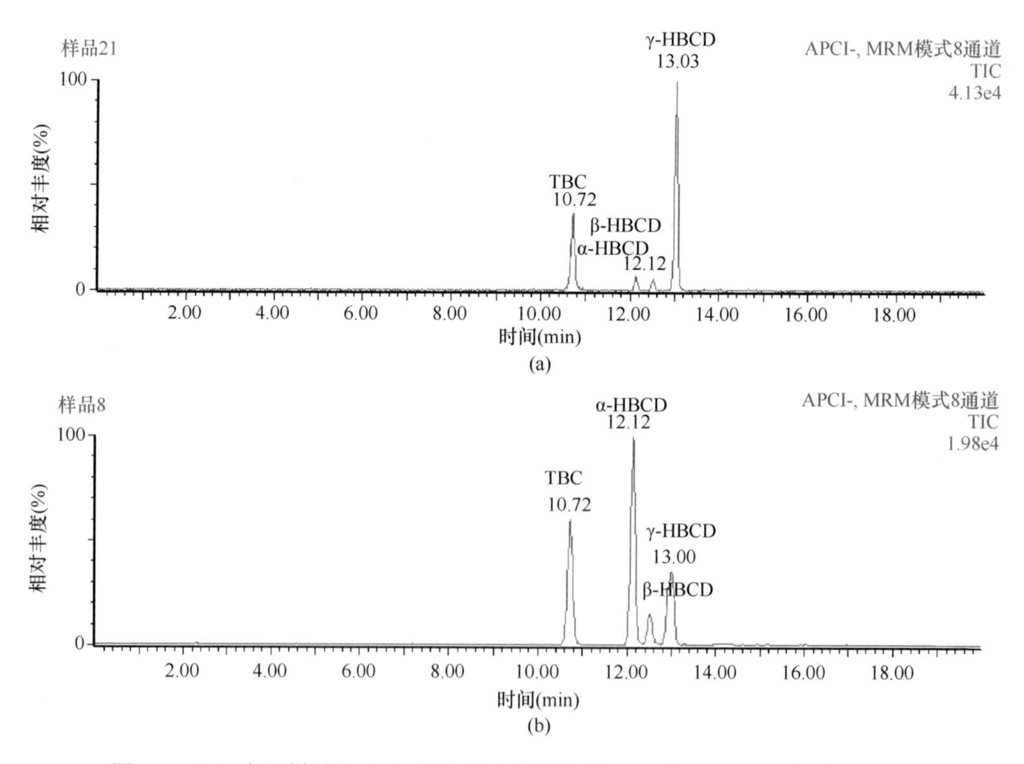

图 4-9 （a）底泥样品和（b）鲤鱼肌肉样品中的 TBC 和 HBCD 的色谱图

基于 HPLC-MS/MS 进行 TBC 的分析，以复合硅胶柱对样品进行净化的方法，可用于 TBC 与多种溴代阻燃剂的同时分析，经优化后，TBC 的回收率大于 85%，检出限低于 1 ng/g（水样低于 1 ng/L）[49]。

4.1.5　三-(2,3-二溴丙基)异氰酸酯的环境赋存和行为

4.1.5.1　TBC 在典型污染区域的环境行为

溴代阻燃剂工厂是 TBC 的典型污染源，其附近区域可能受到工业生产的直接污染。笔者课题组以某溴代阻燃剂工厂附近区域和水体为研究区域，利用建立的分析方法，在多种环境介质中首次检出 TBC[34]。具体的实验过程如下所述。

采样点信息如图 4-10 所示。河水、土壤、底泥、蚯蚓和鲤鱼样品采集于 2008 年 7 月。采样地域的主要风向为东北风，与河流在该地域的总体走势一致。河水、底泥和土壤样品沿河岸等间距采集，鲤鱼样品采集于距采样地点 6 km 处，共采集了 12 个河水样本、6 个表层底泥样本、5 个土壤样本、5 个位点的蚯蚓样本和 4 个鲤鱼样本。河水样品采集于河水表面下约 0.4 m 处，储存于 500 mL 玻璃容器中并放置于 4 ℃环境中保存。土壤样品采集于约 0～5 cm 深的表层农田土壤并远离公路。表层底泥样品使用抓斗采样器（Wildco Ekman Grab，152 mm×152 mm×152 mm，Buffalo，NY）采自于河宽离岸约 1/4 处。生物样品采集后立即放置于冰盒中并在实验室放置于–20 ℃冰箱中。所有样品在采集及运输过程中均使用铝箔包覆以进行避光处理。

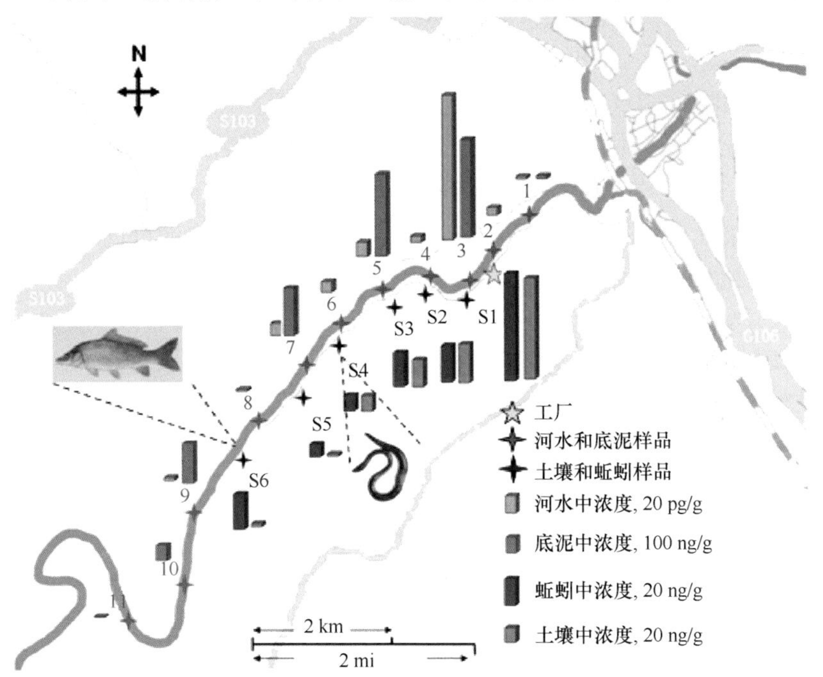

图 4-10　采样地点及 TBC 在河水、底泥、土壤和蚯蚓样品中浓度的空间分布示意图（其中，黄色标识为溴代阻燃剂生产工厂，红色标识为河水和底泥样品的采样地点，黑色标识为土壤和蚯蚓样品的采样地点[50]）

TBC 在采集的河水、土壤、底泥、蚯蚓和鲤鱼（29.2～32.0 cm，433.5～618.4 g）组织/器官样品中均有检出，其浓度水平的空间分布如图 4-10 所示。其中，TBC 在河水样品中的浓度范围为 2.33～163 ng/L。在 TBC 生产工厂排污口附近的河水样品中 TBC 的含量高达 163 ng/L。随着距离的增加，河水样品中 TBC 的含量迅速下降至 7.78～16.2 ng/L。这种下降趋势表明水相和底泥相中发生快速的分配。由于较高的辛醇-水分配系数，TBC 更易向有机碳含量较高的底泥相中富集。如图 4-11(a)所示，当离排污口的距离超过 4 km 时，由于河水支流的稀释作用，TBC 浓度进一步降低至 2.3～4.0 ng/L。

TBC 在底泥、土壤样品中的总有机碳（total organic carbon，TOC）校正浓度和蚯蚓样品中的浓度范围分别为 2.62～91.6 μg/g TOC；573 ng/g～22.9 μg/g TOC 和 9.75～78.8 μg/g d.w.（dry weight，干重）。如图 4-11(b)所示，底泥和土壤样品中 TBC 的浓度与 TOC 的含量表现出较好的相关性（$R^2 = 0.86$，$p < 0.05$）。

如图 4-11(c)和图 4-11(d)所示，TBC 在底泥和土壤样品中的含量也显示出快速下降的空间分布趋势。统计分析结果（t 检验，$p < 0.05$）表明，TBC 在不同环境介质中的浓度趋势为：底泥＞土壤 ≈ 蚯蚓＞河水。

如图 4-11(c)所示，TBC 在底泥中的浓度与底泥采样地点相对排污口的距离呈现出显著的负相关性（$R^2 = 0.98$，$p < 0.05$）。北美纳拉甘西特湾（Narragansett Bay）地区部分有机污染物（$2.7 < \log K_{OW} < 7.2$）在河水底泥相中浓度空间分布的研究认为，具有高辛醇-水分配系数化合物的浓度呈现出对数下降的趋势[51]，如式（4-2）所示：

$$\log(C_0 / C) = b_0 + b_2(\text{dist} / \log K_{OW}) \tag{4-2}$$

式中，dist 为采样点与污染点源的距离，C_0/C 距污染物在点源处的初始浓度和采样点的浓度的比值，b_0 和 b_2 为线性拟合系数。

该结论与 TBC 在采样区域的研究结果不同，可能是不同调查区域的地理情况，如水体中溶解态 TOC 和悬浮颗粒物的含量及沉降速率的不同有关。水体中棕黄酸和胡敏酸等悬浮颗粒物在有机化合物从水相向表层底泥相迁移和沉降的过程中具有非常重要的作用[52]。

如图 4-11(d)所示，TBC 在土壤样品中也显示出随距离的增加而快速下降的趋势。这与大气颗粒物沉降和污染河水灌溉有关，并且颗粒物气相传输途径可能是一个重要的污染途径，因为 TBC 在土壤样品中含量的快速下降趋势与 TBC 在河水样品中相对一致的浓度水平不一致，这也在一定程度上反映出 TBC 可能通过气相颗粒物传输。图 4-11(d)中，TBC 在 4 km 土壤样品中的浓度仅为点源污染处的 1/30。这种快速下降趋势与文献中报道的 POPs 物质在靠近污染点源的小范围区域内呈现出浓度随距离增加而快速下降的规律具有一致性。例如对污染源附近 PCBs

浓度的分析发现[53,54]，该化合物浓度在 11 km 和 14 km 处下降到源浓度的 10%和 2.5%。文献中同样发现，PCBs 在植被中的浓度在 7 km 的范围内下降到源浓度的 0.1%[55]。对于 PCDD/Fs 在松针样品中的环境调研结果也显示出相类似的规律性[56]。从图 4-11(d)可以看出，TBC 在蚯蚓样品中浓度的空间分布与土壤样品中浓度具有一定的相似性，这在一定程度上说明土壤生物对 TBC 也具有一定的生物摄取能力。结合图 4-11(c)和(d)，TBC 在 10 km 处底泥样品中的浓度（2.62 μg/g TOC）仍高于 4 km 处土壤样品中的浓度（573 ng/g TOC），这也在一定程度上显示出环境水体是该调查地区更为重要的污染介质。

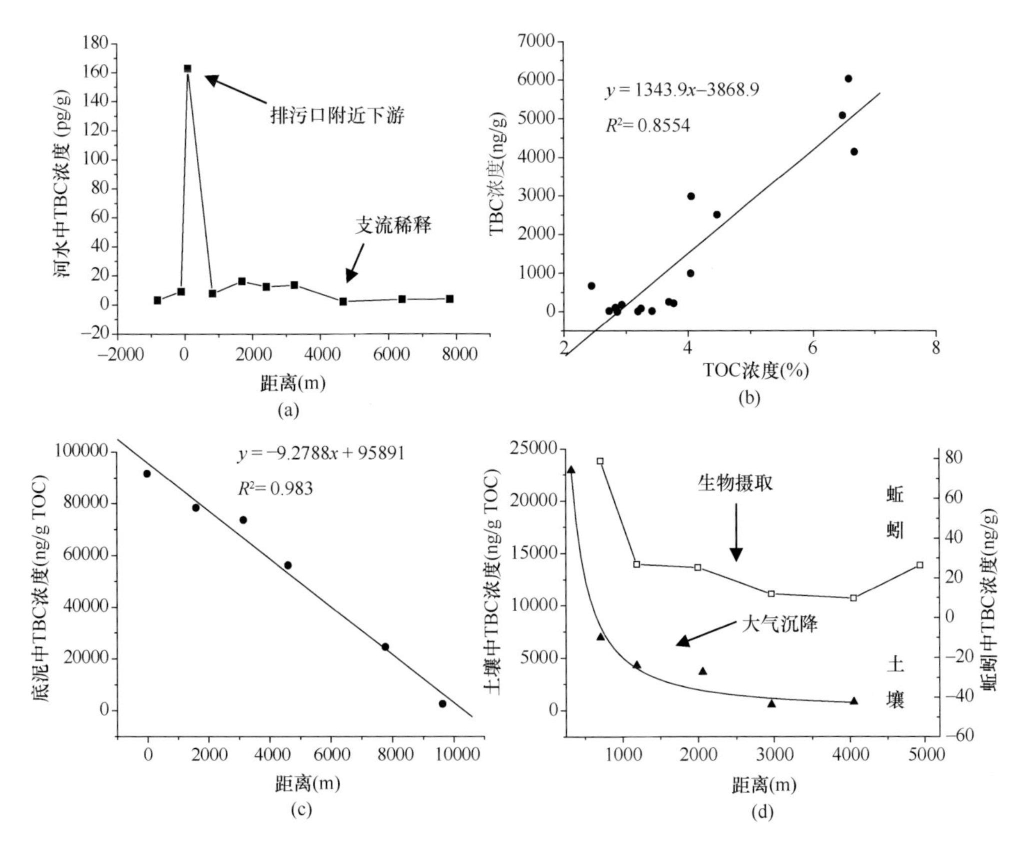

图 4-11　TBC 在不同环境介质中浓度的空间分布：（a）河水样品中 TBC 的浓度与排污口距离之间的关系；（b）土壤、底泥中 TBC 的浓度与 TOC 浓度的关系；（c）底泥中 TBC 浓度与排污口距离的关系；（d）蚯蚓和土壤中 TBC 浓度与排污口距离的关系

TBC 在水生生物样品组织/器官中的分布存在差异性。TBC 在鲤鱼样品中的浓度范围为 12.0～646 ng/g d.w.。其中，鳃、肌肉、肝脏、肠、脑和脂肪组织/器官中的浓度分别为 27.3～68.0 ng/g d.w.、12.0～89.2 ng/g d.w.、4.35～230 ng/g d.w.、132～

483 ng/g d.w.、225～612 ng/g d.w.和 216～646 ng/g d.w.。统计分析显示（two-way ANOVA），TBC 在鲤鱼样品不同的组织/器官中显示出差异性的分布。其中，脑组织样品中 TBC 的浓度（225～612 ng/g d.w.）与鳃（27.3～68.0 ng/g d.w.）、肌肉组织（12.0～89.2 ng/g d.w.）样品中的浓度存在着显著性差异；脂肪组织中的浓度（216～646 ng/g d.w.）与鳃（27.3～68.0 ng/g d.w.）、肌肉（12.0～89.2 ng/g d.w.）和肝脏（4.35～230 ng/g d.w.）中的浓度存在着显著性差异（$p<0.05$）。这说明 TBC 易于在脑和脂肪组织等高脂肪含量器官中富集。鳃样本中 TBC 的含量较低，这显示出其在血液循环系统中的低含量分布，与文献中报道的 PBDEs 等 POPs 物质的生物摄入途径有一定的差异性。PCBs 和 PBDEs 生物放大效应的研究指出，水生生物鳃中进行的水气交换过程是 PBDEs 等 POPs 从水体向水生生物迁移的一个重要方式[57]。与此同时，TBC 在鲤鱼肠组织中的高含量检出（132～483 ng/g d.w.）表明研究调查区域的鲤鱼对 TBC 的摄入途径主要以食物摄入为主。此外，TBC 在鲤鱼脑组织中的高含量检出（225～612 ng/g d.w.）则显示出该物质能够通过血-脑屏障而实现富集。鲤鱼肌肉样本中 TBC 的浓度（12.0～89.2 ng/g d.w.）仅约为脂肪组织（216～646 ng/g d.w.）等高富集器官中浓度的 1/10，然而肌肉组织占据了实验样本约 60%～70%的重量，因此肌肉组织也在 TBC 的生物体分布过程中起到了重要作用。

通常将化合物在生物体中的浓度与该化合物在水体中的浓度的比值定义为生物富集因子（bioaccumulation factor，BAF）[式（4-3）]，用作评价化合物在水生生物中的生物富集能力。考虑到鲤鱼样本中不同组织/器官的重量比，本实验分别选取了肌肉组织中 TBC 的浓度和 TBC 在调查区域下游水体样本中浓度的算术平均值用于计算 TBC 的生物富集能力，TBC 在该调查区域水生生物样品中的 BAF 约为 4700。

$$\mathrm{BAF}=\frac{C_{\mathrm{muscle}}}{C_{\mathrm{water}}}=\frac{37.9\ \mathrm{ng/g}}{8.06\ \mathrm{ng/L}}\approx 4700 \tag{4-3}$$

一般认为，当化合物的生物富集因子大于 5000 时则认为该化合物具有较强的生物富集能力[58]。利用化学计量学模型对 TBC 的生物富集因子进行计算，表明 TBC 同样具有较高的生物富集因子（BAF = 19 900）。而实际样本分析得到的 BAF 值远低于通过化学计量学模型计算得到的理论值，造成上述的实际测量值和理论值之间的误差的可能原因包括：①在实验测定化合物的生物富集因子时，实验模型动物通常暴露于固定浓度的化合物水溶液中；②在区域环境调研的工作中，水体中化合物的实时浓度往往难以获得；③在本研究中，使用 TBC 在调查区域下游水体总体样本浓度的算术平均值作为化合物暴露浓度可能会过高估计实际的化合物暴露水平，从而降低化合物的实测生物富集因子；④在实际条件下，化合物的生物富集能力还会受到其他环境条件的影响。例如，疏水性有机化合物因为较高的辛醇-水分配系数，易于在水体中的悬浮颗粒物上吸附而降低化合物的生物可利用性，从而降低该化合物在水生生物中的富集能力[59]。研究发现，PCBs 等化合物在远洋食物链生物中的浓度呈现出明显的随季节变化的趋势[60]。生长稀释作用同样会影响化合物的富集能力，即一定时间内生物的生长速度超过该阶段对持久性有机化合物的摄取速度时，该化合物在生物体内的浓度会出现下降的趋势[61]。PCBs 和 PBDEs 等化合物能够在生物体内发生代谢作用而降低该化合物的在生物体中的浓度水平[62]。因此，对于 TBC 生物富集能力的研究还需要不同调查区域食物链富集等实验数据的进一步支持和探讨。

4.1.5.2　TBC 的在非典型污染区域的分布特点

河流入海口的底泥和湿地区域可能成为持久性有机污染物的汇。在黄河三角洲和胶州湾湿地的底泥样品中，TBC 是普遍存在的溴代污染物，而 TBC 的浓度水平显著低于污染区域。如 TBC 在黄河三角洲湿地地区的底泥样品中的浓度水平为 0.20～29.03 ng/g d.w.，在黄河三角洲的湿地地区的存量为 725 kg；TBC 与 HBCD 具有类似的污染源，黄河沿岸的工业生产活动和污水排放可能是溴代阻燃剂的主要来源；TBC 在河流底泥中的分布并非主要受到 TOC 的影响，可能与陆地和大气输入、湿沉降，以及长距离传输有关[63]。TBC 在胶州湾湿地的浓度水平为 1.20～8.76 ng/g d.w.；浓度水平与 HBCD 的浓度水平相当，高浓度的 TBC 主要来自工业污水排放和垃圾填埋场。TBC 富集在多条河流下游，胶州湾成为 TBC 等污染物的汇[64-66]。

笔者课题组在环渤海地区开展了调查研究[67]。采样区域为渤海沿岸的 9 个城市，采集 11 种软体动物，分别为扁玉螺（*Neverita didyma*，Nev）、脉红螺（*Rapana venosa*，Rap）、砂海螂（*Mya arenaria*，Mya）、黄蛤（*Cyclina sinensis*，Cyc）、栉孔扇贝（*Chlamys farreri*，Chl）、毛蚶（*Scapharca subcrenata*，Sca）、文蛤（*Meretix meretrix*，Mer）、紫贻贝（*Mytilus edulis*，Myt）、牡蛎（*Crassostrea talienwhanensis*，Ost）、日月贝（*Amusium pleuronectes*，Amu）和白蛤（*Mactra veneriformis*，Mac），共计 131 个软体动物样品。研究发现，TBC 普遍存在于环渤海的软体动物样品中，检出率为 77%，TBC 的浓度从低于检出限到 12.1 ng/g d.w.，平均值为 0.60 ng/g d.w. 和 6.14 ng/g l.w.（liquid weight，干重），明显低于污染区域的动物（蚯蚓和鲤鱼）样品的浓度水平。此区域的分布特征与 $\sum_{12}$PBDEs、$\sum$HBCD 之间存在显著相关性。而渤海北岸采集样品中 TBC 平均浓度水平（0.81 ng/g d.w.）要高于南岸样品（0.50 ng/g d.w.），并且在北岸的北戴河，TBC 具有最高的检出浓度（图 4-12）。总体上，北岸城市的样品浓度偏高的原因还需进一步研究。

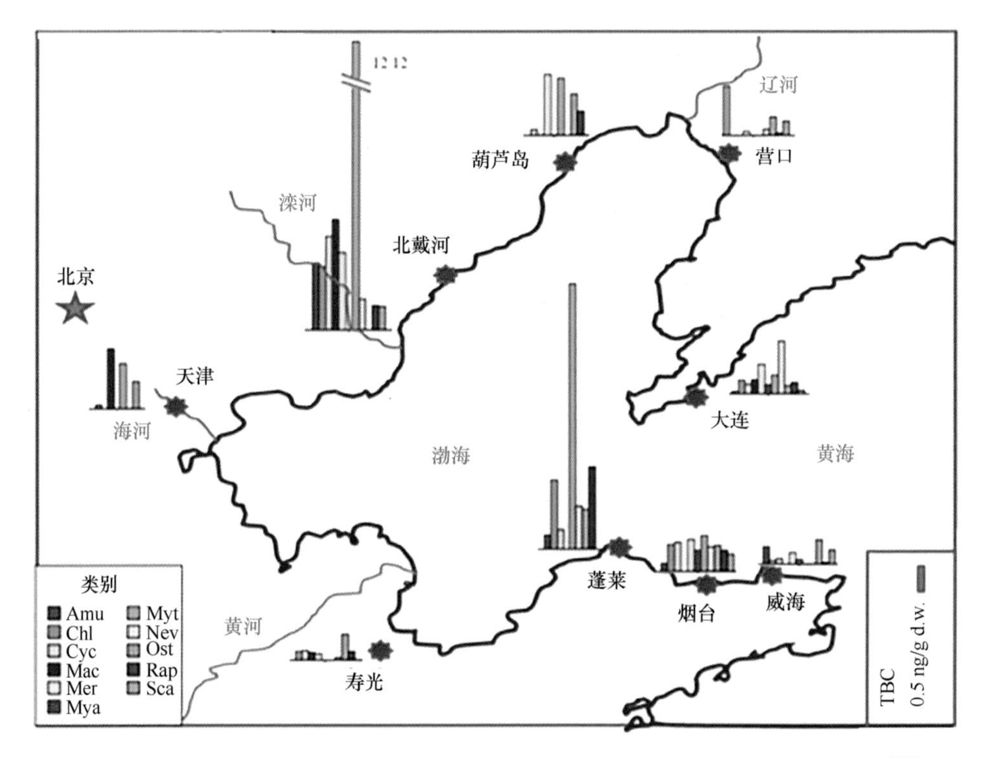

图 4-12 环渤海地区不同软体动物种类样品中 TBC 平均浓度水平（ng/g d.w.）[67]

TBC 也是城市边缘地区的有机污染物。在 2010 年和 2011 年采集自北京郊区的农田土壤中检测到 TBC，采样区域周边无生产工厂，TBC 的土壤浓度较低，范围为＜MDL～1.62 ng/g d.w.，浓度水平显著低于工厂周围的农田土中 TBC 浓度，且 TBC 在 2010 年的检出率为 25%，在 2011 年的样品中检出率上升为 100%，TBC 的辛醇-空气分配系数较高（log K_{OA} = 23.7），蒸气压较低（1.57×10^{-13} Pa），说明 TBC 易吸附于土壤等颗粒物，当地污染源及扩散可能是土壤中 TBC 的主要来源[68]。

非溴代阻燃剂工业区也可能受到 TBC 等的污染，TBC、HBCD 和 TBBPA 在中国东部的某工业区的表层土壤样品中的检出率高于 57%，但是 TBC 的浓度水平和检出率低于 HBCD 和 TBBPA，分别为＜MDL～16.4 ng/g d.w.和 58%，浓度中位值为 0.95 ng/g d.w.，在研究区域的存量约为 0.85 kg。TBC 的浓度与 HBCD 和 TBBPA 之间存在显著相关性，可能来自相同的污染源，这些溴代阻燃剂是表层土壤中普遍存在的污染物，通过表层土向食物链的迁移及可能的生物危害值得进一步关注[65]。

4.1.5.3　TBC 的环境降解与转化

与多数溴代污染物类似，TBC 在紫外（ultraviolet，UV）辐射条件下会发生快速的降解，浓度为 10 μmol/L，120 min 内降解率达到 95%，UV 能量的增加会提高 TBC 的降解速率。环境因素如 TBC 的初始浓度、pH 和铁离子的存在与否对降解速率的影响较小[69]，在此研究中，对 TBC 的 UV 降解产物未做进一步鉴定。目前与 TBC 相关的环境降解研究较少，降解产物标准品的匮乏可能是主要的原因。TBC 结构中存在多个溴原子，在环境介质中可能通过溴的脱除等途径产生新的降解产物，如软件 EAWAG-BBD Pathway Prediction System（http://eawag-bbd.ethz.ch/predict/）预测的结果如图 4-13 所示，TBC 在有氧微生物降解过程中溴成为重要的反应位点，可生成多种与 TBC 结构类似的脱溴转化产物，这些物质可能具有与 TBC 类似的毒性和富集效应，其环境行为和毒性值得进一步研究和关注。

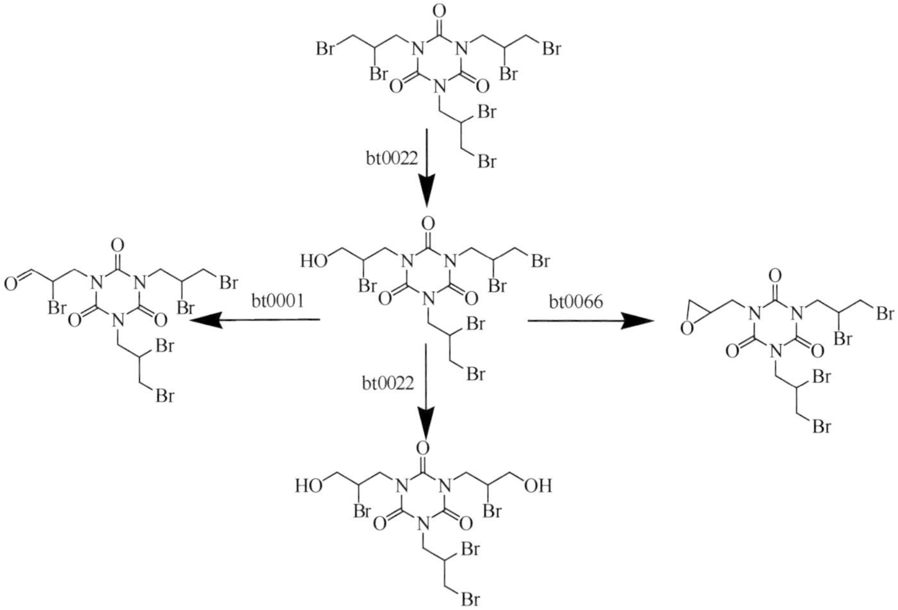

图 4-13　TBC 可能的好氧环境转化过程（EAWAG-BBD Pathway Prediction System 预测获得，详细结果和化学反应机理 bt00-××详见 http://eawag-bbd.ethz.ch/predict/）

4.2　四溴双酚 A/S 及其衍生物

4.2.1　四溴双酚 A/S 及其衍生物的简介

四溴双酚 A（tetrabromobisphenol A，TBBPA）、四溴双酚 S（tetrabromobisphenol S，TBBPS）及其衍生物是目前应用最广泛的溴代阻燃剂。2004 年 TBBPA 的全球供应量达到 17 万 t。在欧洲禁止使用十溴二苯醚后，TBBPA 作为替代品用于聚合物的生产，并且产量呈现逐年增加的趋势[70]。TBBPA 的产地主要分布在以色列、约旦、美国、日本和中国[71]。2009 年，溴科学与环境论坛（Bromine Science and Environmental Forum）公布数据显示，在亚洲地区，80%的 TBBPA 用作反应型阻燃剂，生产聚合物和衍生物，20%的 TBBPA 用作添加型阻燃剂，用于生产塑料制品。四溴双酚 S（TBBPS）具有与 TBBPA 相似的骨架结构，是 TBBPA 的一种替代型阻燃剂，其化学反应类型和产品用途与 TBBPA 类似，具有优越的阻燃性能[72,73]。

当用作反应型阻燃剂生产聚合物时，TBBPA 和 TBBPS 是生产聚碳酸酯和环氧树脂的中间产物，以共价键的形式成为整个产品的一部分。因为以共价键连接的分子很稳定，TBBPA 和 TBBPS 较难从聚合物中解离进入周围环境中[70,74]。四溴双酚 A 聚碳酸酯主要用于通信电子设备、电气仪表、交通工具、体育娱乐设施等的生产中。溴化环氧树脂主要应用于刚性印制板的生产，溴在溴化环氧树脂中的含量达到 52%以上[75]。溴化环氧树脂按照分子量的不同，可以分为高、中、低三类[76,77]。溴化环氧树脂按照封端基团的不同分为 EP 型、EC 型和 EPC 型（表 4-1）[78]，EP 型是以四溴双酚 A 二缩水甘油醚（TBBPA-BGE）封端，EC 型是以三溴苯酚封端[79,80]，EPC 型是双侧混合封端产物。较低分子量的溴化环氧树脂通常是使用 TBBPA 与环氧氯丙烷在碱性条件下缩合产生[81]，而高分子量的溴化环氧树脂的生产与常用的合成方法有所不同，是使用 TBBPA 与预先合成的 TBBPA-BGE 在催化剂作用下聚合而成[77,82]。

TBBPA 与 TBBPS 作为反应型阻燃剂生产的小分子衍生物主要有 TBBPA-BAE、TBBPA-BDBPE、TBBPA-BHEE、TBBPA-BGE 和 TBBPS-BDBPE（表 4-1）。TBBPA-BAE 主要作为反应型阻燃剂生产聚苯乙烯泡沫材料[83]，TBBPA-BDBPE 主要用作添加型阻燃剂生产聚烯烃类和共聚物，进而用于建筑材料、纺织品和电子电器元件等的生产中[84,85]。TBBPA-BHEE 作为添加型阻燃剂用于生产工程聚合物、热塑性聚酯等聚合物，进而用于电路板、黏合剂和涂料的生产中[4]。TBBPA-BGE 则是生产高分子量溴化环氧树脂的重要中间产物[78]。TBBPS-BDBPE 具有与 TBBPA-BDBPE 同样的应用方式，但是其阻燃性能却明显优于 TBBPA-BDBPE[86]。

作为添加型阻燃剂，TBBPA 主要用于生产丙烯腈-丁二烯-苯乙烯共聚物（acrylonitrile-butadiene-styrene，ABS）和高抗冲聚苯乙烯（high impact polystyrene，HIP）树脂，TBBPA 在聚合物中的应用达到 10%～20%[87]。ABS 树脂主要用于生产汽车零件、管道及配件、冰箱托盘和电视外壳等。HIP 树脂主要用于生产包装材料、电子电器设备、家具和建筑材料等[88]。虽然欧盟的风险评估报告认为 TBBPA 作为反应型阻燃剂使用时毒性很低，但同时也指出 TBBPA 作为添加型阻燃剂使用时，能够从产品中泄漏进入环境中[89]。作为添加型的阻燃剂，TBBPA 和 TBBPS

表 4-1　TBBPA、TBBPS 衍生物的英文简称/全称、结构式和分子量信息

	简称/全称	中文名称	结构式	分子量
四溴双酚 A/S	TBBPA/tetrabromobisphenol A	四溴双酚 A	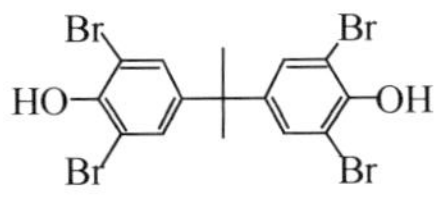	543.87
	TBBPS/tetrabromobisphenol S	四溴双酚 S	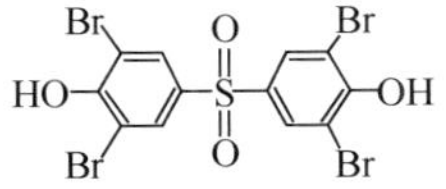	565.85
衍生物[a]	TBBPA-BAE/TBBPA-bis(allyl ether)	四溴双酚 A-双烯丙基醚	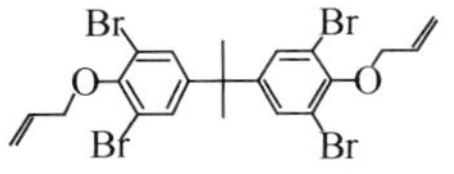	624.00
	TBBPA-BDBPE/TBBPA-bis(2,3-dibromopropyl ether)	四溴双酚 A-双-2,3-二溴丙基醚	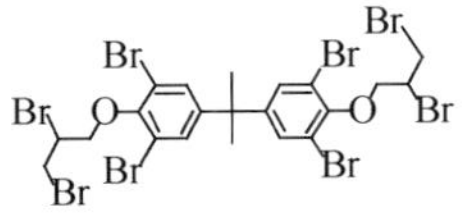	943.61
	TBBPA-BHEE/TBBPA-bis(2-hydroxyl ether)	四溴双酚 A-双-2-羟基乙醚	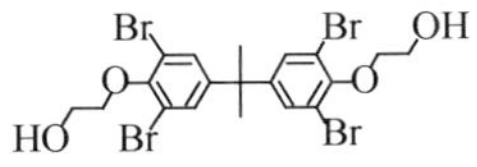	631.98
	TBBPA-BGE/TBBPA-bis(glycidyl ether)	四溴双酚 A-双缩水甘油醚醚	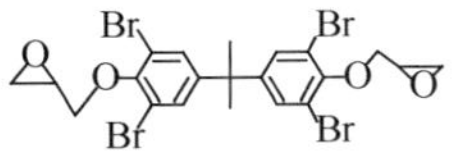	656.00

续表

	简称/全称	中文名称	结构式	分子量
	TBBPS-BDBPE/TBBPS-bis(2,3-dibromopropyl ether)	四溴双酚 S-双-2,3-二溴丙基醚	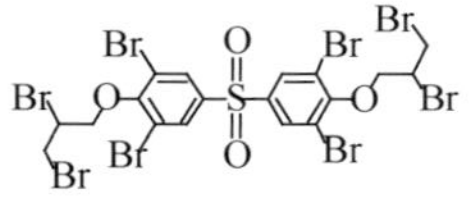	965.60
溴化环氧树脂 (brominated epoxy resins)	EP type (epoxy terminated)	环氧丙烷封端的溴化环氧树脂	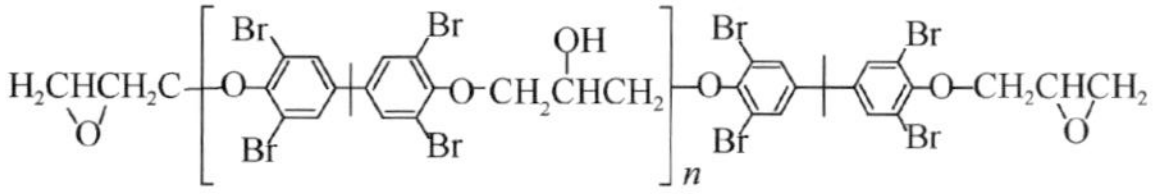 n=0,1,2,3,…	
	EC type (tribromophenol end-capped)	三溴苯酚封端的溴化环氧树脂	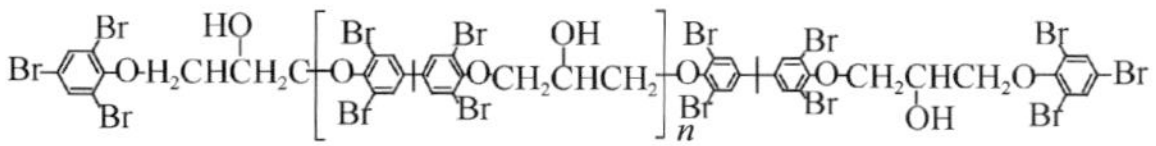 n=0,1,2,3,…	
	EPC type (tribromophenol and epoxy end-capped)	环氧丙烷和三溴苯酚封端的溴化环氧树脂	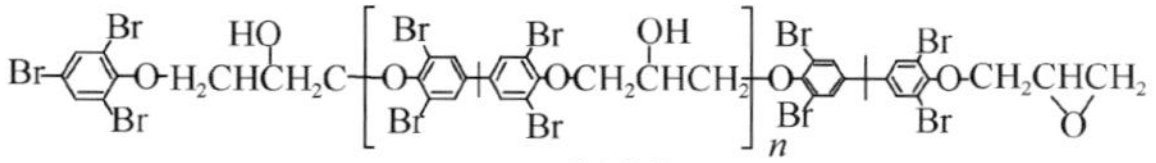 n=0,1,2,3,…	

a. 衍生物是工厂生产的工业品，通过对 TBBPA 及 TBBPS 双端的酚羟基修饰得到，其产量较大，是工厂的目标产物。

与产品整体的结合力较弱，有较大的可能性从聚合物基质中泄漏进入环境中，伴随着日用品大量、长时间使用，增加了对人体健康的暴露风险[71]。

由于 TBBPA/S 类溴代阻燃剂的大量应用，多种新型衍生物也受到广泛关注。自 2010 年开始，TBBPA/S 相关的副产物和降解产物成为研究热点。TBBPA/S 的副产物主要是生产工艺过程中作为杂质产生，而非目标产物，也不作为产品销售和使用。目前关注度较高的副产物如表 4-2 所示，低溴代双酚 A 类物质，包括三溴双酚 A、二溴双酚 A 和一溴双酚 A，是 BPA 溴化生产 TBBPA 过程中溴化不完全而产生的副产物。而 TBBPA-MAE、TBBPA-MBAE、TBBPA-MDBPE、TBBPA-MHEE、TBBPA-MGE、TBBPS-MAE、TBBPS-MBAE 和 TBBPS-MDBPE 是在 TBBPA/S 的衍生物生产过程中由于修饰不完全而产生的副产物。由于在产物中占比很小，这些副产物容易被忽略，但是进入环境中可能存在潜在的环境和健康效应。另外，TBBPA 在环境转化和降解过程中也会产生多种结构的衍生物，如 TBBPA-MME、TBBPA 葡萄糖苷酸、硝化溴代双酚 A 等，相关物质结构及转化降解机理见 4.2.6 节。

4.2.2 四溴双酚 A/S 及其衍生物的毒性效应研究

2008 年，欧盟发布关于反应型 TBBPA 对人类健康和环境风险的评价报告[90]，认为环氧树脂等聚合物中的 TBBPA 不以单体的形式存在，进入环境中的可能性很小，不存在人类健康风险和环境危害性。而报告也同时强调了 TBBPA 作为添加型阻燃剂应用于 ABS 等塑料制品中时，其作为一种环境污染物容易从产品中解离进入周围环境中，进而吸附在室内灰尘、土壤、底泥等介质中，具有潜在的环境危害性。同时，欧盟的环境风险评估报告也强调了含有 TBBPA 的底泥若应用于农田土壤中，会存在较为严重的环境风险。目前针对 TBBPA 进行的毒理学研究，也证实了 TBBPA 具有环境和健康危害效应。

TBBPA 类溴代阻燃剂具有内分泌干扰效应。由于 TBBPA 的结构与甲状腺激素（甲状腺素 T4）的结构相近，是内分泌干扰物质双酚 A（bisphenol A，BPA）的下游产物，所以，针对 TBBPA 及其衍生物开展的毒理研究主要关注其内分泌干扰效应[91,92]。针对斑马鱼的研究发现 TBBPA 的甲状腺激素效应比 BPA 更严重，TBBPA 会影响幼鱼体内与甲状腺受体 α、促甲状腺激素、甲状腺素运载蛋白相关的基因表达，BPA 只能影响与促甲状腺激素相关的基因表达；TBBPA 会影响斑马鱼胚胎中与甲状腺受体和促甲状腺激素相关两个基因的表达，而 BPA 并不能影响这两个基因的表达[93]。在 RNA 核糖聚合酶 II 早期和发展期的转录延长、甲状腺激素相应基因、在某些靶基因依赖的和化学特异性行为方面，TBBPA 会影响甲状腺激素引起的组蛋白和 RNA 核糖聚合酶 II 的修饰，可能影响甲状腺激素受体介导

表 4-2 TBBPA、TBBPS 副产物的英文简称、全称、结构式和分子量信息

简称	全称	中文名称	结构式	分子量
TriBBPA	tribromobisphenol A	三溴双酚 A	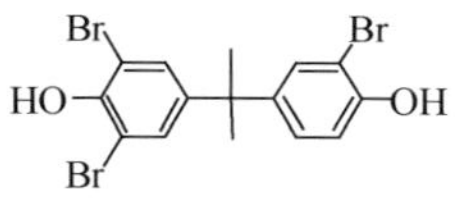	465.0
2,2′-DBBPA	2,2′-dibromobisphenol A	2,2′-二溴双酚 A	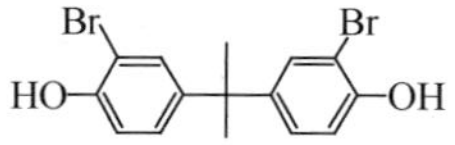	386.1
2,6-DBBPA	2,6-dibromobisphenol A	2,6-二溴双酚 A	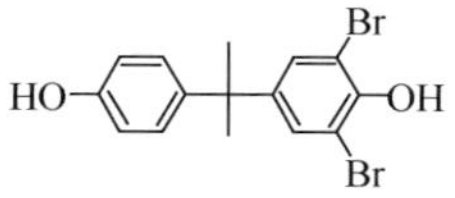	386.1
MBBPA	monobromobisphenol A	一溴双酚 A	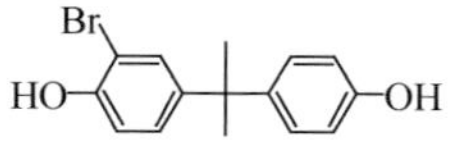	307.2
TBBPA-MAE	TBBPA-mono(allyl ether)	四溴双酚 A-单烯丙基醚	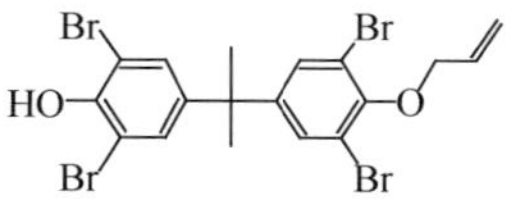	583.93
TBBPA-MBAE	TBBPA-mono(2-bromoallyl ether)	四溴双酚 A-单-2-溴-烯丙基醚	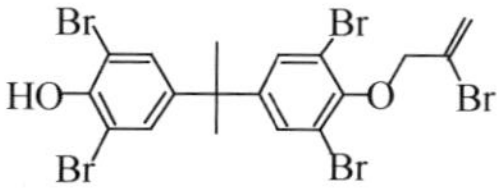	662.83

续表

简称	全称	中文名称	结构式	分子量
TBBPA-MDBPE	TBBPA-mono(2,3-dibromopropyl ether)	四溴双酚 A-单-2,3-二溴丙基醚		743.74
TBBPA-MHEE	TBBPA-mono(2-hydroxyethyl ether)	四溴双酚 A-单-2-羟基乙醚		587.92
TBBPA-MGE	TBBPA-mono(glycidyl ether)	四溴双酚 A-单缩水甘油醚醚		599.93
TBBPS-MAE	TBBPS-mono(allyl ether)	四溴双酚 S-单烯丙基醚		605.92
TBBPS-MBAE	TBBPS-mono(2-bromoallyl ether)	四溴双酚 S-单-2-溴-烯丙基醚		684.81
TBBPS-MDBPE	TBBPS-mono(2,3-dibromopropyl ether)	四溴双酚 S-单-2,3-二溴丙基醚		765.72

的表观遗传学基因表达[94]。TBBPA 能够引起神经细胞中 T3 介导的基因表达上调，改变甲状腺激素通路，并且其在高浓度时还可能具有神经毒性[95]。TBBPA 具有明显的糖皮质激素和雄激素拮抗作用，会影响睾丸内的类固醇生成，直接影响男性睾酮的合成[96]。TBBPA 对胎盘 JEG-3 细胞的暴露发现，其在较宽的浓度范围内（1×10^{-8}～5×10^{-5} mol/L）都会在细胞内引起雌二醇的分泌，此效应与芳香酶的活性和 cAMP 的水平有关，TBBPA 在<100 μmol/L 的浓度下不会影响细胞的增殖，在 100 μmol/L 对细胞具有毒性作用，TBBPA 通过影响 CYP19 蛋白表达改变 JEG-3 细胞的雌激素合成，在孕早期可能影响胎盘的生长[97]。TBBPA 在鼠肝癌 FaO 细胞水平（甲状腺激素受体功能缺陷的肝癌细胞系）显现出甲状腺激素效应，通过激活脂肪细胞的氧化应激路径，减少了脂肪在细胞中的累积[98]。

TBBPA 类溴代阻燃剂具有潜在的遗传和发育毒性，其效应对于鱼类和无脊椎动物尤为明显。文献使用斑马鱼模式动物评价了常见溴代阻燃剂的母体遗传特点，发现 TBBPA 和 TBBPA-BDBPE 趋向于通过鱼体进入鱼卵中，而且在高浓度暴露条件下，TBBPA-BDBPE 在鱼卵中的富集倍数最高，而 TBBPA-BHEE 在鱼卵中的检出量却低于检出限，可能与该化合物的低亲脂性有关[99]。斑马鱼的半生命周期实验发现 TBBPA 能够引起斑马鱼的产卵量降低，孵化率随暴露浓度升高而降低，表明 TBBPA 会引起斑马鱼繁殖成功率的下降[100]。浓度为 0.5～1 mg/L 的 TBBPA 会引起斑马鱼幼鱼的畸形和鱼卵的凝固，成活率显著降低，血液流动障碍，心包水肿，且效应具有浓度依赖性[101]。TBBPA 在对斑马鱼胚胎短期暴露中，引起了氧化应激和热休克蛋白的过表达，在>0.75 mg/L 的浓度时引起斑马鱼胚胎的死亡和畸形[102]。TBBPA 对斑马鱼胚胎的毒性超过某些类似物，如 TBBPA 在 1.5 μmol/L 的浓度下引起斑马鱼胚胎的全部死亡，而 BPA 和 TBBPA-BME 在此浓度下对斑马鱼胚胎未产生毒性，虽然 BPA、TBBPA-BME 和 TBBPA 均能够引起斑马鱼胚胎的水肿和出血，但是只有 TBBPA 导致了更加严重的生物效应，如心率加快、躯体水肿和尾部畸形[103]。此外，TBBPA 会引起斑马鱼胚胎/幼鱼的孵化时间延长，TBBPA 对斑马鱼胚胎/幼鱼的毒性低于四氯双酚 A，高于双酚 AF[104]。TBBPA 通过诱导产生异常 DNA 片段，干扰鱼精蛋白分布进而表现出改变精子染色质表观遗传性状的可能[105]。TBBPA 暴露浓度的增加能引起小型鲟氧化应激指标的升高、活性氧抑制，进而造成精子损伤[106]。TBBPA 也展现出对无脊椎动物的发育毒性，其毒性具有甲状腺激素依赖性。蝌蚪进行 T3 诱导的变态评估发现，TBBPA 在 10～1000 nmol/L 的浓度时，对 T3 诱导的甲状腺激素效应基因和形态学变化具有抑制作用[107]。TBBPA 对蚯蚓的暴露实验发现其能抑制蚯蚓的生长速度(在 200 mg/kg 和 400 mg/kg 的暴露浓度下，抑制率达到 14%和 22%），会引起氧化应激基因（*Hsp70*）转录水平的显著上调[108]。针对无脊椎线虫的 TBBPA 暴露研究发现，在环境浓度的暴露水平下，TBBPA 可以改变线虫的寿命、切断信号通路、终止神经进程，引起蛋白质水解[109]。高浓度的 TBBPA 引起的葡萄糖醛酸转移酶与磺基转移酶之间的竞争，间接影响了血液中雌激素的水平，进而通过加速 DNA 合成和细胞增殖，引起子宫内 *Tp53* 的突变，增大了啮齿类动物的患癌风险[110]。然而，通过大鼠对 TBBPA 的生殖和神经毒性进行评价，发现即使在暴露浓度（经口）达到 1000 mg/（kg BW·d）时，也未表现出明显的生殖、发育、生存和行为能力影响，而且发育神经毒性/神经病理学方面有关的效应也未检测到，并且大鼠的死亡率与 TBBPA 的暴露不相关[111]。

TBBPA 类溴代阻燃剂能够引起细胞和鱼类的神经毒性效应。TBBPA 能够引起斑马鱼成年鱼神经行为的改变，导致斑马鱼严重丧失方向感和嗜睡症[100]。TBBPA 通过影响细胞信号通路能够显著抑制哺乳动物的细胞活性，其影响力具有时间和浓度依赖性，其对细胞增殖和活力的影响明显超过 BPA[112]。TBBPA 引起细胞毒性的原因可能是其破坏了 Ca^{2+}在细胞内的平衡，是一种强力的针对肌浆/内质网的 Ca^{2+}-ATP 酶的非同工型特异性抑制剂[113,114]。TBBPA 在 μmol/L 浓度下引起大鼠小脑颗粒细胞（cerebellar granule cells，CGCs）ROS 的形成、钙流入、胞外谷氨酸盐浓度升高，进而引起细胞坏死[115]。随着 TBBPA 浓度的增加，引起细胞内 Ca^{2+} 的显著增加，当 TBBPA 对 CGCs 的暴露浓度大于 10 μmol/L 时，其对细胞的活性具有显著的抑制效应，随浓度升高而加强，CGCs 对于评价 TBBPA 的细胞毒性具有重要意义[115-117]。嗜铬细胞瘤细胞用于评价神经毒性效应，发现 TBBPA 及其衍生物（TBBPA-BAE、TBBPA-BDBPE、TBBPA-BHEE、TBBPA-BGE）对大鼠的嗜铬细胞瘤细胞表现出神经毒性作用，尤以 TBBPA-BHEE 引起的效应最为严重[118]。TBBPA 会影响突触体对神经递质的摄入，进而抑制突触小体对多巴胺的摄入；会影响突触体的膜特性，降低膜电位[119]。针对 TBBPA 对大鼠进行经口给药的实验发现，大鼠行为的改变主要是由 TBBPA 累积在大脑纹状体中引起的，因此 TBBPA 对人类神经毒性值得进一步关注[120]。

TBBPA 类溴代阻燃剂对生态系统存在危害作用。对水生生态系统中的菌类、藻类、无脊椎动物和鱼进行的生态毒性评价，发现 TBBPA 及其低溴取代的代谢产物均具有毒性，且在对细菌和藻类的实验中，代谢物的毒性明显超过 TBBPA[121]。TBBPA 能够通过土壤进入植物（卷心菜和萝卜）中，并且能在植株内富集[122]。TBBPA 和 BPA 在高浓度（10～50 mg/L）下会显著影响粮食性作物小麦种子的萌发和根系的发育[123]。TBBPA 与 BDE-209 共同暴露时，土壤中细菌群落的多样性会下降，其关系具有浓度依赖性，而对有些细菌，如果胶杆菌、中华根瘤菌、嗜麦芽寡养单胞菌和葡萄球菌会产生耐受性或者富集效应[124]。对土壤中的微生物和酶进行 TBBPA 与 BDE-209 的共同暴露发现，二者之间主要存在拮抗作用，对微生物的影响从大到小依次为：真菌＞细菌＞放射菌，且脲酶对 TBBPA 和 BDE-209 更敏感[125]。

TBBPA类溴代阻燃剂对人体的自然杀伤细胞具有免疫抑制的作用，短时间（1 h）暴露后能够引起人体外周血自然杀伤细胞融菌功能的丧失，并且效应具有长期性，抑制效应不随用药量的降低而消失，增加了人类罹患癌症的风险[126]。TBBPA 通过激活促分裂原激活蛋白激酶（mitogen-activated protein kinases，MAPKs）和 MAPK 激酶（MAP2Ks），降低自然杀伤细胞的细胞溶解功能[98,127]。使用鼠的脾脏细胞进行的实验发现，TBBPA 和 TBBPA-BAE 会显著地抑制白细胞介素 2 受体 α 链（CD25）的表达，TBBPA-BAE 具有与 TBBPA 最接近的效应，TBBPA-BDBPE 次之，而且明显高于十溴二苯醚、三溴苯酚、四氯联苯，实验证明 TBBPA 和 TBBPA-BAE 是可能的免疫毒性化合物[128]。

TBBPA 会影响谷胱甘肽酶的活性，引起氧化应激，产生生物毒性。TBBPA 暴露于栉孔扇贝后，发现其能够显著抑制微粒体细胞色素 P450 和细胞色素 b5 的水平，显著增强谷胱甘肽转移酶和还原性谷胱甘肽水平，说明 TBBPA 可能是参与二相（phase Ⅱ）新陈代谢的底物[129]。栉孔扇贝会快速吸收 TBBPA，在 6 天的暴露期能达到摄入和排出的平衡，引起与芳香受体相关的 3 个重要基因的 mRNA 水平下调，细胞色素 3A 和 4 水平受到 TBBPA 的影响，谷胱甘肽 *S*-转移酶的活性和基因表达水平升高、尿苷葡萄糖转移酶水平升高，且这些效应都具有时间和浓度依赖性[130]。TBBPA 会影响栉孔扇贝 mRNA 的表达，上调 P 糖蛋白（P-glycoprotein，Pgp）的转录水平[131]。TBBPA 对栉孔扇贝的消化腺组织的毒性研究中发现，在应激反应、解毒过程、抗氧化和自然免疫过程中，TBBPA 能够改变基因表达，并且对栉孔扇贝具有内分泌干扰效应[132]。TBBPA 能够引起虹鳟鱼体内谷胱甘肽还原酶活性的提高，进而引起氧化应激[133]。

TBBPA 类溴代阻燃剂的暴露会对有机体的内脏器官形成损伤，对斑马鱼肝脏细胞的毒性作用与蛋白折叠和 NADPH 的增殖有关，影响细胞周期[134]。同时发现针对斑马鱼肝脏细胞，TBBPA 的毒性明显大于 BPA[135]。低 pH 值和二甲基亚砜溶剂的引入会增加对水生动物的急性毒性，TBBPA 通过氧化应激对鱼类肝脏产生病理损伤[136]。在人和鼠的皮肤上进行的吸收实验发现，TBBPA 在皮肤和真皮层的接触过程中能发生透皮吸收而进入体内循环，而皮肤的暴露也形成了环境中的 TBBPA 对人体暴露的重要途径[137]，且 TBBPA 通过透皮吸收的量可能超过 HBCD[138]。通过对雄性大鼠的灌胃实验发现，TBBPA-BDBPE 几乎不通过胃肠道吸收，大部分通过排泄物排出体内，吸收后的 TBBPA-BDBPE 主要聚集在肝部，通过肝脏代谢，代谢效率很低[139,140]。同时，也有研究报道称 TBBPA 及其衍生物对哺乳动物和人类存在较低的系统和生殖毒性，在体外实验中发现 TBBPA 对荷尔蒙通路造成影响，而在体内实验中并没有发现相同的效应，TBBPA 会快速地排出哺乳动物体外，生物富集能力不强[141]。TBBPA-BDBPE 不具有急性毒性，对鼠进行口服和皮肤暴露，其半数致死剂量（medium lethal dose，LD_{50}）＞20 g/kg，低剂量暴露时，无严重生理反应和死亡现象发生[75]。TBBPA 进入人体后，与某些蛋白的结合能力明显高于毒性较大的十溴二苯醚。TBBPA 与蛋白的结合除了依靠疏水性外，还有赖于两个酚羟基形成的氢键[142]。进入生物体内与蛋白结合的 TBBPA 及其衍生物，对于生物体具有危害性，值得进一步研究关注。

4.2.3 四溴双酚 A/S 及其衍生物的分析方法

4.2.3.1 TBBPA/S 及衍生物的毒性效应导向分析

毒性效应可应用于新型有机化合物的发现，称为效应导向分析（effect-directed analysis，EDA 或 effect-directed identification，EDI）。EDA 是以生物检测引导组分分离、化学分析与污染物鉴定的实用方法，是环境风险评价以及环境样品中主要贡献污染物筛查与识别的有力手段。该方法整合了分析化学和生物学检测技术，并已成功用于环境中遗传毒物、内分泌干扰物和芳香烃受体效应污染物等的鉴定，为特定污染地区贡献污染物及其来源的确定提供了宝贵的基础数据。EDA 以特定的生物学检测为核心，配合相应的样品前处理、色谱分离及化合物表征，通过生物效应筛选和多步分离纯化，最终实现主要效应污染物的结构鉴定、毒性确认和分布研究。

EDA 的详细流程[143]通常可归纳为 5 个主要步骤：①污染物的提取；②组分的分离；③样品和组分的生物检测；④贡献污染物的鉴定；⑤贡献污染物的确认。污染物的提取采用常规方法如液液萃取、固相萃取等，使用不同的提取溶剂实现污染物的高效提取，浓缩后用于后续分离。由于环境基质提取物成分复杂，一般需通过色谱技术进行提取物的分离和收集，包括凝胶排阻色谱的预分离、固相萃取技术的初步分离和制备色谱的精细分离，并对分离组分进行分段收集，浓缩后用于后续的生物效应确认。生物学筛查终点是引导 EDA 流程的“生物检测器”，其基本特点为特异性强、灵敏度高、重复性好、快速简单、价格低廉等。目前 EDA 方法中用于生物学筛查的效应主要有遗传毒性[144]、芳香受体效应[145,146]、内分泌干扰效应[147]以及水生生物毒性[148]。对于产生生物效应的贡献污染物与非活性污染物的区分至关重要，包括已知贡献污染物的鉴定和未知贡献污染物的鉴定。常规的 GC-MS、LC-MS 等技术可对已知贡献污染物进行分析，并与标准化合物进行色谱、质谱或光谱图的比对进而进行分析物鉴别；未知污染物鉴定的有效手段是高分辨质谱分析技术，基于 GC-EI-MS 方法的质谱数据库能为污染物结构的解析提供丰富的数据支持。高分辨质谱的发展，促使了新型质谱鉴定技术不断进步，如静电场轨道阱高分辨质谱（Orbitrap-HRMS），傅里叶变换离子回旋共振质谱（FTICR-MS）等技术，在分辨率高于 120 000 的条件下实现分子结构的多级测定。

笔者课题组首次将效应导向分析（EDA）方法用于 TBBPA 衍生物的环境发现（图 4-14）[149]。由于溴代阻燃剂具有潜在的神经毒性作用，以体外培养的大鼠小脑颗粒神经元细胞（CGCs）为毒性筛选终点，以西藏土壤提取物评价空白样品的假阳性。

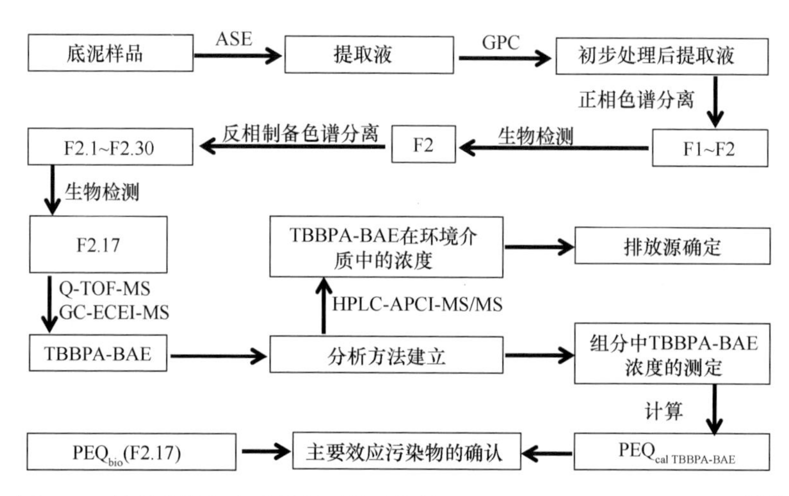

图 4-14 神经毒性效应引导的环境污染物 TBBPA-BAE 的识别分析流程[150]

百草枯毒性当量（$PEQ_{cal\ TBBPA\text{-}BAE}$，μmol/g 底泥）用来表示活性组分（相当于每克底泥干重）TBBPA-BAE 引起的毒性效应，$PEQ_{cal\ TBBPA\text{-}BAE} = PEF_{TBBPA\text{-}BAE} \times$ 活性组分中 TBBPA-BAE 的浓度，其中百草枯毒性当量因子（paraquat equivalence factor，PEF），$PEF_{TBBPA\text{-}BAE} = EC_{50paraquat} / EC_{50TBBPA\text{-}BAE}$。

污染样品以 ASE 提取后，经凝胶排阻色谱柱（GPC）和中性硅胶柱初步净化，以不同极性的溶剂洗脱得到组分 F1 和 F2。以 CGCs 对 F1 和 F2 组分进行初步毒性评价，发现 F2 组分对细胞存活率具有明显的抑制效应。将 F2 浓缩后经反相制备色谱细分为 30 个组分，为 F2.1，F2.2,…，F2.30，以 CGCs 进行更精细的毒性评价，结果显示只有 F2.17 引起了较高的神经毒性，导致 41%的细胞活力丧失，说明 F2.17 是主要的毒性组分。

使用四极杆-飞行时间质谱（quadrupole time-of-flight mass spectrometer，Q-TOF-MS）对组分 F2.17 进行鉴定，全扫描质谱图如图 4-15 所示。高比例 m/z = 78.692/80.703 表明化合物中含有溴元素，此化合物可能是来自于溴代阻燃剂化工厂生产的溴代阻燃剂产品、副产物或环境代谢产物。由于同位素丰度比为 1∶4∶6∶4∶1，m/z = 582.816 和 m/z = 541.774 的离子（图 4-15），表明化合物中很可能含有 4 个溴原子。而电离过程中形成的离子碎片 4-异丙烯基-2,6-二氯苯酚（4-isopropylene-2,6-dibromophenol）与 TBBPA 或 TBBPA 的衍生物直接相关。将该未知质谱图与 4 种 TBBPA 衍生物（TBBPA-BDBPE、TBBPA-BAE、TBBPA-BHEE 和 TBBPA-BGE）进行对比分析，结果显示出组分的质谱图和 TBBPA-BAE 的十分相似。此外，光电二极管阵列（photodiode array，PDA）检测器也得到了相似的紫外吸收光谱图。基于以上结果，确定 TBBPA-BAE 为 F2.17 中的活性组分，而其他 3 种 TBBPA 衍生物因鉴定结构匹配度很低，可以排除。

优化 HPLC-APCI-MS/MS 条件，以母离子＞子离子的监测模式，m/z = 583（$[M-C_3H_5]^-$）作为母离子，m/z = 527 （$[M-2C_3H_5-CH_3]^-$）作为子离子（m/z = 543＞487 作为确认离子），定量测定了样品中的 TBBPA-BAE 的含量，TBBPA-BAE 在 F2.17 中的含量高达 5.98 μg/g。

TBBPA-BAE 在各样品和组分的毒性贡献可以通过结合定量分析和生物检测结果进行估算，$PEQ_{cal\ TBBPA\text{-}BAE}$ 在各采样点活性组分 F2 的贡献为 61%～93%。$PEQ_{cal\ TBBPA\text{-}BAE}$ 可以解释 F2.17 中 109%的神经毒性，因此，TBBPA-BAE 是底泥样品中的主要贡献效应污染物。

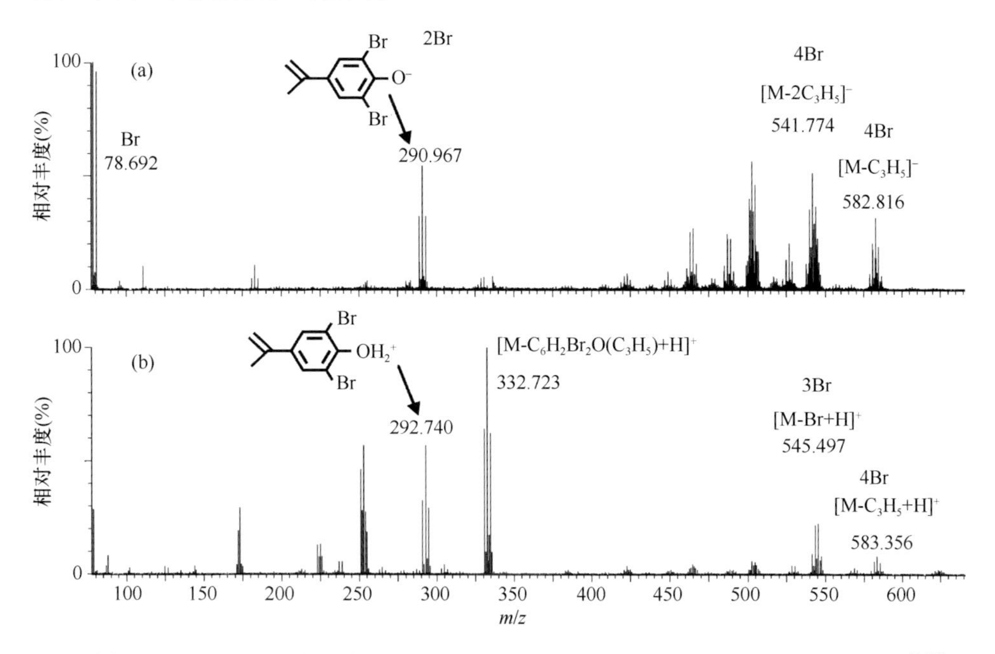

图 4-15　F2.17 组分的大气压化学电离（a）负离子质谱图和（b）正离子质谱图[150]

4.2.3.2　TBBPA/S 及衍生物分析的前处理技术

环境样品中有机污染物的前处理过程主要是提取和净化。传统的提取方法包括索氏提取法、超声提取法、液液提取法等，随着提取技术的进步，一些新型和自动化的提取技术如加速溶剂提取法、固相微萃取法、固相萃取技术、超临界流体提取法、微波辅助提取法、基质固相分散提取法等也应用到了 TBBPA/S 类溴代阻燃剂的环境检测研究中。由于环境样品基质复杂，对提取物的净化并除去干扰物质是进行有效仪器分析的前提，特别是样品中大分子的脂肪、蛋白质以及色素等物质，常用的净化技术包含凝胶排阻色谱法、酸性/碱性硅胶法、固相微萃取法、固相萃取法等。

1. 固体样品提取、净化技术

超声提取法、索氏提取法和固相萃取法可用于固体样品如土壤、生物样品等中分析物的提取。超声提取操作简单，提取后可通过离心或者过滤等步骤除去固体残留物；索氏提取可于加热条件下提取目标物，一般需时较长（>24 h），可实现多个样品的同时提取（一般为 6 个）；加速溶剂提取法在高压和高温下实现了样品的高效提取，可自动化操作。固体样品基质复杂，提取液在浓缩后，需要经进一步的分离纯化技术如酸性硅胶处理、凝胶排阻色谱柱净化、复合硅胶柱或固相萃取柱等去除脂肪、蛋白质、色素等干扰基质[151]。

底泥和土壤等复杂样品需根据具体基质特征优化纯化条件，固相萃取在固体样品的前处理过程中表现出优良的富集和净化效果，而多种净化技术的协同作用，有助于实现样品中污染物的高效分离。底泥样品经提取后，使用活化铜粉处理，可有效去除其中的硫。通过超声方法提取海洋底泥后，经活化铜粉和 SPE 复合柱（硅柱和弗罗里柱）高效净化，可实现底泥中包含 TBBPA 在内的 89 种污染物的同时提取和分析，TBBPA 在生物和底泥样品中的加标回收率为 95%～100%（RSD <10%）[152]。英国淡水湖中采集到的底泥样品，经 ASE 后，用 SPE 柱处理，可用于分析多种溴代阻燃剂，其中 TBBPA 的回收率>72% [153]。索氏提取法可有效将土壤中的 TBBPA 和 BPA 富集，再经中性硅胶和中性氧化铝组成的复合柱对提取物进行净化，回收率>90%[154]。室内灰尘样品，样品量一般很少，0.1 g 室内灰尘经甲醇：水(5∶3，V∶V)提取，浓缩后经甲酸水溶液稀释，通过 SPE 柱（Sep-Pack C_{18}）净化后回收率为 104%[155]。

生物样品的提取液中脂肪和蛋白质的含量较高，浓硫酸（包含酸性硅胶）和 GPC 是除去这些大分子物质的有效技术手段，酸性硅胶（30%或 44%浓硫酸/硅胶）的使用方法有直接加入法[156]和复合柱填充法[157]。植物提取液中的脂肪和色素经硫酸处理去除后，提取液经硅胶 SPE 柱净化，TBBPA 回收率为 90%[122]。浓硫酸预处理也用于生物样品，如海豚和鲨鱼样品中 TBBPA 和 HBCD 的同时测定，TBBPA 的回收率为 93% [158]。鱼类经酸性硅胶和浓硫酸处理后，TBBPA 回收率大于 70%[153,159]。酸性硅胶用作复合柱的填料，可用于生物样品的进一步净化，如鱼样用 GPC 除脂后，用弗罗里硅土和酸性硅胶的复合柱进一步净化，TBBPA、TBBPA-BHEE 和 TBBPA-BDBPE 的回收率为 28%～61%，但是此方法应用于鱼的脂肪分析时回收率很低（≤13%）[99,160]，通过甲基硅甲基化衍生，GC-MS 用于 TBBPA 降解产物的研究，发现了多种溴酚类代谢产物[161]。

浓硫酸应用于环境样品中的 TBBPA 前处理过程存在一定的争议。有研究证明，浓硫酸、浓硝酸等强酸可显著氧化 TBBPA，将 TBBPA 转化为溴酚类物质[162]。对生物样品进行分析时，凝胶排阻色谱技术依据物理分配分离原理，除去蛋白质和脂肪等大分子物质，是对样品进行净化的重要方式。例如，针对海洋鱼类和软体动物进行测定时只使用 GPC 净化样品，TBBPA 的回收率＞95%[152]。通过超声方法提取生物样品后，以 GPC 方法有效去除脂肪和蛋白质等大分子物质，经 SPE（florisil）柱进一步处理后，实现了 TBBPA 及多种污染物的同时提取和分析[152]。

2. 液体样品提取、净化技术

对于液体样品（如尿样等）的检测，液液萃取作为传统的提取富集手段依然是分析测定的首选方法，特别是针对疏水性有机物的分析测定。人体尿样经 β-葡糖醛酸糖苷酶（β-glucuronidase）酶解后，以二氯甲烷∶正己烷（4∶1，V∶V）提取一次，其中 TBBPA 的回收率高于 96%，方法重现性好，精密度高[163]。乙腈可有效沉淀尿样中的蛋白质，结合液液萃取，尿样中 TBBPA 等双酚类物质的回收率达到 90%～105%[164]。分析母乳中的 TBBPA 及低溴代降解产物（主要为双酚类）时，母乳样品经异丙醇稀释后，经 SPE 净化富集，回收率为 60%～120%[165,166]。分析人的乳汁、血液样品中 TBBPA 和 TBBPA-BME 时，也可采用正己烷作为提取溶剂，经 GPC 除脂净化（二氯甲烷∶正己烷，1∶1，V∶V，弃掉前 96 mL）后，使用硅胶 SPE 柱进一步纯化（0.2 g Wako gel S-1），其中 TBBPA 和 TBBPA-BME 的回收率为 87%～99%[167]。人血清样品和血浆样品用甲酸、异丙醇和水稀释，然后用 SPE 柱（交联聚苯乙烯二乙烯基苯基柱）净化，TBBPA 的回收率为 42%～72%[168,169]。

3. 新型样品提取技术

新型样品提取技术及富集材料的研发，对环境样品提取效率有显著提升，并为环境中溴代阻燃剂的无害化处理过程提供新的思路和路径。如微波辅助提取技术，可实现短时间内多通道样品的同时提取，通过优化微波能量、提取溶剂、提取时间等参数，20 min 内能同时完成 15 个土壤样品的提取，对土壤的 TBBPA 的回收率为 80%～95%，精密度为 5%～7%，基质效应可忽略[170]。低密度溶剂分散液液微萃取技术用于灰尘样品中 TBBPA 的萃取和富集，使用甲苯做萃取剂，甲醇和乙腈做分散剂，回收率达到 89%[171]。分子印迹聚合物 SPE 柱应用于饮料和罐头食品中双酚 A 类似物的测定（包括 TBBPA）时，基线更低，基质效应更小，对色素的去除能力更强，特异性强，样品的回收率在 50%～103%之间（RSD＜15%），此方法为食品和环境样品中的双酚类物质的检测提供了更简便、绿色的前处理途径[172]。另有创新性的前处理方法如非破坏性的表面擦拭方法，对于目标溴代阻燃剂的赋存状况具有指示作用，其应用于 TBBPA 的测定还有待进一步发展[173]。一些新型的合成材料对 TBBPA 具有优良的吸附性能，如疏水性高分子刷嫁接的氧化石墨烯纳米材料对水体中 TBBPA 的吸附容量达到 22.2 mg/g （pH = 7），在 30 min 内沉降去除水体中的 TBBPA，通过乙醇能够实现 TBBPA 的解吸附[174]。这种新型的氧化石墨烯纳米材料是进行 TBBPA 污染水体净化的良好媒介，也有希望成为环境介质中 TBBPA 类溴代阻燃剂富集和分离的有效手段。

4. 样品前处理方法实例

目前对于 TBBPA/S 类溴代阻燃剂没有标准分析方法。笔者课题组针对 TBBPA/S 类溴代阻燃剂建立了适合土壤和生物样品等复杂环境基质的前处理方法，实现一次提取分析多种 TBBPA/S、衍生物、副产物，并对方法的回收率、检出限、基质效应等质量控制指标进行了系统评价，结果满意，适合环境样品的分析[175]。此方法针对的目标分析物包括，TBBPA、TBBPS，3 种衍生物（TBBPA-BAE、TBBPA-BDBPE、TBBPS-BDBPE），6 种副产物（TBBPA-MAE、TBBPA-MBAE、TBBPA-MDBPE、TBBPS-MAE、TBBPS-MBAE、TBBPS-MDBPE），样品基质包含多种海洋生物（螃蟹、虾、鱼、软体动物、海藻、章鱼）以及土壤。方法的检出限从 0.6～6000 pg/g l.w.，基质效应小于 15%。

TBBPA/S 衍生物及副产物的前处理步骤如下：

（1）样品的提取。含水量较大的样品先冷冻干燥，研磨过筛，储存于−20 ℃冰箱中。提取前，将样品与 5 g 无水硫酸钠混合，添加同位素替代物，采用 ASE（Dionex ASE 350）法进行提取，提取溶剂为二氯甲烷，提取温度为 100 ℃，压力为 1500 psi，提取时间 12 min，循环 3 次。提取液经旋转蒸发仪去除溶剂后，替换容积为 0.5 mL 正己烷∶二氯甲烷（1∶1，*V*∶*V*），进一步净化。

（2）样品的净化。浓缩后的样品提取物首先经 GPC 净化，上样后，用正己烷∶二氯甲烷（1∶1，*V*∶*V*）洗脱，弃掉前 90 mL，收集 100 mL，浓缩转溶于 0.5 mL 正己烷中。经 SPE 进一步净化，利用极性差异分段收集目标分析物。首先使用 LC-Si（0.5 g，6 mL），分 3 部分洗脱：①以 10 mL 二氯甲烷∶正己烷（1∶3，*V*∶*V*）洗脱得到第一组分，含有 TBBPA-BAE 和 TBBPA-BDBPE，氮吹后，转溶于 50 μL 甲醇中，经 HPLC-UV 测定；②以 10 mL 二氯甲烷∶正己烷（1∶1，*V*∶*V*）洗脱第二组分，含有 TBBPS-BDBPE 和少量的 TBBPA 及副产物；③以 10 mL 氨水∶丙酮（0.5%，*V*∶*V*）洗脱第三组分，含有色素 TBBPA/S 和副产物。将第三组分再经过 ENVI-Carb 柱净化，用 10 mL 氨水∶丙酮（0.5%，*V*∶*V*）洗脱，与第二组分混合，氮吹转溶于 200 μL 甲醇中，并加入同位素内标物，经 HPLC-ESI-MS/MS 测定。

在此前处理过程中，使用 GPC 去除脂肪和蛋白质等大分子物质，条件温和，不造成目标分析物的损失。同时，利用了 TBBPA/S 的多种衍生物之间的极性差异，分段收集目标物，去除色素等干扰物质，减少了仪器测定时的干扰问题。

方法学评价数据见表 4-3。使用生物样本牙鲆鱼（*Paralichthys olivaceus*，Par）在不同的加标浓度（1 ng/g d.w.、10 ng/g d.w.、100 ng/g d.w.和 1000 ng/g d.w.）进行回收率实验，发现回收率从 75%到 106%（$n=4$）。进一步使用 5 种不同的样品，包括梭鱼（*Mugil soiuy*，MugS）、牡蛎（*Crassostrea talienwhanensis*，Ost）、梭子蟹（*Portunus trituberculatus*，Por）、对虾（*Metapenaeus ensis*，Met）和孔石莼（*Ulva pertusa*，Ulv）在加标浓度为 10 ng/g d.w.（TBBPA-BAE）和 TBBPA-BDBPE 的加标浓度为 100 ng/g d.w.下对方法进行评价，回收率从 65%到 108%，标准偏差都小于 10%。基质效应为 88%～115%（浓度分别为 1 ng/mL、10 ng/mL、100 ng/mL 和 1000 ng/mL），说明由基质引起的目标物信号增强和减弱可以忽略不计。本章建立的方法对于 TBBPA/S 及其类似物的分析，灵敏度高，适用性广，用于多种生物样品的分析，能够节省样品用量、提高分析效率，可广泛用于研究 TBBPA/S 及其类似物的迁移转化规律的研究。

4.2.3.2　TBBPA/S 及其衍生物的仪器分析方法

1. 高效液相色谱-二极管阵列检测器（HPLC-DAD）方法

二极管阵列检测器（diode array detector，DAD）较早应用于环境中 TBBPA 及其衍生物的分析，测试成本较低，使用方便，稳定性好，但灵敏度低，用于痕量分析存在困难。TBBPA 及其衍生物的转化及毒性评价实验中，可使用 HPLC-DAD 进行定量。藻类培养液中的 TBBPA，通过液液萃取进行浓缩，检出限为 20 μg/L[177]。TBBPA-BDBPE 对大鼠进行暴露后，HPLC-DAD 用于测定大鼠体内的 TBBPA-BDBPE，经丙酮提取和固相萃取（MCX 柱）净化后，检出限为 0.99 μg/mL[139]。HPLC-DAD 也能够实现动物组织样品中 TBBPA 的检测，企鹅的组织样品经浓硫酸除脂、固相萃取（C_{18} 柱）净化后，方法的定量限为 0.9 μg/kg[178]。使用 HPLC-DAD 测定生物样品中 TBBPA 时，也可不经过脂肪去除步骤，如栉孔扇贝和藻类用有机溶剂经索氏提取后，使用 ProElut C_{18} SPE 净化后直接测定，方法检出限（MDL）为 15 μg/kg[129]。前处理方法优化后能显著提高 HPLC-DAD 进行样品检测的灵敏度，如微波辅助的离子液体微萃取技术应用于牛奶和奶粉中 TBBPA 的提取和富集，使用 HPLC-DAD 进行检测，定量限为 0.02 μg/L，方法快速、简单、可行性高，不易受到样品中脂肪和蛋白质的影响[179]。HPLC-UV 的方法也可用于环境水样中 TBBPA 的测定，通过方法优化后，测定时间缩短到 2 min，检出限为 0.081 μg/L[180]，但是其灵敏度与质谱方法相比依然不具有优势。

表 4-3　TBBPA/S 及相关衍生物、副产物的前处理方法评价数据[176]

	样品类型	加标量	TBBPA	TBBPA-MAE	TBBPA-MDBPE	TBBPA-MBAE	TBBPS	TBBPS-MAE	TBBPS-MBAE	TBBPS-MDBPE	TBBPS-BDBPE	TBBPA-BAE	TBBPA-BDBPE
回收率（%）（n=4）	Par	1 ng/g	75±5	102±3	78±6	94±5	80±4	104±3	79±8	81±4	106±6		
		10 ng/g	93±6	87±6	82±5	95±7	99±8	79±3	106±8	89±5	94±9		
		100 ng/g	91±3	96±1	80±2	81±2	92±8	87±5	95±2	90±4	98±7	99±12	92±3
		1000 ng/g										96±5	90±8
	MugS	10 ng/g	85±5	102±7	105±4	105±4	102±6	72±6	102±6	81±2	88±3		
		100 ng/g										89±6	93±7
	Ost	10 ng/g	70±7	76±5	94±6	98±5	77±10	75±5	85±2	80±3	70±7		
		100 ng/g										75±9	72±8
	Met	10 ng/g	105±9	107±5	97±6	104±5	86±5	65±6	75±4	94±4	69±8		
		100 ng/g										76±8	74±10
	Por	10 ng/g	68±7	79±7	108±6	100±4	72±6	73±4	81±7	106±8	91±6		
		100 ng/g										95±6	93±5
	Ulv	10 ng/g	97±3	108±6	98±6	101±3	96±3	102±4	102±3	103±4	82±8		
		100 ng/g										89±5	91±9
基质效应（%）（n=4）		1 ng/mL	1.02±0.02	1.03±0.01	1.04±0.03	1.01±0.04	1.12±0.06	0.98±0.06	1.14±0.05	1.15±0.15	1.11±0.05		
		10 ng/mL	0.99±0.03	0.96±0.03	1.06±0.02	0.88±0.04	1.05±0.05	0.95±0.01	1.01±0.01	0.99±0.03	1.09±0.01		
		100 ng/mL	1.04±0.03	1.05±0.02	0.99±0.02	0.98±0.03	1.02±0.04	1.03±0.01	0.98±0.01	1.08±0.02	1.01±0.02	1.01±0.02	1±0.17
		1000 ng/mL										1.01±0.05	1.01±0.06
检出限（pg/g d.w.）			100	30	8	0.6	6	5	2	10	20	700	6 000
定量限（pg/g d.w.）			300	100	26	2.0	20	17	7	35	70	2 300	20 000

2. 气相色谱-质谱（GC-MS）方法

TBBPA 等具有酚羟基的化合物极性较大，热稳定性差，不适宜直接应用 GC-MS 进行测定，通常需经过衍生化后进行分析。常用的衍生化试剂有硅烷基化试剂、*N*,*O*-双三甲基硅烷三氟乙酰胺（BSTFA）、硫酸酯、重氮甲烷、乙酸酐等。鱼和鱼卵样品提取、净化后，经硅烷基化试剂衍生，TBBPA 和 TBBPA-BHEE 用 GC-EI-MS 测定，TBBPA-BDBPE 用 GC-ECNI-MS 测定[99]，通过甲基硅甲基化，GC-MS 用于 TBBPA 降解产物的研究中，发现了多种溴酚类代谢产物[161]。BSTFA 也是常用于 TBBPA 衍生化的试剂，用 GC-MS 同时测定 TBBPA、TBBPA-BHEE 和 TBBPA-BDBPE，但是此方法应用于鱼的脂肪分析时回收率很低[160]。对于土壤中 TBBPA 和 BPA 的测定，样品经提取和净化后，衍生化试剂使用 BSTFA，最后使用 GC-MS 测定，定量限为 0.30 ng/g d.w.[154]。人血清样品中 TBBPA 的测定，使用重氮甲烷对提取净化后的提取物进行衍生化，实现其应用 GC-MS 的测定，定量限在 0.4～1.6 pg/g l.w.（lipid weigth，脂重）之间[169]。TBBPA 及低溴代的降解产物也可使用硫酸二乙酯来衍生，通过 GC-MS 测定发现了多种低溴代的 BPA 类衍生物，使用$[M-CH_3]^+$离子定量了母乳中降解产物的浓度，该方法对 BPA、2,2′-DiBBPA、2,6-DiBBPA、三溴双酚 A（tribromobisphenol A，TriBBPA）和 TBBPA 的定量限分别为 0.002 ng/g l.w.、0.010 ng/g l.w.、0.010 ng/g l.w.、0.010 ng/g l.w.和 0.018 ng/g l.w. [165]，此方法也进一步应用于 TBBPA 降解产物的风险评价中[166]。对食物样品及人的乳汁、血液样品中的 TBBPA 和 TBBPA-BME 进行分析，提取净化后使用重氮甲烷进行甲基化衍生，经 GC-MS 测定，定量限均为 200 pg/mL[167]。

3. 高效液相色谱-电喷雾电离-串联质谱（HPLC-ESI-MS/MS）和高效液相色谱-大气压化学电离-串联质谱（HPLC-APCI-MS/MS）方法

TBBPA、TBBPS 及相关的副产物的结构中存在酚羟基，在 HPLC-MS/MS 测定中易电离，故使用 HPLC-MS 方法能够实现 TBBPA 的直接测定，方法灵敏度高，选择性、重现性好。

经适度的前处理去除脂肪、蛋白质、色素等干扰基质后，HPLC-ESI-MS/MS 能够有效地用于生物样品的测定。对于 TBBPA，HPLC-ESI-MS/MS 用于植物分析的 MDL 为 0.6 ng/g d.w. [122]；HPLC-ESI-MS/MS 用于人的脂肪组织、海豚和鲨鱼样品测定的方法定量限（method quantification limit，MQL）为 0.33 pg/g w.w.（wet weight，湿重）[158]；HPLC-ESI-MS 应用于英国淡水湖中采集到的鱼和底泥样品测定的 MDL 达到 0.29 ng/g l.w.[153]；HPLC-ESI-MS/MS 用于中国电子垃圾拆解地采集的鱼样测定的 MDL 在 16～25 pg/g w.w.之间[159]，对海洋鱼类和软体动物进行测定的 MDL 达到 6.9 pg/g d.w.[152]。

目前对于 TBBPA/S 副产物的研究较少。较早的文献报道为先通过合成可能副产物的标准品，进而采用 HPLC-APCI-MS/MS、HPLC-ESI-MS/MS 及 Orbitrap-HRMS 分析技术建立了针对水样、土壤、底泥、稻壳、生物样品中 TBBPA/S 衍生物和副产物的分析方法。通过对比发现，HPLC-ESI-MS/MS 技术的灵敏度高于 HPLC-APCI-MS/MS 技术，但是无法实现双端修饰的衍生物的检测分析；HPLC-APCI-MS/MS 技术实现了部分 TBBPA 衍生物的检测，但是检出限较高，甚至高于 HPLC-DAD 方法。HPLC-ESI-MS/MS 对中国渤海的软体动物样品中 TBBPA、TBBPA-MAE、TBBPA-MDBPE、TBBPA-MBAE、TBBPS-MAE、TBBPS- MBAE 和 TBBPS-MDBPE 测定的 MDL 为 0.06～100 pg/g d.w.，MQL 为 2.0～300 pg/g d.w.[176]；HPLC-APCI-MS/MS 也可实现 TBBPA 及其副产物的分析，但是其灵敏度明显低于 HPLC-ESI-MS/MS，HPLC-APCI-MS/MS 测定 TBBPA 的检出限为 50 pg/g d.w.（土壤），测定 TBBPA-MAE 和 TBBPA-MDBPE 的检出限分别为 5.0 pg/g d.w.（土壤）和 10 pg/g d.w.（土壤）[181]。

4. 电喷雾萃取电离质谱（EESI-MS）方法

电喷雾萃取电离（extractive electrospray ionization，EESI）源是在 ESI 的基础上添加一路中性喷雾，实现对传统 ESI 源的改造，其结构和电离过程[182]如图 4-16 所示。EESI-MS 通过电喷雾产生的带电雾滴与中性的待测物的结合形成中性待测组分的带电雾滴，然后通过与 ESI 同样的溶剂挥发和库仑爆炸过程，实现待测物的电离分析[183,184]。在喷雾区域引入的电喷雾溶剂在优化后可以实现不易电离的中性组分的提取，并在电离过程中伴随待测物的电离分析[185,186]。该方法的电离方式相较于 ESI 偏软电离，并且更加耐受基质干扰。笔者课题组开发了基于 EESI-MS 的新方法应用于液相质谱中难电离 TBBPA 衍生物的分析中，包括 TBBPA-BAE、TBBPA-BGE、TBBPA-BHEE 和 TBBPS-BAE 等。衍生物与 Ag^+的结合产生$[M+Ag]^+$的离子加合物，作为衍生物的前体离子（*m*/*z* 为 731、763、739 和 753），通过碰撞诱导解离，产生相应的子离子（*m*/*z* 为 651、733、694 和 648）[187]，实现串联质谱分析，对 TBBPA-BAE、TBBPA-BGE、TBBPA-BHEE 和 TBBPS-BAE 分析的线性范围上限达到 1000 μg/L，检出限分别为 0.76 μg/L、0.050 μg/L、0.37 μg/L 和 4.6 μg/L[187]。此方法与 HPLC 结合，用 Ag^+实现柱后衍生电喷雾串联质谱检测，成功地实现了环境水样中的 TBBPA 衍生物及副产物的测定，包括 TBBPA-BAE、TBBPA-BHEE、TBBPA-BGE、TBBPA-MAE、TBBPA-MHEE 和 TBBPA-MGE[188]，在 10 min 内，实现待测物的灵敏测定，方法的 MDL 分别为 1.96 μg/L、0.49 μg/L、0.16 μg/L、0.55 μg/L、0.33 μg/L 和 0.60 μg/L。此方法成功应用于河水、湖水、工厂废水等环境水样的检测中。EESI-MS 方法对于检测 TBBPA 衍生物的灵敏度与大气压下光致电离质谱（APPI-MS）方法接近，优于一般的 HPLC-DAD 方法，但是此方法也存在一定的劣势，比如高浓度无机离子的引入可能对质谱仪器造成损伤，在离子源改造方面的不便，对于某些 TBBPA 衍生物，如 TBBPA-BDBPE、TBBPA-MDBPE 的测定还无法实现。

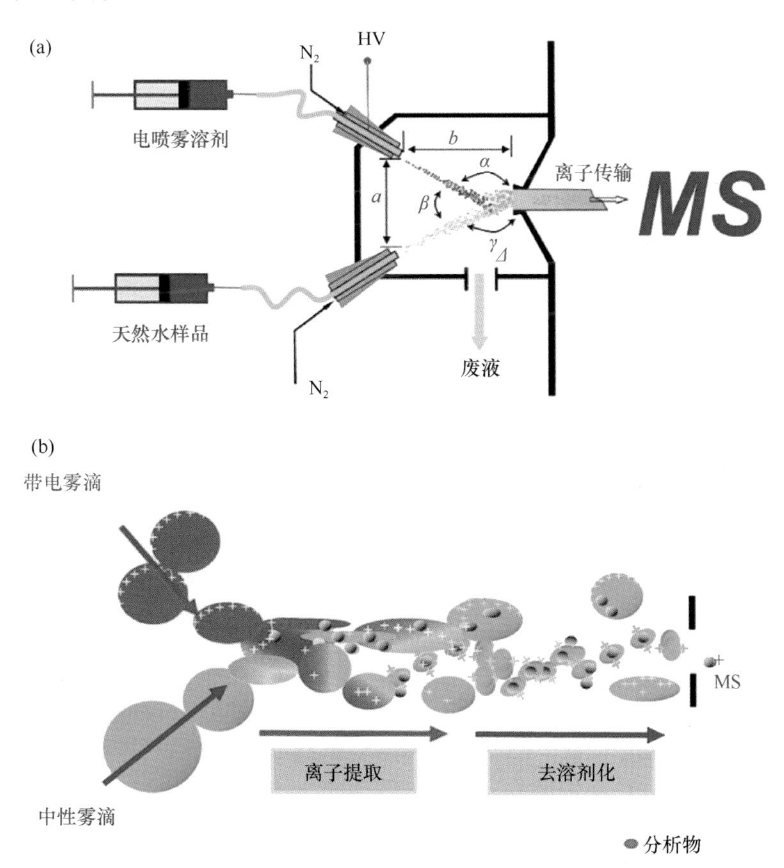

图 4-16　电喷雾萃取电离质谱（EESI-MS）电离源结构示意图（a）和电离过程示意图（b）[182]

5. 高分辨质谱（HRMS）方法

环境分析中常用的高分辨质谱仪器分别为 Q-TOF 和 Orbitrap，高分辨质谱可以给出待测化合物的精确分子量，用于计算化合物元素组成，进而推测降解和转化过程中的产物结构。Q-TOF-HRMS 具有较高的分辨率，但是其仪器检测的灵敏度相较于三重四极杆串联质谱偏低，不常用于 TBBPA 的浓度定量测定，在 TBBPA 分析方法的验证[189]、结构鉴定[177,190,191]等方面应用较多。HPLC-Q-TOF-HRMS 用于 TBBPA 在水生环境中转化产物的研究，转化产物的同位素丰度和间隔都可以用作产物鉴定的信息，发现淡水藻类能将 TBBPA 转化为 TBBPA 硫酸盐、葡糖糖苷化产物、*O*-甲基化产物和脱溴产物[190]。水体中的 TBBPA 经臭氧氧化后，用 HPLC-Q-TOF-MS 进行产物的结构鉴定，发现了 17 种中间产物，包括 12 种有机产物和 5 种无机产物[192]。在定量研究方面，HPLC-Q-TOF-HRMS 的灵敏度低于 GC-HRMS，如 TBBPA 在鸟蛋中的测定，使用氯甲酸甲酯衍生后经 GC-HRMS 的 MDL 更低，达到 1 pg/g w.w.；而 HPLC-Q-TOF-HRMS 的 MDL 为 20 pg/g w.w.[193]。Q-TOF-HRMS 与新型质谱技术的结合，有利于有机污染物在环境中的识别、生物效应研究和蛋白结合位点研究。如三重生物亲和质谱（triple bioaffinity mass spectrometry）概念提出了分析甲状腺激素转运蛋白配体的新概念，用于配体的筛选、确认和鉴定，此技术中作为评价方法对未知配体鉴定时使用三氯生和 TBBPA 作为“模式未知内分泌干扰物”，用纳升级别的 HPLC-Q-TOF-HRMS 进行尿样中“未知配体”的鉴定，在全扫模式下，Q-TOF-HRMS 对于尿样中三氯生和 TBBPA 的鉴定起到至关重要的作用[191]。射频脉冲辉光放电（radiofrequency pulsed glow discharge，rf-PGD）技术能够通过识别不同溴代阻燃剂的指纹图谱来指示聚合物中溴代阻燃剂的组成情况，通过优化条件，TBBPA、HBCD、十溴二苯醚和对溴联二苯在 rf-PGD-TOF-HRMS 技术中实现了可靠的区分，方法的稳定性好、灵敏度高并且不需要复杂的前处理步骤，有望应用于油漆和有机涂覆材料中溴代阻燃剂的指纹识别[194,195]。APPI 电离源与 TOF-HRMS 结合用于测定 TBBPA-BAE、TBBPA-BDBPE 和 TBBPS-BDBPE，Kr 紫外线作为电离源，甲苯作为辅助试剂，对环境中的这 3 种物质进行定性研究；HPLC-APPI-TOF-MS/MS 是能同时测定这 3 种物质的最灵敏的方法。如图 4-17 所示，定量离子对为$[M+O_2]^-$＞$[Br]^-$，TBBPA-BAE、TBBPA-BDBPE 和 TBBPS-BDBPE 的仪器检出限分别为 12 pg、32 pg 和 112 pg，MDL 分别为 0.03 ng/g w.w.、0.07 ng/g w.w.、1.28 ng/g w.w.。应用此方法 TBBPA-BAE、TBBPA-BDBPE 在银鸥鸟蛋中检出，浓度范围分别为 N.D.～0.56 ng/g w.w.、N.D.～0.36 ng/g w.w.[196]。

Alexander Makarov 在 2000 年首先把 Orbitrap 的新技术应用于质谱分析[197]，2001 年第一台商品化的 Orbitrap 诞生，主要用于蛋白质组学、药物研发、代谢组学、食品安全、兴奋剂筛查、法医鉴定等方面[198]。Orbitrap-APPI-MS（分辨率为 60 000 FWHM）用于环境中 TBBPA-BAE 和 TBBPA-BDBPE 的鉴定，在全扫模式下，监测离子均为 542.8992（$[C_{21}H_{20}O_2{}^{79}Br_2{}^{81}Br]^-$），TBBPA-BAE 在沉积物和水中的定量限分别为 0.07 ng/g d.w.和 0.3 ng/L，TBBPA-BDBPE 在沉积物和水中的定量限分别为 0.2 ng/g d.w.和 1 ng/L[199]。随着 Orbitrap 检测技术的改进，其检测的灵敏度和准确度不断提升，仪器的分辨率明显超越四极杆质谱和 TOF-MS，而其较宽的线性离子检测范围和较好的测定重现性使得其在定量分析中的应用不断拓展[200]，在环境检测方面，其也逐渐应用于废水[201,202]、血浆[203]、食品[204]等环境样品中，而 Orbitrap 是进行有机污染物的分析和降解产物的结构鉴定和定量分析方面的强有力技术[205-207]。

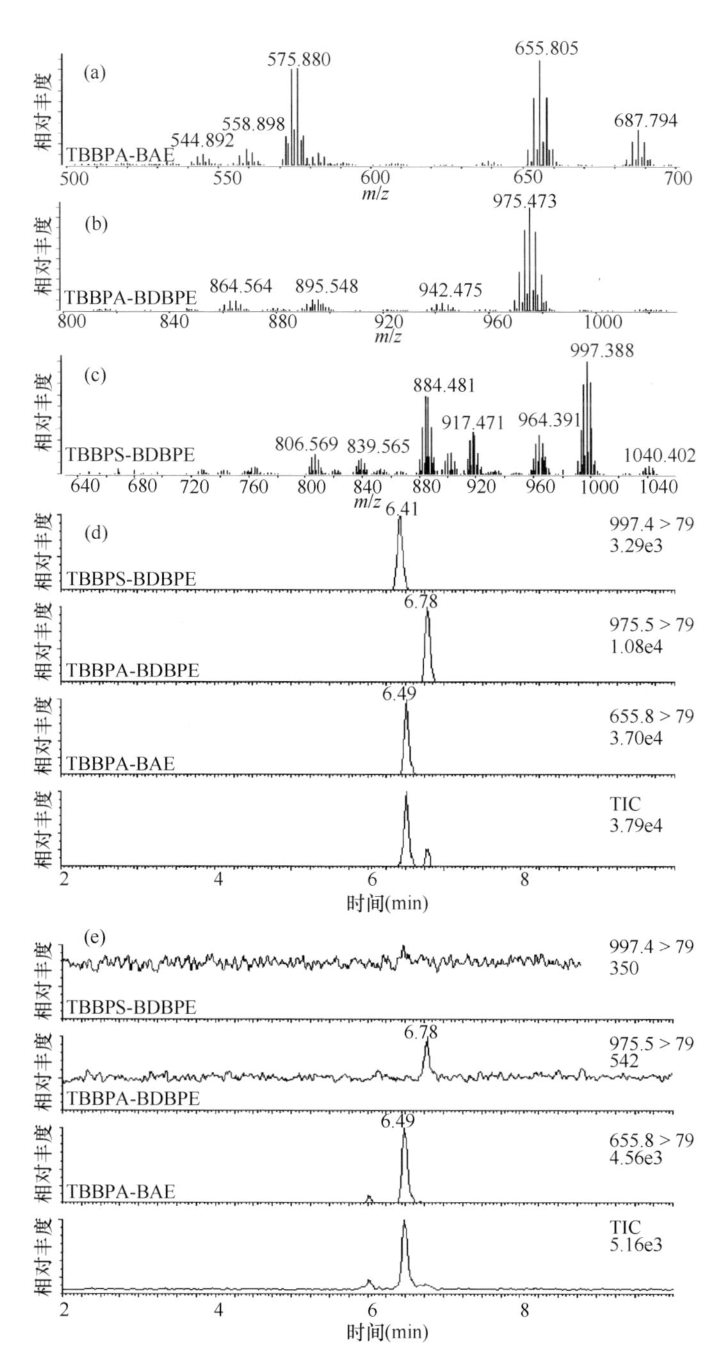

图 4-17　APPI-MS 用于测定 TBBPA-BAE、TBBPA-BDBPE 和 TBBPS-BDBPE 的谱图[196]：(a)、(b)、(c) 分别为 TBBPA-BAE、TBBPA-BDBPE 和 TBBPS-BDBPE 的 APPI-TOF 质谱图；(d) 为标准溶液 (25 ng/mL) 的 MRM 色谱图；(e) 为银鸥鸟蛋样品中检测到待测物的 MRM 色谱图

目前Orbitrap-HRMS主要用于药物和代谢产物的分析中[208-210]，其在环境污染物鉴定和定量方面的优势也逐渐展现[211,212]。对于小分子化合物的检测分析，Orbitrap仪器推荐的扫描速率（scan rate）为normal（标准），分辨率为120000 FWHM，此条件可以同时保证扫描速度和分辨率。基于Orbitrap的新型检测技术已经用于环境中新型TBBPA/S副产物的检测。水样中TBBPA相关副产物TBBPA-MHEE和TBBPA-MGE的检测，定性离子$[M-H]^-$分别为*m/z* 586.77185和598.77191，离子提取偏差小于3 ppm，同时结合含溴化合物特有的同位素丰度比（1∶4∶6∶4∶1），在全扫模式下对水样进行检测，仪器灵敏度可以媲美HPLC-ESI-MS/MS方法，方法检出限分别为1.5 ng/L和0.8 ng/L。Orbitrap-HRMS检测渤海的软体动物样品中3种TBBPS相关的副产物TBBPS-MAE、TBBPS-MBAE和TBBPS-MDBPE，以合成的标准化学品为参考，定性离子$[M-H]^-$分别为*m/z* 604.69189、682.60248和764.52655，离子提取偏差小于5 ppm，同时结合TBBPS-MAE（1∶4∶6∶4∶1）、TBBPS-MBAE（1∶5∶10∶10∶5∶1）和TBBPS-MDBPE（1∶6∶15∶20∶15∶6∶1）的同位素丰度比特征，以相邻的同位素峰为定性离子，方法检出限分别为0.04 ng/g d.w.、0.08 ng/g d.w.、0.06 ng/g d.w.[213]，与HPLC-ESI-MS/MS检测TBBPA的灵敏度相当。

Orbitrap-HRMS方法受益于分辨率的提高，在全扫模式下，方法的选择性和灵敏度优于常见的质谱技术。低分辨的GC-MS和HPLC-MS/MS在全扫模式下对环境样品中痕量目标物的定量会严重受到分辨率和干扰噪声的影响。利用HPLC-MS/MS对溴代阻燃剂进行分析时，选择性反应监测（selective reaction monitoring，SRM）和多反应监测（multiple reaction monitoring，MRM）模式常用于目标物的定量分析[158,214,215]。而在SRM和MRM模式下测定时，只有被选的母离子能够进入第三级四极杆处进行碎裂生成特定的子离子，在此过程中，样品中的大量信息会损失掉[208]，并且逐个对目标物的母离子和子离子进行优化也是耗时费力的过程。而高分辨质谱在全扫模式下进行的高选择性测定，能够在检测目标分析物之外实现非目标识别环境污染物的目的，对未知污染物的结构鉴定和环境归趋研究具有重要意义。

6. 其他检测技术

新型的检测技术也可用于环境中TBBPA的检测，检测的灵敏度较高、特异性较强。例如，放射性检测器用于测定大鼠体内的^{14}C-TBBPA-BDBPE，检出限为19.8 ng/mL，明显优于同样前处理条件下HPLC-DAD的测试结果[139]；二维气相色谱微电子捕获检测器用于125种PBDEs同系物时，发现DB-1×007-65HT的气相色谱柱组合方式提供了最佳的分离性能，提高了PBDEs与TBBPA和TBBPA-BME的分离度，而从分析TBBPA的角度，此方法用于环境中TBBPA和TBBPA-BME

的分析时，对于区分来自 PBDEs 的干扰具有参考价值[216]；4-二甲基氨基吡啶修饰的磁性金纳米材料用于水中痕量 TBBPA 的富集和测定，用表面增强拉曼散射光谱进行测定，检出限达到 5.4 ng/L 的水平，其检出限比未修饰的金纳米材料分析时低两个数量级[217]；液相提取表面分析质谱仪用于塑料电子垃圾制品中 TBBPA 的分析，应用芯片纳升喷雾与三重四极杆质谱结合，用于原位的电子垃圾中 TBBPA 的直接、自动和快速测定[218]；基于石墨烯/碳纳米管发展和应用的 TBBPA 印记的电化学传感器用于 TBBPA 的测定，检出限达到 2 ng/L，灵敏度高、重现性和稳定性好，方法应用于鱼样中的检测，回收率为 93%～108%[219]；N 掺杂的石墨烯修饰的玻璃碳电极技术检测水样中 TBBPA 时，简单、高效、价廉，检出限达到 9 nmol/L，也是新型环境友好型方法开发的热点[220]。目前这些方法仅适用于环境中 TBBPA 和少量衍生物的测定，对于 TBBPA 关注度高的衍生物 TBBPA-BAE 和 TBBPA-BDBPE 等的应用未见报道，而传统方法如 HPLC-ESI-MS/MS 对 TBBPA 测定的灵敏度高，特异性强，所以这些新型方法用于环境行为和过程研究中的应用很少。

7. TBBPA/S 及其衍生物分析实例

本小节简要介绍高效液相高分辨质谱法分析 TBBPA/S 类衍生物的实例[175]。

1）研究区域与样品采集

我国渤海是半封闭海域，与外部海域的海水循环交换能力比较弱。渤海沿岸人口密集，工业发达，入海污染物沉降并富集在海洋底泥中。目前，对 TBBPA/S 污染水平的研究还很匮乏，尤其对海洋软体动物和食品的检测报道数据还很少。软体动物主要营底栖生活，受到海洋生态环境变化的直接影响，相关的研究发现，软体动物是指示海洋中溴代阻燃剂污染状况的生物指示物[156]。

选择渤海沿岸研究区域，自 2009～2013 年共进行了 5 次采样，样品的采集时间为每年的 8 月。共采集了（图 4-18）7 种双壳纲动物（牡蛎、毛蚶、菲律宾蛤仔、砂海螂、扇贝、四角蛤蜊、文蛤），均为食草性软体动物，两种前鳃亚纲的螺类（脉红螺和扁玉螺），均为食肉性软体动物，常以海洋贝类为食。采集到的软体动物样品储存于冰中，到达实验室后，取其软组织（约 500～1500 g）用去离子水彻底清洗后，用绞肉机搅匀后储存于–20 ℃条件下，分批次冻干、研磨。最终，38 个软体动物样品用于 3 种 TBBPS 副产物的分析中。

2）样品前处理

称取 0.5 g 软体动物样品，与 2 g 无水硫酸钠混匀后，加入 10 ng ^{13}C 标记的 3,5-二溴苯酚，然后用 10 mL 二氯甲烷∶正己烷（8∶2，*V*∶*V*）超声提取 3 次。离心后，合并提取溶液，旋转蒸发后重新溶解于 3 mL 二氯甲烷∶正己烷（1∶1，*V*∶*V*），用于 SPE 净化。Supelclean^{TM} ENVI-Carb^{TM} 柱（0.5 g，6 mL）依次用 5 mL

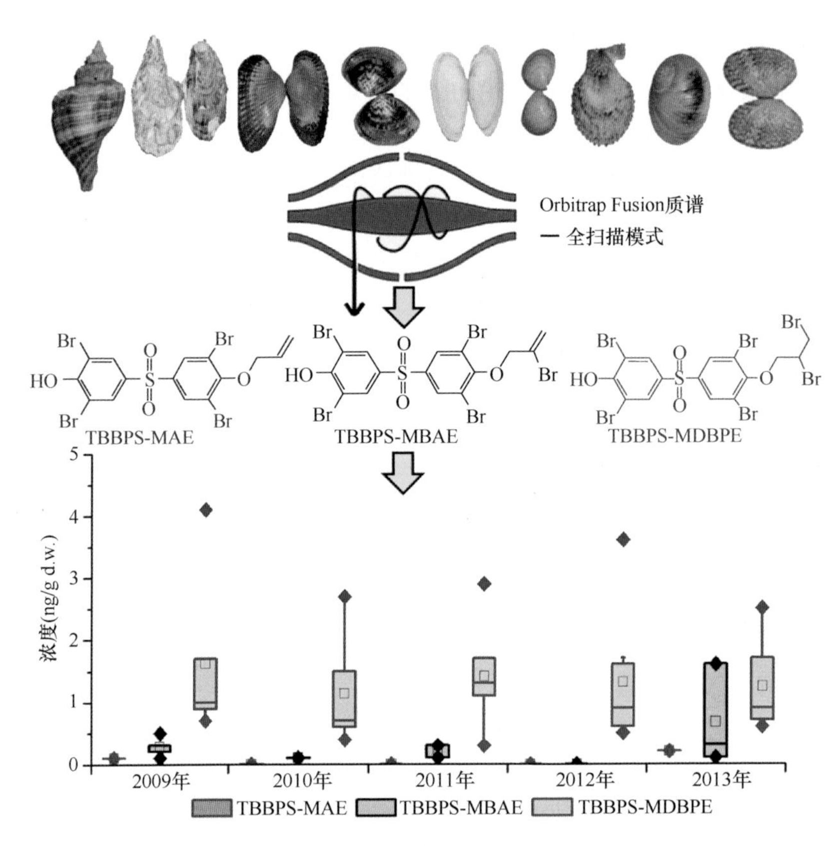

图 4-18　TBBPS-MAE、TBBPS-MBAE 和 TBBPS-MDBPE 在 2009～2013 年采集到的软体动物中的浓度分布图[213]：箱子的上下沿代表 25%和 75%处的浓度值；箱子的中线代表中位数；□代表平均值；箱子外的线代表最低和最高的非异常值；◆代表最小值和最大值

丙酮、5 mL 二氯甲烷和 10 mL 正己烷平衡柱子后上样，然后用 5 mL 正己烷和 5 mL 二氯甲烷∶正己烷（1∶1，*V*∶*V*）洗涤柱子，最后用 10 mL 0.5% $NH_3 \cdot H_2O$ 丙酮洗脱，收集后用氮吹干，重溶于 1 mL 甲醇中，用 HPLC-Orbitrap-HRMS 分析测定。

3）仪器分析条件

HPLC-Orbitrap-HRMS：液相色谱为 Thermo Ultimate 3000 HPLC，质谱为 Orbitrap Fusion tribrid mass spectrometer（Thermo，USA），色谱柱为 Extend C_{18} 柱（2.1 × 50 mm，1.8 μm，Agilent）。质谱条件见 4.2.4 节。液相条件为：流动相为甲醇（A）和 0.1%的甲酸水溶液（B），流速为 0.4 mL/min。梯度洗脱条件为：0～1 min，60∶40（*V*∶*V*，A∶B）；1～3 min，增加到 90∶10（*V*∶*V*，A∶B）；3～5 min，90∶10（*V*∶*V*，A∶B）；5～5.1 min，降低为 60∶40 （*V*∶*V*，A∶B）；5.1～7 min，60∶40（*V*∶*V*，A∶B）。

质谱的电离模式为电喷雾电离（ESI）源负电离全扫模式，条件使用推荐值，具体如下：全扫描模式；喷雾电压（spray voltage），2500 V；离子传输管温度（ion transfer tube temperature），350 ℃；气化室温度（vaporizer temperature），200 ℃；MS1 检测器，Orbitrap；MS1 分辨率（resolution），120 000 FWHM；MS1 扫描范围（scan range），100～1000；MS1 最大注入时间（maximum injection time），100 ms；MS1 自动增益控制（automated gain control, AGC）目标，100 000；S-透镜射频水平，60V；MS2 高能碰撞解离（higher-energy collisional dissociation, HCD）碰撞能量，45%；MS2 检测器，Orbitrap；MS2 分辨率，15 000 FWHM；MS2 自动增益控制目标，50 000；MS2 最大注入时间，35 ms；MS2 起始质量数，50。

TBBPS-MAE、TBBPS-MBAE 和 TBBPS-MDBPE 的定量离子分别为 *m/z* 604.69189、682.60248 和 764.52655，定性离子分别为 *m/z* 602.6915、684.60022 和 762.52875。

TBBPS-MAE、TBBPS-MBAE 和 TBBPS-MDBPE 的仪器检出限分别为 0.06 pg、0.1 pg、0.1 pg。TBBPS-MAE、TBBPS-MBAE 和 TBBPS-MDBPE 的方法检出限分别为 0.04 ng/g d.w.、0.08 ng/g d.w.、0.06 ng/g d.w.。方法的回收率为 70%～101%，基质效应＜20%。

4）结果

购得的工业品 TBBPS-BDBPE（纯度＞90%）中 TBBPS-MAE、TBBPS-MBAE 和 TBBPS-MDBPE 的含量分别为 28 μg/g、87 μg/g 和 394 μg/g。

在软体动物样品中，TBBPS-MAE 仅在两个软体动物样品中检测到，浓度分别为 0.1 ng/g d.w.和 0.2 ng/g d.w.。TBBPS-MBAE 在 15 个样品中检出，浓度范围为 0.1～1.6 ng/g d.w.，13 个检出浓度范围为 0.1～0.3 ng/g d.w.的低浓度区间。TBBPS-MDBPE 在 36 个样品中检测到，浓度范围为 0.3～4.1 ng/g d.w.，其中有 20 个样品的浓度均大于 1.0 ng/g d.w.。检出率为：TBBPS-MDBPE（95%）＞TBBPS-MBAE（39%）＞TBBPS-MAE（5%）。

HPLC-Orbitrap-HRMS 的一个显著优势在于，全扫模式能够最大限度地保全样品信息进行回溯分析，有利于在无标准品比对的情况下进行未知污染物的鉴定。同时，含溴的化合物具有同位素特征：①*m/z* 数值在小数点后的数值会随着分子式中 ^{81}Br 的增多而逐渐降低；②分子式中含有的 Br 原子数目不同，同位素比例也不同，在样品经 HPLC-Orbitrap-HRMS 测定后，根据测得的同位素特征和精确的质荷比进行化合物的鉴定。通过非目标分析（nontarget analysis），在本研究中发现了 3 种未知的溴代污染物，质谱图见图 4-19。依据溴同位素特征、精确质量数及与部分标准品的比对，推测这 3 种物质为 2,4,6-三溴苯酚（2,4,6-tribromophenol）（保留时间，retention time，RT = 2.8 min）、TBBPS（RT = 2.6 min）、2,6-二溴-4-硝基苯酚（2,6-dibromo-4-nitrophenol）（DBNP，RT = 1.72 min）。

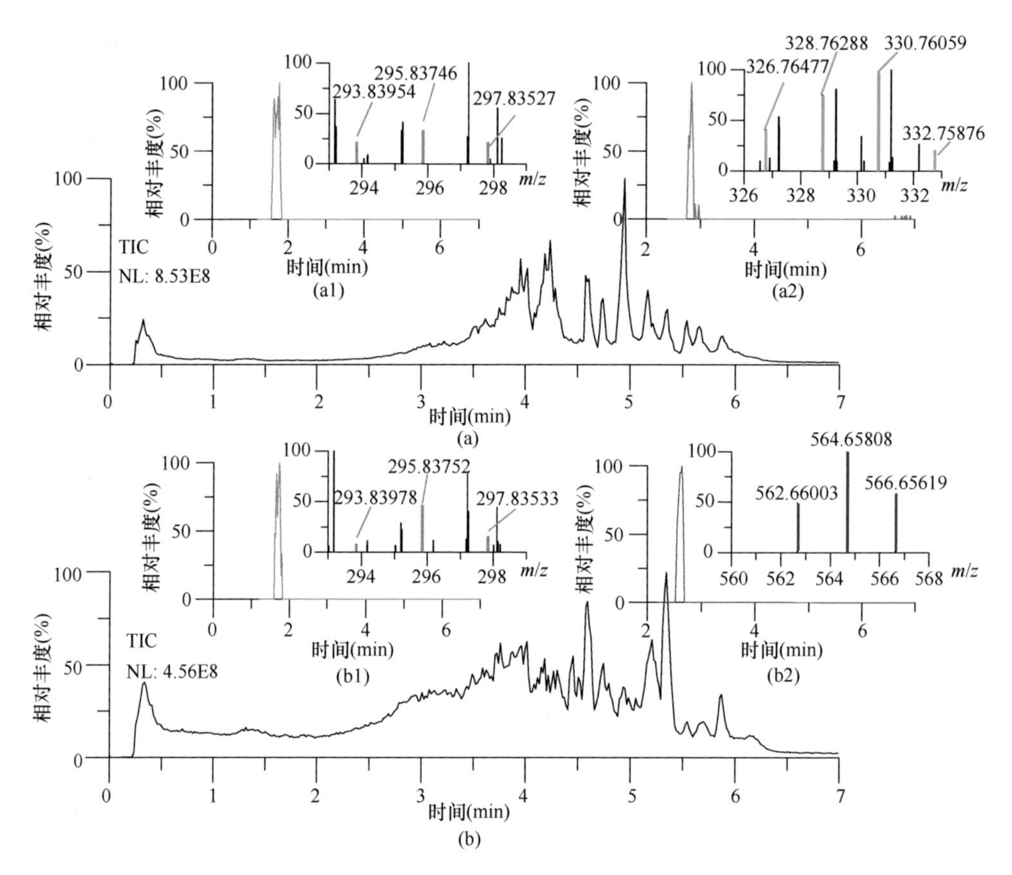

图 4-19 2010 年采集的 RapL（a）和 RapS（b）样品的无目标全扫质谱图：(a1)、(a2)、(b1) 和（b2）分别为所提取的色谱图和质谱图[213]。其中（a1）：NL，1.33E4，RT，1.76 min，m/z，295.83681～295.83977；(a2)：NL，6.24E4，RT，2.82 min，m/z，328.76215～328.76543；(b1)：NL，4.79E4，RT，1.73 min，m/z，295.83681～295.83977；(b2)：NL，7.08E4，RT，2.64 min，m/z，564.65784～564.66348

4.2.4 四溴双酚 A/S 及其衍生物的赋存特征

4.2.4.1 非生物样品

1. 底泥

底泥是环境有机污染物重要的汇。TBBPA 工业生产会引起内陆湖泊的污染。在英国的 9 个淡水湖中采集到的水、底泥样品中 TBBPA 的浓度范围为 140～3200 pg/L、330～3800 pg/g d.w.[153]。TBBPA 在英国东北部的 Skerne 河中采集到的底泥样品中的检出浓度较高，达到 9.8 mg/kg d.w.[221]。中国地区 TBBPA 在底泥中的赋存研究，主要围绕广州地区开展[222]。TBBPA 在中国南部的珠江三角洲地区的底泥样品中的含量为 0.06～304 ng/g d.w.[223]，TBBPA-BDBPE 在中国南部的珠江三角洲地区分布广泛，在污泥中的浓度范围为<1.5～2300 ng/g d.w.，在沉积物中的浓度范围为<1.5～2300 ng/g d.w.[224]。而 TBBPA 进入水生环境后会发生降解，如在五大湖的底泥样品中检测到 TBBPA 的同时，也检测到了转化产物 TriBBPA，这证明了 TBBPA 在环境中易降解为低溴代的类似物[225]。北极沉积物（1.24 ng/g d.w.）都检测到了 TBBPA，说明 TBBPA 具有长距离传输的特质，能够到达偏远地区[226]，而 TBBPA-BDBPE 在德国沉积物中的浓度低于检出限[227]。

2. 水体

TBBPA-BAE 和 TBBPA-BDBPE 在挪威金属回收工厂的渗透水中的浓度分别为 2 ng/L 和 81 ng/L，TBBPA-BAE 在污水处理厂的沉积物中的含量范围为 0.37～2.4 ng/g d.w.，TBBPA-BDBPE 在污水处理厂废水中的浓度为 18 ng/L[199]。溴代阻燃剂工厂周围的环境中 TBBPA 衍生物的浓度水平较高，TBBPA-BAE 在中国湖南的溴代阻燃剂工厂周围的水体中的浓度范围为 N.D.～49.0 ng/L，在土壤中的浓度范围为 N.D.～41.7 ng/g d.w.，沉积物中的浓度范围为 143～10183 ng/g d.w.[150]。TBBPS 及其衍生物在环境中的研究较少，但是 TBBPS 及 TBBPS-BDBPE 在工厂的废水的含量较高，分别为 12.1 μg/L 和 9.5 μg/L[228]。

3. 土壤

TBBPA 能够随着电子垃圾的拆解回收进入环境中形成二次污染。中国南部的电子垃圾拆解地成为 TBBPA 等典型溴代阻燃剂的污染源，其土壤和沉积物的浓度随着距电子垃圾拆解地距离的加大逐渐变小，其最高浓度达到 1939 ng/g d.w.[229]，并且 TBBPA 在表层土壤中的浓度分布受到垃圾回收、露天焚烧和电子产品拆解区域的影响，土壤中的 TBBPA 也可以通过降解的方式生成 BPA[154]。在非电子垃圾拆解地采集的土壤样品中，TBBPA 的含量明显降低，如在中国东部区域采集到的土壤样品中 TBBPA 的分布范围为 N.D.～78.6 ng/g d.w.，以工厂区和垃圾填埋区附近浓度最高[65]。

含有 TBBPA 的环境介质用于农田种植，可对农产品和人类健康具有潜在危害性。如 TBBPA 在芬兰的某沼气发电厂的沼渣中的含量分布为 0.7～62 μg/kg d.w.，若沼渣用于农田土壤中，其造成的土壤含量估计为 0.3～73 mg/hm^2[230]。中国南部珠江三角洲地区的农田土壤中 TBBPA-BDBPE 的浓度范围为 17.3～60.4 ng/g d.w.[224]，与工厂和垃圾填埋区的 TBBPA 浓度很接近。

4. 空气

虽然 TBBPA 在室内灰尘中的检出率和浓度都较高，其在相应的室内空气中的含量极低，可能与 TBBPA 较低的蒸气压有关[231]。虽然蒸气压很低，但在北极地区的空气中检测到了痕量的 TBBPA（70 pg/m^3），说明人类活动对 TBBPA 的长距离传输产生了影响，使其能够到达偏远地区[226]。TBBPA-BDBPE 是中国南部珠江三角洲地区空气中普遍存在的溴代阻燃剂[224]，其浓度范围为 131～1240 ng/m^3。

5. 室内灰尘

TBBPA 对于印刷电路板生产过程中的工人的暴露剂量最高，在印刷电路板生产过程中产生的粉末废弃物中 TBBPA 的含量高达 49.9 mg/kg[232]。随着电子产品的应用，TBBPA 能够泄漏进入居住环境中，而室内灰尘是 TBBPA 对人类形成暴露的重要途径。TBBPA 在采自美国家庭的室内灰尘中的检出率超过了 95%，最高浓度值达到了 6560 ng/g d.w.[231]。对 2012～2014 年采自 12 个国家的室内灰尘样品中的 TBBPA 的赋存状况进行分析，发现 TBBPA 的含量为＜1～2300 ng/g d.w.，其中日本的灰尘样品中 TBBPA 的含量范围为 12～1400 ng/g d.w.，韩国的为 43～370 ng/g d.w.，中国的为＜1～2300 ng/g d.w.，印度的为＜1～640 ng/g d.w.，巴基斯坦的为＜1～800 ng/g d.w.，沙特阿拉伯的为＜1～360 ng/g d.w.，美国的为＜1～650 ng/g d.w.，越南的为＜1～670 ng/g d.w.，哥伦比亚的为＜1～280 ng/g d.w.，罗马尼亚的为＜1～380 ng/g d.w.，科威特的为＜1～36 ng/g d.w.，希腊的为＜1～630 ng/g d.w. [155]。比利时和英国的室内灰尘中，TBBPA-BDBPE 是广泛存在的溴代污染物，浓度范围为＜20～9960 ng/g d.w.，浓度最高值出现在学校教室中，成为室内环境中的主要溴代污染物之一[233]。同时，TBBPA-BDBPE 也在瑞典的室内灰尘中检测到，在德国柏林的室外灰尘中的浓度最高达到 1300 ng/g d.w.，在德国沉积物中的浓度低于检出限[227]。

TBBPA 与 TBBPA-BDBPE 在食品用塑料器皿中含量较高，其中 TBBPA 的含量超过了 300 μg/g，TBBPA-BDBPE 的含量达到了 44 μg/g，TBBPA 及其衍生物成为 PBDEs 的重要替代阻燃剂[234]，其相关的日用产品的广泛应用，成为室内灰尘中 TBBPA 类溴代阻燃剂的重要来源。

4.2.4.2 生物样品

TBBPA 的生物富集因子理论计算对数值（log BAF）大于 3.7，而在实际的样品测定中，发现其在扇贝和鱼类中的 log BAF 值为 0.53～0.84[129,153]，说明 TBBPA 在生物体内的富集能力并没有预测的那么高，扇贝对 TBBPA 的富集主要通过水体，而非膳食摄入途径的富集速度很快，在暴露后 3 天就能达到一个稳定的浓度[129]。在荷兰斯凯尔德河中采集到的糖虾样品中检测到的 TBBPA 浓度高于其在底泥样品中的浓度[235]，说明在水生环境中，TBBPA 依然具有一定的生物富集能力。然而 TBBPA 在淡水鱼类中的浓度都较低，如在英国 9 个淡水鱼类样品中 TBBPA 的含量范围为＜0.29～1.7 ng/g l.w.[153]；在中国南方电子垃圾拆解地采集到的鲮鱼（被捕食者）中检测到 TBBPA 的含量范围为 0.03～2.85 ng/g w.w.，在乌鳢（捕食者）中的含量范围为 0.04～1.30 ng/g w.w.，TBBPA 在较高营养级的捕食者体内的浓度更低，这可能与化合物的极性较大和化学反应特性关联[159]。TBBPA 的衍生物在淡水生物中的检出浓度也较低，如 TBBPA-BAE、TBBPA-BDBP 在五大湖采集的银鸥鸟蛋中检出的浓度范围分别为 N.D.～0.56 ng/g w.w.、N.D.～0.36 ng/g w.w.[196]；在中国珠江三角洲地区的董鸡和鱼类中，也检测到了 TBBPA-BAE 和 TBBPA-BDBPE，但是浓度均低于检出限[224]。1997～2004 年间在安大略湖中采集的鳟鱼中，有 17%的样品中检测到了 TBBPA-BAE，浓度范围为 0.2～1.7 ng/g w.w.[227]。海洋生物中检测到 TBBPA 的浓度略高于其在淡水鱼类中的浓度，如在佛罗里达海域的 3 种高营养级动物的肌肉组织中，其浓度分别为：宽吻海豚，(1.2±3) ng/g l.w.；牛鲨，(9.5±12) ng/g l.w.；大西洋剑吻鲨，(0.872±0.5) ng/g l.w.[158]。另外在企鹅肌肉、脂肪、肝脏、大脑和企鹅蛋中都检测到了 TBBPA，浓度范围为 3.12～14.78 ng/g l.w.，主要分布在肝脏中，同时发现 TBBPA 主要通过粪便排出体外，并且通过母体进入卵也是重要的排出途径[178]。TBBPA 在北极地区的植物（0.019～0.14 ng/g w.w.）、鸟蛋（0.1～900 ng/g l.w.）和海鱼样品（0.35～1.31 ng/g w.w.）中都有检出，说明 TBBPA 能够经过长距离传输到达偏远地区，且在生物体内富集[226]，具有持久性有机污染物的典型特征。

TBBPA 可通过多种途径（呼吸、皮肤、饮食等）进入人体。日本冲绳地区的饮食调查（样品包括母乳、血液）发现，TBBPA 的检出率为 80%，平均值达到 1035 pg/g l.w.，结果显示饮食是 TBBPA 人体暴露的一个重要途径[167]。在纽约采集到的脂肪组织中检测到了 TBBPA，其浓度为（0.048 ± 0.102）ng/g l.w.[158]。在挪威地区采集到的血液样本中，发现 TBBPA 的含量为 0.44～0.65 ng/g l.w.，在 1986～1999 年间呈现逐渐增高的趋势，而浓度最高的值（0.71 ng/g l.w.）出现在 0～4 岁的儿童血清样品[169]。TBBPA 在法国母乳样品中的含量范围为 0.062～37.3 ng/g l.w.（平均值 4.11 ng/g l.w.）[236]，在中国母乳样品中的含量范围为 N.D.～5.12 ng/g l.w.（平均值 0.933 ng/g l.w.）[237]，在日本地区的母乳样品中的含量范围为 N.D.～8.7 ng/g l.w.（平均值 1.9 ng/g l.w.），同时在日本地区的母乳中检测到了单溴双酚 A（MBBPA）、2,2′-二溴双酚 A、2,6-二溴双酚 A、TriBBPA [165]，其中 TriBBPA 的浓度最高，为 9.36×10^{-4}～0.968 ng/mL，超过 TBBPA。初步的毒性学研究结果发现，这些低溴代的类似物具有与 TBBPA 类似的生物毒性，能促进脂肪细胞的分化[166]。因此，TBBPA 环境风险的评估应综合考虑低溴代降解产物的环境赋存和潜在危害。

4.2.5　四溴双酚 A/S 及其衍生物的食物链传递规律

4.2.5.1　表征生物富集和食物链传递规律的参数

持久性有机污染物的生物富集能力是指生物从水、土壤、大气等环境介质和食物摄取途径等方式摄入有机污染物并难以在体内实现快速降解，而使生物体内的含量高于各种摄入途径中该有机物含量的现象[238]。通常，持久性有机污染物的生物富集能力使用生物富集因子（BAF）和生物放大因子（biomagnification factor，BMF）来进行描述[239]，如公式（4-4）和公式（4-5）所示：

$$\mathrm{BAF} = C_{\mathrm{B}} / C_{\mathrm{WT}} \tag{4-4}$$

$$\mathrm{BMF} = C_{\mathrm{B}} / C_{\mathrm{A}} \tag{4-5}$$

式中，C_{A} 和 C_{B} 分别为持久性有机物在某一食物链营养级生物体及其次级营养级生物中的浓度，C_{WT} 为该有机物在水体中的自由溶解态浓度。一般而言，当化合物的 BAF＞5000 时，则认为其具有生物富集能力；而当 BMF＞1 时，则认为其具有生物放大效应。

持久性有机污染物在生物体内的实际富集情况会受到环境因素（例如不同的环境介质、有机质浓度、环境温度等）、化合物自身的物理-化学性质（例如辛醇-水分配系数、不同异构体生物代谢能力的差异等）以及生物的生活状态（例如食性、生长情况、栖息环境等）等因素的共同影响，并在不同的生态环境和生物种群中产生一定的差异性[240-251]。多环芳烃（polycyclic aromatic hydrocarbons，PAHs）生物富集因子模型计算和实际测定的比较结果[248,249]显示，具有高辛醇-水分配系数的化合物会在炭黑、底泥和水体中的悬浮颗粒物等环境介质中吸附，进而影响其在生物体中的富集，使得通过实际测定得出的生物富集因子比理论值低约 1 个数量级。此外，PAHs 在聚二甲基硅氧烷等模型介质中的吸附实验[250]也表明，当环境温度从 5 ℃升高到 25 ℃时，PAHs 的生物富集能力出现了明显的下降趋势，而相类似的环境调研结果[247]也表明 α-六氯环己烷（α-hexachlorocyclohexane，α-HCH）等某些特定有机氯化合物的生物富集能力会受到季节变化的影响。与此同时，持久性化合物的物理-化学性质也会对生物富集能力产生一定的影响。一般认为，2＜$\log K_{\mathrm{OW}}$＜11 和 6＜$\log K_{\mathrm{OA}}$＜12 的化合物都具有一定的生物富集能力[239-244]。

有机污染物在低等生物体内富集后，可能通过食物链传递表现出营养级稀释或营养级放大效应。由于 POPs 均具有较高的辛醇-水分配系数和亲脂性，使得生物富集和食物链放大效应成为持久性有机污染物的一个主要特征。营养级富集趋势可通过营养级放大因子（trophic magnification factor，TMF）来进行描述，通过稳定同位素技术进行测定，计算公式如下所述。

营养级（trophic level，TL）的计算是以测得的 N 元素的同位素比 δ^{15}N 计算得到，假设双壳蛤类的 TL 为 2，本章中，假设牡蛎的 TL＝2，计算公式（4-6）如下[252,253]：

$$\mathrm{TL} = (\delta^{15}\mathrm{N}_{\mathrm{consumer}} - \delta^{15}\mathrm{N}_{\mathrm{zooplankton}})/3.8 + 2 \tag{4-6}$$

δ^{15}N 通过大气中 N_2 和 Pee Dee Belemnite（PDB）标准品，使用 Thermo DELTA

V Advantage 同位素比质谱仪与 Flash EA1112 HT 元素分析仪（Thermo Fisher，USA）测得，计算公式（4-7）[243,254]如下：

$$\delta^{15}\mathrm{N}\ (‰) = [(R_{\mathrm{sample}}/R_{\mathrm{standard}})-1] \times 1000 \tag{4-7}$$

式中，R 为相应的 $^{15}\mathrm{N}/^{14}\mathrm{N}$ 的比值。

营养级放大系因子（TMF）是通过目标物的浓度（脂含量浓度）与营养级之间的回归分析得到，其计算公式（4-8）和公式（4-9）如下：

$$\ln[C(\mathrm{ng/g\ l.w.})] = b \times \mathrm{TL} + a \tag{4-8}$$

$$\mathrm{TMF} = \mathrm{e}^{b} \tag{4-9}$$

当 0＜TMF＜1，说明污染物在食物网中没有生物放大的效应；若 TMF＞1，说明污染物具有生物放大的效应。考虑到样品种类众多，脂肪含量差异大，为消除脂肪含量差异的影响，公式中所用到的浓度为脂肪含量浓度（浓度/脂肪含量）。

对水生生态系统和陆源生态系统的环境调研指出，持久性有机污染物（如 α-HCH[255]、滴滴涕[256]、PCBs 和 PBDEs[257]、PCDD/Fs、全氟烷基化合物[258]等）均能够通过食物链在高等生物体内达到高含量的富集。与此同时，近些年的研究显示，一些具有类似于持久性有机污染物特性的化合物，如 1,2-双(2,4,6-三溴苯氧基)乙烷[259]、DP[260]、HBCD[261]、1,2-二溴-4-(1,2-二溴乙基)环己烷[35]、得克隆 602[262]等也显示出明显的生物富集能力。

4.2.5.2　TBBPA 的生物富集特征

TBBPA 类溴代阻燃剂的广泛应用引发了对其环境和健康风险的关注[4,70]，如 TBBPA 的内分泌干扰效应、神经毒性、发育毒性、生态毒性；TBBPA-BAE 和 TBBPA-BHEE 的神经毒性[118,150]；TBBPA-BDBPE 的母体遗传特性[99]和缓慢的去除速率等[139]。溴代阻燃剂在水生生物和陆生生物中的赋存研究不断开展，而针对生物富集特征的数据还很匮乏，TBBPA 类溴代阻燃剂在不同营养级间的传输规律和在食物网中的归趋是值得研究的科学问题[222]。

TBBPA 在西欧斯凯尔河中鳗鱼体内的浓度很低，相比于同时测定的 HBCD，其生物富集能力非常低。可能的原因是 TBBPA 极性较大，相对不容易分配进入颗粒相和有机碳基质中；同时 TBBPA 的反应活性位点多，在底泥中可能更易降解，也更易从生物体内排出[221]。TBBPA 和 TBBPA-MME 在北极地区的捕食性鸟类组织样本和鸟蛋中检测到，说明 TBBPA 类溴代阻燃剂具有长距离传输的潜力，并可能在高等陆生生物体内富集[226]。TBBPA 在水生生物和陆生生物的营养级富集特点也是不同的，电子垃圾拆解地采集的鸟类肌肉组织的检测结果发现，$\delta^{15}\mathrm{N}$ 与 $\log C_{\mathrm{TBBPA}}$ 之间显著正相关，说明 TBBPA 可能随营养级升高存在放大效应，进一步分析发现，动物的饮食结构会严重影响 TBBPA 的生物放大因子（BMF）：以谷物为食的珠颈斑鸠对 TBBPA 的 BMF 值从 0.03 到 0.16，均小于 1；而以鱼为食的中国池鹭的 TBBPA 的 BMF 值达 130～240。引起 TBBPA 的 BMF 值在两种不同食性的鸟类间存在巨大差异的原因，目前尚不清楚，可能与 TBBPA 在鱼体内的代谢有关[243]。中国广东东江河支流的鱼体中 TBBPA 的浓度水平相对较高，而通过与溶解相 TBBPA 浓度比较计算得到的 log BAF 值从 2.6 到 4.6，并且大部分鱼类样品的 log BAF＞3.7（即 BAF＞5000），说明了 TBBPA 的潜在生物富集能力[263]。在中国南方电子垃圾拆解区域，针对圆田螺、明虾、被食鱼和捕食鱼开展的 TBBPA 的营养级传递结果显示，TBBPA 的生物富集能力排序为圆田螺（BCF＞5000）＞明虾（BCF = 4120）＞鱼类（BCF＜2000），TBBPA 的营养级放大因子（TMF）为 0.2。经过营养级传递，TBBPA 的浓度降低，约为原浓度的 1/4，在采样地区的食物网中呈现稀释的趋势[264]。即使如此，TBBPA 对污染水体中的生物依然存在潜在风险，并且对较高营养级的生物风险高于低营养级生物[265]。

4.2.5.3 TBBPA/S 及相关衍生物在渤海食物网中的食物链传递规律

TBBPA/S 产品的大量生产和使用，伴随着副产物和降解产物也进入环境中[266,267]，如 TBBPA-MAE、TBBPA-MDBPE、TBBPS-MAE、TBBPS-MBAE 和 TBBPS-MDBPE[181,213,267]。对其物理-化学性质和初步的毒性效应的评估发现，这些副产物或降解产物可能具有更高的生物富集性和毒性[166,213]。

日常饮食（尤其是海洋食物）是溴代阻燃剂进入人体的主要暴露途径之一，在人类乳汁和海洋生物体内也发现了溴代阻燃剂的降解产物[166,167,268]。TBBPA 在水生生态系统中呈现出快速富集的趋势，尤其是在较低营养级的生物中，如金鱼藻[269,270]、太阳鱼[271]和栉孔扇贝[272]。目前针对 TBBPA/S 及其衍生物的研究主要关注非生物介质和淡水生态系统，海洋生态系统中的含量、分布、归趋等尚不明确[268]。尽管海洋生物中 TBBPA 的浓度很低，2004 年在北海地区采集的软体动物、螃蟹、鱼类和海豚样品中 TBBPA 都有检出[221]。新型的 TBBPA/S 污染物，如 TBBPA-MAE、TBBPA-MDBPE、TBBPS-MAE、TBBPS-MBAE 和 TBBPS-MDBPE 在渤海的软体动物中的浓度范围为 N.D.～4.1 ng/g d.w.[181,213]。然而，对于 TBBPA/S 及这些新型污染物在水生食物网中的富集和食物链迁移规律还不清楚，更重要的是，与这些污染物相关的研究也受限于分析方法和高纯度标准品。笔者课题组针对 TBBPA/S 及其 9 种类似物建立了基于海洋生物样品的同时提取的分析方法，以揭示上述 11 种目标物的分布及新型 TBBPA/S 污染物的营养级迁移规律[175]。

研究区域为中国渤海，位于中国东北部，总面积为 77.3×10^3 km^2，沿岸有 17 个人口密集的海滨城市，其交通便利、工业密集、经济发达。多种的持久性有机污染物和金属污染物，如 PAHs、PCBs、PBDEs、有机氯农药和汞等，在渤海地区采集的软体动物、浮游植物、浮游动物、无脊椎动物、鱼类和海鸟组织中检出[156,181,273-275]。在环渤海区域共采集了97个生物样品，包括5种藻类、2种浮游动物、14种无脊椎动物和13种鱼类，采集地点分布在渤海沿岸的5个城市：大连（DL）、葫芦岛（HLD）、天津（TJ）、蓬莱（PL）和烟台（YT），采集时间为2012年的7月和11月。污染物检出率>75%的化合物将用于进行回归分析，每个种类的样品最少含有两个采自不同地点的平行样品，最终有86个样品参与了回归分析。当样品浓度为N.D.时，用1/2 MDL值代替。

TBBPA及其类似物的浓度从N.D.到2782.8 ng/g l.w.；TBBPS及其类似物的浓度从N.D.到927.8 ng/g l.w.。相比于其他的污染物，TBBPS的浓度值略高些，从N.D.到927.8 ng/g l.w.。TBBPA-MAE、TBBPA-MBAE、TBBPA-MDBPE、TBBPS- MAE、TBBPS-MBAE和TBBPS-MDBPE的浓度范围分别为N.D.～252.1 ng/g l.w.、N.D.～19.7 ng/g l.w.、N.D.～49.2 ng/g l.w.、N.D.～108.3 ng/g l.w.、0.1～151.1 ng/g l.w.和N.D.～68.2 ng/g l.w.。TBBPA-MBAE的检出率为58%，TBBPA、TBBPS和其他单端修饰的副产物的检出率均大于86%。TBBPA-BAE、TBBPA-BDBPE和TBBPS-BDBPE的浓度范围分别为N.D.～898.4 ng/g l.w.、N.D.～2782.8 ng/g l.w.和N.D.～55.5 ng/g l.w.；检出率分别为26%、4%和31%。这3种衍生物的检出率较低，可能是两个原因造成的：①衍生物的降解或者去除速率较快，用斑马鱼对TBBPA-BDBPE进行测试时，去除速率得到了证实[160]；②TBBPA-BAE和TBBPA-BDBPE的检测灵敏度偏低。TBBPA-MAE、TBBPA-MDBPE、TBBPS-MAE、TBBPS-MBAE和TBBPS-MDBPE的浓度水平和检出率均大于之前报道的采集于渤海地区的软体动物样品[181,213]，TBBPA、TBBPS和副产物的检出率与其他在此地区检出的溴代阻燃剂如PBDEs和HBCD处于同一水平[156]。随着TBBPA/S的广泛应用，其相应副产物的浓度呈现逐年增长的态势，这些副产物将逐渐成为普遍存在的污染物。

对TBBPA、TBBPS、TBBPA-MAE、TBBPA-MDBPE、TBBPS-MAE、TBBPS-MBAE和TBBPS-MDBPE的浓度与营养级之间进行了回归分析和相关性分析。在图4-20中，TBBPA及其副产物的浓度值总量，TBBPS及其副产物的浓度值总量和营养级之间显著负相关。TBBPA-BAE和TBBPA-BDBPE的浓度值总量在营养级0.7～2.7的区间内呈现随着营养级升高浓度升高的趋势，而在营养级2.7～3.2之间，呈现相反的趋势。TBBPS-BDBPE的浓度水平随着营养级的升高没有明显的变化。待测物在软体动物和植物样品中的浓度值明显高于鱼类中的浓度值。在图4-21中，7种物质的脂肪归一化对数浓度值随着营养级的升高，呈现明显的降低的趋势，两者之间具有显著的相关性（$p<0.05$）。7种物质的TMF值从0.31到0.55，说明TBBPA、TBBPS及其副产物在渤海的食物网中呈现营养级稀释的趋势，一些其他的有机污染物如TBC、HBCD、PAHs、PCDD/Fs、HCHs和PBDEs[156,274,276,277]也呈现出同样的趋势。

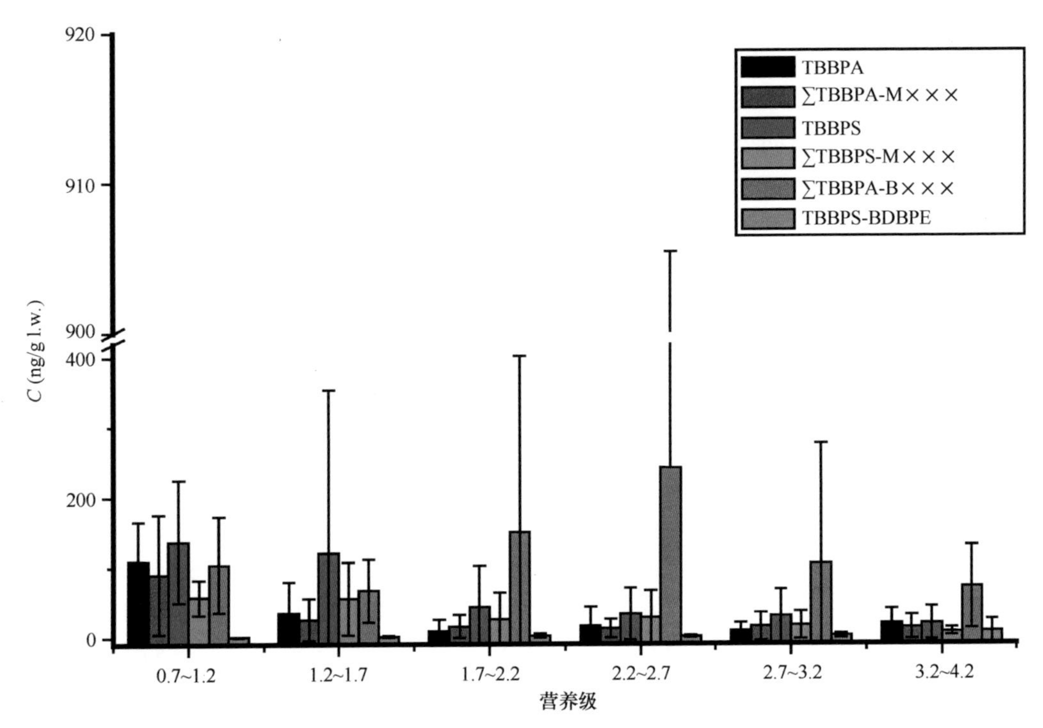

图 4-20 TBBPA/S 及其副产物的浓度随营养级变化趋势图[176]：∑TBBPA-M×××代表 TBBPA-MAE、TBBPA-MBAE 和 TBBPA-MDBPE 的浓度总和；∑TBBPS-M×××代表 TBBPS-MAE、TBBPS-MBAE 和 TBBPS-MDBPE 的浓度总和；∑TBBPA-B×××代表 TBBPA-BAE 和 TBBPA-BDBPE 的浓度总和

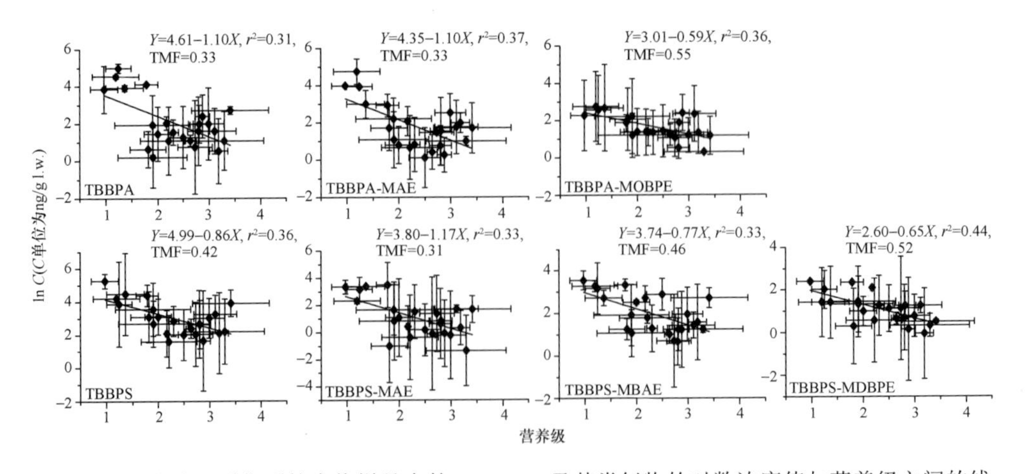

图 4-21 渤海地区采集到的生物样品中的TBBPA/S及其类似物的对数浓度值与营养级之间的线性回归关系图[176]［其线性回归线用于营养级放大因子（TMF）的计算］

污染物的生物富集能力可使用辛醇-水分配系数 log K_{OW} 来进行评价[156,267,274,278]。通常认为，log K_{OW}>5 的化合物有生物富集性[267,278-280]。尽管副产物的 log K_{OW} 比相应的衍生物的值小，但是所有副产物的 log K_{OW}>5，说明其具有潜在的生物富集能力[278]。TBBPA/S 及其副产物 log K_{OW} 值从 5.21 到 9.36[213]，而且 log K_{OW} 值和 TMF 值之间没有明显的相关性。而之前的研究发现，部分在渤海地区检测到的持久性污染物，如滴滴涕、六氯苯、mono-ortho PCBs 的 log K_{OW} 和营养级之间具有显著的正相关性，这些污染物的 TMF 值均大于 1[273,276]。这些结果说明，log K_{OW} 不是影响 TBBPA/S 及其副产物营养级传递行为的唯一因素，其他的因素如吸收速率、去除速率、降解速率和代谢转化也可能影响其营养级传递过程。

4.2.6　四溴双酚 A 及其衍生物的环境转化

4.2.6.1　物理或化学条件下 TBBPA 的转化

在加热和紫外线辐射的条件下，TBBPA 能够发生降解产生毒性更强的污染物。而且通过 Gaussian 软件的预测，TBBPA 热解的主要途径是甲基的脱去、溴的取代、异丙基的断裂，产物多为低溴代双酚 A 类产物和溴酚等[281]，预测结果与高热条件下 TBBPA 的热解产物非常吻合。酚醛纸层压板印刷线路板的过程中，TBBPA 在 280～350 ℃热解，逐渐形成 TriBBPA、DBBPA 和 MBBPA，而在更高温度下的热解主要产生溴酚类产物[282]。另外，TBBPA 在高热的温度下（<650 ℃）会降解为毒性更强的物质，包括 PAHs、溴酚、PCDD/Fs 等[283]。除了高热环境，紫外辐射也会影响 TBBPA 的稳定性，在一些特殊催化材料的共同作用下，TBBPA 的稳定性显著降低。水体中的 TBBPA 在紫外线照射和磁性石墨烯二氧化钛（25 mg）的催化作用下，降解速度很快，在 60 min 内，10 mg/L 的 TBBPA（100 mL）转化完毕，其中脱溴反应占比达到 63%[284]。在碱和过硫酸盐存在的条件下，紫外照射也能够很快地降解 TBBPA，主要在 TBBPA 的异丙基处发生断裂生成单苯环溴代污染物，苯环开环生成羧酸、CO_2 和 H_2O，苯环上的溴发生脱溴或者溴的羟基取代，生成低溴代的降解产物等[161]。

4.2.6.2　环境中 TBBPA 的转化

TBBPA 在环境中的转化与环境微生物作用息息相关，微生物降解 TBBPA 的反应条件温和，降解产物多样化。如淡水中的微藻类能够在 10 天内将 TBBPA 降解，以四尾栅藻和空星藻对 TBBPA 的转化最完全，其转化产物主要包括五类：TBBPA 硫酸盐、TBBPA 葡萄糖苷、硫化 TBBPA 葡糖糖苷、TBBPA 单甲醚（TBBPA-MME）和 TriBBPA[177,190]。而水体中 TBBPA 的降解受到多种因素的影响，如，高浓度的 TBBPA 和腐殖酸的存在，会使其降解速率降低，近中性的环境（pH = 6～7）中 TBBPA 降解速率最高，其降解产物主要为 BPA、溴酚类和苯酚[285]。菌群是环境介质中的主要组成部分，能有效地参与污染物环境转化的全过程，在不同菌群及环境条件下，TBBPA 的转化时间及转化产物均不同。TBBPA 可以被底泥中的假单胞菌和链球菌降解，链球菌对其降解时，半衰期只有 6.1 d，其降解产物有低溴代的 BPA 及溴酚类物质，不同菌群之间的协调作用会提高降解效率，在最优的条件下，0.5 mg/L 的 TBBPA 在 10 天内就会全部降解[286]。在细菌存在的条件下，TBBPA 的降解会产生特殊降解产物，如泥浆中存在鞘氨醇单胞菌 TTNP3 时，生成了羟基化的三溴双酚 A（HTriBBPA）和氧甲基化产物（TBBPA-BME 和 TBBPA-MME）[287]。TBBPA 在硝化污泥中的转化半衰期为 10.3 d，生成 *O*-甲基化产物以及硝基化产物，同时发生异丙基与苯环的连接断裂生成单苯环转化产物，当污泥的硝化作用被抑制时，TBBPA 的转化效率变低（半衰期 28.9 d），生成的转化产物中只有 *O*-甲基化产物不受影响[288]。TBBPA 在富氧的土壤中会发生降解，其半衰期为 14.7 d，其经过 143 d 转化后，有 19.6%会发生矿化，66.5%会发生结合残留（以腐殖质结合残留为主），降解过程中的主要降解产物包括 TBBPA 甲醚、单苯环溴酚及其甲醚化产物[289]。在 N_2、CO_2 和 H_2 气体氛围中，乙烯脱卤拟球菌（*Dehalococcoides mccartyi*）菌株在还原条件下可以将 TBBPA 通过逐渐脱溴，最终转化为 BPA，转化周期时长为 118 天[290]。底泥中的 TBBPA 在微生物的作用下，经过 55 天的时间，最终的转化产物以 BPA 为主，转化的过程通过逐渐脱溴完成，中间降解产物主要为低溴代的双酚 A 类似物 TriBBPA、DBBPA 和 MBBPA[291]。

笔者课题组对 TBBPA 在实验室模拟条件下的转化过程进行了总结，如图 4-22 所示。TBBPA 在模拟环境条件和微生物作用下极易降解，反应产物主要以 TBBPA 类似物与溴酚为主[292]。在虫漆酶催化作用下，TBBPA 的降解主要发生在连接两个苯环的异丙基位置，产生多种溴酚类似物及 TBBPA 衍生物[293]。在高锰酸钾及二氧化锰等氧化环境下，TBBPA 的转化产物以单环溴苯类似物为主，但是氧化条件的不同也导致了转化产物结构的差异[294,295]。环境微生物在较温和的条件下，将 TBBPA 降解为 TBBPA 硫酸盐、TBBPA 葡萄糖苷、TBBPA 单甲醚（TBBPA-MME）和 TriBBPA[177]。在细菌存在的条件下，TBBPA 的降解会产生特殊降解产物，如泥浆中存在鞘氨醇单胞菌时，生成了羟基化的三溴双酚 A（HTriBBPA）和氧甲基化产物（TBBPA-BME 和 TBBPA-MME）[287]，在硝化污泥的作用下，TBBPA 转化为硝基取代溴代双酚 A 产物，如硝基三溴双酚 A（NTriBBPA）等[288]。

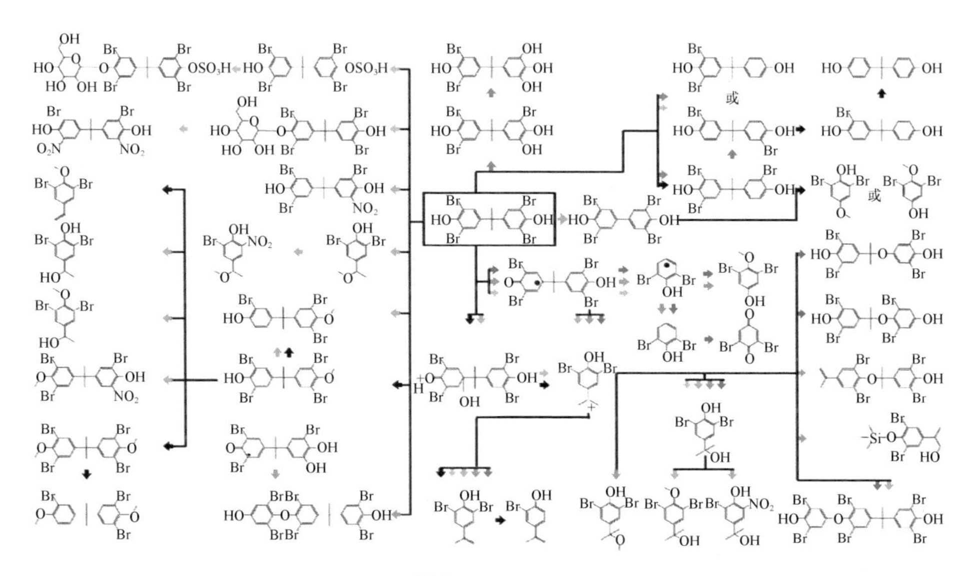

图 4-22 TBBPA 的实验室模拟转化过程[292]：绿色箭头表示虫漆酶催化体系[293]；灰色箭头表示二氧化锰反应体系[294]；红色箭头表示模拟太阳光催化降解[296]；紫色箭头表示高锰酸钾溶液催化转化体系[295]；黑色箭头表示土壤中的厌氧-氧化及植物暴露体系[297,298]；浅蓝色表示硝化污泥体系[288]；橙色箭头表示非洲爪蟾及哺乳动物体内转化[299]

4.2.6.3 TBBPA 在动物体内的转化

TBBPA 的毒性多以鱼和非洲爪蟾模式动物进行评价，而 TBBPA 在进入这些生物体内后，也发生了相应的转化。TBBPA 在非洲爪蟾体内的转化产物主要为 TBBPA 葡萄糖苷酸、TBBPA 硫酸盐以及少量的 TriBBPA[299]。

TBBPA 在哺乳动物体内的研究较少，其对大鼠的暴露实验发现 TBBPA 在大鼠体内会快速地转化为 TBBPA 葡萄糖苷酸和 TBBPA 硫酸盐以及少量的 TriBBPA，其半衰期为 13 h[140]。而在人的乳汁和血液样品中检测到 MBBPA、DBBPA 及 TriBBPA，说明 TBBPA 在人体内可能会生成脱溴代谢产物[165,166]。

4.2.6.4 TBBPA 衍生物的化学转化及相关环境转化过程

TBBPA 衍生物作为新型的溴代阻燃剂，也是环境中普遍存在的污染物。而 TBBPA 衍生物分子结构比 TBBPA 更复杂，存在更多的反应位点，在环境中的反应活性超过 TBBPA。这些衍生物也可能通过氧化、还原、光照和生物降解等途径发生结构变化，产生未知的溴代化合物[300]。软件预测结果显示，TBBPA 衍生物在环境中的转化途径和转化产物多种多样，而 TBBPA 是其重要的转化产物[150]，TBBPA-MAE 和 TBBPA-MDBPE 是 TBBPA-BAE 和 TBBPA-BDBPE 的可能降解产物[181,176]。目前，TBBPA 的转化过程研究中极少涉及衍生物的转化行为，相关的转化产物也鲜有报道。笔者课题组通过对土壤样品中的未知溴代污染物进行分析，发现了多种 TBBPA 衍生物转化产物，并以超还原态氰钴胺（cyanocobalamin，CCA）条件下 TBBPA 衍生物的转化过程来揭示其可能的转化机理[301]。具体研究方法和过程如下所述。

采自溴代阻燃剂工业园区及附近区域的土壤样品（分表层 0～5 cm 和下层 30～40 cm），经样品前处理后使用 Orbitrap-HRMS 和 HPLC-DAD 分析，参考标准品的保留时间和精确质量数，对 TBBPA 衍生物和副产物进行定性、定量研究，其浓度水平从小于检出限（＜MDL）到 1.3×10^7 ng/g d.w.，检出率从 14%到 100%。对于典型副产物 TBBPA-MAE 和 TBBPA-MDBPE 与相应的衍生物 TBBPA-BAE 和 TBBPA-BDBPE 的对比发现，表层土壤样品的 TBBPA-MAE/TBBPA-BAE 和 TBBPA-MDBPE/TBBPA-BDBPE 比例值与工业品值水平相当，且明显低于下层土壤中的比例值，说明下层土壤中的部分 TBBPA-MAE 和 TBBPA-MDBPE 可来自于 TBBPA-BAE 和 TBBPA-BDBPE 的降解产物。

除了已知结构的 TBBPA 类衍生物和副产物，土壤中还可能存在未知的副产物或者降解产物。TBBPA 相关的衍生物及转化产物具有共同的结构特征[292]：①含有两个氧原子的物质，当 C 原子数在 15～18 之间，氢原子数大于 10 时，该物质可能是溴代双酚类物质；②含有一个氧原子的物质，当 C 原子数是 6，而 H 原子和 Br 原子的加和数也是 6 时，该物质可能为溴酚类物质。根据 Orbitrap-HRMS 在全扫模式下测定的精确质量数，可以计算得到未知物的分子式（图 4-23），进一步通过二级质谱的碎裂特征与已知物二级质谱的比对（图 4-24），确定未知物的可能结构，如表 4-4 中编号 1～14 的物质，其中 7 种物质的结构与 TBBPA 类似。

1 号化合物的同位素丰度比为 1∶5∶10∶10∶5∶1，说明其含有 5 个溴原子，计算的分子式为 $[C_{18}H_{16}O_3Br_5]^-$。2、3、4 号化合物的同位素丰度比为 1∶4∶6∶4∶1，说明分子结构中含有 4 个溴原子，计算得到的分子式分别为 $[C_{18}H_{17}O_4Br_4]^-$、$[C_{18}H_{17}O_3Br_4]^-$和$[C_{16}H_{13}O_2Br_4]^-$。以此类推，各化合物的分子式见表 4-4。图 4-25 中，1～4 号化合物的二级质谱碎裂特征与 TBBPA-MAE 和 TBBPA-MDBPE 相同，说明这 4 个物质具有与 TBBPA-MAE 和 TBBPA-MDBPE 相似的结构特征，1～3 号化合物可能是 3 种 TBBPA 单边修饰的衍生物，分别为四溴双酚 A 单-2-溴-3-羟基丙基醚［TBBPA mono(2-bromo-3-hydroxypropyl ether)，TBBPA-MBHPE］、四溴双酚 A 单-2,3-二羟基丙醚［TBBPA mono(2,3-dihydroxypropyl ether)，TBBPA- MDHPE］和四溴双酚 A 单-3-羟基丙基醚［TBBPA mono(3-hydroxypropyl ether), TBBPA-MHPE］，以合成的标准品对这 3 种物质进行结构验证，进一步证实了质谱鉴定的结论。此 3 种物质的检出浓度从＜MDL 到

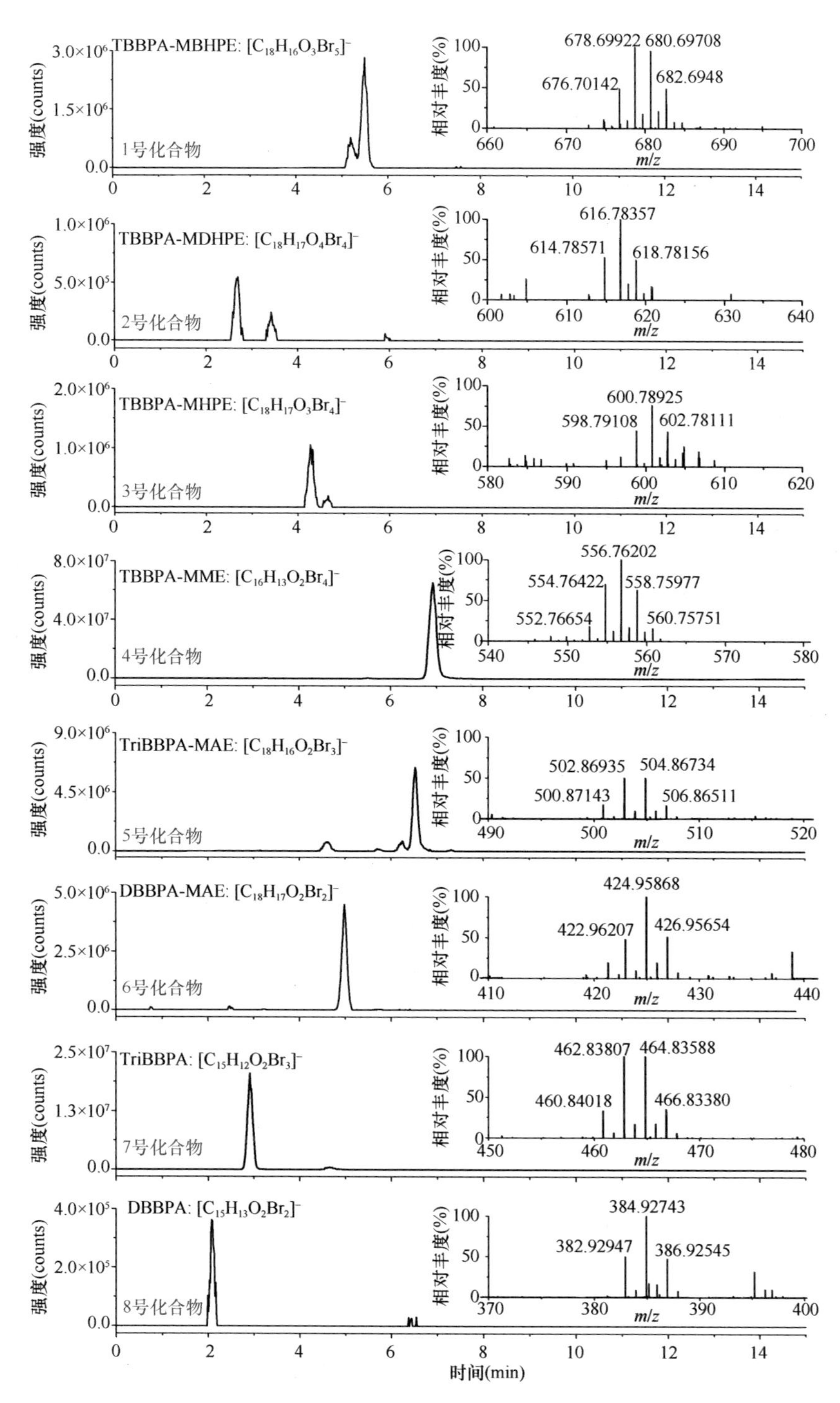

图 4-23 土壤样品中的 TBBPA 类似物的色谱总离子流图和一级质谱同位素丰度信息[301]

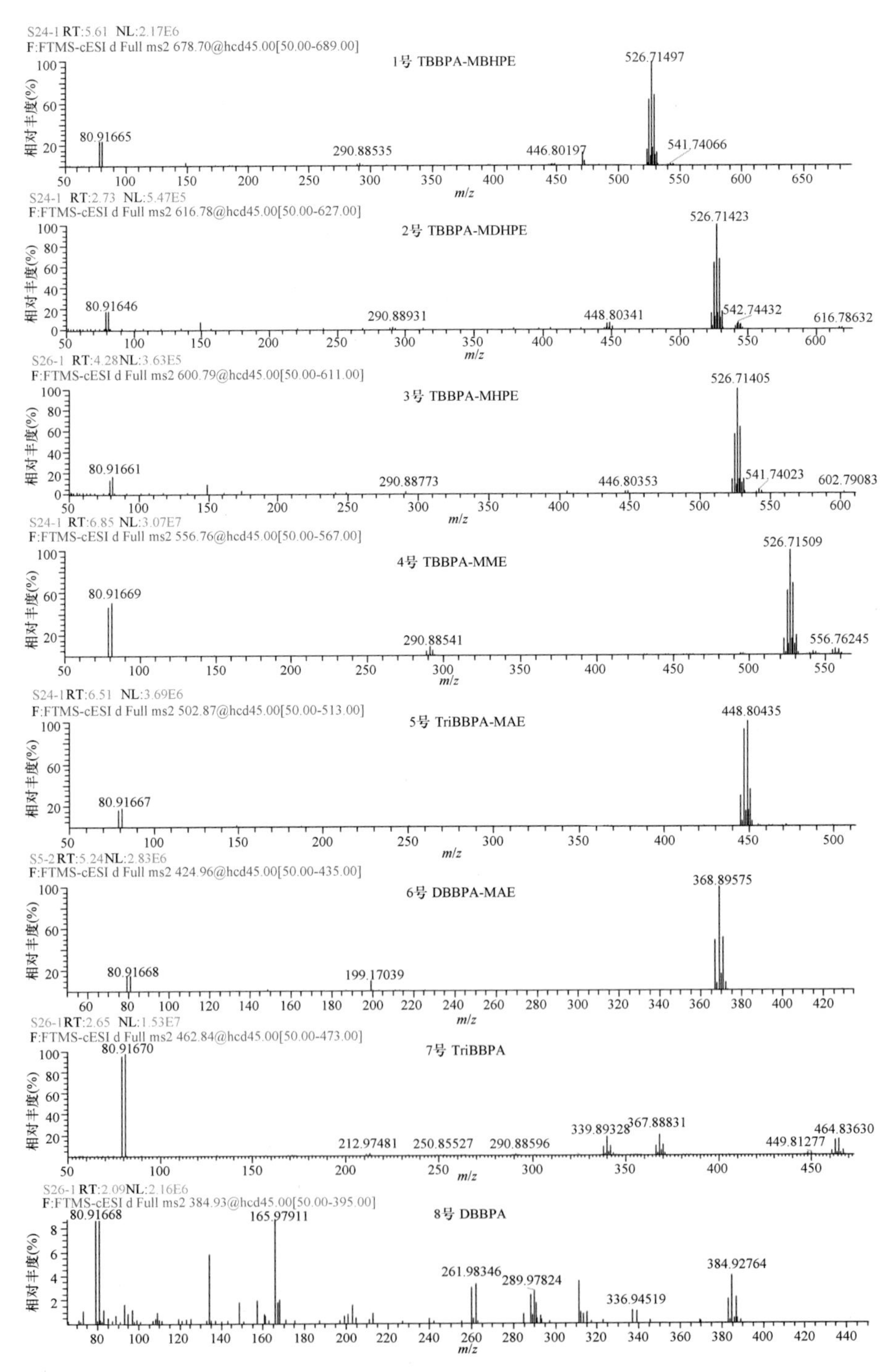

图 4-24 土壤样品中 TBBPA 类似物的二级质谱图[301]

表 4-4　Orbitrap-HRMS 识别和鉴定的土壤中的溴代有机化合物[301]

编号	保留时间（min）	分子式	偏差（ppm）	*m/z*	同位素丰度比	化合物	鉴定级别[a]
1	5.6	$[C_{18}H_{16}O_3Br_5]^-$	1.309	674.70349/676.70142/678.69922/680.69708/682.69489/684.69263	1∶5∶10∶10∶5∶1	TBBPA-MBHPE	1
2	2.7	$[C_{18}H_{17}O_4Br_4]^-$	0.897	612.78748/614.78571/616.78357/618.78156/620.77917	1∶4∶6∶4∶1	TBBPA-MDHPE	1
3	4.3	$[C_{18}H_{17}O_3Br_4]^-$	2.181	596.79294/598.79108/600.78925/602.78111/604.78473	1∶4∶6∶4∶1	TBBPA-MHPE	1
4	6.8	$[C_{16}H_{13}O_2Br_4]^-$	1.087	552.76654/554.76422/556.76202/558.75977/560.75751	1∶4∶6∶4∶1	TBBPA-MME	2
5	6.5	$[C_{18}H_{16}O_2Br_3]^-$	0.839	500.87143/502.86935/504.86734/506.86511	1∶3∶3∶1	TriBBPA-MAE	3
6	5.0	$[C_{18}H_{17}O_2Br_2]^-$	1.517	422.96207/424.95868/426.95654	1∶2∶1	DBBPA-MAE	3
7	2.9	$[C_{15}H_{12}O_2Br_3[^-$	0.889	460.84018/462.83807/464.83588/466.83380	1∶3：3∶1	TriBBPA	2
8	2.2	$[C_{15}H_{13}O_2Br_2[^-$	0.692	382.92947/384.92743/386.92545	1∶2∶1	DBBPA	2
9	2.1	$[C_{10}H_{11}O_2Br_2]^-$	0.572	320.91370/322.91159/324.90955	1∶2∶1	2,6-二溴-4-(2-甲氧基-2-丙基)苯酚/2,6-二溴-4-(2-(2-羟基)-丙基)-苯甲醚	2
10	2.0	$[C_6H_3OBr_2]^-$	0.407	248.85602/250.85394/252.85185	1∶2∶1	二溴苯酚	2
11	2.6/3.0	$[C_6H_2OBr_3]^-$	0.474	326.76660/328.76462/330.76257/332.76053	1∶3∶3∶1	TriBP	2
12	2.8	$[C_6HOBr_4]^-$	0.702	404.67734/406.67526/408.67319/410.67117/412.66913	1∶4∶6∶4∶1	TeBP	3
13	1.5	$[C_{13}H_{11}O_3Br_2]^-$	0.647	372.90869/374.90659/376.90454	1∶2∶1	甲氧基-羟基-二溴二苯醚	3
14	6.8，7.4	$[C_{12}H_4O_2Br_5]^-$	1.624	574.61499/576.61267/578.61060/580.60858/582.60645/584.85303	1∶5∶10∶10∶5∶1	羟基五溴二苯醚	3
15	3.9	$[C_{15}H_{11}O_2Br_4]^-$	0.699	538.75018/540.74805/542.74591/544.74377/546.74158	1∶4∶6∶4∶1	TBBPA	1
16	8.0	$[C_{18}H_{15}O_2Br_4]^-$	0.564	578.78143/580.77930/582.77710/584.77484/586.77252	1∶4∶6∶4∶1	TBBPA-MAE	1
17	9.2	$[C_{18}H_{14}O_2Br_5]^-$	0.615	656.69202/658.68994/660.6878/662.68561/664.68335/666.68085	1∶5∶10∶10∶5∶1	TBBPA-MBAE	1
18	9.7	$[C_{18}H_{15}O_2Br_6]^-$	0.273	736.61798/738.61578/740.61371/742.61163/744.60944/746.60730/748.60474	1∶6∶15∶20∶15∶6∶1	TBBPA-MDBPE	1
19	3.6	$[C_{17}H_{15}O_3Br_4]^-$	0.913	582.77655/584.77441/586.77216/588.76996/590.76764	1∶4∶6∶4∶1	TBBPA-MHEE	1
20	4.3	$[C_{18}H_{17}O_3Br_4]^-$	0.858	596.79218/598.78998/600.78784/602.78564/604.78326	1∶4∶6∶4∶1	TBBPA-MGE	1

a. 鉴定级别：级别 1，标准品比对；级别 2，与文献数据匹配；级别 3，以高分辨数据推测。

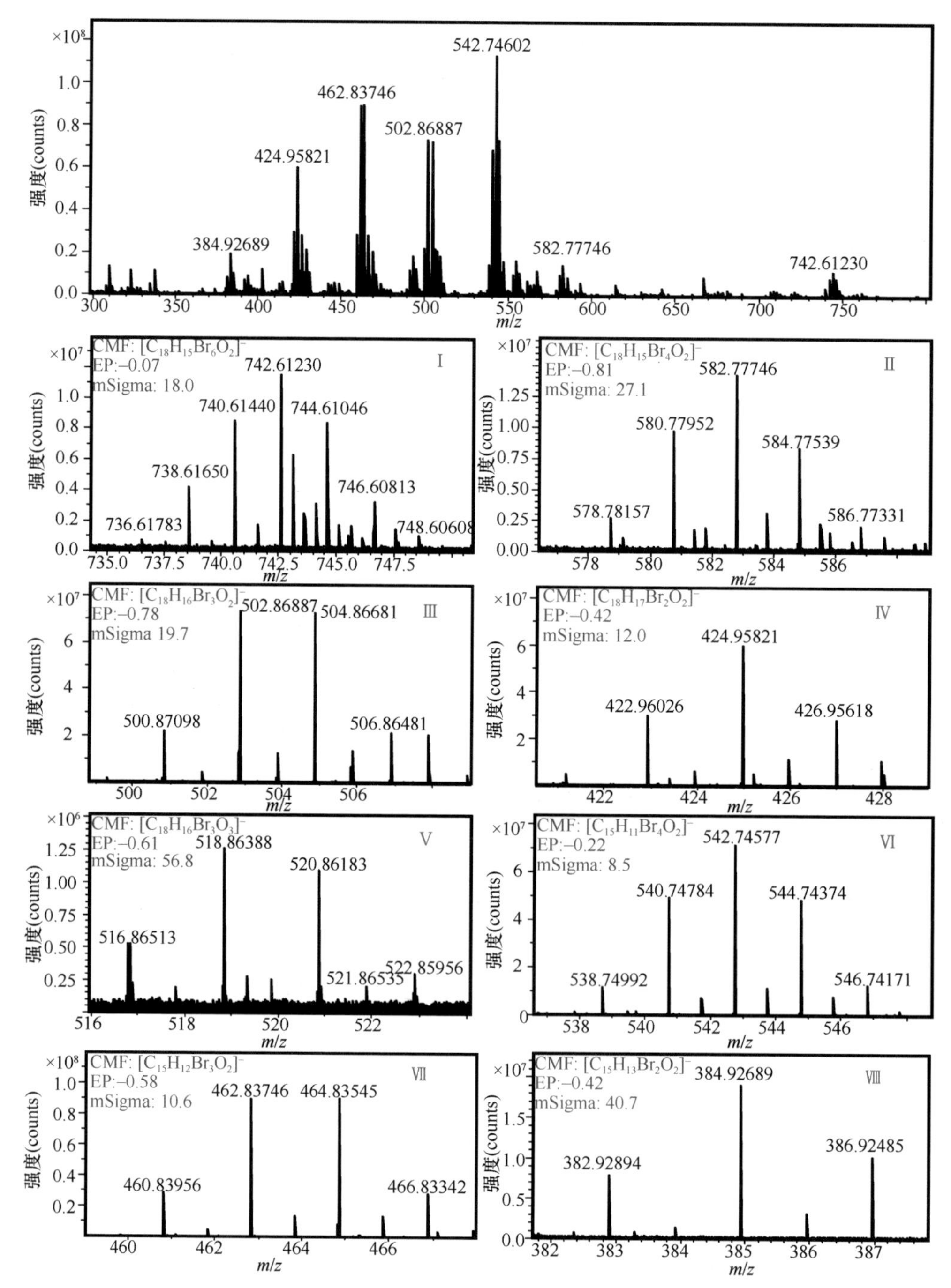

图 4-25 TBBPA-MDBPE 经 CCA 转化后产物的 FTICR-MS 图谱[301]：CMF，Bruker Daltoncis SmartFormula 根据测得的精确质量数计算的分子式；EP，计算分子的分子量与理论值之间的偏差，单位 ppm；mSigma，同位素特征匹配因子，表征测得的同位素特征与理论同位素特征之间的差异

178.8 ng/g d.w.，检出率从 17%到 50%。软件 EAWAG-BBD Pathway Prediction System（http://eawag-bbd.ethz.ch/ predict/）的预测结果显示，这 3 种物质与 TBBPA-MGE 的降解过程相关，可能是 TBBPA 衍生物的环境转化产物。4 号化合物的谱图特征与 TBBPA 的转化产物相同[289]，为 TBBPA 单甲醚[TBBPA mono(methyl ether)，TBBPA-MME]。

同理，以高分辨质谱数据推测化合物 5～8 号分别为低溴代的双酚 A 衍生物，分别为三溴双酚 A 单烯丙基醚［tribromobisphenol A mono(allyl ether), TriBBPA-MAE］、DBBPA-MAE、TriBBPA 和 DBBPA。TBBPA-MME、TriBBPA-MAE、DBBPA-MAE、TriBBPA 和 DBBPA 的检出率分别为 99%、31%、23%、89%和 49%。TriBBPA 和 DBBPA 是 TBBPA 转化过程中常见的转化产物[296,297,302,303]，TBBPA 通过逐步脱溴会生成 TriBBPA、DBBPA、一溴双酚 A（monobromobisphenol A, MBBPA）和 BPA[288,289,297,298]。TBBPA-MME 和 TriBBPA 是采样土壤介质中的 TBBPA 衍生物的主要降解产物。

9 号化合物与虫漆酶催化 TBBPA 转化过程中的产物 2,6-二溴-4-(2-甲氧基-2-丙基)苯酚［2,6-dibromo-4-(2-methoxy-propan-2-yl)phenol］的二级质谱图特征相同[293]，但是对此物质无法排出甲基化发生在酚羟基的可能，其也可能为另外一种 TBBPA 降解产物 2,6-二溴-4-(2-(2-羟基)-丙基)-苯甲醚［2,6-dibromo-4-(2-(2-hydroxy)-propyl)-methoxybenzene］[213,287,289]，此物质与 TBBPA 及其衍生物在土壤中的降解过程相关。10～12 号化合物可能是一些溴酚类原料、副产物或降解产物。13 号和 14 号化合物与多溴二苯醚类物质结构相关。这些未知溴代物的检出率从 7%到 99%，值得进一步深入研究。

以 TBBPA 副产物 TBBPA-MDBPE 为母体化合物，在 CCA 反应条件下验证 TBBPA 衍生物在环境中的可能转化机理。卤代化合物在厌氧条件下极易降解[304,305]，很多细菌株都能够有效地进行卤代化合物的脱卤降解[306,307]，例如，革兰氏阴性菌硫黄菌（*Sulfurospirillum multivorans*，也称之为 *Dehalospirillum multivorans*）已经用于多种卤代污染物的降解研究[308,309]。此革兰氏阴性菌经鉴定含有一个含类咕啉的辅因子，为 norpesudo-VB12[308,309]。之后的研究中，商品化的类咕啉化合物 VB12 用作此菌的替代物，在超还原态的条件下进行卤代污染物的厌氧降解研究。超还原态氰钴胺已经用于毒杀芬[310]、多溴联苯[311]、氯代乙烯[312]及 2,3 二溴丙基-2,4,6-三溴苯基醚（2,3-dibromopropyl-2,4,6-tribromophenyl ether，DPTE）[313]等的降解研究。TBBPA-MDBPE 是溴含量仅次于 TBBPA-BDBPE 的 TBBPA 衍生物，其结构与 TBBPA-BDBPE 极为类似，而 TBBPA-BDBPE 为双侧对称结构，TBBPA-MDBPE 为 TBBPA-BDBPE 单端修饰的副产物。因 TBBPA-BDBPE 等双端修饰的副产物在质谱检测中不易电离，检出限较低，故选用 TBBPA-MDBPE 为底物，进行转化反应，而 TBBPA-MDBPE 的转化结果可有效地指示环境中 TBBPA-BDBPE 的转化过程。

参考文献中的条件[310,311,313]制备 CCA 后，TBBPA-MDBPE 经 CCA 转化后的转化产物经 FTICR-MS 鉴定后，发现了 7 种含溴代谢物（图 4-26 中Ⅱ～Ⅷ）。化合物Ⅱ在 m/z 578.8/580.8/582.8/584.8/586.8 的同位素比为 1∶4∶6∶4∶1，说明此化合物分子中有 4 个溴原子，其计算的分子式为$[C_{18}H_{15}Br_4O_2]^-$，测定的精确质量数与理论值的差异为–0.81 ppm，mSigma 值为 27.1。化合物 II 与 TBBPA-MDBPE 相比，分子式中缺少两个溴原子，计算的分子式与 TBBPA-MAE 相同，而且其保留时间（RT，8.0 min）与标准品 TBBPA-MAE 也相同，化合物 II 的 MS^2 图与 TBBPA-MAE 相同，说明 TBBPA-MAE 是 TBBPA-MDBPE 的转化产物。

化合物Ⅲ在 m/z 500.9/502.9/504.9/506.9 处的同位素比为 1∶3∶3∶1，其计算分子式为$[C_{18}H_{16}Br_3O_2]^-$，测定的精确质量数与理论计算值的偏差为–0.78 ppm，mSigma 值为 19.7。化合物Ⅳ的质谱信号与化合物Ⅲ的强度相当，测得的 m/z 423.0/425.0/427.0 的同位素比为 1∶2∶1，计算得到的分子式为$[C_{18}H_{17}Br_2O_2]^-$，偏差为–0.42 ppm，mSigma 值为 12.0。相比于 TBBPA-MAE，化合物Ⅲ和Ⅳ的溴原子数逐渐减少，氢原子数相应增多，这说明化合物Ⅲ和Ⅳ是 TBBPA-MAE 的脱溴产物，并且其苯环上的溴逐渐被氢原子取代。化合物Ⅲ和Ⅳ分别为三溴双酚 A 单丙烯基醚（TriBBPA-MAE）和二溴双酚 A 单丙烯基醚（DBBPA-MAE）。

溴代阻燃剂苯环上溴原子是其降解的重要反应位点，其可能通过水解被羟基取代[296,314]。化合物 V 测定的荷质比为 516.9/518.9/520.9/522.9，同位素比为 1∶3∶3∶1，其计算分子式为$[C_{18}H_{16}Br_3O_3]^-$，测定的精确质量数与理论值偏差为–0.61 ppm，mSigma 值为 56.8，分子量比 TriBBPA-MAE 增加了约 16，通常认为是芳环上的 H 被—OH（17）取代产生[314,315]。并且 TBBPA 苯环上溴的水解转化也能够生成 HTriBBPA[296]。化合物Ⅴ与羟基化的三溴双酚 A 单烯丙基醚（HTriBBPA-MAE）具有相同的分子组成。

化合物Ⅵ测得的荷质比为 538.7/540.7/542.7/544.7/546.7，同位素比为 1∶4∶6∶4∶1（图 4-25 中Ⅵ），计算分子式为$[C_{15}H_{11}Br_4O_2]^-$，与 TBBPA 标准品相同，并且与 TBBPA 具有相同的保留时间和二级质谱碎裂行为，化合物Ⅵ即为 TBBPA，由 TBBPA-MDBPE 或者 TBBPA-MAE 通过醚键的断裂形成。脱溴是 TBBPA 最普遍的转化方式[302,316]。厌氧降解过程通过苯环上溴原子的逐渐脱去，形成低溴代的双酚 A 产物[297,298]。同样的脱溴反应过程也发生在本实验过程中，图 4-26 中的化合物Ⅶ和化合物Ⅷ的计算分子式分别为$[C_{15}H_{12}Br_3O_2]^-$和$[C_{15}H_{13}Br_2O_2]^-$，其与 TBBPA 相比，溴原子逐渐减少，氢原子逐渐增多。TBBPA-MDBPE 降解为 TBBPA，TBBPA 进一步转化为三溴双酚 A（化合物Ⅶ）。

TBBPA-MDBPE 在 CCA 反应条件下转化后，转化产物经 FTICR-MS 和

Orbitrap-HRMS 鉴定后，发现在厌氧条件下，脱溴和醚键的断裂是 TBBPA 衍生物的主要转化方式，主要的转化产物包括 TBBPA-MAE、TriBBPA-MAE、DBBPA-MAE、hydroxyl TriBBPA-MAE（HTriBBPA-MAE）、TBBPA、TriBBPA、DBBPA。TBBPA-MDBPE 在 CCA 反应条件下迅速转化，10 min 后，TBBPA-MDBPE（20 μg，26.9 nmol）的转化率达到 74%，24 h 后达到 97%。

综合土壤中的未知 TBBPA 类似物和 TBBPA-MDBPE 的转化过程，将 TBBPA 衍生物 TBBPA-MDBPE 的环境转化过程统计如图 4-26 所示。TBBPA-MDBPE 的结构与 TBBPA-BDBPE 相似，因此可以得出 TBBPA-BAE 和一些低溴代的物质如 TriBBPA-BAE、DBBPA-BAE 可能会是 TBBPA-BDBPE 的转化产物，相关的转化过程仍旧需要进一步完善。环境转化过程中产生的结构多样的产物，BCF 显著高于 TBBPA 的衍生物，在生物体内的富集能力增强，可能产生未知的环境风险或副作用。

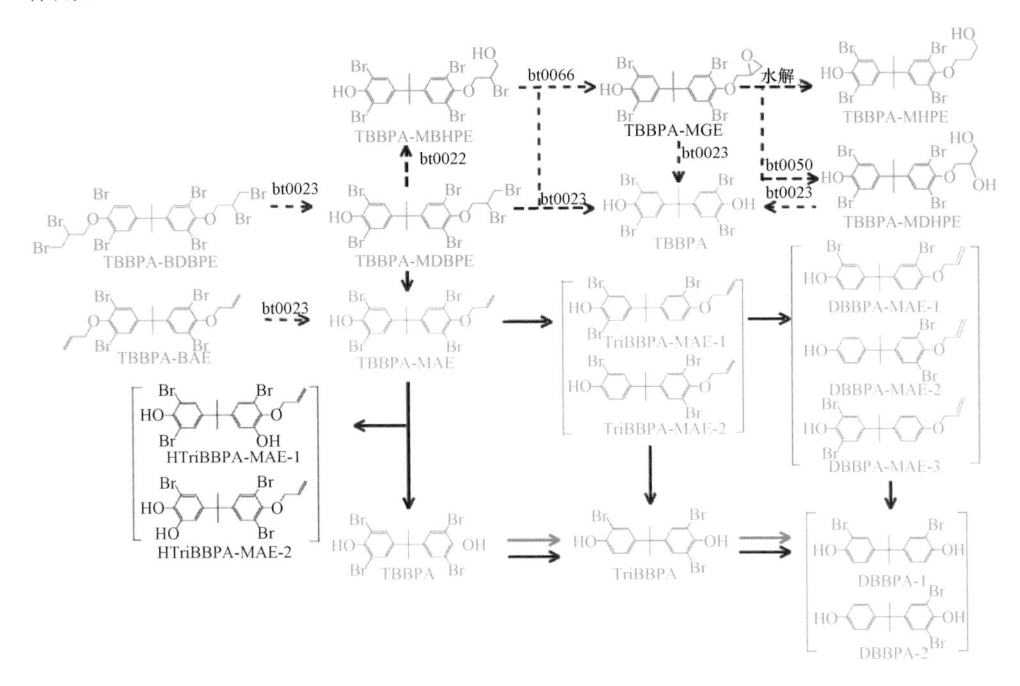

图 4-26　TBBPA-MDBPE 的转化路径[301]：黑色实线箭头，CCA 反应条件；虚线箭头，软件 EAWAG-BBD Pathway Prediction System 的预测结果；蓝色箭头指示的转化过程与文献结果相吻合[297,298,302]；化学反应机理 bt0023、bt0050、bt0066 见 http://eawag-bbd.ethz.ch/predict/；红色化合物为土壤和 CCA 转化实验都检测到的物质；绿色化合物仅在土壤中检出，在 CCA 转化过程中未检出；黑色化合物仅在 CCA 转化过程中检出

4.2.6.5 TBBPA 转化技术的应用及 TBBPA 的污染修复

TBBPA 具有潜在的环境危害性，目前关于环境中 TBBPA 去除的研究也有一些报道。如将磁性离子交换（magnetic ion exchange，MIEX）树脂应用于水中 TBBPA 的去除，在 pH＜8 时，吸附效率较高，而且 MIEX 树脂对 TBBPA 的吸附受到水中阴离子的影响，在最优的状况下，其吸附能力能达到 49.19 mg/g[317]。MnO_2 对 TBBPA 的氧化作用能够在较低的 pH 和室温条件下将 TBBPA 氧化为小分子的溴酚等化合物，实现环境介质尤其是废水中 TBBPA 的降解处置[294]。聚(叔丁基丙烯酸酯)修饰的氧化石墨烯（GO-PtBA）能够通过氢键作用强力地吸附水体中的 TBBPA，在 pH = 7 时对 TBBPA 的吸附能力达到了 22.2 mg/g，30 min 后会发生聚集沉积在瓶底，而且使用乙醇就可以轻松地实现 TBBPA 从 GO-PtBA 上的脱附和回收[174]。TBBPA 从环境水样中的去除，臭氧的氧化作用也是可行的方案，在 pH = 8 时，臭氧在 6 min 内可以将 6 mg/L 的水中的 TBBPA 完全去除，经过 ESI-TOF-MS 鉴定，2,4,6-三溴酚被最先观测到[192]。三金属（[Fe|Ni|Cu]）还原法和虫漆酶氧化法用于水中卤代酚（包括 TBBPA）的去除，通过三金属还原法首先实现卤素的脱去，然后利用虫漆酶氧化法彻底去除脱卤后的产物，此方法对于卤代污染物污染的污水的处理具有实际应用意义[318]。高铁酸盐 Fe(VI)对废水中的 TBBPA（测试浓度 10 mg/L）有很好的氧化去除效果，主要通过 β 裂解反应产生低溴代的化合物，反应过程中，腐殖酸的存在会减弱高铁酸盐对 TBBPA 的氧化反应速度，而无机组分对 TBBPA 的去除没有影响，增加高铁酸盐的用量能够减小有机质的影响，有助于 TBBPA 的去除[319]。

参考文献

[1] Mack A G. Flame Retardants, Halogenated. Kirk-Othmer Encyclopedia of Chemical Technology. John Wiley & Sons, Inc., 2000.

[2] 熊孝勇. 溴系阻燃剂 TBC、LBC 在阻燃电缆料中的应用. 煤矿机电, 1995, 04: 8-9.

[3] 冯西平, 范跃芳, 华万森, 等. 阻燃剂 *N,N'*-乙撑双四溴邻苯二甲酰亚胺的合成及应用研究. 应用化工, 2011, 11: 1983-1987.

[4] Covaci A, Harrad S, Abdallah M A E, et al. Novel brominated flame retardants: A review of their analysis, environmental fate and behaviour. Environ. Int., 2011, 37: 532-556.

[5] 吕建平, 姚剑英, 尤裕如. 阻燃剂新品种——微胶囊化 TBC 及其应用. 中国塑料,1999, 02: 68-71.

[6] Zhang Y N, Chen J W, Xie Q, et al. Photochemical transformation of five novel brominated flame retardants: Kinetics and photoproducts. Chemosphere, 2016, 150: 453-460.

[7] Baesterós-Gomez A, de Boer J, Leonards P E G. A novel brominated triazine-based flame retardant (TTBP-TAZ) in plastic consumer products and indoor dust. Environ. Sci. Technol.,

2014, 48: 4468-4474.

[8] Wang L, Wang C, Zheng M G, Lou Y H, et al. Influence of tris(2,3-dibromopropyl) isocyanurate on the expression of photosynthesis genes of *Nannochloropsis* sp. Gene, 2014, 540: 68-70.

[9] Li J, Liang Y, Zhang X, et al. Impaired gas bladder inflation in zebrafish exposed to a novel heterocyclic brominated flame retardant tris(2,3-dibromopropyl) isocyanurate. Environ. Sci. Technol., 2011, 45: 9750-9757.

[10] Zhang X, Li J, Chen M J, et al. Toxicity of the brominated flame retardant tris-(2,3-dibromopropyl) isocyanurate in zebrafish (*Danio rerio*). Chin. Sci. Bull., 2011, 56: 1548-1555.

[11] Zhang X, Li J, Liu Y S, et al. Toxic effects on adult male zebrafish (*Danio rerio*) following co-exposure to tris-(2,3-dibromopropyl) isocyanurate and 17 beta-estradiol. Acta Scien. Circum., 2012, 32: 450-456.

[12] Li J, Zhang X, Bao J Q, et al. Toxicity of new emerging pollutant tris-(2,3-dibromopropyl) isocyanurate on BALB/c mice. J. Appl. Toxicol., 2015, 35: 375-382.

[13] Li X, Pan Y, Wang C, et al. Effects of tris(2,3-dibromopropyl) isocyanurate on steroidogenesis in H295R cells. Environ. Earth Sci., 2016, 75: 1338-1339.

[14] 梁逸曾, 俞汝勤. 化学计量学在我国的发展. 化学通报, 1999, 10: 14-19.

[15] 陈念贻, 钦佩, 陈瑞亮, 等. 模式识别在化学化工中的应用. 北京: 科学出版社, 1999.

[16] 许禄, 胡昌玉. 应用化学图论. 北京: 科学出版社, 2000.

[17] 王连生, 支正良. 分子连接性与分子结构-活性. 北京: 中国环境科学出版社, 1992.

[18] Meylan W M, Howard P H. Atom fragment contribution method for estimating octanol-water partition-coefficients. J. Pharm. Sci., 1995, 84: 83-92.

[19] United States Environmental Protection Agency. Kowwin Technique Note, Estimation Program Interface (EPI) Suite, V 4.10. Washington, DC: U.S. Environmental Protection Agency; Exposure Assessment Branch, 2007.

[20] Hine J, Mookerjee P K. Intrinsic hydrophilic character of organic compounds-correlations in terms of structural contributions. J. Org. Chem., 1975, 40: 292-298.

[21] Meylan W M, Howard P H. Estimating octanol-air partition coefficients with octanol-water partition coefficients and Henry's law constants. Chemosphere, 2005, 61: 640-644.

[22] Kwok E S C, Atkinson R. Estimation of hydroxyl radical reaction-rate constants for gas-phase organic-compounds using a structure-reactivity relationship: An update. Atmos. Environ., 1995, 29: 1685-1695.

[23] Boethling R S, Howard P H, Meylan W, et al. Group-contribution method for predicting probability and rate of aerobic biodegradation. Environ. Sci. Technol., 1994, 28: 459-465.

[24] Brown T N, Wania F. Screening chemicals for the potential to he persistent organic pollutants: A case study of Arctic contaminants. Environ. Sci. Technol., 2008, 42: 5202-5209.

[25] Zhao Y L, Yang L M., Wang Q Q. Modeling persistent organic pollutant (POP) partitioning between tree bark and air and its application to spatial monitoring of atmospheric POPs in mainland China. Environ. Sci. Technol., 2008, 42: 6046-6051.

[26] Hites R A. Electron impact and electron capture negative ionization mass spectra of polybrominated diphenyl ethers and methoxylated polybrominated diphenyl ethers. Environ. Sci. Technol., 2008, 42: 2243-2252.

[27] Thomsen C, Haug L S, Leknes H, et al. Comparing electron ionization high-resolution and electron capture low-resolution mass spectrometric determination of polybrominated diphenyl

ethers in plasma, serum and milk. Chemosphere, 2002, 46: 641-648.
[28] Stapleton H M Allen J G, Kelly S M, et al. Alternate and new brominated flame retardants detected in U.S. house dust. Environ. Sci. Technol., 2008, 42: 6910-6916.
[29] Zhu J P, Hou Y Q, Feng Y L, et al. Identification and determination of hexachlorocyclopentadienyl-dibromocyclooctane (HCDBCO) in residential indoor air and dust: A previously unreported halogenated flame retardant in the environment. Environ. Sci. Technol., 2008, 42: 386-391.
[30] Mascolo G, Locaputo V, Mininni G. New perspective on the determination of flame retardants in sewage sludge by using ultrahigh pressure liquid chromatography-tandem mass spectrometry with different ion sources. J. Chromatogr. A, 2010, 1217: 4601-4611.
[31] Yu Z Q, Chen L G, Maw B X, et al. Diastereoisomer- and enantiomer-specific profiles of hexabromocyclododecane in the atmosphere of an urban city in South China. Environ. Sci. Technol., 2008, 42: 3996-4001.
[32] Abdallah M A E, Ibarra C, Neels H, et al. Comparative evaluation of liquid chromatography-mass spectrometry versus gas chromatography-mass spectrometry for the determination of hexabromocyclododecanes and their degradation products in indoor dust. J. Chromatogr. A, 2008, 1190: 333-341.
[33] Covaci A, Voorspoels S, Ramos L, et al. Recent developments in the analysis of brominated flame retardants and brominated natural compounds. J. Chromatogr. A, 2007, 1153: 145-171.
[34] 阮挺. 几种新型持久性有机污染物的发现及其区域污染行为研究. 北京：中国科学院大学, 2011.
[35] Tomy G T, Pleskach K, Arsenault G, et al. Identification of the novel cycloaliphatic brominated flame retardant 1,2-dibromo-4-(1,2-dibromoethyl)cyclohexane in Canadian Arctic beluga (*Delphinapterus leucas*). Environ. Sci. Technol., 2008, 42: 543-549.
[36] Feng J Y, Wang Y W, Ruan T, et al. Simultaneous determination of hexabromocyclododecanes and tris(2,3-dibromopropyl) isocyanurate using LC-APCI-MS/MS. Talanta., 2010, 82: 1929-1934.
[37] Zhao P, Cao G M, Zhou L F, et al. Nitrate enhanced electrochemiluminescence determination of tris(2,3-dibromopropyl) isocyanurate with a gold nanoparticles-modified gold electrode. Analyst., 2011, 136: 1952-1956.
[38] Feng H, Zhou L P, Li J Z, et al. A photoelectrochemical immunosensor for tris(2,3-dibromopropyl) isocyanurate detection with a multiple hybrid CdTe/Au-TiO_2 nanotube arrays. Analyst, 2013, 138: 5726-5733.
[39] Tong X, Sheng P T, Yan Z H, et al. Core/shell(thick) CdTe/CdS quantum dots functionalized TiO_2 nanotube: A novel electrochemiluminescence platform for label-free immunosensor to detect tris-(2,3-dibromopropyl) isocyanurate in environment. Sens. Actuators B Chem., 2014, 198: 41-48.
[40] Yuan L J, Zhou L P, Li J Z, et al. Homogeneous electrochemiluminescence immunoassay based on tris(2,3-dibromopropyl) isocyanurate using luminol luminescence and Ti/TiO_2 NTs electrode. Anal. Methods., 2013, 5: 3626-3630.
[41] Ma X L, Liu J X, Wu D, et al. Ultrasensitive sensing of tris(2,3-dibromopropyl) isocyanurate based on the synergistic effect of amino and hydroxyl groups of a molecularly imprinted poly(*o*-aminophenol) film. New J. Chem., 2016, 40: 1649-1654.
[42] Shi L, Feng H Y, Zhang P J, et al. Synthesis of haptens and development of an indirect

enzyme-linked immunosorbent assay for tris(2,3-dibromopropyl) isocyanurate. Anal. Biochem., 2014, 447: 15-22.

[43] Bu D, Zhuang H S, Zho X C, et al. A heterogeneous biotin-streptavidin-amplified enzyme-linked immunosorbent assay for detecting tris(2,3-dibromopropyl) isocyanurate in natural samples. Anal. Biochem., 2014, 462: 51-59.

[44] Feng H Y, Tong X, Li W L, et al. Indirect competitive enzyme-linked immunosorbent assay of tris-(2,3-dibromopropyl) isocyanurate with monoclonal antibody. Talanta, 2014, 128: 434-444.

[45] Bu D, Zhuang H S. A real-time immuno-PCR assay for the flame retardant tris(2,3-dibromopropyl) isocyanurate using a probe DNA conjugated to gold nanoparticles. Microchim. Acta, 2015, 182: 1863-1868.

[46] Eriksson P, Jakobsson E, Fredriksson A. Brominated flame retardants: A novel class of developmental neurotoxicants in our environment? Environ. Health Persp., 2001, 109: 903-908.

[47] United States Environmental Protection Agency. Method 1668, revision A: Chlorinated biphenyl congeners in water, soil, sediment and tissue by HRGC/HRMS. Washington DC, 2003.

[48] United States Environmental Protection Agency. Method 1614(draft): Brominated biphenyl ethers in water, soil, sediment and tissue by HRGC/HRMS. Washington DC, 2003.

[49] Ying H, Zhu L, Xu N, et al. Simultaneous analysis of tetrabromobisphenol A,tris-(2,3-dibromopropyl) isocyanurate and hexabromocyclododecanes using ultra performance liquid chromatography-mass spectrometry. Environ. Monit. in China, 2013, 29: 94-98.

[50] Ruan T, Wang Y W, Wang C, et al. Identification and evaluation of a novel heterocyclic brominated flame retardant tris(2,3-dibromopropyl) isocyanurate in environmental matrices near a manufacturing plant in Southern China. Environ. Sci. Technol., 2009, 43: 3080-3086.

[51] Lopezavila V, Hites R A. Organic -compounds in an industrial wastewater: Their transport into sediments. Environ. Sci. Technol., 1980, 14: 1382-1390.

[52] Vanvleet E S, Quinn J G. Input and fate of petroleum hydrocarbons entering providence river and upper narragansett bay from wastewater effluents. Environ. Sci. Technol., 1977, 11: 1086-1092.

[53] Meredith M L, Hites R A. Polychlorinated biphenyl accumulation in tree bark and wood growth rings. Environ. Sci. Technol., 1987, 21: 709-712.

[54] Hermanson M H, Hites R A. Polychlorinated-biphenyl in tree bark. Environ. Sci. Technol., 1990, 24: 666-671.

[55] Hermanson M H, Johnson G W. Polychlorinated biphenyls in tree bark near a former manufacturing plant in Anniston, Alabama. Chemosphere, 2007, 68: 191-198.

[56] Safe S, Brown K W, Donnelly K C, et al. Polychlorinated dibenzo-*para*-dioxins and dibenzofurans associated with wood-preserving chemical sites-biomonitoring chemical sites-biomonitoring with pine needles. Environ. Sci. Technol., 1992, 26: 394-396.

[57] Burreau S, Zebuhr Y, Broman D, et al. Biomagnification of polychlorinated biphenyls (PCBs) and polybrominated diphenyl ethers (PBDEs) studied in pike (*Esox lucius*), perch (*Perca fluviatilis*) and roach (*Rutilus rutilus*) from the Baltic Sea. Chemosphere, 2004, 55: 1043-1052.

[58] Muir D C G, Howard P H. Are there other persistent organic pollutants? A challenge for environmental chemists. Environ. Sci. Technol., 2006, 40: 7157-7166.

[59] McCarthy J F, Jimenez B D. Reduction in bioavailability to bluegills of polycyclic aromatic-hydrocarbons bound to dissolved humic material. Environ. Toxicol. Chem., 1985, 4: 511-521.

[60] Harding G C, LeBlanc R J, Vass W P, et al. Bioaccumulation of polychlorinated biphenyls (PCBs) in the marine pelagic food web, based on a seasonal study in the southern Gulf of St. Lawrence, 1976-1977. Mar. Chem., 1997, 56: 145-179.
[61] Fisk A T, Norstrom R J, Cymbalisty C D, et al. Dietary accumulation and depuration of hydrophobic organochlorines: Bioaccumulation parameters and their relationship with the octanol/water partition coefficient. Environ. Toxicol. Chem., 1998, 17: 951-961.
[62] Malmberg T, Athanasiadou M, Marsh G, et al. Identification of hydroxylated polybrominated diphenyl ether metabolites in blood plasma from polybrominated diphenyl ether exposed rats. Environ. Sci. Technol., 2005, 39: 5342-5348.
[63] Wang L, Zhang M Y, Lou Y H, et al. Levels and distribution of tris-(2,3-dibromopropyl) isocyanurate and hexabromocyclododecanes in surface sediments from the Yellow River Delta wetland of China. Mar. Pollut. Bull., 2017, 114: 577-582.
[64] Wang L, Zhao Q S, Zhao Y Y, et al. Determination of heterocyclic brominated flame retardants tris-(2,3-dibromopropyl) isocyanurate and hexabromocyclododecane in sediment from Jiaozhou Bay wetland. Mar. Pollut. Bull., 2016, 113: 509-512.
[65] Tang J, Feng J, Li X, et al. Levels of flame retardants HBCD, TBBPA and TBC in surface soils from an industrialized region of East China. Environ. Sci. Process Impacts., 2014, 16: 1015-1021.
[66] Zhang M, Wang L, Lou Y, et al. Distribution levels of tris(2,3-dibromopropyl) isocyanurate (TBC) and hexabromocyclododecane (HBCDs) in the north shore intertidal zone of Jiaozhou Bay. Asian J. Ecotoxicol., 2016, 11: 265-271.
[67] 朱娜丽. 青藏高原等地区持久性有机污染物和新型污染物的环境行为研究. 北京：中国科学院大学, 2013.
[68] Thanh W, Han S L, Ruan T, et al. Spatial distribution and inter-year variation of hexabromocyclododecane (HBCD) and tris-(2,3-dibromopropyl) isocyanurate (TBC) in farm soils at a peri-urban region. Chemosphere, 2013, 90: 182-187.
[69] Liang D, Wang C, Sun J, et al. Photolytic degradation of tris-(2,3-dibromopropyl) isocyanurate (TBC) in aqueous systems. Environ. Technol., 2016, 37: 2292-2297.
[70] Covacia A, Voorspoelsb S, Abdallah M A E, et al. Analytical and environmental aspects of the flame retardant tetrabromobisphenol-A and its derivatives. J. Chromatogr. A, 2009, 1216: 346-363.
[71] European Commission. European Union Risk Assessment Report on 2,2′,6,6′-tetrabromo-4,4′-isopropylidenediphenol tetrabromobisphenol-A or TBBP-A. Part II, Human health. Joint Research Centre, European Chemicals Bureau, 2006.
[72] Andersson P L, Oberg K, Orn U. Chemical characterization of brominated flame retardants and identification of structurally representative compounds. Environ. Toxicol. Chem., 2006, 25: 1275-1282.
[73] Cai R, Rao W, Zhang Z H. Graphene modified imprinted electrochemical sensor for detection 3,3′,5,5′-tetrabromobisphenol S. Chemistry, 2013, 76: 923-928.
[74] de Wit C A. An overview of brominated flame retardants in the environment. Chemosphere, 2002, 46: 583-624.
[75] van Esch G J. Tetrabromobisphenol A & derivatives (Environmental Health Criteria 172); ISBN 10: 9241571721 / ISBN 13: 9789241571722 World Health Organization: Geneva, Switzerland, 1995.

[76] 贾修伟, 刘治国, 房晓敏, 等. 溴化环氧树脂阻燃剂的热性能及其应用. 中国塑料, 2004, 12: 72-75.
[77] 唐星三, 孟烨, 刘杰. 溴化环氧树脂阻燃剂应用综述与发展展望. 塑料工业, 2011, S1: 47-49.
[78] 常源亮, 刘耀德. 新型溴化环氧树脂类阻燃剂. 山东化工, 1998, 2: 43-45.
[79] 赵庭栋, 闫晓红, 李善清. 溴化环氧树脂材料合成新工艺. 化学推进剂与高分子材料, 2008, 2: 51-53.
[80] 于棚, 郑楠, 郑玉斌, 等. 溴化环氧树脂合成新工艺. 中国胶粘剂, 2009, 6: 18-21.
[81] 张玉泰. 溴化环氧树脂合成的研究. 热固性树脂, 1994, 2: 48-50.
[82] 刘守贵, 王家贵, 张杰, 等. 溴化双酚 A 型环氧树脂阻燃及合成综述. 浙江: 第十二次全国环氧树脂应用技术学术交流会, 2007: 8.
[83] 王彦林, 王芳, 唐新秀. 水相合成四溴双酚 A-双烯丙基醚的研究. 盐业与化工, 2007, 1: 4-6.
[84] 王彦林, 王芳, 唐新秀. 阻燃剂四溴双酚 A-双(2,3-二溴烯丙基)醚的合成研究. 海湖盐与化工, 2005, 6: 11-13.
[85] 王红, 李戈华, 江军. 双酚 A 合成四溴双酚 A-双(2,3-二溴丙基)醚的工艺研究. 广东化工, 2008, 8: 37-39.
[86] 新一代阻燃剂"四溴双酚 S 双"通过鉴定. 消防技术与产品信息, 2008, 12: 86.
[87] 朱婧文, 刁硕, 刘成斌. 溴代阻燃剂. 科技信息,2012, 25: 26.
[88] 张雷. 我国 ABS 树脂研究与应用进展. 科技创新导报, 2007, 31: 206.
[89] European Union Risk Assessment Report. EU RAR CAS No. 79-94-7 EINECS: 201-236-9 2,2′,6,6′-tetrabromo-4,4′-isopropylidenediphenol (tetrabromobisphenol A or TBBPA) Part II human health. European Commission, Joint Research Centre, EUR 22161 EN 4th Priority List. Volume: 63. 2006 [2016-06-24]. http://europa.eu.int.
[90] European Union Risk Assessment Report on 2,2,6,6-tetrabromo-4,4′-isopropylidenediphenol tetrabromobisphenol-A or TBBP-A. Part I. Environment. European Commission, Joint Research Centre, European Chemicals Bureau, 2008.
[91] Molina-Molina J M, Amaya E, Grimaldi M, et al. *In vitro* study on the agonistic and antagonistic activities of bisphenol-S and other bisphenol-A congeners and derivatives via nuclear receptors. Toxicol. Appl. Pharmacol., 2013, 272, 127-136.
[92] Sun H, Shen O X, Wang X R, et al. Anti-thyroid hormone activity of bisphenol A, tetrabromobisphenol A and tetrachlorobisphenol A in an improved reporter gene assay. Toxicol. *in Vitro*, 2009, 23: 950-954.
[93] Chan W K, Chan K M. Disruption of the hypothalamic-pituitary-thyroid axis in zebrafish embryo-larvae following waterborne exposure to BDE-47, TBBPA and BPA. Aquat. Toxicol., 2012, 108: 106-111.
[94] Otsuka S, Ishihara A, Yamauchi K. Ioxynil and tetrabromobisphenol A suppress thyroid-hormone-induced activation of transcriptional elongation mediated by histone modifications and RNA polymerase II phosphorylation. Toxicol. Sci., 2014, 138: 290-299.
[95] Guyot R, Chatonnet F, Gillet B, et al. Toxicogenomic analysis of the ability of brominated flame retardants TBBPA and BDE-209 to disrupt thyroid hormone signaling in neural cells. Toxicology, 2014, 325: 125-132.

[96] Roelofs M J E, van den Berg M, Bovee T F H, et al. Structural bisphenol analogues differentially target steroidogenesis in murine MA-10 Leydig cells as well as the glucocorticoid receptor. Toxicology, 2015, 329: 10-20.
[97] Honkisz E, Wojtowicz A K. Modulation of estradiol synthesis and aromatase activity in human choriocarcinoma JEG-3 cells exposed to tetrabromobisphenol A. Toxicol. *in Vitro*, 2015, 29: 44-50.
[98] Grasselli E, Cortese K, Fabbri R, et al. Thyromimetic actions of tetrabromobisphenol A (TBBPA) in steatotic FaO rat hepatoma cells. Chemosphere, 2014, 112: 511-518.
[99] Nyholm J R, Norman A, Norrgren L, et al. Maternal transfer of brominated flame retardants in zebrafish (*Danio rerio*). Chemosphere, 2008, 73: 203-208.
[100] Kuiper R V, van den Brandhof E J, Leonards P E G, et al. Toxicity of tetrabromobisphenol A (TBBPA) in zebrafish (*Danio rerio*) in a partial life-cycle test. Arch. Toxicol., 2007, 81: 1-9.
[101] Yang S W, Wang S R, Sun F C, et al. Protective effects of puerarin against tetrabromobisphenol A-induced apoptosis and cardiac developmental toxicity in zebrafish embryo-larvae. Environ. Toxicol., 2015, 30: 1014-1023.
[102] Hu J, Liang Y, Chen M J, et al. Assessing the toxicity of TBBPA and HBCD by zebrafish embryo toxicity assay and biomarker analysis. Environ. Toxicol., 2009, 24: 334-342.
[103] McCormick J M, Paiva M S, Haeggblom M M, et al. Embryonic exposure to tetrabromobisphenol A and its metabolites, bisphenol A and tetrabromobisphenol A dimethyl ether disrupts normal zebrafish (*Danio rerio*) development and matrix metalloproteinase expression. Aquat. Toxicol., 2010, 100: 255-262.
[104] Song M Y, Liang D, Liang Y, et al. Assessing developmental toxicity and estrogenic activity of halogenated bisphenol A on zebrafish (*Danio rerio*). Chemosphere, 2014, 112: 275-281.
[105] Zatecka E, Castillo J, Elzeinova F, et al. The effect of tetrabromobisphenol A on protamine content and DNA integrity in mouse spermatozoa. Andrology, 2014, 2: 910-917.
[106] Linhartova P, Gazo I, Shaliutina-Kolesova A, et al. Effects of tetrabrombisphenol A on DNA integrity, oxidative stress, and sterlet (*Acipenser ruthenus*) spermatozoa quality variables. Environ. Toxicol., 2015, 30: 735-745.
[107] Zhang Y F, Xu W, Lou Q Q, et al. Tetrabromobisphenol A disrupts vertebrate development via thyroid hormone signaling pathway in a developmental stage-dependent manner. Environ. Sci. Technol., 2014, 48: 8227-8234.
[108] Shi Y J, Xu X B, Zheng X Q, et al. Responses of growth inhibition and antioxidant gene expression in earthworms (*Eisenia fetida*) exposed to tetrabromobisphenol A, hexabromocyclododecane and decabromodiphenyl ether. Comp. Biochem. Physiol. C: Toxicol. Pharmacol., 2015, 174: 32-38.
[109] Saul N, Baberschke N, Chakrabarti S, et al. Two organobromines trigger lifespan, growth, reproductive and transcriptional changes in *Caenorhabditis elegans*. Environ. Sci. Pollut. Res., 2014, 21: 10419-10431.
[110] Lai D Y, Kacew S, Dekant W. Tetrabromobisphenol A (TBBPA): Possible modes of action of toxicity and carcinogenicity in rodents. Food Chem. Toxicol., 2015, 80: 206-214.
[111] Cope R B, Kacew S, Dourson M. A reproductive, developmental and neurobehavioral study following oral exposure of tetrabromobisphenol A on Sprague-Dawley rats. Toxicology, 2015, 329: 49-59.
[112] Strack S, Detzel T, Wahl M, et al. Cytotoxicity of TBBPA and effects on proliferation, cell cycle

and MAPK pathways in mammalian cells. Chemosphere, 2007, 67: S405-S411.

[113] Ogunbayo O A, Michelangeli F. The widely utilized brominated flame retardant tetrabromobisphenol A (TBBPA) is a potent inhibitor of the SERCA Ca^{2+} pump. Biochem. J., 2007, 408: 407-415.

[114] Ogunbayo O A, Lai P F, Connolly T J, et al. Tetrabromobisphenol A (TBBPA), induces cell death in TM4 Sertoli cells by modulating Ca^{2+} transport proteins and causing dysregulation of Ca^{2+} homeostasis. Toxicol. *in Vitro*, 2008, 22: 943-952.

[115] Reistad T, Mariussen E, Ring A, et al. *In vitro* toxicity of tetrabromobisphenol-A on cerebellar granule cells: Cell death, free radical formation, calcium influx and extracellular glutamate. Toxicol. Sci., 2007, 96: 268-278.

[116] Zieminska E, Stafiej A, Toczylowska B, et al. Role of ryanodine and NMDA receptors in tetrabromobisphenol A-induced calcium imbalance and cytotoxicity in primary cultures of rat cerebellar granule cells. Neurotox. Res., 2015, 28: 195-208.

[117] Zieminska E, Stafiej A, Struzynska L. The role of the glutamatergic NMDA receptor in nanosilver-evoked neurotoxicity in primary cultures of cerebellar granule cells. Toxicology, 2014, 315: 38-48.

[118] Liu Q, Ren X M, Long Y M, et al. The potential neurotoxicity of emerging tetrabromobisphenol A derivatives based on rat pheochromocytoma cells. Chemosphere, 2016, 154: 194-203.

[119] Mariussen E, Fonnum F. The effect of brominated flame retardants on neurotransmitter uptake into rat brain synaptosomes and vesicles. Neurochem. Int., 2003, 43: 533-542.

[120] Nakajima A, Saigusa D, Tetsu N, et al. Neurobehavioral effects of tetrabromobisphenol A, a brominated flame retardant, in mice. Toxicol. Lett., 2009, 189: 78-83.

[121] Debenest T, Gagne F, Petit A. N, et al. Ecotoxicity of a brominated flame retardant (tetrabromobisphenol A) and its derivatives to aquatic organisms. Comp. Biochem. Physiol. C: Toxicol. Pharmacol., 2010, 152: 407-412.

[122] Li Y N, Zhou Q X, Wang Y Y, et al. Fate of tetrabromobisphenol A and hexabromocyclododecane brominated flame retardants in soil and uptake by plants. Chemosphere, 2011, 82: 204-209.

[123] Dogan M, Korkunc M, Yumrutas O. Effects of bisphenol A and tetrabromobisphenol A on bread and durum wheat varieties. Ekoloji, 2012, 21: 114-122.

[124] Zhang W, Chen L, An S, et al. Effects of the joint exposure of decabromodiphenyl ether and tetrabromobisphenol A on soil bacterial community structure. Environ. Sci. Pollut. Res., 2015, 22: 1054-1065.

[125] Zhang W, Chen L, An S, et al. Toxic effects of the joint exposure of decabromodiphenyl ether (BDE209) and tetrabromobisphenol A (TBBPA) on soil microorganism and enzyme activity. Environ. Toxicol. Pharmacol., 2014, 38: 586-594.

[126] Kibakaya E C, Stephen K, Whalen M M. Tetrabromobisphenol A has immunosuppressive effects on human natural killer cells. J. Immunotoxicol., 2009, 6: 285-292.

[127] Cato A, Celada L, Kibakaya E C, et al. Brominated flame retardants, tetrabromobisphenol A and hexabromocyclododecane, activate mitogen-activated protein kinases (MAPKs) in human natural killer cells. Cell Biol. Toxicol., 2014, 30: 345-360.

[128] Pullen S, Boecker R, Tiegs G. The flame retardants tetrabromobisphenol A and tetrabromobisphenol A-bisallylether suppress the induction of interleukin-2 receptor α chain (CD25) in murine splenocytes. Toxicology, 2003, 184: 11-22.

[129] Hu F, Pan L, Xiu M, et al. Dietary accumulation of tetrabromobisphenol A and its effects on the scallop *Chlamys farreri*. Comp. Biochem. Physiol. C: Toxicol. Pharmacol., 2015, 167: 7-14.

[130] Hu F X, Pan L Q, Xiu M, et al. Bioaccumulation and detoxification responses in the scallop *Chlamys farreri* exposed to tetrabromobisphenol A (TBBPA). Environ. Toxicol. Pharmacol., 2015, 39: 997-1007.

[131] Mia J J, Cai Y F, Pan L Q, et al. Molecular cloning and characterization of a MXR-related P-glycoprotein cDNA in scallop *Chlamys farreri*: Transcriptional response to benzo(*a*)pyrene, tetrabromobisphenol A and endosulfan. Ecotoxicol. Environ. Saf., 2014, 110: 136-142.

[132] Hu F X, Pan L Q, Cai Y F, et al. Deep sequencing of the scallop *Chlamys farreri* transcriptome response to tetrabromobisphenol A (TBBPA) stress. Mar. Genomics., 2015, 19: 31-38.

[133] Ronisz D, Finne E F, Karlsson H, et al. Effects of the brominated flame retardants hexabromocyclododecane (HBCDD), and tetrabromobisphenol A (TBBPA), on hepatic enzymes and other biomarkers in juvenile rainbow trout and feral eelpout. Aquat. Toxicol., 2004, 69: 229-245.

[134] Kling P, Forlin L. Proteomic studies in zebrafish liver cells exposed to the brominated flame retardants HBCD and TBBPA. Ecotoxicol. Environ. Saf., 2009, 72: 1985-1993.

[135] Yang J, Chan K M. Evaluation of the toxic effects of brominated compounds (BDE-47, 99, 209, TBBPA) and bisphenol A (BPA) using a zebrafish liver cell line, ZFL. Aquat. Toxicol., 2015, 159: 138-147.

[136] He Q, Wan X H, Sun P, et al. Acute and chronic toxicity of tetrabromobisphenol A to three aquatic species under different pH conditions. Aquat. Toxicol., 2015, 164: 145-154.

[137] Knudsen G A, Hughes M F, McIntosh K L, et al. Estimation of tetrabromobisphenol A (TBBPA) percutaneous uptake in humans using the parallelogram method. Toxicol. Appl. Pharmacol., 2015, 289: 323-329.

[138] Abdallah M A E, Pawar G, Harrad S. Evaluation of 3D-human skin equivalents for assessment of human dermal absorption of some brominated flame retardants. Environ. Int., 2015, 84: 64-70.

[139] Knudsen G A, Jacobs L M, Kuester R K, et al. Absorption, distribution, metabolism and excretion of intravenously and orally administered tetrabromobisphenol A 2,3-dibromopropyl ether in male Fischer-344 rats. Toxicology, 2007, 237: 158-167.

[140] Schauer U M, Volkel W, Dekant W. Toxicokinetics of tetrabromobisphenol a in humans and rats after oral administration. Toxicol. Sci., 2006, 91: 49-58.

[141] Colnot T, Kacew S, Dekant W. Mammalian toxicology and human exposures to the flame retardant 2,2′,6,6′-tetrabromo-4,4′-isopropylidenediphenol (TBBPA): Implications for risk assessment. Arch. Toxicol., 2014, 88: 553-573.

[142] Wang Y Q, Zhang H M, Cao J. Exploring the interactions of decabrominateddiphenyl ether and tetrabromobisphenol A with human serum albumin. Environ. Toxicol. Pharmacol., 2014, 38: 595-606.

[143] 曲广波，史建波，江桂斌．效应引导的污染物分析与识别方法．化学进展，2011，11: 2389-2398.

[144] Rosenkranz H, McCoy E, Sanders D, et al. Nitropyrenes: Isolation, identificaton, and reduction of mutagenic impurities in carbon black and toners. Science, 1980, 209: 1039-1043.

[145] Gale R W, Long E R, Schwartz T R, et al. Evaluation of planar halogenated and polycyclic aromatic hydrocarbons in estuarine sediments using ethoxyresorufin-*O*-deethylase induction of

H4IIE cells. Environ. Toxicol. Chem., 2000, 19: 1348-1359.

[146] Xiao H X, Krauss M, Floehr T, et al. Effect-directed analysis of Aryl hydrocarbon receptor agonists in sediments from the Three Gorges Reservoir, China. Environ. Sci. Technol., 2016, 50: 11319-11328.

[147] Houtman C J, van Oostveen A M, Brouwer A, et al. Identification of estrogenic compounds in fish bile using bioassay-directed fractionation. Environ. Sci. Technol., 2004, 38: 6415-6423.

[148] Kammann U, Biselli S, Reineke N, et al. Bioassay-directed fractionation of organic extracts of marine surface sediments from the North and Baltic Sea - Part II: Results of the biotest battery and development of a biotest index (8 pp). J. Soils Sed., 2005, 5: 225-232.

[149] 曲广波. 神经毒性效应引导的环境污染物识别新方法研究. 北京：中国科学院大学, 2011.

[150] Qu G B, Shi J B, Wang T, et al. Identification of tetrabromobisphenol A diallyl ether as an emerging neurotoxicant in environmental samples by bioassay-directed fractionation and HPLC-APCI-MS/MS. Environ. Sci. Technol., 2011, 45: 5009-5016.

[151] Zeng Y H, Tang B, Luo X J, et al. Organohalogen pollutants in surface particulates from workshop floors of four major E-waste recycling sites in China and implications for emission lists. Sci. Total Environ., 2016, 569: 982-989.

[152] Zhang H, Bayen S, Kelly B C. Co-extraction and simultaneous determination of multi-class hydrophobic organic contaminants in marine sediments and biota using GC-EI-MS/MS and LC-ESI-MS/MS. Talanta., 2015, 143: 7-18.

[153] Harrad S, Abdallah M A E, Rose N L, et al. Current-use brominated flame retardants in water, sediment, and fish from English lakes. Environ. Sci. Technol., 2009, 43: 9077-9083.

[154] Huang D Y, Zhao H Q, Liu C P, et al. Characteristics, sources, and transport of tetrabromobisphenol A and bisphenol A in soils from a typical E-waste recycling area in South China. Environ. Sci. Pollut. Res., 2014, 21: 5818-5826.

[155] Wang W, Abualnaja K O, Asimakopoulos A G, et al. A comparative assessment of human exposure to tetrabromobisphenol A and eight bisphenols including bisphenol A via indoor dust ingestion in twelve countries. Environ. Int., 2015, 83: 183-191.

[156] Zhu N L, Li A, Wang T, et al. Tris(2,3-dibromopropyl) isocyanurate, hexabromocyclododecanes, and polybrominated diphenyl ethers in mollusks from Chinese Bohai Sea. Environ. Sci. Technol., 2012, 46: 7174-7181.

[157] Zeng Y H, Luo X J, Tang B, et al. Habitat- and species-dependent accumulation of organohalogen pollutants in home-produced eggs from an electronic waste recycling site in South China: Levels, profiles, and human dietary exposure. Environ. Pollut., 2016, 216: 64-70.

[158] Johnson-Restrepo B, Adams D H, Kannan K. Tetrabromobisphenol A (TBBPA) and hexabromocyclododecanes (HBCDs) in tissues of humans, dolphins, and sharks from the United States. Chemosphere, 2008, 70: 1935-1944.

[159] Tang B, Zeng Y H, Luo X J, et al. Bioaccumulative characteristics of tetrabromobisphenol A and hexabromocyclododecanes in multi-tissues of prey and predator fish from an E-waste site, South China. Environ. Sci. Pollut. Res., 2015, 22: 12011-12017.

[160] Nyholm J R, Norman A, Norrgren L, et al. Uptake and biotransformation of structurally diverse brominated flame retardants in zebrafish (*Danio rerio*) after dietary exposure. Environ. Toxicol. Chem., 2009, 28: 1035-1042.

[161] Guo Y G, Zhou J, Lou X Y, et al. Enhanced degradation of tetrabromobisphenol A in water by a UV/base/persulfate system: Kinetics and intermediates. Chem. Eng. J., 2014, 254: 538-544.

[162] Zhong Y, Li D, Mao Z, et al. Kinetics of tetrabromobisphenol A (TBBPA) reactions with H_2SO_4, HNO_3 and HCl: Implication for hydrometallurgy of electronic wastes. J. Hazard. Mater., 2014, 270: 196-201.
[163] Zhang S H, Zhang Y X, Ji G X, et al. Determination of bisphenol A, tetrabromobisphenol A and 4-*tert*-octylphenol in children and adults urine using high performance liquid chromatography-tandem mass spectrometry. Chin. J. Anal. Chem., 2016, 44: 19-24.
[164] Yang Y J, Guan J, Yin J, et al. Urinary levels of bisphenol analogues in residents living near a manufacturing plant in South China. Chemosphere, 2014, 112: 481-486.
[165] Nakao T, Akiyama E, Kakutani H, et al. Levels of tetrabromobisphenol A, tribromobisphenol A, dibromobisphenol A, monobromobisphenol A, and bisphenol A in Japanese breast milk. Chem. Res. Toxicol., 2015, 28: 722-728.
[166] Akiyama E, Kakutani H, Nakao T, et al. Facilitation of adipocyte differentiation of 3T3-L1 cells by debrominated tetrabromobisphenol A compounds detected in Japanese breast milk. Environ. Res., 2015, 140: 157-164.
[167] Fujii Y Nishimura E, Kato Y, et al. Dietary exposure to phenolic and methoxylated organohalogen contaminants in relation to their concentrations in breast milk and serum in Japan. Environ. Int., 2014, 63: 19-25.
[168] Thomsen C, Lundanes E, Becher G. A simplified method for determination of tetrabromobisphenol A and polybrominated diphenyl ethers in human plasma and serum. J. Sep. Sci., 2001, 24: 282-290.
[169] Cathrine T, Elsa L, Georg B. Brominated flame retardants in archived serum samples from Norway: A study on temporal trends and the role of age. Environ. Sci. Technol., 2002, 36: 1414-1418.
[170] Zhao J, Yan X, Li H, et al. High-throughput dynamic microwave-assisted extraction coupled with liquid-liquid extraction for analysis of tetrabromobisphenol A in soil. Anal. Methods., 2016, 8: 8015-8021.
[171] Barrett C A, Orban D A, Seebeck S E, et al. Development of a low-density-solvent dispersive liquid-liquid microextraction with gas chromatography and mass spectrometry method for the quantitation of tetrabromobisphenol-A from dust. J. Sep. Sci., 2015, 38: 2503-2509.
[172] Yang Y J, Yu J, Yin J L, et al. Molecularly imprinted solid-phase extraction for selective extraction of bisphenol analogues in beverages and canned food. J. Agric. Food. Chem., 2014, 62: 11130-11137.
[173] Gallen C, Banks A, Brandsma S, et al. Towards development of a rapid and effective non-destructive testing strategy to identify brominated flame retardants in the plastics of consumer products. Sci. Total. Environ., 2014, 491: 255-265.
[174] Zhao X B, Liu P. Hydrophobic-polymer-grafted graphene oxide nanosheets as an easily separable adsorbent for the removal of tetrabromobisphenol A. Langmuir, 2014, 30: 13699-13706.
[175] 刘爱风. 新型四溴双酚 A/S 类污染物的发现及其环境行为研究. 北京: 中国科学院大学, 2016.
[176] Liu A F, Qu G B, Yu M, et al. Tetrabromobisphenol-A/S and nine novel analogs in biological samples from the Chinese Bohai Sea: Implications for trophic transfer. Environ. Sci. Technol., 2016, 50: 4203-4211.
[177] Peng F Q, Ying G G, Yang B., et al. Biotransformation of the flame retardant

tetrabromobisphenol-A (TBBPA) by freshwater microalgae. Environ. Toxicol. Chem., 2014, 33: 1705-1711.
[178] Reindl A R, Falkowska L. Flame retardants at the top of a simulated Baltic marine food web-a case study concerning african penguins from the Gdansk Zoo. Arch. Environ. Contam. Toxicol., 2015, 68: 259-264.
[179] Kang H Y, Wang X L, Zhang Y, et al. Simultaneous extraction of bisphenol A and tetrabromobisphenol A from milk by microwave-assisted ionic liquid microextraction. RSC Adv., 2015, 5: 14631-14636.
[180] Kowalski B, Mazur M. The simultaneous determination of six flame retardants in water samples using SPE pre-concentration and HPLC-UV method. Water Air and Soil Pollut., 2014, 225: 1866.
[181] Qu G B, Liu A F, Wang T, et al. Identification of tetrabromobisphenol A allyl ether and tetrabromobisphenol A 2,3-dibromopropyl ether in the ambient environment near a manufacturing site and in mollusks at a coastal region. Environ. Sci. Technol., 2013, 47: 4760-4767.
[182] Luo M B, Hu B, Zhang X, et al. Extractive electrospray ionization mass spectrometry for sensitive detection of uranyl species in natural water samples. Anal. Chem., 2010, 82: 282-289.
[183] Law W S, Wang R, Hu B, et al. On the mechanism of extractive electrospray ionization. Anal. Chem., 2010, 82: 4494-4500.
[184] Jia B, Zhang X L, Ding J H, et al. Principle and applications of extractive electrospray ionization mass spectrometry. Chin. Sci. Bull., 2012, 57: 1918-1927.
[185] Li X, Hu B, Ding J H, et al. Rapid characterization of complex viscous samples at molecular levels by neutral desorption extractive electrospray ionization mass spectrometry. Nat. Protoc., 2011, 6: 1010-1025.
[186] Chen H W, Zenobi R. Neutral desorption sampling of biological surfaces for rapid chemical characterization by extractive electrospray ionization mass spectrometry. Nat. Protoc., 2008, 3: 1467-1475.
[187] Tian Y, Chen J, Ouyang Y Z, et al. Reactive extractive electrospray ionization tandem mass spectrometry for sensitive detection of tetrabromobisphenol A derivatives. Anal. Chim. Acta., 2014, 814: 49-54.
[188] Tian Y, Liu A F, Qu G B, et al. Silver ion post-column derivatization electrospray ionization mass spectrometry for determination of tetrabromobisphenol A derivatives in water samples. RSC Adv., 2015, 5: 17474-17481.
[189] Guo Q Z, Du Z X, Zhang Y, et al. Simultaneous determination of bisphenol A, tetrabromobisphenol A, and perfluorooctanoic acid in small household electronics appliances of "Prohibition on Certain Hazardous Substances in Consumer Products" instruction using ultra-performance liquid chromatography-tandem mass spectrometry with accelerated solvent extraction. J. Sep. Sci., 2013, 36: 677-683.
[190] Peng F Q, Ying G G, Yang B, et al. Biotransformation of the fame retardant tetrabromobisphenol A (TBBPA) by freshwater microalgae. Environ. Toxicol. Chem., 2014, 33: 1705-1711.
[191] Aqai P, Fryganas C, Mizuguchi M, et al. Triple bioaffinity mass spectrometry concept for thyroid transporter ligands. Anal. Chem., 2012, 84: 6488-6493.
[192] Qu R J, Feng M B, Wang X H, et al. Rapid removal of tetrabromobisphenol A by ozonation in water: Oxidation products, reaction pathways and toxicity assessment. PloS One, 2015, 10:

1-17.
[193] Berger U, Herzke D, Sandanger T M. Two trace analytical methods for determination of hydroxylated PCBs and other halogenated phenolic compounds in eggs from Norwegian birds of prey. Anal. Chem., 2004, 76, 441-452.
[194] Gonzalez de Vega C, Lobo L, Fernandez B, et al. Pulsed glow discharge time of flight mass spectrometry for the screening of polymer-based coatings containing brominated flame retardants. J. Anal. At. Spectrom., 2012, 27: 318-326.
[195] Lobo L, Fernandez B, Muniz R, et al. Capabilities of radiofrequency pulsed glow discharge-time of flight mass spectrometry for molecular screening in polymeric materials: Positive versus negative ion mode. J. Anal. At. Spectrom., 2016, 31: 212-219.
[196] Letcher R J, Chu S. High-sensitivity method for determination of tetrabromobisphenol-S and tetrabromobisphenol-A derivative flame retardants in Great Lakes herring gull eggs by liquid chromatography-atmospheric pressure photoionization-tandem mass spectrometry. Environ. Sci. Technol., 2010, 44: 8615-8621.
[197] Makarov A. Electrostatic axially harmonic orbital trapping: A high-performance technique of mass analysis. Anal. Chem., 2000, 72: 1156-1162.
[198] 王勇为. LTQ-Orbitrap Velos 双分压线性阱和静电场轨道阱组合式高分辨质谱性能及应用. 现代仪器, 2010, 5: 15-19.
[199] Nyholm J R, Grabic R, Arp H P H, et al. Environmental occurrence of emerging and legacy brominated flame retardants near suspected sources in Norway. Sci. Total Environ., 2013, 443: 307-314.
[200] Zubarev R A, Makarov A. Orbitrap mass spectrometry. Anal. Chem., 2013, 85: 5288-5296.
[201] Krauss M, Hollender J. Analysis of nitrosamines in wastewater: Exploring the trace level quantification capabilities of a hybrid linear ion trap/Orbitrap mass spectrometer. Anal. Chem., 2008, 80: 834-842.
[202] Barcelo D. Emerging pollutants in water analysis. TrAC-Trend Anal. Chem., 2003, 22: XIV-XVI.
[203] Le Breton M H, Rochereau-Roulet S, Pinel G, et al. Direct determination of recombinant bovine somatotropin in plasma from a treated goat by liquid chromatography/high-resolution mass spectrometry. Rapid Commun. Mass Spectrom., 2008, 22, 3130-3136.
[204] Farre M, Barcelo D. Analysis of emerging contaminants in food. TrAC-Trend Anal. Chem., 2013, 43: 240-253.
[205] Farre M, Perez S, Goncalves C, et al. Green analytical chemistry in the determination of organic pollutants in the aquatic environment. TrAC-Trend Anal. Chem., 2010, 29: 1347-1362.
[206] la Farre M, Perez S, Kantiani L, et al. Fate and toxicity of emerging pollutants, their metabolites and transformation products in the aquatic environment. TrAC-Trend Anal. Chem., 2008, 27: 991-1007.
[207] Perez S, Barcelo D. Application of advanced MS techniques to analysis and identification of human and microbial metabolites of pharmaceuticals in the aquatic environment. TrAC-Trend Anal. Chem., 2007, 26: 494-514.
[208] Henry H, Sobhi H R, Scheibner O, et al. Comparison between a high-resolution single-stage Orbitrap and a triple quadrupole mass spectrometer for quantitative analyses of drugs. Rapid Commun. Mass Spectrom., 2012, 26: 499-509.
[209] Lopez-Gutierrez N, Romero-Gonzalez R, Garrido Frenich A, et al. Identification and

quantification of the main isoflavones and other phytochemicals in soy based nutraceutical products by liquid chromatography-orbitrap high resolution mass spectrometry. J. Chromatogr. A, 2014, 1348: 125-136.
[210] Wang J, Gardinali P R. Identification of phase II pharmaceutical metabolites in reclaimed water using high resolution benchtop Orbitrap mass spectrometry. Chemosphere, 2014, 107: 65-73.
[211] Herrero P, Borrull F, Pocurull E, et al. A quick, easy, cheap, effective, rugged and safe extraction method followed by liquid chromatography-(Orbitrap) high resolution mass spectrometry to determine benzotriazole, benzothiazole and benzenesulfonamide derivates in sewage sludge. J. Chromatogr. A, 2014, 1339: 34-41.
[212] Yamamoto A, Hisatomi H, Ando T, et al. Use of high-resolution mass spectrometry to identify precursors and biodegradation products of perfluorinated and polyfluorinated compounds in end-user products. Anal. Bioanal. Chem., 2014, 406: 4745-4755.
[213] Liu A F, Tian Y, Yin N Y, et al. Characterization of three tetrabromobisphenol-S derivatives in mollusks from Chinese Bohai Sea: A strategy for novel brominated contaminants identification. Sci. Rep.-UK, 2015, 5: 1-12.
[214] Haraguchi K, Kato Y, Atobe K, et al. Negative APCI-LC/MS/MS method for determination of natural persistent halogenated products in marine biota. Anal. Chem., 2008, 80: 9748-9755.
[215] Abdallah M A, Harrad S, Covaci A. Isotope dilution method for determination of polybrominated diphenyl ethers using liquid chromatography coupled to negative ionization atmospheric pressure photoionization tandem mass spectrometry: Validation and application to house dust. Anal. Chem., 2009, 81: 7460-7467.
[216] Korytar P, Covaci A, Leonards P E G, et al. Comprehensive two-dimensional gas chromatography of polybrominated diphenyl ethers. J. Chromatogr. A, 2005, 1100: 200-207.
[217] Kadasala N R, Wei A. Trace detection of tetrabromobisphenol A by SERS with DMAP-modified magnetic gold nanoclusters. Nanoscale, 2015, 7: 10931-10935.
[218] Paine M R L, Rae I D, Blanksby S J. Direct detection of brominated flame retardants from plastic E-waste using liquid extraction surface analysis mass spectrometry. Rapid Commun. Mass Spectrom., 2014, 28: 1203-1208.
[219] Zhang Z H, Cai R, Long F, et al. Development and application of tetrabromobisphenol A imprinted electrochemical sensor based on graphene/carbon nanotubes three-dimensional nanocomposites modified carbon electrode. Talanta, 2015, 134: 435-442.
[220] Zhao Q, Zhang K, Yu G X, et al. Facile electrochemical determination of tetrabromobisphenol A based on modified glassy carbon electrode. Talanta, 2016, 151: 209-216.
[221] Morris S, Allchin C R, Zegers B N, et al. Distribution and fate of HBCD and TBBPA brominated flame retardants in North Sea estuaries and aquatic food webs. Environ. Sci. Technol., 2004, 38: 5497-5504.
[222] Yu G, Bu Q W, Cao Z G, et al. Brominated flame retardants (BFRs): A review on environmental contamination in China. Chemosphere, 2016, 150: 479-490.
[223] Feng A H, Chen S J, Chen M Y, et al. Hexabromocyclododecane (HBCD) and tetrabromobisphenol A (TBBPA) in riverine and estuarine sediments of the Pearl River Delta in southern China, with emphasis on spatial variability in diastereoisomer- and enantiomer-specific distribution of HBCD. Mar. Pollut. Bull., 2012, 64: 919-925.
[224] Shi T, Chen S J, Luo X J, et al. Occurrence of brominated flame retardants other than polybrominated diphenyl ethers in environmental and biota samples from southern China.

Chemosphere, 2009, 74: 910-916.

[225] Lu Z, Letcher R J, Chu S, et al. Spatial distributions of polychlorinated biphenyls, polybrominated diphenyl ethers, tetrabromobisphenol A and bisphenol A in Lake Erie sediment. J. Great Lakes Res., 2015, 41: 808-817.

[226] de Wit C A, Alaee M, Muir D C G. Levels and trends of brominated flame retardants in the Arctic. Chemosphere, 2006, 64: 209-233.

[227] de Wit C A, Kierkegaard A, Ricklund N, et al. Emerging brominated flame retardants in the environment. Brominated Flame Retardants, Berlin Heidelberg: Springer-Verlag, 2011.16:241-286.

[228] Wang X M, Liu J Y, Liu A F, et al. Preparation and evaluation of mesoporous cellular foams coating of solid-phase microextraction fibers by determination of tetrabromobisphenol A, tetrabromobisphenol S and related compounds. Anal. Chim. Acta, 2012, 753: 1-7.

[229] Wang J X, Liu L L, Wang J F. et al. Distribution of metals and brominated flame retardants (BFRs) in sediments, soils and plants from an informal E-waste dismantling site, South China. Environ. Sci. Pollut. Res., 2015, 22: 1020-1033.

[230] Suominen K, Verta M, Marttinen S. Hazardous organic compounds in biogas plant end products-soil burden and risk to food safety. Sci. Total Environ., 2014, 491: 192-199.

[231] Schreder E D, La Guardia M J. Flame retardant transfers from U.S. households (dust and laundry wastewater) to the aquatic environment. Environ. Sci. Technol., 2014, 48: 11575-11583.

[232] Zhou X Y, Guo, Zhang W, et al. Occurrences and inventories of heavy metals and brominated flame retardants in wastes from printed circuit board production. Environ. Sci. Pollut. Res., 2014, 21: 10294-10306.

[233] Ali N, Harrad S, Goosey E, et al. “Novel” brominated flame retardants in Belgian and UK indoor dust: Implications for human exposure. Chemosphere, 2011, 83: 1360-1365.

[234] Samsonek J, Puype F. Occurrence of brominated flame retardants in black thermo cups and selected kitchen utensils purchased on the European market. Food Addit. Contam. Part A Chem. Anal. Control Expo. Risk Assess., 2013, 30: 1976-1986.

[235] Verslycke T A, Vethaak A D, Arijs K, et al. Flame retardants, surfactants and organotins in sediment and mysid shrimp of the Scheldt estuary (The Netherlands). Environ. Pollut., 2005, 136: 19-31.

[236] Cariou R, Antignac J P, Zalko D, et al. Exposure assessment of French women and their newborns to tetrabromobisphenol-A: Occurrence measurements in maternal adipose tissue, serum, breast milk and cord serum. Chemosphere, 2008, 73: 1036-1041.

[237] Shi Z X, Wu Y N, Li J G, et al. Dietary exposure assessment of Chinese adults and nursing infants to tetrabromobisphenol-A and hexabromocyclododecanes: Occurrence measurements in foods and human milk. Environ. Sci. Technol., 2009, 43: 4314-4319.

[238] Gobas F A, Morrison H A. Bioconcentration and biomagnification in the aquatic environment. Handbook of Property Estimation Methods for Chemicals: Environmental Health Sciences. CRC Press, 2000.

[239] Mackay D, Fraser A. Bioaccumulation of persistent organic chemicals: mechanisms and models. Environ. Pollut., 2000, 110: 375-391.

[240] Wu J P Luo X J, Zhang Y, et al. Bioaccumulation of polybrominated diphenyl ethers (PBDEs) and polychlorinated biphenyls (PCBs) in wild aquatic species from an electronic waste (E-waste) recycling site in South China. Environ. Int., 2008, 34: 1109-1113.

[241] Wiberg K, Letcher R J, Sandau C D, et al. The enantioselective bioaccumulation of chiral chlordane and alpha-HCH contaminants in the polar bear food chain. Environ. Sci. Technol., 2000, 34: 2668-2674.

[242] Konwick B J, Garrison A W, Black M C, et al. Bioaccumulation, biotransformation, and metabolite formation of fipronil and chiral legacy pesticides in rainbow trout. Environ. Sci. Technol., 2006, 40: 2930-2936.

[243] He M J, Luo X J, Yu L H, et al. Tetrabromobisphenol-A and hexabromocyclododecane in birds from an E-waste region in South China: Influence of diet on diastereoisomer- and enantiomer-specific distribution and trophodynamics. Environ. Sci. Technol., 2010, 44: 5748-5754.

[244] Tomy G T, Palace V P, Halldorson T, et al. Bioaccumulation, biotransformation, and biochemical effects of brominated diphenyl ethers in juvenile lake trout (*Salvelinus namaycush*). Environ. Sci. Technol. 2004, 38: 1496-1504.

[245] Tomy G T, Budakowski W, Halldorson T, et al. Fluorinated organic compounds in an eastern Arctic marine food web. Environ. Sci. Technol., 2004, 38: 6475-6481.

[246] Wang Y W, Li X M, Li A, et al. Effect of municipal sewage treatment plant effluent on bioaccumulation of polychlorinated biphenyls and polybrominated diphenyl ethers in the recipient water. Environ. Sci. Technol., 2007, 41, 6026-6032.

[247] Hargrave B T, Phillips G A, Vass W P, et al.Seasonality in bioaccumulation of organochlorines in lower trophic level arctic marine biota. Environ. Sci. Technol., 2000, 34: 980-987.

[248] Hauck M, Huijbregts M A J, Koelmans A A, et al.Including sorption to black carbon in modeling bioaccumulation of polycyclic aromatic hydrocarbons: Uncertainty analysis and comparison to field data. Environ. Sci. Technol., 2007, 41: 2738-2744.

[249] Gaskell P N, Brooks A C, Maltby L. Variation in the bioaccumulation of a sediment-sorbed hydrophobic compound by benthic macroinvertebrates: Patterns and mechanisms. Environ. Sci. Technol., 2007, 41: 1783-1789.

[250] Muijs B, Jonker M T O. Temperature-dependent bioaccumulation of polycyclic aromatic hydrocarbons. Environ. Sci. Technol., 2009, 43: 4517-4523.

[251] Tomy G T, Thomas C R, Zidane T M, et al. Examination of isomer specific bioaccumulation parameters and potential *in vivo* hepatic metabolites of *syn*- and *anti*-dechlorane plus isomers in juvenile rainbow trout (*Oncorhynchus mykiss*). Environ. Sci. Technol., 2008, 42: 5562-5567.

[252] Zhan Kun W Y, An L H, Hu J Y. Trophodynamics of polybrominated diphenyl ethers and methoxylated polybrominated diphenyl ethers in a marine food web. Environ. Toxicol. Chem., 2010, 29: 2792-2799.

[253]Post D M. Using stable isotopes to estimate trophic position: Models, methods, and assumptions. Ecology, 2002, 83: 703-718.

[254] Hop H, Borgå K, Gabrielsen G W, et al. Food web magnification of persistent organic pollutants in poikilotherms and homeotherms from the Barents Sea. Environ. Sci. Technol., 2002, 36: 2589-2597.

[255] Moisey J, Fisk A T, Hobson K A, et al. Hexachlorocyclohexane (HCH) isomers and chiral signatures of alpha-HCH in the arctic marine food web of the Northwater Polynya. Environ. Sci. Technol., 2001, 35: 1920-1927.

[256] Fisk A T, Hobson K A, Norstrom R J. Influence of chemical and biological factors on trophic transfer of persistent organic pollutants in the Northwater polynya marine food web. Environ.

Sci. Technol., 2001, 35: 732-738.

[257] Burreau S, Zebuhr Y, Broman D, et al. Biomagnification of PBDEs and PCBs in food webs from the Baltic Sea and the northern Atlantic ocean. Sci. Total Environ., 2006, 366: 659-672.

[258] Houde M, Czub G, Small J M, et al. Fractionation and bioaccumulation of perfluorooctane sulfonate (PFOS) isomers in a Lake Ontario food web. Environ. Sci. Technol., 2008, 42: 9397-9403.

[259] Zhang X L, Luo X J, Liu H Y, et al. Bioaccumulation of several brominated flame retardants and dechlorane plus in waterbirds from an E-waste recycling region in South China: Associated with trophic level and diet sources. Environ. Sci. Technol., 2011, 45: 400-405.

[260] Tomy G T, Pleskach K, Ismail N, et al. Isomers of dechlorane plus in Lake Winnipeg and Lake Ontario food webs. Environ. Sci. Technol., 2007, 41: 2249-2254.

[261] Tomy G T, Budakowski W, Halldorson T, et al. Biomagnification of alpha- and gamma-hexabromocyclododecane isomers in a Lake Ontario food web. Environ. Sci. Technol., 2004, 38: 2298-2303.

[262] Shen L, Reiner E J, Macpherson K A, et al. Dechloranes 602, 603, 604, dechlorane plus, and chlordene plus, a newly detected Analogue, in tributary sediments of the Laurentian Great Lakes. Environ. Sci. Technol., 2011, 45: 693-699.

[263] He M J, Luo X J, Yu L H, et al. Diasteroisomer and enantiomer-specific profiles of hexabromocyclododecane and tetrabromobisphenol A in an aquatic environment in a highly industrialized area, South China: vertical profile, phase partition, and bioaccumulation. Environ. Pollut., 2013, 179: 105-110.

[264] Tao L, Wu J P, Zhi H, et al. Aquatic bioaccumulation and trophic transfer of tetrabromobisphenol-A flame retardant introduced from a typical E-waste recycling site. Environ. Sci. Pollut. Res., 2016, 23: 14663-14670.

[265] Xiong J K, Li G Y, An T C, et al. Emission patterns and risk assessment of polybrominated diphenyl ethers and bromophenols in water and sediments from the Beijiang River, South China. Environ. Pollut., 2016, 219: 596-603.

[266] Eljarrat E, Feo M L, Barcelo D. Degradation of brominated flame retardants//Eljarrat E, Barcelo D, eds. Brominated flame retardants. Berlin Heidelberg: Springer-Verlag, 2011, 16: 187-202.

[267] Howard P H, Muir D C G. Identifying new persistent and bioaccumulative organics among chemicals in commerce. III: Byproducts, impurities, and transformation products. Environ. Sci. Technol., 2013, 47: 5259-5266.

[268] Cruz R, Cunha S C, Casal S. Brominated flame retardants and seafood safety: A review. Environ. Int., 2015, 77: 116-131.

[269] Sun Y Y, Guo H Y, Yu H Y, et al. Bioaccumulation and physiological effects of tetrabromobisphenol A in coontail *Ceratophyllum demersum* L. Chemosphere, 2008, 70: 1787-1795.

[270] Sun Z H, Yu Y J, Mao L, et al. Sorption behavior of tetrabromobisphenol A in two soils with different characteristics. J. Hazard. Mater., 2008, 160: 456-461.

[271] Hakk H, Letcher R J. Metabolism in the toxicokinetics and fate of brominated flame retardants: A review. Environ. Int., 2003, 29: 801-828.

[272] Hu F X, Pan L Q, Xiu M, et al. Exposure of *Chlamys farreri* to tetrabromobisphenol A: Accumulation and multibiomarker responses. Environ. Sci. Pollut. Res., 2015, 22: 12224-12234.

[273] Hu J Y, Jin F, Wan Y, et al. Trophodynamic behavior of 4-nonylphenol and nonylphenol

polyethoxylate in a marine aquatic food web from Bohai Bay, North China: Comparison to DDTs. Environ. Sci. Technol., 2005, 39: 4801-4807.
[274] Wang Y W, Wang T, Li A, et al. Selection of bioindicators of polybrominated diphenyl ethers, polychlorinated biphenyls, and organochlorine pesticides in mollusks in the Chinese Bohai Sea. Environ. Sci. Technol., 2008, 42: 7159-7165.
[275] Meng M, Shi J B, Liu C B, et al. Biomagnification of mercury in mollusks from coastal areas of the Chinese Bohai Sea. RSC Adv., 2015, 5: 40036-40045.
[276] Wan Y, Hu J Y, Yang M, et al. Characterization of trophic transfer for polychlorinated dibenzo-*p*-dioxins, dibenzofurans, non- and mono-ortho polychlorinated biphenyls in the marine food web of Bohai Bay, north China. Environ. Sci. Technol., 2005, 39:2417-2425.
[277] Wan Y, Jin X H, Hu J Y, et al. Trophic dilution of polycyclic aromatic hydrocarbons (PAHs) in a marine food web from Bohai Bay, North China. Environ. Sci. Technol., 2007, 41: 3109-3114.
[278] Howard P H, Muir D C G. Identifying new persistent and bioaccumulative organics among chemicals in commerce. Environ. Sci. Technol., 2010, 44: 2277-2285.
[279] Howard P H, Muir D C G. Identifying new persistent and bioaccumulative organics among chemicals in commerce II: Pharmaceuticals. Environ. Sci. Technol., 2011, 45: 6938-6946.
[280] Kelly B C, Ikonomou M G, Blair J D, et al. Food web-specific biomagnification of persistent organic pollutants. Science, 2007, 317: 236-239.
[281] Altarawneh M, Dlugogorski B Z. Mechanism of thermal decomposition of tetrabromobisphenol A (TBBA). J. Phys. Chem. A, 2014, 118: 9338-9346.
[282] Kim Y M, Han T U, Watanabe C, et al. Analytical pyrolysis of waste paper laminated phenolic-printed circuit board (PLP-PCB). J. Anal. Appl. Pyrolysis, 2015, 115: 87-95.
[283] Ortuno N, Molto J, Conesa J A, et al. Formation of brominated pollutants during the pyrolysis and combustion of tetrabromobisphenol A at different temperatures. Environ. Pollut., 2014, 191: 31-37.
[284] Cao M H, Wang P F, Ao Y H, et al. Photocatalytic degradation of tetrabromobisphenol A by a magnetically separable graphene-TiO_2 composite photocatalyst: Mechanism and intermediates analysis. Chem. Eng. J., 2015, 264: 113-124.
[285] Bao Y P, Niu J F. Photochemical transformation of tetrabromobisphenol A under simulated sunlight irradiation: kinetics, mechanism and influencing factors. Chemosphere, 2015, 134: 550-556.
[286] Peng X X, Qu X D, Luo W S, et al. Co-metabolic degradation of tetrabromobisphenol A by novel strains of *Pseudomonas* sp. and *Streptococcus* sp. Bioresour. Technol., 2014, 169: 271-276.
[287] Li F J, Wang J J, Nastold P, et al. Fate and metabolism of tetrabromobisphenol A in soil slurries without and with the amendment with the alkylphenol degrading bacterium *Sphingomonas* sp. strain TTNP3. Environ. Pollut., 2014, 193: 181-188.
[288] Li F J, Jiang B Q, Nastold P, et al. Enhanced Transformation of tetrabromobisphenol A by nitrifiers in nitrifying activated sludge. Environ. Sci. Technol., 2015, 49: 4283-4292.
[289] Li F J, Wang J J, Jiang B Q, et al. Fate of tetrabromobisphenol A (TBBPA) and formation of ester- and ether-linked bound residues in an oxic sandy soil. Environ. Sci. Technol., 2015, 49: 12758-12765.
[290] Yang C, Kublik A, Weidauer C, et al. Reductive dehalogenation of oligocyclic phenolic bromoaromatics by dehalococcoides mccartyi strain CBDB1. Environ. Sci. Technol., 2015, 49:

8497-8505.
[291] Lefevre E, Cooper E, Stapleton H M, et al. Characterization and adaptation of anaerobic sludge microbial communities exposed to tetrabromobisphenol A. PloS One, 2016, 11: 1-20.
[292] Qu G B, Liu A F, Hu L G, et al. Recent advances in the analysis of TBBPA/TBBPS, TBBPA/TBBPS derivatives and their transformation products. TrAC-Trend Anal. Chem., 2016, 83,Part B: 14-24.
[293] Feng Y P, Colosi L M, Gao S X, et al. Transformation and removal of tetrabromobisphenol A from water in the presence of natural organic matter via laCCAe-catalyzed reactions: Reaction rates, products, and pathways. Environ. Sci. Technol., 2013, 47: 1001-1008.
[294] Lin K D, Liu W P, Gan J. Reaction of tetrabromobisphenol A (TBBPA) with manganese dioxide: Kinetics, products, and pathways. Environ. Sci. Technol., 2009, 43: 4480-4486.
[295] Pang S Y, Jiang J, Gao Y, et al. Oxidation of flame retardant tetrabromobisphenol A by aqueous permanganate: Reaction kinetics, brominated products, and pathways. Environ. Sci. Technol., 2014, 48: 615-623.
[296] Wang X W, Hu X F, Zhang H, et al. Photolysis kinetics, mechanisms, and pathways of tetrabromobisphenol A in water under simulated solar light irradiation. Environ. Sci. Technol., 2015, 49: 6683-6690.
[297] Sun F F, Kolvenbach B A, Nastold P, et al. Degradation and metabolism of tetrabromobisphenol A (TBBPA) in submerged soil and soil-plant systems. Environ. Sci. Technol., 2014, 48: 14291-14299.
[298] Liu J, Wang Y F, Jiang B Q, et al. Degradation, metabolism, and bound-residue formation and release of tetrabromobisphenol A in soil during sequential anoxic-oxic incubation. Environ. Sci. Technol., 2013, 47: 8348-8354.
[299] Fini J B, Riu A, Debrauwer L, et al. Parallel biotransformation of tetrabromobisphenol A in *Xenopus laevis* and mammals: *Xenopus* as a model for endocrine perturbation studies. Toxicol. Sci., 2012, 125: 359-367.
[300] Richardson S D, Kimura S Y. Water analysis: Emerging contaminants and current issues. Anal. Chem., 2016, 88: 546-582.
[301] Liu A F, Shi J B, Qu G B, et al. Identification of emerging brominated chemicals as the transformation products of tetrabromobisphenol A (TBBPA) derivatives in soil. Environ. Sci. Technol., 2017, 51: 5434-5444.
[302] Arbeli Z, Ronen Z. Enrichment of a microbial culture capable of reductive debromination of the flame retardant tetrabromobisphenol-A, and identification of the intermediate metabolites produced in the process. Biodegradation, 2003, 14: 385-395.
[303] Zhang C F, Li Z L, Suzuki D, et al. A humin-dependent dehalobacter species is involved in reductive debromination of tetrabromobisphenol A. Chemosphere, 2013, 92: 1343-1348.
[304] Chang B V, Yuan S Y, Ren Y L. Anaerobic degradation of tetrabromobisphenol-A in river sediment. Ecol. Eng., 2012, 49: 73-76.
[305] Chang B V, Chiang C W, Yuan S Y. Microbial dechlorination of 2,4,6-trichlorophenol in anaerobic sewage sludge. J. Environ. Sci. Health. B, 1999, 34: 491-507.
[306] Shih Y H, Chou H L, Peng Y H. Microbial degradation of 4-monobrominated diphenyl ether with anaerobic sludge. J. Hazard. Mater., 2012, 213: 341-346.
[307] Chou H L, Chang Y T, Liao Y F, et al. Biodegradation of decabromodiphenyl ether (BDE-209) by bacterial mixed cultures in a soil/water system. Int. Biodeterior. Biodegradation, 2013, 85:

671-682.
[308] Ruppe S, Neumann A, Braekevelt E, et al. Anaerobic transformation of compounds of technical toxaphene. 2. Fate of compounds lacking geminal chlorine atoms. Environ. Toxicol. Chem., 2004, 23: 591-598.
[309] Kräutler B, Fieber W, Ostermann S, et al. The cofactor of tetrachloroethene reductive dehalogenase of dehalospirillum multivorans is norpseudo-B_{12}, a new type of a natural corrinoid. Helv. Chim. Acta, 2003, 86: 3698-3716.
[310] Ruppe S, Neumann A, Diekert G, et al. Abiotic transformation of toxaphene by superreduced vitamin B_{12} and dicyanocobinamide. Environ. Sci. Technol., 2004, 38: 3063-3067.
[311] Gaul S, Von der Recke R, Tomy G, et al. Anaerobic transformation of a technical brominated diphenyl ether mixture by super-reduced vitamin B_{12} and dicyanocobinamide. Environ. Toxicol. Chem., 2006, 25: 1283-1290.
[312] Glod G, Angst W, Holliger C, Schwarzenbach R P. Corrinoid-mediated reduction of tetrachloroethene, trichloroethene, and trichlorofluoroethene in homogeneous aqueous solution: Reaction kinetics and reaction mechanisms. Environ. Sci. Technol. 1997, 31: 253-260.
[313] von der Recke R, Vetter W. Synthesis and characterization of 2,3-dibromopropyl-2,4,6-tribromophenyl ether (DPTE) and structurally related compounds evidenced in seal blubber and brain. Environ. Sci. Technol., 2007, 41: 1590-1595.
[314] Zhou J, Chen J W, Liang C H, et al. Quantum chemical investigation on the mechanism and kinetics of PBDE photooxidation by center dot OH: A case study for BDE-15. Environ. Sci. Technol., 2011, 45: 4839-4845.
[315] Cheng J, Mao L, Zhao Z G, et al. Bioaccumulation, depuration and biotransformation of 4,4′-dibromodiphenyl ether in crucian carp (*Carassius auratus*). Chemosphere, 2012, 86: 446-453.
[316] Voordeckers J W, Fennell D E, Jones K, et al. Anaerobic biotransformation of tetrabromobisphenol A, tetrachlorobisphenol A, and bisphenol A in estuarine sediments. Environ. Sci. Technol., 2002, 36: 696-701.
[317] Tang Y L, Li S Y, Zhang Y H, et al. Sorption of tetrabromobisphenol A from solution onto MIEX resin: Batch and column test. J. Taiwan Inst. Chem. Eng., 2014, 45: 2411-2417.
[318] Dai Y R, Song Y H, Wang S Y, et al. Treatment of halogenated phenolic compounds by sequential tri-metal reduction and laCCAe-catalytic oxidation. Water Res., 2015, 71: 64-73.
[319] Yang B, Ying G G, Chen Z F, et al. Ferrate(VI) oxidation of tetrabromobisphenol A in comparison with bisphenol A. Water Res., 2014, 62: 211-219.

第 5 章　环境中新型全氟和多氟烷基化合物的发现

本章导读

- 建立热脱附-气相色谱-高分辨质谱方法，实现对大气介质中中性、挥发性全氟和多氟烷基化合物的痕量分析，发现 4 种全氟单碘烷（FIAs）和 3 种氟调聚碘烷（FTIs）化合物。
- 对全氟单碘烷的大气自由基氧化过程和氟调聚碘烷的土壤好氧转化过程进行初步研究，指出全氟碘烷类化合物是全氟羧酸的重要前驱体。全氟庚酸（PFHpA）是 6：2 FTI 土壤微生物转化过程的特征代谢产物。
- 介绍疑似目标分析策略方法在氯代多氟醚基磺酸（Cl-PFESAs）同系物环境发现过程中的应用，揭示出 Cl-6：2 PFESA 和 Cl-8：2 PFESA 是我国普遍存在的新型多氟烷基取代污染物，具有一定的生物富集和长距离传输能力。
- 介绍非目标分析策略方法在 Cl-PFESAs 厌氧还原转化产物发现中的应用，在河水、底泥环境介质中首次报道了 1*H*-6：2 PFESA 和 1*H*-8：2 PFESA 污染物，Cl-PFESAs 的环境转化是可能的主要来源之一。

全氟和多氟烷基化合物（per- and polyfluoroalkyl substances，PFASs）是一类重要的人造化学品，工业生产始于 20 世纪 40 年代。全氟和多氟烷基化合物分子结构中碳-氟键解离能高达 544 kJ/mol[1]，因而表现出热稳定性和化学稳定性，此外还具有良好的表面活性和疏水、疏油的物理-化学特性，广泛添加在日常生活用品中，如灭火剂、润滑剂、织物整理剂、涂料和食品包装材料等[2]。伴随着生产和使用过程，全氟和多氟烷基化合物不可避免地通过直接排放和前驱体环境转化的直接、间接途径进入环境介质和生物体。水、大气、土壤、生物体及人体血液中都发现了全氟和多氟烷基化合物[3-8]。其中，全氟辛酸（perfluorooctanoic acid，PFOA）和全氟辛基磺酸（perfluorooctane sulfonic acid，PFOS）因表现出环境持久性、生物富集性、长距离传输能力及潜在的发育、免疫毒性而受到广泛关注[9-12]。1958～2015 年，PFOS 的排放量预计达到 1228～4930 t，PFOS 前驱体化合物的排放量达到 1230～8738 t[13]。考虑到 PFOS 的使用、排放和潜在的健康危害，多个国家和组织采取措施加以限制[14]。2000 年起，主要生产商逐步停止基于八碳的全氟烷基化合物的生产[15]；2006 年，美国环境保护署对 PFOA 及其盐、前驱体化合物和长链全氟烷基羧酸（perfluoroalkyl carboxylic acid，PFCA）的生产和排放进行限制；2009 年，全氟辛基磺酸及其盐类及全氟辛基磺酰胺被列入《斯德哥尔摩公约》附件 B；全氟辛酸及其盐类和全氟辛酸相关化合物也正在接受公约的进一步评估。PFOA 和 PFOS 的限制使用促进了全氟和多氟烷基化合物的更新换代替代物逐步取代传统的全氟烷基化合物（如 PFOS 和 PFOA），可能成为新型有机污染物。

借助氟质量平衡法（fluorine mass balance calculation），已知的全氟和多氟烷基化合物仅占环境样本总可萃取有机氟（extractable organic fluorine）含量的一部分。例如，加拿大常用的水成膜泡沫灭火剂中有机氟组分的含量超过 92%，而已知的全氟烷基化合物仅占 1%～52%[16]，因而水成膜泡沫灭火剂产品使用过程可导致未知全氟和多氟烷基化合物排放到环境介质中。我国城市居民血液中已知的全氟烷基化合物也仅为总有机氟化合物的约 30%～85%（图 5-1）[17,18]，2000—2009 年期间德国居民血浆样品中未知有机氟组分的比例呈增长趋势（20%—50%），表明新型含氟化学品生产和使用量的增加。

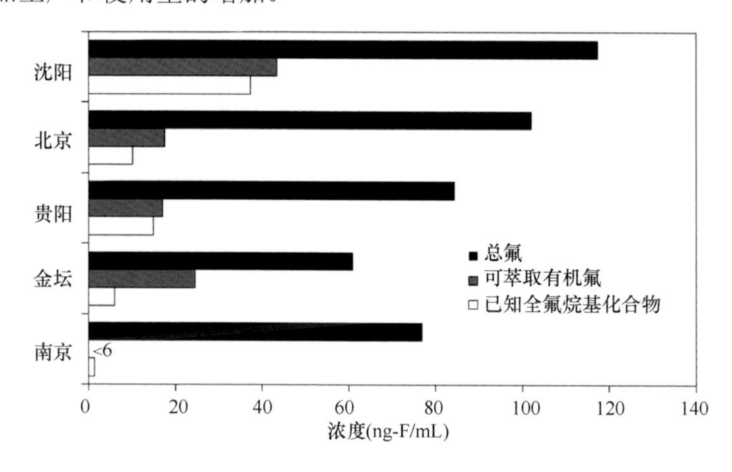

图 5-1 我国不同城市居民血液样本中总氟（有机氟和无机氟的总和）、可萃取有机氟和已知全氟烷基化合物的含量和组成[17]

新型全氟和多氟烷基化合物在环境介质中的发现和赋存行为研究已有持续的报道。例如，我国氟化工厂废水中发现了氯代多氟烷基羧酸、氢代多氟烷基羧酸、不饱和氢代多氟醚/醇等新型多氟烷基化合物[19]；机场周边河流的河水、底泥和鱼类样品中检出全氟丙基环戊烷磺酸和全氟乙基环己烷磺酸同分异构体，且浓度水平与 PFOS 相当[20]。研究结果表明新型全氟烷基化合物的种类具有多样性，部分替代物的浓度水平已经超过 PFOS 等传统全氟烷基化合物，成为主要的有机氟环境污染物。新型全氟和多氟烷基化合物的发现对于准确评估含氟有机污染物的环境赋存、健康风险具有重要意义。

本章详细介绍了笔者课题组在新型全氟和多氟烷基化合物发现方面取得的进展，主要包括全氟碘烷类化合物（polyfluorinated iodine alkanes，PFIs）和多氟醚基磺酸类化合物（polyfluoroalkyl ether sulfonic acids，PFESAs）[21,22]，涉及的内容主要包括分析方法、环境赋存、转化行为研究。

5.1 全氟碘烷类化合物

5.1.1 全氟碘烷类化合物的简介

全氟碘烷类化合物是一类疏水、中性化合物，分子结构中含有偶数个碳原子（通常为 C_4～C_{12}），碳骨架上的原子多被氟原子取代且在末端含有 1～2 个碘原子（表 5-1）。全氟碘烷类化合物是五氟化碘和氟化乙烯通过调聚反应生成的中间体，在氟化工工业中用来生产氟调聚醇、全氟辛酸铵、全氟烷基丙烯酸酯和全氟烯等化学品[23]。调聚氟化法是有机氟化学品生产的主要工艺之一，全氟碘烷类同系物单体的产量分别为 4.5～4600 t/a，被列入高生产量（High Production Volume，HPV）物质名单[24,25]。理论计算显示全氟碘烷类化合物具有较高的辛醇-水分配系数（$\log K_{OW}$ = 4.9～11.7）和大气氧化半衰期（AO $T_{1/2}$ = 2.63～17.3 d）[26]。此外，全氟碘烷类化合物可与羟基自由基或氯原子通过亲核反应，生成不同链长的全氟羧酸同系物[27]。

5.1.2 全氟碘烷类化合物的分析方法

传统的全氟烷基化合物（如 PFOA 和 PFOS 等）在环境条件下以阴离子态为主[28]，分析方法往往根据环境基质（水、土壤、血液等）的差异，使用甲醇、乙腈等反相有机溶剂，选用固相萃取法、基质分散碱萃取法、离子对萃取法等进行提取、净化和浓缩，再利用液相色谱-三重四极杆质谱（liquid chromatography-triple quadrupole mass spectrometry，LC-MS/MS）分析。然而，全氟碘烷类化合物是一类具有较高饱和蒸气压（0.07 Torr①＜V_p＜20.4 Torr，表 5-1）的中性化合物，上述

① 1 Torr=1.333 22×10^2 Pa。

分析方法无法满足环境介质中全氟碘烷类化合物痕量分析的需求。为此，笔者课题组建立了基于气相色谱-质谱法（gas chromatography-mass spectrometry，GC-MS）的富集、定量分析方法。

表 5-1　全氟碘烷类化合物的缩写、中英文全称、化学文摘登记号、分子结构和相关物理-化学性质信息

缩写	化合物英文全称	中文名称	CAS 登记号	分子结构式	V_p[a]
PFHxI	perfluorohexyl iodide	全氟己基碘烷	355-43-1	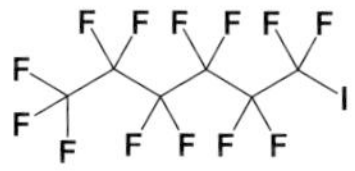	20.4
PFOI	perfluorooctyl iodide	全氟辛基碘烷	507-06-1	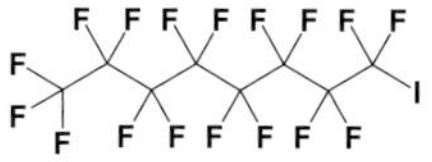	3.22
PFDeI	perfluorodecyl iodide	全氟癸基碘烷	423-62-1	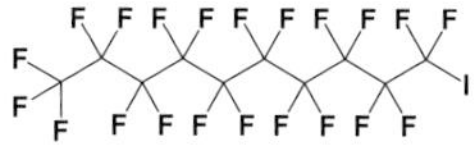	0.248
PFDoI	perfluorododecyl iodide	全氟十二烷基碘烷	307-60-8	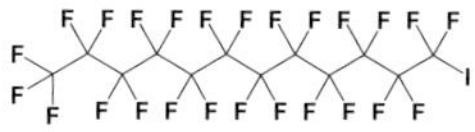	0.122
PFHxHI（4∶2 FTI）	1*H*,1 *H*,2 *H*,2 *H*-perfluoro-hexyl iodide	4∶2 氟调聚碘烷	2043-55-2	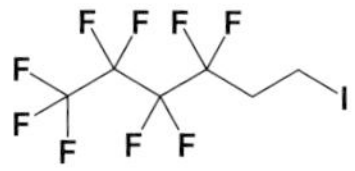	15.0
PFOHI（6∶2 FTI）	1 *H*,1 *H*,2 *H*,2 *H*-perfluoro-octyl iodide	6∶2 氟调聚碘烷	2043-57-4	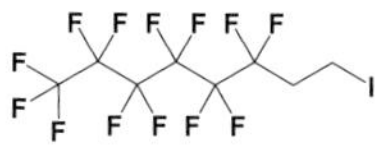	2.90
PFDeHI（8∶2 FTI）	1 *H*,1 *H*,2 *H*,2 *H*-perfluoro-decyl iodide	8∶2 氟调聚碘烷	2043-53-0	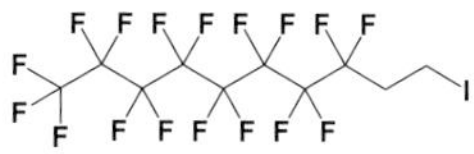	0.576
PFDoHI（10∶FTI）	1 *H*,1 *H*,2 *H*,2 *H*-perfluoro-dodecyl iodide	10∶2 氟调聚碘烷	2043-54-1	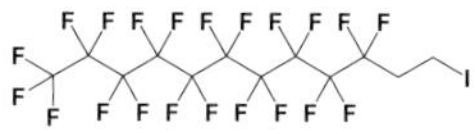	0.095
PFBuDiI	1,4-diiodooctafluorobutane	1,4-二碘全氟丁烷	375-50-8	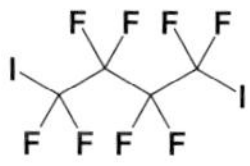	5.13
PFHxDiI	1,6-diiodooctafluorohexane	1,6-二碘全氟己烷	375-80-4	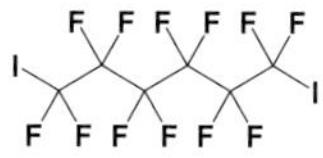	0.327
PFODiI	1,8-diiodoperfluorooctane	1,8-二碘全氟辛烷	335-70-6	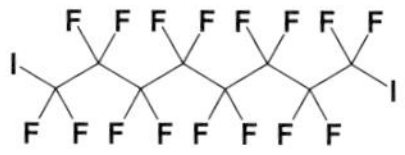	0.067
内标	1*H*,1 *H*,2 *H*,2 *H*,3 *H*,3 *H* -perfluorononyl iodide	6∶3 氟调聚碘烷	89889-20-3	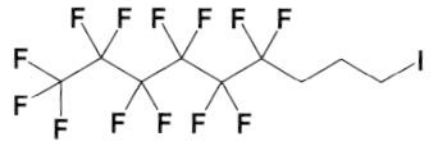	1.1

a. 理论饱和蒸气压值，计算自 US EPA EPI Suite V3.20。

5.1.2.1 全氟碘烷类化合物在大气介质中的分析方法

大气介质中半挥发、中性全氟和多氟烷基化合物的样品采集和痕量检测方法学与传统的持久性有机污染物的样品采集和检测方法存在一定的差异性。高表面积吸附材料（XAD-2）和玻璃滤膜可分别作为大气介质气相和颗粒相中全氟和多氟烷基化合物的吸附介质，大体积主动采样作为样品采集手段，索氏提取和旋转蒸发等前处理方式，可实现对氟调聚醇（fluorotelomer alcohols，FTOHs）、*N*-烷基全氟辛基磺酰胺（*N*-alkyl perfluorooctane sulfonamides，*N*-EtFOSA）和 *N*-烷基全氟辛基磺酰胺基乙醇（*N*-alkyl perfluorooctane sulfonamidoethanol，*N*-EtFOSE）的富集和痕量分析[29]。该方法广泛地运用于北极[30]、北美[31]、亚洲[32]、欧洲工业区和南半球偏远地区[33]等大气介质中全氟和多氟烷基化合物环境赋存的研究，取得了较好的分析效果。与此同时，基于更大吸附表面积 XAD-4 包覆的 PUF 作为吸附材料的被动采样技术也应用于大气介质中半挥发、中性全氟和多氟烷基化合物的被动采样方法[34]。然而，全氟碘烷类化合物具有更高的挥发性，基于大表面积吸附材料富集和溶剂蒸发浓缩的方法在前处理过程中会导致极低的回收率。

针对全氟碘烷类化合物痕量分析方法的报道非常有限。少量文献利用气相色谱-低分辨质谱联用技术，将商品化的 Vertrel® XF 作为溶剂，通过基质溶解和直接进样的方式实现了对调聚氟化法工艺原料中全氟碘烷类化合物含量的分析[26]。然而，该方法的检出限（method detection limit，MDL = 0.7 μg/g）远高于环境介质中全氟碘烷类化合物的浓度水平，不适用于针对环境样品中全氟碘烷类化合物的痕量分析。

吸附/热脱附（adsorption/thermal desorption）方法是针对饱和蒸气压大于 0.1 Torr 的大气污染物进行吸附和痕量分析的有效手段[35-39]。与基于溶剂萃取、浓缩的方法相比，热脱附方法无需复杂的前处理流程，能够避免样品处理过程中的质量损失，并通过耗尽式进样的方式大大提高了检测方法的灵敏度。因此，笔者课题组建立了基于热脱附-气相色谱/高分辨质谱（high resolution mass spectrometry，HRMS）联用系统检测大气介质中全氟碘烷类化合物的痕量分析方法，并对方法参数进行了系统优化，获得了良好的回收率、灵敏度和检出限。

1. 吸附/热脱附系统的建立

如图 5-2 所示，吸附/热脱附系统使用“热脱附—冷阱吸附—再解吸”的步骤实现对待测物的分析。热脱附管在放入热脱附仪器进行解吸之前，进行分流吹扫步骤以除去样品采集过程中吸附的水分子和其他组分。除实验室空白外，所有的环境样品和质量保证/质量控制空白样品均在室温条件下的以 15 mL/min 的高纯氦气吹扫 1 min。随后，通过加热热脱附管使待测物从吸附材料上解吸并在 30 mL/min 高纯氦气载气条件下进入–10 ℃的石墨化炭黑冷阱中富集。热脱附管的解吸温度分别设置为 200 ℃、250 ℃和 280 ℃以考察温度对解吸效率的影响。当待测物通过冷阱富集以后，同样的高纯氦气载气吹扫步骤（1 min）用以除去冷阱中吸附的其他物质。然后，冷阱在 5 s 内升至 300 ℃并保持 3 min。待测物通过在冷阱中的热解吸而由 1 mL/min 载气通过 1.2 m×0.25 mm i.d.毛细管进入气相色谱中。

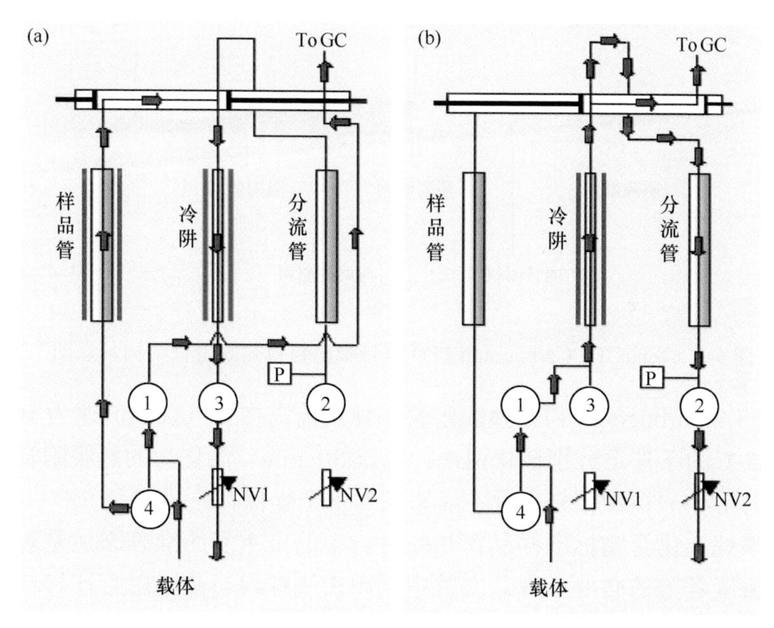

图 5-2 全氟碘烷类化合物通过（a）热脱附管热解吸和冷阱吸附；（b）冷阱热解吸并进入质谱分析的工作原理示意图

标准不锈钢热脱附管（89 mm×6.4 mm o.d.，Markes International）用于待测物的吸附和痕量分析。如图 5-3 所示，每个热脱附管主要由阻隔纱网、石英棉、弱吸附材料（150 mg Tenax TA，35/60 目）、强吸附材料（200 mg Carbograph 1TD，40/60 目）和弹簧组成。Tenax TA 是一种具有弱吸附能力的多孔聚合物材料，适用于挥发性与 C_7～C_{30} 正构烷烃类似的有机化合物的吸附和分析；而 Carbograph 1TD 则是一种具有较高非特异性吸附能力的石墨化炭黑材料，适用于挥发性与 C_5～C_{14} 正构烷烃类似的有机化合物的吸附和分析。结合如表 5-1 所示的多种全氟碘烷类化合物较宽的理论饱和蒸气压范围（0.07～20.4 Torr），Tenax TA/Carbograph 1TD 能够较好地满足对待测物吸附和热解吸的分析要求。该复合吸附材料具有很强的疏水性，能够在任何空气湿度条件下完成对待测物的吸附，并在较长的使用周期（大于 100 次吸附/解吸周期）下保持较好的重复性。为了保证待测物在吸附剂上的充分吸附，样品采集过程中需将 Tenax TA 作为大气样品采集的进气段[40,41]。

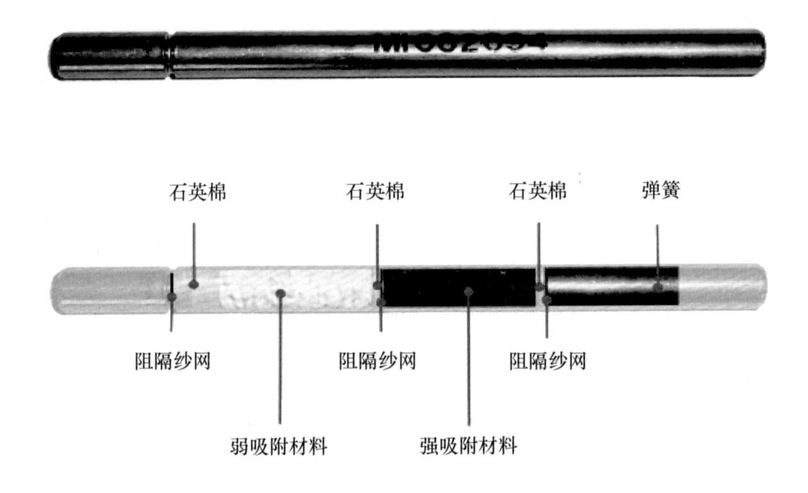

图 5-3　Tenax TA/Carbograph 1TD 复合吸附材料热脱附管结构示意图[40]

Tenax TA/Carbograph 1TD 热脱附管在使用前需在氦气载气流速为 50 mL/min，温度为 325 ℃的条件下分别活化两次，每次 30 min。活化后的热脱附管使用丙酮预先淋洗的 1/4 in①铜螺帽密封并在 4 ℃条件下干燥保存。

全氟碘烷类化合物标准样品在热脱附管中的可重复的准确添加是对仪器校正和方法精密度考察的必要条件。实验中采用由进样口、热脱附管连接口、载气阀组成的样品进样环（calibration solution loading rig，Markes International）进行进样。当载气的流速为 30 mL/min 时，1 μL 标准样品的甲醇溶液由 10 μL Hamilton 进样器注入热脱附管中。标准样品溶液在载气的作用下挥发而吸附于热脱附管的吸附剂中。由于甲醇在 Tenax TA/Carbograph 1TD 热脱附材料中的弱保留特性，5 min 的吹扫时间（150 mL 载气）足以保证甲醇溶剂完全从吸附材料中去除而待测物仍能保留于吸附剂中。

2. 气相色谱-高分辨质谱（GC-HRMS）分析方法

Trace Ultra GC/Double Fousing Magnetic Sector 气相色谱-高分辨质谱系统（GC-HRMS，Thermo Fisher Scientific，Waltham，MA）通过快速加热连接线（Markes International，Llantrisant，Wales，UK）与热脱附解吸系统（UNITY series 2，Markes International）相连接并用于样品中全氟碘烷类化合物的分析。

Agilent DB-624 气相色谱柱（6%氰丙基-苯基，94%二甲基聚硅氧烷，0.25 mm i.d.，

① 1 in=2.54 cm。

长度 30 m，膜厚度 1.4 μm，J&W Scientific，Folsom，CA）用于对全氟碘烷类待测物的色谱分离过程。气相色谱的升温程序为：35 ℃保持 6 min，5 ℃/min 升温至 135 ℃，最后再以 2 ℃/min 升温至 145 ℃。

根据分子结构中碳链长度和碘原子数量的不同，全氟碘烷类化合物主要可分为三类，分别为：全氟单碘烷类化合物（perfluorinated iodine alkanes，FIAs），由 PFHxI、PFOI、PFDeI 和 PFDoI 等组成；全氟双碘烷类化合物（diiodofluoroalkanes，FDIAs），由 PFBuDiI、PFHxDiI 和 PFODiI 等组成；氟调聚碘烷类化合物（polyfluorinated telomer iodides，FTIs），由 PFHxHI、PFOHI、PFDeHI 和 PFDoHI 等组成。全氟碘烷类化合物属于共价型化合物，宜采用电子轰击电离源（electron ionization，EI）研究质谱碎裂行为。如图 5-4 所示，这三类化合物的质谱电离行为表现出明显的差别。分别选取了这三类化合物中碳原子数相同的化合物（a）PFOI、（b）PFODiI、（c）PFOHI 的质谱图予以说明。

对于全氟单碘烷类化合物，图 5-4 显示该类化合物的分子离子峰$[M]^+$的质谱响应值较弱，而$[M\text{-}I]^+$和$[M\text{-}I\text{-}F_2]^+$离子的质谱响应较强，说明该类化合物在电子轰击电离过程中以脱碘反应和脱氟反应为主，因此选择将$[M\text{-}I]^+$作为定量离子、$[M]^+$和$[M\text{-}I\text{-}F_2]^+$作为定性离子能够取得较好的方法检出限和分析效果。

对于氟全氟双碘烷类化合物，图 5-4（b）显示 PFODiI 与 PFOI 有较为相似的离子碎裂行为，即该类化合物的分子离子峰$[M]^+$的质谱响应值较弱，而$[M\text{-}I]^+$和$[M\text{-}I\text{-}F_2]^+$离子的质谱响应较强。然而，与全氟单碘烷类化合物不同的是，全氟双碘烷类化合物在电子轰击电离过程中的脱碘反应并不完全，易发生单个碘原子的脱去反应而生成含有一个碘原子的中间态离子化合物，因此也适合选择将$[M\text{-}I]^+$作为定量离子，而$[M]^+$和$[M\text{-}I\text{-}F_2]^+$作为定性离子。

对于氟调聚碘烷类化合物，如图 5-4（c）所示，PFOHI 表现出与 PFOI 和 PFODiI 完全不同的离子碎裂方式，该类化合物的$[M]^+$离子质谱响应值较强，而无$[M\text{-}I]^+$离子的存在，取而代之的是在电离过程中发生脱去 HF 的反应。因此，宜选择将该类化合物的$[M]^+$作为定量离子，$[M\text{-}I\text{-}HF]^+$作为定性离子。

化合物电离模式选择为电子轰击电离源（EI）模式，离子源温度设定为 250 ℃。HRMS 处于工作状态时，使用全氟三丁胺（FC43）作为仪器内标以校正离子扫描的准确性。当 HRMS 处于离子扫描状态时，其扫描分辨率调整至约 800（5% valley definition），扫描速率为 1.13 scan/s；当 HRMS 处于离子确认和定量检测状态时，其扫描分辨率调整至约 5000（5% valley definition）。多离子监测（multiple ion detection，MID）模式被用于样品中待测物含量的定量分析过程以提高仪器的检出限，该模式下 HRMS 的参数设定如表 5-2 所示，分析标准品获得的色谱图如图 5-5 所示。

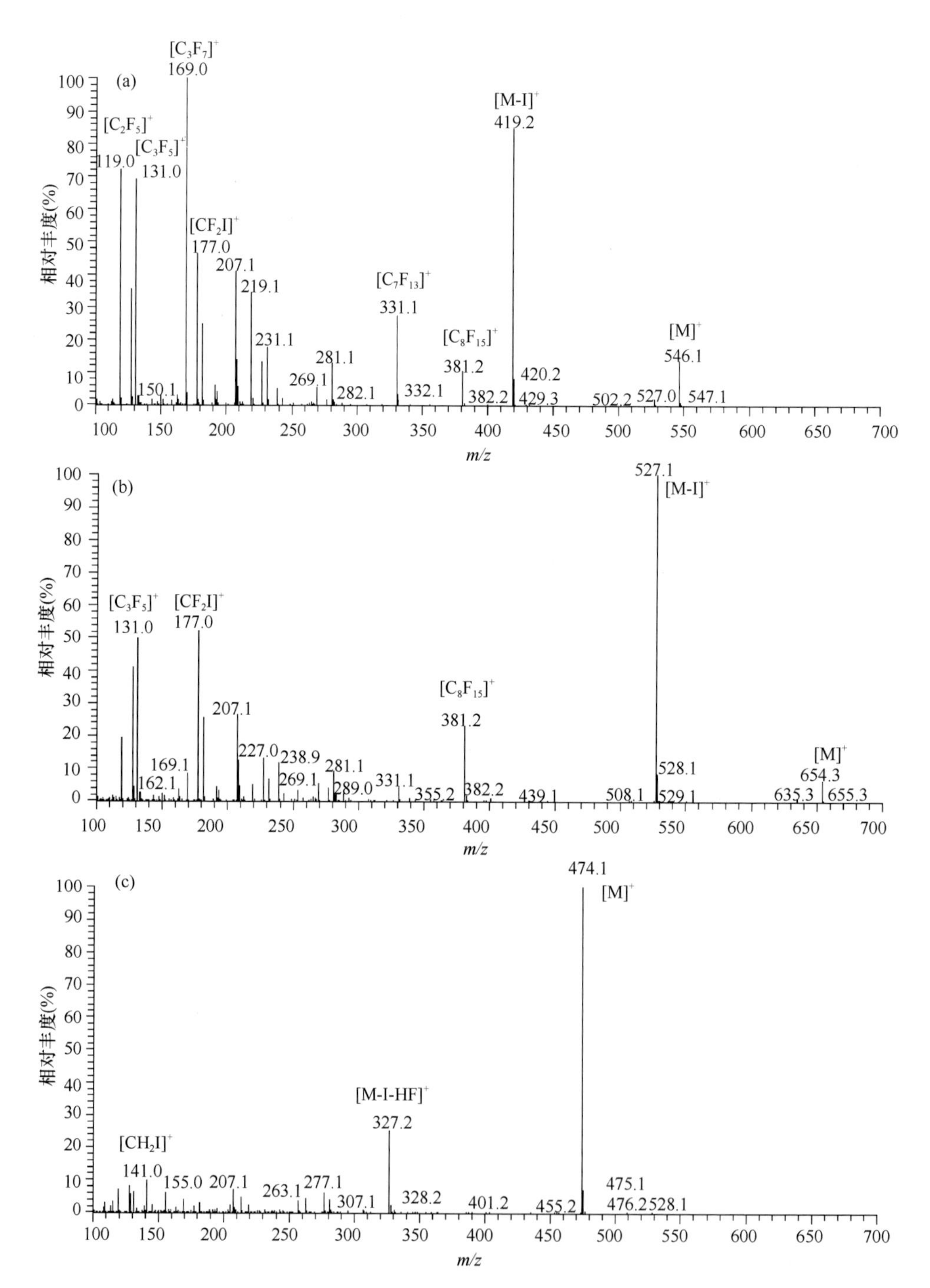

图 5-4 不同全氟碘烷类化合物（a）PFOI、（b）PFODiI、（c）PFOHI 在 45 eV 电子轰击电离条件下的碎裂特征示意图

表5-2 多离子监测（MID）模式下质谱参数的设定值

简称	质荷比（m/z）	监测离子的 m/z[a]				Q_1/Q_2[b]	RT[c]（min）
		Lock Mass	Cali Mass	Quan 离子	Qual 离子		
PFHxI	445.9	313.983	413.977	318.9792	445.8837	10.9	7.54
PFOI	545.9	413.977	501.971	418.9729	545.8773	13.8	12.63
PFDeI	645.9	463.974	501.971	518.9665	480.9697	4.2	17.02
PFDoI	745.9	575.967	613.964	618.9600	580.9650	1.7	20.82
PFHxHI	373.9	313.983	413.977	373.9214	N.C.[d]	N.C.	14.98
PFOHI	473.9	313.983	463.974	473.9150	327.0043	1.5	19.39
PFDeHI	573.9	425.977	501.971	573.9086	426.9979	1.5	23.21
PFDoHI	673.9	501.971	613.964	673.9022	526.9915	1.7	26.61
PFBuDiI	453.8	313.983	413.977	326.8917	453.7962	14.5	20.25
PFHxDiI	553.8	425.977	501.971	426.8853	553.7898	15.8	24.39
PFODiI	653.8	375.980	413.977	526.8789	380.9760	1.9	28.09
内标	487.9	313.983	463.974	361.0262	487.9307	16.7	24.85

a. Lock/Cali Mass，FC43的碎片离子，用于校正质谱对离子扫描的准确性；Quan/Qual离子分别为方法的定量和定性监测离子。b. Quan/Qual离子的平均比值；c. 保留时间；d. 背景干扰，无相关信息。

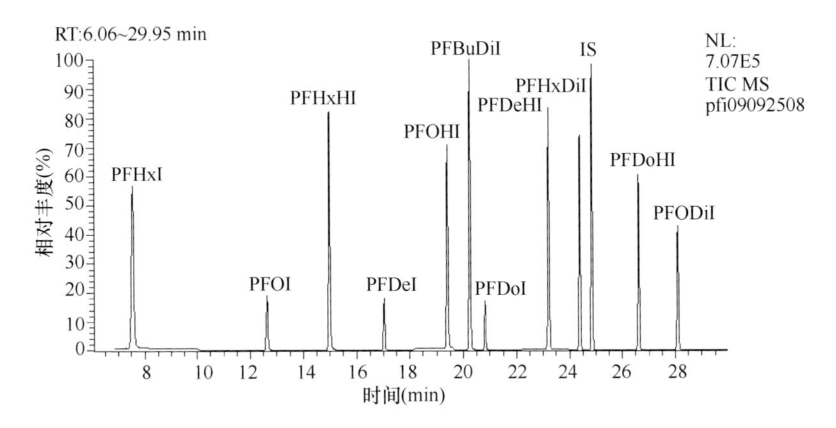

图5-5 全氟碘烷类化合物在MID模式下的色谱总离子流（total ion chromatogram，TIC）示意图

3. TD-GC-HRMS参数优化

为了获得良好的回收率、灵敏度和检出限效果，对TD-GC-HRMS参数进行了系统的优化，包括样品采样体积、样品采集速率、解吸气流速、热脱附解吸温度和气体传输线温度等。

一般而言，当待分析物在吸附剂上的质量损失＞5%时则认为有穿透现象发生。结果表明，当采样体积为1.4 L、2.5 L和3.75 L时无上述现象发生（质量损失＜1%）。当采样体积为5 L时，PFDoI开始出现穿透现象，其质量损失为15%±5%。当采样体积增加至10 L时，PFODiI也开始出现穿透现象（质量损失为22%±3%）。PFOI、PFDeI、PFHxHI、PFOHI和PFHxDiI在采样体积为20 L时均发生了一定程度的穿透现象。在穿透体积实验中，不同类型的全氟碘烷类化合物在吸附剂中的吸附能力有着明显的不同。对于全氟单碘烷类化合物和全氟双碘烷类化合物而言，Tenax TA/Carbograph 1TD复合吸附剂对高挥发性的低分子量同系物如PFHxI等具有较好的吸附效果，而高分子量的PFDoI等同系物易发生解吸；氟调聚碘烷类化合物则完全相反，Tenax TA/Carbograph 1TD复合吸附剂对低挥发性的高分子量同系物如PFDeHI等具有较好的吸附效果，而低分子量的PFHxHI等则易发生解吸过程。结合以上因素和实验结果，最终选择3.75 L作为全氟碘烷类化合物的安全采集体积。

根据US EPA TO-1方法[42]，热脱附管的线性速率应保持在50～500 cm/min。因此根据公式（5-1）所示，采样最佳速率为16.1～161 mL/min。

$$Q_{max} = \pi \times B \times r^2 \tag{5-1}$$

式中，Q_{max}为最大采样速率（mL/min），B为线性速率（cm/min），r为热脱附管内半径（mm）。考察了采样速率分别为150 mL/min、200 mL/min、300 mL/min条件下样品采集速率对待测物回收率的影响。结果显示当样品采集速率从150 mL/min提升到200 mL/min时，待测物的回收率（92%～99%）没有明显影响；而当样品采集速率为300 mL/min时，待测物的回收率（76%～97%）开始出现明显下降的趋势。因此，为了避免样品采集过程中实际采样速率的波动，最终选择150 mL/min的样品采集速率。

在热脱附解吸待测物的步骤中，解吸气流速也对回收率起到重要作用。只有当解吸气流达到一定的流速时（通常大于等于20 mL/min），才能保证待测物在样品管热解吸过程中被气流载入冷阱；而当解吸气流过大时，则容易引起样品回收率的下降。因此，考察了解吸气流流速为25 mL/min和50mL/min时全氟碘烷类化合物的回收率。发现当解吸气流流速为25 mL/min时，待测物的回收率（88%～108%）没有明显变化；而当解吸气流流速为50 mL/min时，全氟碘烷类化合物的回收率（68%～99%）出现明显下降趋势。因此，解吸气流流速设定为25 mL/min。

在热脱附解吸步骤中，热脱附温度能够影响到全氟碘烷类化合物的热稳定性和热解吸效率。因此，首先考察了全氟碘烷类化合物在进样口温度分别为180 ℃、200 ℃、220 ℃、250 ℃和280 ℃时的热稳定性。结果显示，当进样口温度分别为200 ℃、220 ℃、250 ℃和280 ℃时没有明显的降解发生（$p>0.05$），而当进样口温度为180℃时，全氟碘烷类化合物由于挥发不充分而使得质谱信号的响应值仅为其他条件的74%（PFDoHI）～85%（PFBuDiI）。此外，在本实验中分别设置解吸温度为200 ℃、250 ℃、280 ℃，考察不同温度对待测物的解吸效果。发现当解吸温度分别为 200 ℃、250 ℃、280 ℃时，全氟碘烷类化合物的质谱响应值没有显著性差异（$p<0.05$）。因此，在该方法中将解吸温度设定为 280 ℃，对上述加标热脱附管（10 ng/μL 各类待测物）的二次热脱附解吸实验结果也显示 280 ℃温度条件下解吸 8 min 能够使吸附于 Tenax TA/Carbograph 1TD 复合材料上的全氟碘烷类化合物达到完全解吸（残留量<1%）。

TD-GC-HRMS 系统中热脱附系统与 GC-HRMS 的连接通过气体传输线完成。因此，全氟碘烷类待测物在气体传输线中的状态对于仪器方法的开发同样重要。分别设置气体传输线温度为 140 ℃和 200 ℃，考察了不同温度下全氟碘烷类化合物的回收率。结果表明，当气体传输线温度（140 ℃）与气相色谱升温程序中最高温度（145 ℃）接近时，待测物的回收率较好；但当传输线温度为 200 ℃时，待测物如 PFBuDiI（77%±10%）和 PFODiI（82%±12%）的回收率有明显下降。因此，在该方法中将气体传输线温度设定为 140 ℃。

4. TD-GC-HRMS 方法学评价

为了对经过优化后的 TD-GC-HRMS 检测方法进行方法学评价，考察了线性、灵敏度、准确性和重复性等参数，数据如表 5-3 所示。质谱对全氟碘烷类化合物的响应因子通过质谱对 10 pg/μL、20 pg/μL、50 pg/μL、100 pg/μL、200 pg/μL、500 pg/μL、1000 pg/μL 待测物混合标准样品的测定来完成，每个浓度进样 3 次。最小二乘法数据拟合结果显示质谱对全氟碘烷类化合物的响应值与浓度呈现出很好的线性（$R^2>0.9912$），全部全氟碘烷类待测物的线性范围均为 10～1000 pg。

表 5-3　优化后 TD-GC-HRMS 定量分析的方法学参数

简称	检出限[a]		线性[b]	准确度（回收率，%）		重复性[e]（RSD，%）	
	EDL(pg)	MDL(pg/L)	(R^2)	采样加标[c]	管间误差[d]	10 pg 水平	200 pg 水平
PFHxI	2.2	1.2	0.9912	116	2.3	6.2	3.6
PFOI	0.9	0.91	0.9958	111	4.2	22	7.2
PFDeI	0.3	0.86	0.9967	99	7.9	29	7.3
PFDoI	0.3	0.38	0.9924	89	9.7	7.5	2.5
PFHxHI	0.2	0.27	0.9929	105	2.6	36	2.9
PFOHI	0.3	0.14	0.9956	90	1.2	7.7	4.2
PFDeHI	0.1	0.09	0.9990	101	4.7	11	3.0
PFDoHI	0.1	0.04	0.9941	107	4.7	12	3.6
PFBuDiI	0.7	0.38	0.9914	108	3.7	15	3.5
PFHxDiI	0.4	1.0	0.9940	97	3.0	17	4.5
PFODiI	0.5	0.32	0.9992	83	4.8	17	2.1

a. EDL，仪器检出限，计算自色谱图中 S/N>3；MDL，方法检出限，计算自低浓度样品标准样品平行 5 次进样检测值；b. 计算自 10～1000 pg 标准样品平行 3 次进样检测值；c. 加标量 500 pg；d. 采样加标实验中平行样品检测值的相对标准偏差；e. 数据来自于线性拟合实验。

为了反映实际样品测定过程中样品基质对方法检出限（MDL）的影响，将低浓度的全氟碘烷类化合物标准样品加入热脱附管中，通过 3.75 L 实际大气样品进行热脱附步骤分析，平行进样 5 次。其中，PFOHI、PFDeHI 和 PFDoHI 的加标浓度控制在方法检出限的 10 倍以内，其他控制在 5 倍以内。方法检出限可定义为[42]

$$\mathrm{MDL} = A + 3.4S \tag{5-2}$$

式中，A 为各待测物在最小二乘法线性拟合过程中的截距；S 为该化合物平行进样 5 次测定值的相对标准偏差；3.4 为样本容量为 5，$p = 0.01$ 水平时 T 检验的系数。从表 5-3 中可以看出，当检测离子的质量数较大时易带来较低的背景干扰和更高的色谱图信噪比，因此分子量较大的化合物能够得到更低的方法检出限。

从表 5-3 中还可以看出，在采样加标样品中各全氟碘烷类待测物均能得到很好的保存和分析，回收率范围为 83%（PFODiI）～116%（PFHxI），实验室验证加标样品中各待测物的回收率均接近 100%。采样加标实验中平行样品检测值的相对标准偏差值范围为 1%（PFOHI）～10%（PFDoI），表明条件优化后所获得的样品前处理步骤的可靠性。此外，实验室加标实验中平行样品测定值也显示出该方法具有较高的精密度。例如，在 200 pg 加标浓度水平下，平行样品检测值的相对标准偏差值范围为 2%（PFODiI）～7%（PFDoHI）；而当加标量为接近方法检出限的 10 pg 水平时，平行样品检测值也能够达到较小的偏差范围，其相对标准偏差值范围为 6%（PFHxI）～36%（PFHxHI）。

5. TD-GC-HRMS 方法分析实际大气样品

将建立的 TD-GC-HRMS 方法用于实际大气样品中全氟碘烷类化合物的分析。样品定量数据均经过空白校正，但未进行采样加标样品的回收率校正。在实际环境介质中发现两种全氟单碘烷类化合物（PFHxI 和 PFOI）和三种氟调聚碘烷类化合物（PFOHI、PFDeHI 和 PFDoHI）。其中，PFHxI、PFOI、PFOHI、PFDeHI 和 PFDoHI 的环境浓度值分别为 48.2 pg/L、85.0 pg/L、18.8 pg/L、50.4 pg/L 和 10.8 pg/L。上述全氟碘烷类化合物在 3 个平行样品中的标准偏差范围为 17%（PFDoHI）～35%（PFHxI）。平行样品中各分析物的浓度差别主要来自于大气介质中的浓度梯度和实际样品采集量与计算值的误差。样品补偿管中全氟碘烷类化合物均为未检出或含量很低（＜2%），说明样品采集过程中没有明显穿透现象的发生。此外，背景点采集的样品中均未检出全氟碘烷类化合物。与此同时，在所有的样品中均未检出全氟双碘烷类化合物，说明此类化合物并不是调聚氟化法工艺中重要的中间产物。

5.1.2.2 全氟碘烷类化合物在土壤介质中的分析方法

顶空固相微萃取（headspace solid phase microextraction，HS-SPME）技术是将聚合物纤维涂层暴露于密封样品上方的气相中，通过机械搅拌的方式不断改变目标化合物在气-液两相的动态平衡，从而实现待测物在聚合物纤维涂层上吸附的样品前处理技术，特别适用于分析废水、油脂、土壤腐殖酸等复杂基质样品中的挥发和半挥发性有机物[43]。

20 世纪 90 年代，加拿大滑铁卢大学的 Hawthorne 等[44]首次利用热稳定性和化学稳定性较好的熔融石英纤维作为吸附层分析了茶叶中的咖啡因。此后，该前处理方法广泛地应用于水体[45,46]、土壤[47-49]等环境介质中持久性有机化合物的富集和痕量分析测定。HS-SPME 技术同样广泛地运用于中性全氟烷基化合物的分析。例如，HS-SPME-GC/MS 方法实现了血液样本中 8-溴全氟辛烷的分析[50]。聚二甲基硅氧烷（polydimethylsiloxane，PDMS）吸附涂层能够很好地实现对目标物的快速富集和解吸。SPME 吸附涂层对多种疏水性强的全氟烷基化合物均具有非选择性的吸附作用，如 PDMS 纤维可用于 8∶2 FTOH 光降解实验中母体及部分代谢产物的富集和定量分析[51]。全氟碘烷类化合物的物理化学特征决定了顶空固相微萃取技术同样能够成为针对土壤等复杂环境介质进行痕量分析的有效手段。

1. 样品前处理流程优化

称取约 1.0 g 土壤样品加入到 150 mL 锥形瓶中，倒入 50 mL 纯水和少量丙酮并搅拌成匀浆。加入 2 ng 6∶3 氟调聚碘烷（1*H*,1*H*,2*H*,2*H*,3*H*,3*H*-perfluorononyl iodide）内标后将锥形瓶密封并放置一段时间。通过对放置时间的优化控制，实现内标化合物在匀浆中的吸附平衡。随后，在一定的温度条件下使用磁力搅拌器对匀浆进行充分搅拌，在锥形瓶中形成气溶胶，使待测物能够从溶液中快速挥发并实现在固相萃取纤维上的富集。当搅拌萃取过程结束后，将纤维从锥形瓶中取出并暴露于气相色谱进样口 5 min，使待测物在萃取纤维上进行热解吸并进入气相色谱分离和分析。为了保证方法的重复性，纤维插入进样口的深度和暴露时间始终保持一致。

固相微萃取纤维对不同待测物的吸附性能遵循“相似者相溶”的原则。研究认为，固相微萃取纤维富集目标化合物的机制主要有两种：PDMS 和聚丙烯酸酯（polyacrylate，PA）涂层对待测物的吸附主要通过吸收（absorption）作用，即待测物主要以在纤维涂层上的扩散作用为主；而聚二甲基硅氧烷/二乙烯基苯（PDMS-DVB）和分子筛/聚二甲基硅氧烷/二乙烯基苯（CAR-PDMS）等涂层对待测物主要以吸附（adsorption）作用为主，即待测物主要以在纤维涂层大的表面积上的吸附为主[52]。结合全氟碘烷类化合物的挥发性和极性特征，分别选取了 100 μm PDMS、65 μm PDMS-DVB 和 75 μm CAR-PDMS 涂层纤维材料，考察各纤维材料对全氟碘烷类化合物的吸附特性。实验结果显示 PDMS-DVB 纤维对全氟碘烷类化合物的吸附能力最强，PDMS 则相反。表明固相微萃取纤维对全氟碘烷类化合物的富集主要以吸附作用为主，带有二乙烯基苯的 PDMS-DVB 复合涂层表面含有很多微孔，具有较大的比表面积，能够使固定相上的吸附和分配作用相互增强而大大地增加了萃取的容量。

溶液酸度和盐度是影响固相微萃取技术对污染物分析的一个关键性因素。溶液酸度能够影响待测物在溶液中的存在形态；而盐度则反映了溶液的离子强度并影响待测物在溶液中的溶解度。当溶液的离子强度改变而使待测物的溶解度下降时，待测物更易向顶空气相挥发，从而改变待测物在纤维涂层上的吸附平衡。因此，分别考察了溶液 pH 值（2.4、3.5、4.7、6.0 和 7.1）和溶液中 Na_2SO_4 浓度（0%、2%、5%、10%和 20%，*w*/*V*）对纤维涂层吸附性能的影响。结果显示溶液的酸度对最终各全氟碘烷类化合物在 PDMS-DVB 纤维上的吸附效果具有较大影响，当溶液的 pH 值接近中性时，纤维的萃取效果最佳。此外，随着溶液离子强度的增加，PDMS-DVB 纤维涂层对全氟碘烷类化合物的吸附效率出现明显的下降趋势。这说明随着溶液离子强度的增加，全氟碘烷类化合物出现了明显的“盐溶效应”而在溶液中的溶解度不断增加，不利于使该类待测物向顶空相中迁移而被富集。

溶液中有机相浓度也是影响固相微萃取技术对污染物分析的一个关键性因素。溶液中有机相能够减少待测物质在复杂基质样品中的吸附，增加待测物的自由态溶解度，从而提高萃取纤维的吸附性能；然而，对于大表面积的萃取纤维而言，挥发性的有机相也易于在萃取纤维上发生竞争性吸附，从而降低对待测物的吸附效果。因此，考察了溶液中有机相浓度（0%、1%、5%和 10%丙酮，*V*/*V*）对纤维涂层吸附性能的影响。结果表明只有当丙酮相的浓度为 10%时，有机相浓度才会对如 PFHxI 和 PFOI 等部分全氟碘烷类化合物在萃取纤维上的吸附性能产生一定影响。

萃取温度也是影响固相微萃取技术对污染物分析的一个关键性因素。适当的温度能促进待测物向纤维涂层的迁移，从而实现待测物在萃取纤维上的快速分配动力学平衡；然而，过高的温度易引起待测物在纤维涂层上的解吸附，从而影响纤维涂层对待测物的吸附效率。因此，考察了萃取温度（10 ℃、25 ℃、40 ℃ 和 60 ℃）对纤维涂层吸附性能的影响。结果表明当萃取温度从 10 ℃上升至 25 ℃时，较高的温度能促进待测物的挥发和向纤维涂层的迁移，从而提高萃取纤维的富集效果；然而当萃取温度从 25 ℃上升至 60 ℃时，相对过高的温度可导致待测物在纤维涂层上的解吸附，反而降低萃取纤维对全氟碘烷类化合物的富集效果。

对于包括液相、顶空气相和萃取纤维在内的三相顶空萃取体系，萃取时分析物从液相向顶空气相的迁移和顶空气相向萃取纤维的迁移动力学过程可根据如公式（5-3）计算[43]：

$$n = C_0 V_f V_s K / (K V_f + K_1 V_g + V_s) \tag{5-3}$$

式中，C_0 为待测物初始浓度，V_f、V_s、V_g 分别为涂层、样品和顶空的体积，K 和

K_1 为常数。当体系达到平衡时，萃取纤维萃取的化合物量与其在样品中的浓度呈比例关系。因此，萃取时间是待测物在纤维上吸附和动力学分析的关键性因素。考察了萃取时间（5 min、10 min、15 min、20 min 和 30 min）对纤维涂层吸附性能的影响。结果显示当萃取时间为 30 min 时，各全氟碘烷类化合物能够在纤维上实现萃取平衡。

为了准确测定土壤中的全氟碘烷类化合物，需要研究土壤对分析物吸附的动力学过程。具体的实验步骤为：准确称量 1 g 空白土样和 50 mL 去离子水并倒入 150 mL 锥形瓶中，加入 50 μL 浓度为 1 ng/μL 各全氟碘烷类化合物的甲醇溶液，保持溶液上清液为中性。锥形瓶密封后分别静置 0 min、2.5 min、5 min、10 min、20 min、40 min、80 min 和 120 min 并进行磁力搅拌，保持温度恒定为 25 ℃。PDMS-DVB 涂层纤维材料通过手柄插入密封锥形瓶并暴露于顶空部分 30 min 后，取出纤维并进行气相色谱分析。结果表明当待测物标准样品加入到空白土壤样品中后，会在极短的时间内达到分配的初步平衡，并在接下来的几小时内没有明显的含量变化。这个现象与文献对全氟和多氟烷基化合物吸附动力学的报道比较类似。这种现象被称为二级动力学过程[53]。此过程中初级动力学吸附很快完成（约 30 s），而极为缓慢的二级吸附动力学要等待十几天才能完成。因此，标准样品仅需要平衡 5 min 即能模拟土壤对待测物的初级吸附动力学平衡。其中，内标化合物的回收率为 47%。

2. 气相色谱-低分辨质谱（GC-LRMS）条件

Agilent 6890N/5973 气相色谱-低分辨质谱（Agilent，Santa Clara，CA）用于 HS-SPME-GC-LRMS 样品前处理方法的分析。化合物电离模式选择为电子轰击电离模式（EI^+，70 eV），离子源温度设定为 250 ℃。采用单离子检测（single ion monitor，SIM）模式，LRMS 的参数设定如表 5-4 所示。Agilent DB-624 气相色谱柱（6%氰丙基-苯基，94%二甲基聚硅氧烷，0.25 mm i.d.，长度 30 m，膜厚度 1.4 μm，J&W Scientific，Folsom，CA）用于对全氟碘烷类待测物的色谱分离过程。气相色谱的升温程序为：35 ℃保持 6 min，5 ℃/min 升温至 135 ℃，最后再以 2 ℃/min 升温至 145 ℃。

3. 方法学评价

为了对所建立的样品前处理及仪器方法进行评价，分别考察了方法检出限、线性、浓度响应范围和方法回收率等参数。为了反映实际样品测定过程中样品基质对方法定量限（method quantification limit，MQL）的影响，将低浓度（5～10 pg）的全氟碘烷同系物标准样品分别加入到含 1 g 空白土样和 50 mL 去离子水的匀浆中，经静置和搅拌萃取吸附后进入气相色谱分析，共平行进样 3 次。方法检出限定义为上述加标样品色谱分离峰 10 倍信噪比（S/N）时各待测物的加标浓度。SPME

纤维对顶空相待测物具有高吸附能力，全氟碘烷类化合物均具有较高的灵敏度，仪器检出限范围为 2.4 pg（PFDoHI）～11.3 pg（PFOI）；对于大多数待测物而言，当检测离子的质量数较大时易带来较低的背景干扰和更高的色谱图信噪比，故能够得到更低的方法检出限。

表 5-4 选择离子扫描（SIM）模式下 GC-LRMS 的方法学参数

中文名称	化合物	简称	扫描离子
全氟己基碘烷	perfluorohexyl iodide	PFHxI	281，319，446
全氟辛基碘烷	perfluorooctyl iodide	PFOI	381，419，546
全氟癸基碘烷	perfluorodecyl iodide	PFDeI	131，481，519
全氟十二烷基碘烷	perfluorododecyl iodide	PFDoI	131，319，619
4∶2 氟调聚碘烷	1*H*,1 *H*,2 *H*,2 *H* -perfluorohexyl iodide	PFHxHI	227，374
6∶2 氟调聚碘烷	1 *H*,1 *H*,2 *H*,2 *H* -perfluorooctyl iodide	PFOHI	327，474
8∶2 氟调聚碘烷	1 *H*,1 *H*,2 *H*,2 *H* -perfluorodecyl iodide	PFDeHI	427，574
10∶2 氟调聚碘烷	1 *H*,1 *H*,2 *H*,2 *H* -perfluorododecyl iodide	PFDoHI	527，674
1,4-二碘全氟丁烷	1,4-diiodooctafluorobutane	PFBuDiI	327，454
1,6-二碘全氟己烷	1,6-diiodooctafluorohexane	PFHxDiI	427，554
1,8-二碘全氟辛烷	1,8-diiodoperfluorooctane	PFODiI	381，527
6∶3 氟调聚碘烷	1 *H*,1 *H*,2 *H*,2 *H*,3 *H*,3 *H*-perfluorononyl iodide	IS（内标）	361，488

5.1.3 全氟碘烷类化合物的环境赋存特征

氟化工厂是全氟和多氟烷基化合物的典型污染源。研究以氟工业生产工厂周边地区为调查区域，采集了不同地点的大气和土壤样品，利用建立的 TD-GC-HRMS 和 HS-SPME-GC-LRMS 分析方法，在大气和土壤介质中检测到了多种全氟碘烷类化合物，并分析了其浓度和空间分布规律。

全氟碘烷类化合物的浓度随距离可能会发生快速的下降，多数采样点（采样点 1～9）集中于污染源附近及其下风向区域，对照点（采样点 10～12）分别选取在有别于风向的其他三个方向。样品采集过程中，两个 Tenax TA/Carbograph 1TD 热脱附管首尾相连并通过一小段硅胶管与 QC-1S 便携式采样泵（50～500 mL/min，北京劳动保护科学研究所）连接并放置于离地 1.5 m 处，平行采样管之间相距约 5 m 并远离公路。采样流速约为 150 mL/min，采样体积约为 3.75 L。实际采样速度需通过采样开始时和结束时的采样速度值取平均值校正。大气温度（约 26.1 ℃）、相对湿度（约 49%）和大气压力（101.4 kPa）等气象条件用于对实际采样体积进行校正。其中前端的采样管用于对大气样品中全氟碘烷类化合物的定量分析，其后的采样管用于监控采样过程是否发生体积穿透现象。3 个采样空白管在采样过程中暴露于实际大气介质中，以消除大气扩散作用可能引起的背景干扰。采样结束后，采样管和空白管均密封后放置于低温（4 ℃）干燥容器保存。土壤样品采集于大气采样点约 2 cm 深的表层土壤，用铝箔包好后放置于聚丙烯自封袋中密封保存于冰盒中。

在采样区域的实际大气样本中发现七种全氟碘烷类化合物。其中，PFDoI 和 PFDoHI 在所有样本中均检出，PFHxI、PFOI、PFDeI、PFOHI 和 PFDeHI 的检出则局限于工厂周边及其下风向地区，而 PFHxHI 和 PFBuDiI、PFHxDiI、PFODiI 等全氟双碘烷类化合物（FDIAs）均未检出。各全氟碘烷类同系物的浓度水平从 pg/L 至 ng/L，全氟单碘烷类化合物和氟调聚碘烷类化合物的最高浓度分别为 3.08×10^4 pg/L（PFOI）和 1.32×10^3 pg/L（PFDeHI）。

在全氟单碘烷类化合物中，PFOI 的浓度始终高于其他的同系物，其浓度高低依次为：PFOI＞PFHxI＞PFDeI＞PFDoI。这说明采样区域大气介质中的全氟单碘烷类化合物以 PFOI 和 PFHxI 为主，两者可能是全氟单碘烷工艺生产过程中的主要同系物。文献中报道目前在北美地区全氟辛酸铵（ammonium perfluorooctanoate，APFO）等相关全氟和多氟烷基化合物产品的生产主要利用浓度＞99%的 PFOI 合成[54]，与研究结果较为类似。然而，PFHxI、PFDeI 和 PFDoI 等同系物的检出也说明其他全氟单碘烷类同系物在该区域的工业生产中也有存在，并能够释放到实际环境介质。

与全氟单碘烷类化合物相类似，PFDeHI 是氟调聚碘烷类化合物的主要同系物，其在大气样品中的最高浓度值为 1.32×10^3 pg/L，PFOHI 和 PFDoHI 的浓度值次之。然而与全氟单碘烷主要以 C_8 同系物（PFOI）为主的情况不同，氟调聚碘烷类化合物主要以 C_{10}（PFDeHI）的同系物为主。该结果与调聚氟化法的生产工艺相关，氟调聚碘烷通常由全氟单碘烷通过乙烯基加成反应生成[23,54]，因此 PFOI 和 PFDeHI 之间有必然联系。PFHxHI 通常认为与 C_4 全氟和多氟烷基化合物的生产有关，如 4∶2 全氟烯烃（4∶2 olefins）、4∶2 全氟丙烯酸酯单体（4∶2 acrylate monomer）及全氟丁酸铵（ammonium perfluoropentane），然而该化合物在调查区域的大气样品中并未检出，说明碳链长度≤4 的短链全氟化合物可能不是该地区氟化工生产工艺中的主要产品。文献中通过分析 FTOHs 各同系物含量比例推测氟调聚碘烷类化合物主要以 PFOHI、PFDeHI 和 PFDoHI 为主[55]，本实验结果证实了该推测。

全氟双碘烷在分子结构和物理化学性质上与全氟单碘烷和氟调聚碘烷具有相似性，可作为氟化橡胶工业中重要的原料物质[56]。然而该类化合物在调查区域的环境样品中并未检出，说明该类全氟远螯单体化合物（telechelic monomer）并不是调查区域氟化工工艺生产的主要产物或副产物。

全氟单碘烷类化合物在相关工业产品中的组成为：32%～38% PFHxI、32%～38% PFOI、32%～38% PFDeI 和 32%～38% PFDoI。氟调聚碘烷的同系物为 32%～

38% PFOHI、30%～35% PFDeHI、20%～26% PFDoHI 及其他成分（C≥14，6%～8%）。然而，检测的大气样品中全氟碘烷类化合物的同系物组成与产品的组成存在一定差异（图 5-6）。例如，高分子量全氟单碘烷同系物在大气样品中的比例（如 PFDeI，2%～15%；PFDoI，1%～9%）低于工业产品中的组成，氟调聚碘烷的情况与之相类似，而工厂周边大气样品中 PFDoHI 的比例（7%～14%）远低于其在工业产品中的比例。双侧皮尔逊相关性检验（Pearson correlation test，two-tailed，$p<0.01$）结果显示大气样品中全氟单碘烷类化合物的浓度呈现出很好的相关性，说明该类化合物同系物可能具有相同的释放方式，氟调聚碘烷同系物之间也具有类似的相关性。低链长的全氟碘烷类化合物由于具有更高的饱和蒸气压，更易于向大气介质中扩散，这可能是其在大气中具有更高的浓度比例的原因之一。

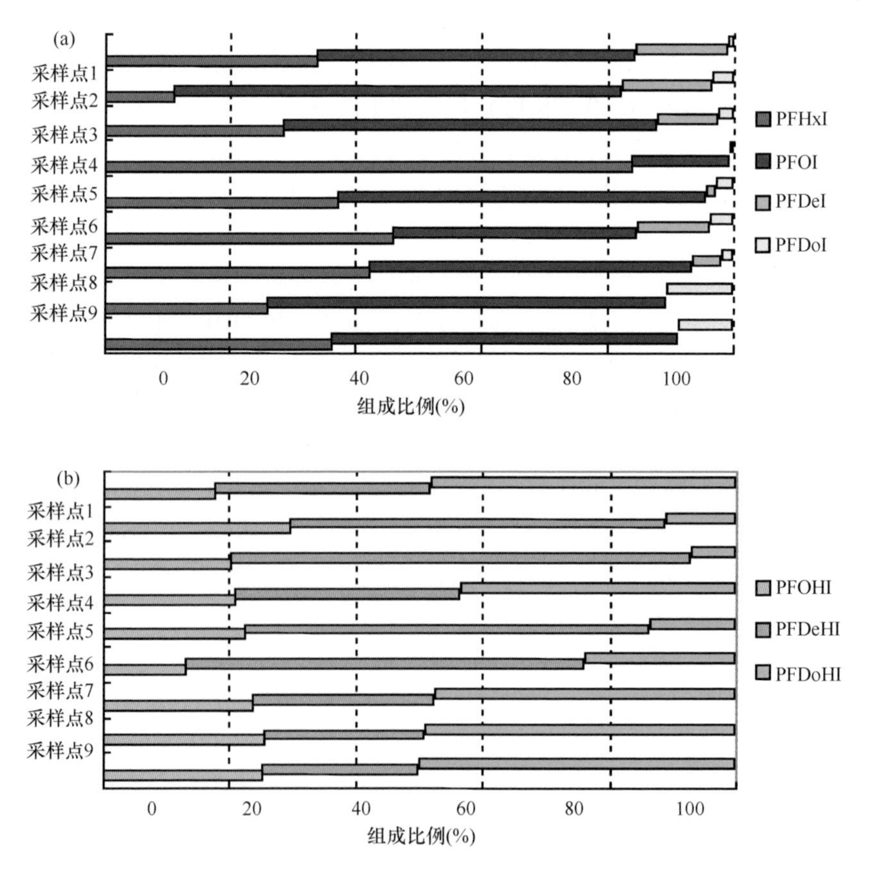

图 5-6 氟化工工厂周边及下风向地区大气样品中全氟碘烷类化合物［（a）FIAs，（b）FTIs］同系物的组成比例[57]

大部分大气样品中全氟单碘烷的含量要高于氟调聚碘烷的含量，这种情况可能是因为全氟单碘烷的生产量高于氟调聚碘烷。文献中报道认为全氟取代的化合物饱和蒸气压要类似或更高于部分氟取代的类似碳氢化合物[58,59]。因此，全氟单碘烷也可能更易挥发到大气介质中。

土壤样品中全氟碘烷类化合物的检出率要远低于大气样品，仅存在于工厂周边区域的样品中，能够检出的全氟碘烷类化合物为：PFOI（194 pg/g）、PFDeI（67.7 pg/g）、PFDoI（16.6 pg/g、101 pg/g）、PFDeHI（145 pg/g、227 pg/g 和 499 pg/g）和 PFDoHI（303 pg/g）。土壤样品中全氟碘烷类化合物的组成与大气样品中的有所不同。检出的化合物主要以长链化合物为主，而短链同系物（如 PFHxI 和 PFOHI）均未检出。该现象可能与不同链长同系物的物理化学特征和在环境介质间的分配相关。化学计量学模型计算显示，全氟单碘烷和氟调聚碘烷类化合物的饱和蒸气压值分别为：0.122 Torr（PFDoI）～20.4 Torr（PFHxI）和 0.095 Torr（PFDoHI）～2.9 Torr（PFOHI），均略高于氟调聚醇类化合物的计算值［0.008 Torr（10∶2 FTOH）～9.94 Torr（4∶2 FTOH）］和实测值［0.008 Torr（10∶2 FTOH）～9.94 Torr（4∶2 FTOH）］。饱和蒸气压＞0.1 Torr 的化合物通常被定义为挥发性化合物（volatile organic compound，VOC）[36]，因此大部分的全氟碘烷类化合物均具有挥发性化合物的特征，易于从土壤介质中挥发进入大气介质中。然而，长链的全氟单碘烷和氟调聚碘烷类化合物具有相对较高的辛烷-大气分配系数［log K_{OA}，3.23 (PFHxHI)～4.70（PFDoHI）］和大气颗粒物吸附常数［log ϕ，–6.90（PFHxHI）～–4.80（PFDoHI）］。因此，相对于短链同系物，长链同系物更易于吸附在大气颗粒物和土壤介质中而具有相对较高的残留浓度。

上述的顶空固相微萃取-气相色谱联用方法也被用于分析欧洲污水处理厂出水、底泥样本中挥发性全氟和多氟烷基化合物的环境赋存和行为。氟调聚醇（8∶2 FTOH，10∶2 FTOH，12∶2 FTOH，14∶2 FTOH）和氟调聚碘烷（6∶2 FTI，10∶2 FTI）均有检出[60]。液-气相分配实验进一步显示高比例（如 PFHxI、PFOI、PFDI、4∶2 FTI、6∶2 FTI、8∶2 FTI 等，30%～60%）的挥发性全氟和多氟烷基化合物可由水相向气相迁移[61]。

5.1.4　全氟碘烷类化合物的环境转化行为

5.1.4.1　全氟碘烷类化合物的大气氧化转化过程

全氟和多氟烷基化合物在生产过程中会直接排放到环境介质中，例如电解氟化法工艺中，约 5%～10%的全氟辛酸（PFOA）和约 10%的全氟辛酸铵（APFO）会释放到大气中[54]。研究认为调聚碘烷类化合物能够发生 S_N1 和 S_N2 水解反应，并且温度和环境介质的 pH 值为影响反应动力学的关键参数[62]。在海洋和陆地条件下（通常温度为 0～40 ℃，pH 值为 4～9），氟调聚碘烷的水解半衰期为 10～1000 d。PFHxHI 与羟基自由基和 Cl 原子反应的速率常数相当，而大气光降解反应是决定 PFHxHI 大气氧化半衰期的主要因素[27]。PFHxHI 能够与大气中的羟基自由基反应生成氟调聚醇 $C_4F_9CH_2CH_2OH$，并能进一步反应生成全氟羧酸。该光降解过程起始于氟调聚碘烷的 α-H 提取反应，与文献报道的 FTOHs 的大气光反应过程类似[27]。将 PFHxHI 的大气反应途径与 4∶2 FTOH 的大气反应途径相比，不难发现氧化过程中均能产生类似中间体产物。虽然 PFHxHI 的反应速率比 4∶2 FTOH 低约 1 个数量级，但其产物的产率较为接近。与此同时，文献中报道该大气自由基反应过程与化合物的链长无相关关系[27]。因此，氟调聚碘烷类化合物同样可能具有与 FTOHs 相类似的大气迁移和转化过程而成为全氟羧酸类化合物的前驱体。

目前，对于全氟单碘烷类化合物在环境介质中通过水解和光氧化作用发生转化的研究非常缺乏。PFIs 不同于 FTOHs，全氟单碘烷类化合物分子结构中没有可提取的 H 原子，目前化学计量学模型无法对全氟单碘烷与大气介质中羟基自由基等反应进行模拟和分析。然而，甲基、乙基和丙基碘烷能够发生光降解反应而生成烷基自由基离子和碘原子，其大气氧化半衰期约为数天[63]。全氟单碘烷和烷基单碘烷在物理-化学性质上具有相似性，同样可能生成全氟烷基自由基。预测的全氟烷基碳链分解过程如下述公式所示：

$$
\begin{aligned}
&CF_3(CF_2)_x\cdot + O_2 \longrightarrow CF_3(CF_2)_xOO\cdot \\
&CF_3(CF_2)_xOO\cdot + ROO\cdot \longrightarrow CF_3(CF_2)_{x-1}CF_2O\cdot + RO\cdot + O_2 \\
&CF_3(CF_2)_{x-1}CF_2O\cdot \longrightarrow CF_3(CF_2)_{x-1}\cdot + COF_2 \\
&CF_3O\cdot + NO \longrightarrow COF_2 + FNO \\
&CF_3O\cdot + CH_4 \longrightarrow CF_3OH + CH_3\cdot
\end{aligned}
$$

（x=5～11）

PFCA 转化产物的生成过程：

$$
\begin{aligned}
&CF_3(CF_2)_x\cdot + O_2 \longrightarrow CF_3(CF_2)_xOO\cdot \\
&CF_3(CF_2)_xOO\cdot + CH_3O_2\cdot \longrightarrow CF_3(CF_2)_xOH + HCHO + O_2 \\
&CF_3(CF_2)_xOH \longrightarrow CF_3(CF_2)_{x-1}C(O)F + HF \\
&CF_3(CF_2)_{x-1}C(O)F \xrightarrow{\text{水解}} CF_3(CF_2)_{x-1}C(O)OH
\end{aligned}
$$

全氟烷基自由基可能能够与大气环境中的超氧自由基反应而发生后续的全氟烷基自由基“链消去”反应，最终生成 COF_2 和 CF_3OH；或者能够与大气介质中高浓度的超氧烷基自由基（$CH_3O_2\cdot$）反应生成 FTOHs 及相关的全氟羧酸类化合物。反应的进行方向取决于大气介质中各种自由基的浓度和反应速率常数。

5.1.4.2　氟调聚碘烷类化合物在土壤介质中的好氧转化过程

氟调聚醇（FTOHs）在土壤[64]、底泥[65]和活性污泥[66]中都能发生好氧转化生成不同链长的全氟羧酸和 x∶3 氟调聚羧酸［$F(CF_2)_xCH_2CH_2COOH$，$x = 3$，4，5，7］化合物。其他调聚化合物，如氟调聚磺酸［FTSAs，$F(CF_2)_xCH_2CH_2SO_3H$，$x =$ 4，6，8］和氟调聚乙氧基化合物［FTEOs，$F(CF_2)_x(CH_2CH_2O)_yH$］在活性污泥和污水中同样会发生与 FTOHs 相似的转化过程[67,68]。氟调聚碘烷类化合物（FTIs）分子结构与 FTOHs 非常相似，其分子末端的 I 原子与 OH 基团相比具有更强的亲核性[69]，因此在环境中很可能发生与 FTOHs 相似的环境转化过程。

1. 培养系统

黄樟土是全氟和多氟烷基化合物好氧转化研究的常见基质[64,70,71]。土壤样本采自无明显人为活动影响的森林地区，2 mm 过筛后 4 ℃保存。成分分析显示采集的黄樟土样本包含 52%砂粒、34%粉粒、14%黏粒和 3.8%有机质，pH 值约为 5.8。部分土壤使用 Co-60 γ 射线照射将微生物灭活作为阴性对照组。活性土壤和灭活土壤的初始含水量均为 19%，实验中加入去离子水调节含水量至 50%并静置平衡两天后备用。

称取平衡后的土壤 8.3 g（干重）置于 120 mL 带有丁基橡胶塞的钳口玻璃瓶中，并分为三组。其中，暴露实验组加入活性土壤和 10 μL 6∶2 FTI 乙醇溶液（4.0 mg/mL）；阴性对照组加入灭活土壤和 100 mg/kg 抗生素（卡那霉素、氯霉素和环己酰亚胺）以抑制微生物生长，再加入 10 μL 6∶2 FTI 甲醇溶液（4.0 mg/mL）；空白对照组加入活性土壤和 10 μL 乙醇溶剂。各组土壤样品充分混匀后密封，玻璃瓶外部连接 C_{18} 固相萃取柱富集可能的挥发性转化产物[65]。实验装置如图 5-7 所示，由顶空气相组分和下部分固相组分构成。整个培养系统在室温（22 ℃±3 ℃）下进行培养。空白对照组玻璃瓶顶空部分氧气浓度使用氧探头（Model 905，Quantek Instruments，Grafton，MA）进行实时监测并以此推断实验组中氧气的含量。当氧气含量低于 10%时，使用空气泵通入 3 L 空气以保证 6∶2 FTI 好氧转化过程的正常进行[72]。整个培养周期持续 91 天，并在时间点（0 天、1 天、3 天、9 天、14 天、28 天、58 天和 91 天）分别取样分析。

为了能够对低浓度转化中间体和转化产物进行准确的结构解析，实验中同步设立高剂量的 6∶2 FTI（500 μg/125 μL 乙醇）暴露实验组，其他实验条件与前述一致。

2. 样品前处理

在每个采样时间点，分别取 3 个暴露实验组样品、3 个阴性对照组样品和 2 个空白对照组样品。取样前向玻璃瓶通入 1.5 L 空气将顶空气体置换进入 C_{18} 固相萃

图 5-7　6：2 FTI 土壤微生物好氧转化实验体系示意图

取柱以富集、回收可能生成的挥发性转化产物。C_{18} 固相萃取柱使用 5 mL 乙腈洗脱，洗脱液在–10 ℃条件下保存。丁基橡胶塞使用 5 mL 乙腈在 50 ℃条件下持续振荡萃取 48 h。土壤样品进行两次萃取：在玻璃瓶中加入 30 mL 乙腈，使用新丁基橡胶塞密封，50 ℃条件下 250 r/min 持续振荡萃取 1～4 天，经 20 min 离心（1000 r/min）并通过 0.45 μL 尼龙膜过滤后获得上清液；残留物加入 30 mL 乙腈和 800 μL NaOH 溶液，相同条件下持续振荡萃取 24 h 后离心过滤获得上清液。首次萃取的提取液需要进一步净化处理以降低基质效应的影响[65,70]，具体步骤为：取 800 μL 上清液于 2 mL 玻璃管中，加入 800 μL 乙腈、38 μL 1mol/L NaOH 溶液和 25 mg Envi-Carb（Supelco，St. Louis，MO）在 50 ℃条件下持续振荡萃取 3 h 后离心（10 000 r/min）获得上清液。最后将所有提取液转移到进样瓶中进行仪器分析。

对于高剂量暴露实验组，分别采用固相微萃取（PDMS）和固相萃取（C_{18}）方法对顶空气相中的挥发性转化中间体和转化产物进行富集。使用 3 mL 甲基叔丁基醚（methyl *tert*-butyl ether，MTBE）作为固相萃取洗脱溶剂；土壤样品使用 12 mL 去离子水浸润后加入 10 mL MTBE 振荡萃取，经离心并过滤后进入仪器分析。

3. 转化中间体和转化产物的结构鉴定和定量分析

使用气相色谱-四极杆-飞行时间（quadrupole-time of flight，Q-TOF）和液相色

谱-静电场轨道阱（Orbitrap）高分辨质谱分别对顶空相和土壤提取液中的转化中间体和转化产物的结构进行解析。根据测得的精确分子量和二级质谱信息，确认了目标物的元素组成，通过标准品对比确认了 6∶2 FTI 在土壤中好氧转化生成的中间体和产物（表 5-5）。为获得 6∶2 FTI 及其转化中间体和转化产物转化动力学曲线，对所有分析物进行定量分析。除 6∶2 FTI 使用 GC-MS 进行定量分析外，其他所有物质的定量均采用 LC-MS/MS 方法。

表 5-5　6∶2 FTI 在土壤中好氧转化的转化中间体和转化产物的中英文名称、缩写及分子结构式

缩写	英文名称	中文名称	分子结构式
6∶2 FTI	6∶2 fluorotelomer iodide	6∶2 氟调聚碘烷	$F(CF_2)_6CH_2CH_2I$
6∶2 FTOH	6∶2 fluorotelomer alcohol	6∶2 氟调聚醇	$F(CF_2)_6CH_2CH_2OH$
6∶2 FTCA	6∶2 fluorotelomer saturated acid	6∶2 氟调聚饱和酸	$F(CF_2)_6CH_2COOH$
6∶2 FTUCA	6∶2 fluorotelomer unsaturated acid	6∶2 氟调聚不饱和酸	$F(CF_2)_5CF{=}CHCOOH$
5∶2 FT ketone	5∶2 fluorotelomer ketone	5∶2 氟调聚酮	$F(CF_2)_5C(O)CH_3$
5∶2 sFTOH	5∶2 fluorotelomer secondary alcohol	5∶2 氟调聚仲醇	$F(CF_2)_5CH(OH)CH_3$
PFBA	perfluorobutyric acid	全氟丁基羧酸	$F(CF_2)_3COOH$
PFPeA	perfluoropentanoic acid	全氟戊基羧酸	$F(CF_2)_4COOH$
PFHxA	perfluorohexanoic acid	全氟己基羧酸	$F(CF_2)_5COOH$
PFHpA	perfluoroheptanoic acid	全氟庚基羧酸	$F(CF_2)_6COOH$
4∶3 FT acid	4∶3 fluorotelomer acid	4∶3 氟调聚酸	$F(CF_2)_4CH_2CH_2COOH$
5∶3 FT acid	5∶3 fluorotelomer acid	5∶3 氟调聚酸	$F(CF_2)_5CH_2CH_2COOH$
5∶3 FT Uacid	5∶3 fluorotelomer unsaturated acid	5∶3 氟调聚不饱和酸	$F(CF_2)_5CH{=}CHCOOH$

PFPeA、PFHpA 和 5∶3 FT acid 是 6∶2 FTI 在土壤中好氧转化的主要产物（图 5-8）。培养 91 天后，暴露实验组中 PFPeA 和 PFHpA 的产率（摩尔分数）分别达到 20%和 16%。6∶2 FTI 表现出与 6∶2 FTOH 土壤好氧转化过程明显不同的特点。6∶2 FTOH 在土壤中的好氧转化不能产生高产率的 PFHpA，而 PFPeA 的产率可达到 30 %[64]。5∶3 FT acid 产率在培养 14 天后达到最高值（22%），随后逐渐降低，在 91 天时达到 16% [图 5-8（b）]，可能原因是 5∶3 FT acid 与土壤有机物共价结合，现有萃取方法无法完全提取[65,70]。短链的 4∶3 FT acid 代谢产物在 91 天时的产率为 3.0%。

6∶2 FTI 在土壤好氧转化过程中伴随着多种中间体的生成，如 6∶2 FTCA、6∶2 FTUCA 和 5∶3 FT Uacid，产率相对较低 [图 5-8（c）]，这些中间体化合物生成后会迅速转化为其他化合物[64]。第 1～58 天样本中有少量 6∶2 FTOH（＜1%）检出，说明 6∶2 FTI 可能会转化为 6∶2 FTOH 再进一步转化为其他产物。此外，还有部分挥发性前驱体在顶空气相部分的萃取液中检出，如 5∶2 FT ketone 和

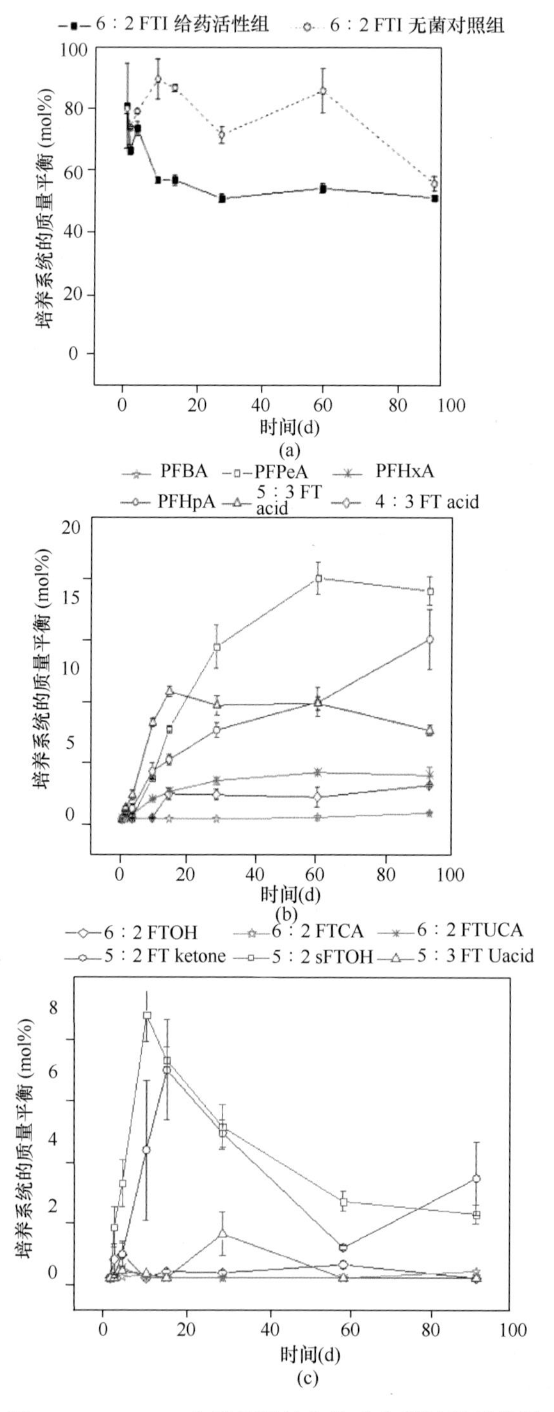

图 5-8　6：2 FTI 土壤好氧转化的动力学过程示意图

5∶2 sFTOH，其产率分别在第 9 天和第 14 天达到峰值 7.8%和 8.2%，在第 91 天分别降低到 3.7%和 2.4%［图 5-8(c)］。

4. 6∶2 FTI 的好氧转化途径

6∶2 FTI 的土壤微生物好氧降解过程与文献中报道的 6∶2 FTOH 的转化过程具有相似性，如可观测到相同的转化中间体（6∶2 FTCA、5∶2 FT ketone、5∶2 sFTOH 等）和终产物（PFPeA、PFHxA、5∶3 FT acid 等）[64,73]；而 PFHpA 是 6∶2 FTI 好氧降解过程的特征代谢产物。根据转化产物结构的异同，推测 6∶2 FTI 可能通过分子末端的 I 原子被 OH 基团取代生成 6∶2 FTOH，再进一步转化为 PFPeA，PFHxA 和 x∶3 FT acids 等产物；或生成可能的中间体（如 6∶2 FTUI，［$F(CF_2)_6CH{=}CH_2I$］）并进一步转化为 PFHpA（图 5-9）。由于缺少高纯度的中间体化合物标准品，相关推测仍需进一步的实验验证。

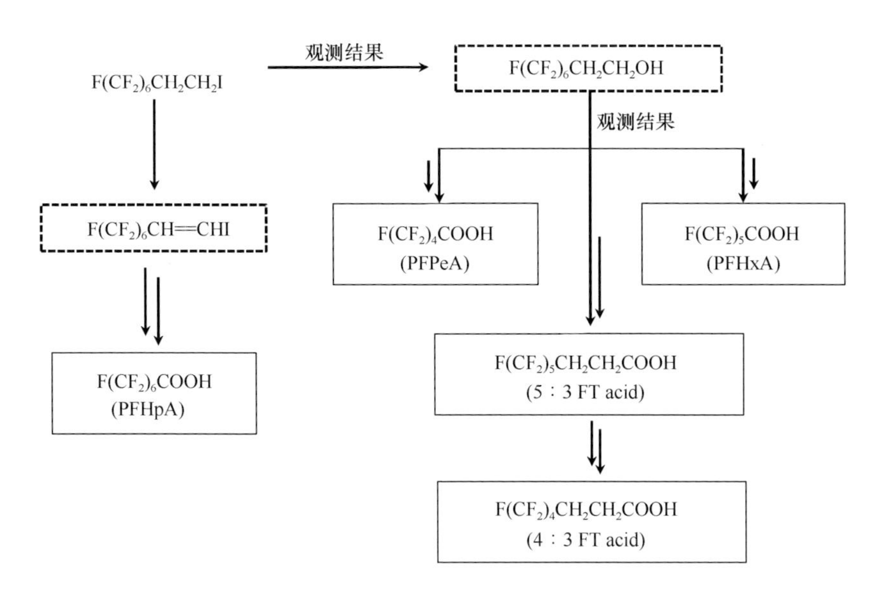

图 5-9　6∶2 FTI 可能的好氧转化路径[73]　（虚线框表示推测的转化关键中间体，实线框表示确认的代谢终产物）

5.2　多氟醚基磺酸类化合物

5.2.1　氯代多氟醚基磺酸的简介

全氟烷基化合物具有良好化学稳定性、表面活性特征，其中一个重要用途是作为铬雾抑制剂应用于电镀行业。电解工艺过程中，镀铬阴极会产生大量氢气，阳极产生大量氧气，这些气体以气泡形式剧烈地上升至液面可将铬酸带出而形成酸雾。铬酸具有强腐蚀性和毒性，在电解槽液面增加表面活性剂泡沫层可以抑制原料消耗、减少污染、保护操作人员的身体健康。全氟辛基磺酸工业品，如 FC-80（CAS 登记号、2795-39-3，PFOS potassium salt）和 FC-248（CAS 登记号：56773-42-3，PFOS tetraethyl ammonium salt）是较为常用的铬雾抑制剂产品。此外，我国在 1975 年自主合成了新型铬雾抑制剂 F-53；为降低成本，合成工艺中引入了氯化步骤而推出类似产品 F-53B，其中的主要成分为 8 碳的氯代多氟醚基磺酸（6：2 chlorinated polyfluoroalkyl ether sulfonic acid，Cl-6：2 PFESA）[74-76]。伴随着工业废水处理过程，Cl-6：2 PFESA 残留也会进入到环境中。目前在河水、污水处理厂污泥、水生生物、人体血液和大气颗粒物介质中均检测到了 Cl-6：2 PFESA，部分样品中浓度水平已接近甚至超过 PFOS 成为主要的全氟和多氟烷基污染物[3,77-80]。

如图 5-10 所示，Cl-6：2 PFESA 与 PFOS 结构上较为相似，具有相同的全氟碳链长度且分子末端均为磺酸基团，因而可能表现出相似的物理-化学性质和环境行为特征。研究发现，Cl-6：2 PFESA 具有生物富集性，在鱼体内的生物富集因子（bioaccumulation factor，BAF）甚至高于 PFOS（$\log BAF_{Cl\text{-}6:2\ PFESA} = 4.124 \sim 4.322$，$\log BAF_{PFOS} = 3.279 \sim 3.430$）[81]；Cl-6：2 PFESA 具有潜在的生物毒性，例如斑马鱼持续暴露 96 h 的半数致死浓度（median lethal concentration，LC_{50}）为 15.5 mg/L。Cl-6：2 PFESA 与 PFOS 相比在分子结构上的差异在于其碳链结构中包含醚键且分子末端被氯原子取代。PFOS 等全氟烷基化合物在通常的环境条件下难以发生环境转化；而醚键和氯原子的存在则可能为降解过程提供反应位点。笔者课题组后续研究中证明 Cl-6：2 PFESA 在超还原态咕啉厌氧体系中可发生脱卤还原[82]，生成氢代多氟醚基磺酸化合物（见 5.2.4 节）。除 Cl-6：2 PFESA 外，其他具有类似结构的新型全氟和多氟烷基化合物同系物的环境存在性同样具有重要意义。本节详细介绍了多氟醚基磺酸类化合物的分析方法、环境发现和赋存、转化行为等方面的研究进展。

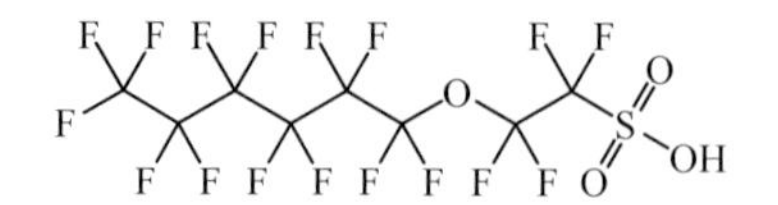

6：2全氟醚基磺酸（商品名：F-53）
[6：2 peryfluoroalkyl ether sulfonic acid (6：2 PFESA)]

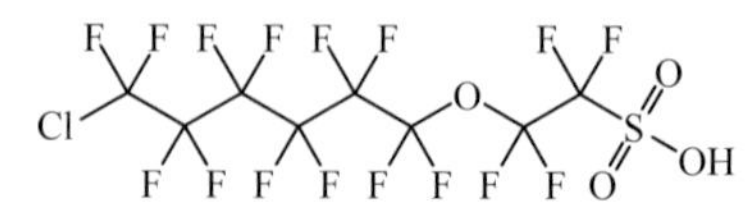

6：2氯代多氟醚基磺酸（商品名：F-53B）
[6：2 chlorinated polyfluoroalkyl ether sulfonic acid (Cl-6：2 PFESA)]

图 5-10 商品化 F-53 和 F-53B 铬雾抑制剂主要成分的分子结构示意图

5.2.2 氯代多氟醚基磺酸的分析方法

5.2.2.1 样品前处理技术

氯代多氟醚基磺酸同样为离子型多氟烷基化合物，样品前处理方法能够与传统的全氟烷基羧酸（PFCAs）和全氟烷基磺酸（perfluoroalkyl sulfonic acids，PFSAs）保持一致。依据复杂环境介质的类型，选用不同的样品处理流程。

1. 水体样品

分析地表水、地下水和污水等水体样品中游离态全氟和多氟烷基化合物时，需要利用过滤或离心等方法除去悬浮颗粒物。过滤过程中，部分全氟和多氟烷基化合物会吸附到滤膜上而影响回收率。研究发现，聚丙烯滤膜的吸附作用弱于玻璃纤维膜等其他材质滤膜[83]，能够有效减少损失。此外，利用离心方法进行固-液分离也是避免吸附、接触污染的有效方法。

全氟和多氟烷基化合物在水体中的浓度可覆盖多个量级，对于典型污染地区的高浓度（μg/L）水体样品，水样经过滤或离心后可直接进行仪器检测[84]。大部分地区水体中的浓度水平往往较低（ng/L～pg/L），需要富集以达到仪器检出限。其中，固相萃取（solid phase extraction，SPE）和液液萃取（liquid-liquid extraction，LLE）是最常用的两种方法。

多种 SPE 填料对水体中的全氟和多氟烷基化合物均有良好的保留效果，如疏水柱（C_{18}）[85]、亲水亲脂平衡（hydrpphilic-lipophilic balance，HLB）柱[86]和弱阴离子交换（weak anion-exchange，WAX）柱等[86]。WAX 固相萃取柱对短链 PFCAs（≤C_5)的保留效果显著优于 HLB。C_{18}、HLB 和 WAX 固相萃取柱对 Cl-6：2 PFESA 的回收率均可达到 82%～89%[87]。部分 SPE 可能含有痕量全氟和多氟烷基化合物残留，因此前处理步骤前需使用甲醇等有机溶剂对 SPE 小柱预淋洗以防止背景污染。

LLE 方法可用于同时萃取自来水和污水中的 PFCAs（C_6～C_{12}）、PFSAs（C_8 和 C_{10}）离子态和全氟辛基磺酰胺（perfluorooctane sulfonamide，FOSA）及 *N*-乙基取代衍生物等中性目标分析物[88]。正己烷、甲基叔丁基醚（MTBE）和三氯甲烷等有机溶剂萃取效率的比较实验显示，使用 MTBE 作为萃取溶剂且酸化到 pH = 4 时可获得理想的萃取效果，除 PFHxA 外（回收率＜40%），其他目标分析物的回收率可达到 60%～100%。与 SPE 方法相比，LLE 方法可以直接使用未经过滤或离心的水体样品，减少分析物的质量损失；亦可对液态游离态部分和悬浮颗粒物吸附部分的全氟和多氟烷基化合物分别萃取分析。

除上述两种常用的方法外，一些新型的样品前处理技术如大体积直接进样（large-volume injection，LVI）[89]、在线萃取[90]和固相微萃取（solid-phase microextraction，SPME）[91]等方法均可用于全氟和多氟烷基化合物的分析。其中，在大体积直接进样方法（进样量 500 μL）中，全氟和多氟烷基化合物首先吸附在 C_{18} 保护柱上，然后通过改变流动相中有机相（甲醇）的比例将目标分析物洗脱到 C_{18} 分析色谱柱上进行液相分离。该方法对污水处理厂进水、出水两种基质中全氟和多氟烷基化合物（C_6 ～C_{10} PFCAs，C_4、C_6、C_8、C_{10} PFSAs，FOSA，6：2 FTSA）

的回收率分别达到82%～100%和86%～100%，方法定量限（MQL）可达到0.5 ng/L。

2. 固体样品

污泥、底泥、土壤和悬浮颗粒物等固体环境样品的萃取方法通常有液-固萃取（liquid-solid extraction）、加压溶剂萃取（pressurized liquid extraction，PLE）和索氏萃取（Soxhlet extraction）等。

碱性液-固萃取法是对土壤、底泥等进行预处理的重要手段。样品先使用碱性NaOH水溶液浸润，随后加入甲醇振荡萃取，萃取结束后使用盐酸溶液中和并静置离心获得上清液，上清液使用酸化Envi-Carb净化后进行仪器分析。该方法的基质效应干扰小，对PFCAs（C_6～C_{14}）的回收率为75%～120%[92]。此外，酸性液-固萃取法也可应用于底泥和污泥中全氟和多氟烷基化合物的前处理过程。与碱性液固萃取法不同的是，该方法首先使用1%醋酸水溶液对样品基质进行酸化，随后使用90∶10甲醇∶水溶液超声萃取，萃取液的净化采用C_{18}固相萃取法。经过2～3次萃取循环后，底泥和污泥样品中PFCAs（C_8～C_{14}）和PFSAs（C_6、C_8、C_{10}）回收率分别可达到56%～89%[93]。

PLE方法广泛应用于持久性有机污染物、农药/药物残留和天然毒素等物质的痕量分析[94-96]，具有自动化、高通量、萃取时间短、同时实现样品的萃取和净化过程等优点。值得注意的是，PLE仪器系统中通常含有聚四氟乙烯材料管路，在样品萃取过程中可能引入污染。因而在全氟和多氟烷基化合物的分析中，需对仪器系统进行改造（例如将系统管路替换为不锈钢材料）。研究发现，PLE方法对污泥样品中PFOS和PFOA的萃取效率显著优于索氏提取方法，两次连续萃取（第一次萃取使用8∶2乙酸乙酯∶二甲基甲酰胺混合溶剂，第二次萃取使用99∶1甲醇∶磷酸混合溶剂）可取得良好效果，但回收率范围波动较大（17%～319%）[97]。

3. 生物样品

离子对萃取法（ion pair extraction，IPE）是针对复杂生物介质的有效手段[98]。该方法基于全氟和多氟烷基阴离子与离子对试剂阳离子之间的配对作用，使用有机溶剂（如MTBE、乙酸乙酯等）将目标物转移到有机相，萃取液经过滤后即可进行仪器分析。例如，使用四丁基硫酸氢铵（tetrabutyl ammonium hydrogen sulfate，TBAS）作为离子化试剂，MTBE为溶剂对动物血清和肝脏组织中PFOA、PFOS、PFHxS（perfluorohexane sulfonic acid）和FOSA进行萃取，萃取液经过滤后进入LC-MS/MS检测，结果显示该方法对血清、肝脏组织样品中的目标分析物均表现出良好的回收率（85%～101%和56%～100%）[98]。IPE方法简单、快速，然对阴离子化合物没有选择特异性，可能会引入脂质小分子等基质组分。IPE结合硅胶柱层析（silica-column chromatography）[99]、硫酸处理或石墨化碳（Envi-Carb）吸附等方法可以有效去除萃取液中的脂质共流出组分。

使用中等极性的有机溶剂（如甲醇、乙腈）作为萃取溶剂也可在一定程度上减少脂质生物基质的共流出现象。例如，使用甲醇：水（50∶50，*V*∶*V*，含 2 mmol/L NH_4Ac）作为萃取溶剂，对动物肝脏中的 PFCAs（C_6～C_{14}）、PFSAs（C_4、C_6、C_8、C_{10}）和 FOSA 等目标分析物进行超声萃取 30 min，萃取液经离心和过滤后进行 LC-MS/MS 检测。方法回收率与 IPE 方法相当，对弱极性的 FOSA 和长链 PFCAs（C_{10}～C_{14}）萃取效率较低（＜50%），其他分析物的回收率达到 60%～115%[100]。对全血、血清和肝脏组织匀浆进行酸化后，使用正己烷：乙醚（8∶2，*V*∶*V*）混合溶剂提取样品中的 PFCAs，萃取液经甲基化后使用气相色谱串联电子俘获检测器进行检测，PFOA 可获得良好的回收率，而对于长链 PFCAs（C_{10}和 C_{12}），回收率仅为＜10%～40%[101]。

碱消解法（alkane digestion）可以破坏生物样品中的蛋白质和脂质组分，可结合 SPE 步骤有效地对全氟和多氟烷基化合物进行富集和净化。例如，使用 10 mmol/L KOH 甲醇溶液对鱼肉中的 PFOS 和 Cl-6∶2 PFESA 在 60 ℃条件下超声萃取 30 min，离心获得的上清液经后续的 WAX 固相萃取柱后使用 LC-MS/MS 检测，PFOS 和 Cl-6∶2 PFESA 的回收率分别为 104%和 99%，MQL 可达到 0.025 ng/kg 和 0.073 ng/kg[81]。

4. 样品前处理方法实例

笔者课题组针对河水、污泥样本中的 Cl-PFESAs、PFSAs 和 FTSAs 等全氟和多氟烷基化合物，分别建立了 SPE 和分散固相萃取（dispersive solid phase extraction，DSPE）前处理方法，并针对回收率、检出限和基质效应等方法学参数进行了详细评价，获得良好效果。

针对河水样本，采用 Oasis WAX 固相萃取柱对目标分析物富集，具体步骤为：①200 mL 河水加入 2 ng 各内标化合物（$^{18}O_2$ PFHxS、$^{13}C_4$ PFOS 和 $^{13}C_2$ 6∶2 FTSA）；②使用玻璃纤维膜过滤除去固体颗粒物，过滤后使用 5 mL 甲醇洗涤滤膜；③WAX 固相萃取柱依次使用 4 mL 甲醇、4 mL 碱性甲醇（加入 0.1%氨水）和 4 mL 超纯水进行预处理；④样品上样，速率保持在 5～6 mL/min；⑤上样结束后使用 4 mL 25 mmol/L CH_3COOH/CH_3COONH_4 缓冲液对 WAX 固相萃取柱进行淋洗；⑥WAX 固相萃取柱离心或真空干燥后依次使用 4 mL 甲醇和 4 mL 碱性甲醇（0.1%氨水）对目标物洗脱；⑦洗脱液经浓缩吹干重溶于 1 mL 混合溶剂（甲醇：水，7∶3）后使用 LC-MS/MS 分析。在 1 ng/L、10 ng/L、100 ng/L 加标浓度下，Cl-6∶2 PFESA 的回收率分别为 84%±3%、86%±3%和 85%±4%，基质效应范围分别为 111%±16%，95%±3%和 95%±10%。

针对污泥样本，建立基于碱性液-固萃取 PFSAs、FTSAs 和 Cl-PFESAs 的 DSPE 前处理步骤[77]：①取约 0.5 g 污泥样品置于 10 mL 带有丁基橡胶塞的钳口玻璃瓶中，并加入 2 ng 内标化合物（$^{18}O_2$ PFHxS、$^{13}C_4$ PFOS 和 $^{13}C_2$ 6∶2 FTSA）；②样品中加入 3 mL 乙腈和 160 μL 1 mol/L NaOH 水溶液，50 ℃振荡萃取 2 h；③离心 10 min 后取 600 μL 上清液于 2 mL 离心管中，加入 400 μL 乙腈、15 μL NaOH（1 mol/L）溶液和 10 mg Envi-Carb 充分混合后继续在 50 ℃条件下振荡萃取 2 h；④离心后的上清液中加入 15 μL HCl（1 mol/L）和 4 μL NH_4Ac（1 mol/L）溶液中和；⑤萃取过程重复两次，萃取液合并后浓缩到 200 μL 使用 LC-MS/MS 分析。该方法对 PFSAs、FTSAs 和 Cl-PFESAs 的平均回收率可达到 109%～116%，方法定量限为 25.2～135 pg/g。

5.2.2.2 仪器检测方法

1. 液相色谱-三重四极杆质谱法

全氟烷基磺酸是强路易斯酸（pK_a<1），典型环境 pH 条件下主要以离子态存在[28]。考虑到与极性有机萃取溶剂的兼容性，液相色谱法是传统阴离子型全氟和多氟烷基化合物（如 PFCAs、PFSAs）的主要分析方法[102,103]。长链全氟和多氟烷基化合物（≥C_6）在 C_8、C_{18}、五氟苯基（pentafluorophenyl，PFP）柱等反相色谱柱上具有出良好的保留行为。如图 5-11 所示，随着碳链长度的增加，PFSAs（C_4，C_6、C_8、C_{10}）、PFCAs（C_4～C_{18}）和 Cl-6∶2 PFESA 目标分析物在 C_{18} 反相色谱柱上的保留能力逐渐增强，基本可实现基线分离并呈现良好的对称峰形，有利于更好地实现对目标分析物的同时定性和定量分析。

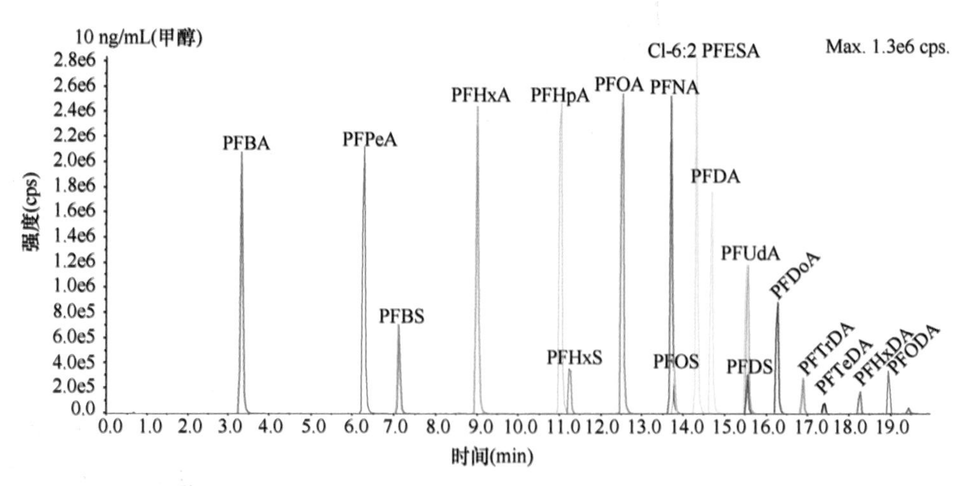

图 5-11 反相色谱柱（ACQUITY UPLC BEH C_{18} 柱，1.7 μm，2.1 mm×100 mm）分离条件下 PFCAs（C_4～C_{18}）、PFSAs（C_4、C_6、C_8、C_{10}）和 Cl-6∶2 PFESA 保留行为示意图

电喷雾电离（electrospray ionization，ESI）源是最为常用的色谱-质谱仪器接

口，全氟和多氟烷基化合物易生成去质子化离子$[M-H]^-$。三重四极杆质谱的多反应监测（multiple reaction monitoring，MRM）模式可针对每个目标物同时扫描两对离子对（母离子＞子离子），分别用于定量和定性分析。当样本中定量/定性离子对的比例与标准化合物样品的比值误差较小（＜20%），即可实现目标分析物的识别。该方法假阳性低、灵敏度高，检出限可达 ng/L 水平，线性检测范围可覆盖 3 个数量级。

2. 液相色谱-高分辨质谱法

高分辨质谱（HRMS）可以精确测量带电离子的荷质比，进而分析元素组成获得化合物的分子式，在未知环境有机污染物结构解析过程中发挥着至关重要的作用。样品分析过程中，通常会根据研究对象、实验条件选取不同的分析流程实现化合物结构的确认，如目标分析（target analysis）、疑似目标分析（suspect screening analysis）和非目标分析（nontarget analysis）[104]（详见 2.2.2 节）。

借助液相色谱-高分辨质谱技术，近年来文献报道了多种新型全氟和多氟烷基环境污染物的发现。例如，利用快原子轰击电离法（fast atom bombardment，FAB）对水成膜泡沫灭火剂商品进行直接进样分析，四极杆-飞行时间（Q-TOF）高分辨质谱扫描并筛选精确质量数，进行元素组成分析并与商品专利信息中的化合物结构进行比较，最后鉴定出多种阳离子型、阴离子型和两性氟调聚磺酸类化合物[105]；运用非目标分析策略对河水样品进行分析，获得的高分辨质谱全扫描数据经过峰识别、空白样品比对、精确质量数筛选和元素组成分析后得到了所有未知含氟有机化合物信息，后续通过二级质谱碎片解析发现了新型氢取代多氟烷基羧酸和磺酸同系物[106]。除飞行时间质谱外，静电场轨道阱（Orbitrap）质谱也在新型全氟和多氟烷基化合物的发现中发挥重要作用。通过施加一定的碰撞能量，化合物母离子可直接在离子源内裂解（in-source fragmentation），生成特征二级碎片离子，从而实现我国某氟化工工业园区污水样品中全氟和多氟烷基化合物种类的探究[19]。对源裂解谱图中特征二级碎片离子（$[C_2F_5]^-$，$m/z = 118.993$；$[C_3F_7]^-$，$m/z = 168.991$；$[C_3F_5]^-$，$m/z = 130.992$；$[C_4F_7]^-$，$m/z = 180.990$；$[FSO_3]^-$，$m/z = 98.956$）进行提取后可识别多个色谱峰，结合相应的全扫描谱图信息筛选得到疑似目标物的母离子，发现多种新型氢代和氯代多氟烷基化合物。

在未知化合物分子结构解析的同时进行准确的定量或半定量分析，对于新型有机污染物环境赋存、行为的深入研究非常有必要。伴随着质谱技术的快速发展，高分辨质谱在扫描速度、仪器灵敏度性能大幅提高。例如，数据依赖性扫描（data dependent acquisition）模式可同时获取化合物的母离子信息和二级质谱信息，很好地兼顾了定性和定量分析的需求[87]。LC-Orbitrap HRMS 对水体中 PFSAs、FTSAs 和 Cl-6∶2 PFESA 等目标分析物的方法检出限（MDL）分别为 23～36 pg/L、

23～36 pg/L 和 7.1 pg/L。性能与常规液相色谱-三重四极杆质谱（LC-MS/MS）方法具有可比性（MDL：16～31 pg/L，41～54 pg/L 和 12 pg/L），两种方法的定量结果具有高度一致性（R^2＞0.999，p＜0.01），完全能够满足环境水体中全氟和多氟烷基化合物超痕量浓度（0.3～424 ng/L）的分析需求。此外，LC-Orbitrap HRMS 方法测得的目标物精确质量数与理论分子量偏差较小（＜5 ppm；ppm 即 part-per-million，10^{-6}），定量过程中可有效地排除环境干扰物的影响。例如，常规 LC-MS/MS 方法中，牛黄脱氧胆酸盐（taurodeoxycholate，m/z = 498.2902）与 PFOS（m/z = 498.9306）具有类似的色谱保留行为，且均可在 MRM 模式下产生 499＞80 离子对，因而影响 PFOS 的准确定量分析。而两者母离子的精确分子量差别较大（Δm = 1284 ppm），LC-Orbitrap HRMS 方法可以有效区分。

5.2.2.3 Cl-PFESAs 同系物环境存在性的疑似目标分析

上述研究已发现 Cl-6∶2 PFESA 是我国环境基质中广泛存在的新型多氟取代烷基污染物，而其他具有类似结构同系物的环境存在性尚无报道。因此，笔者课题组利用建立的 LC-Orbitrap HRMS 分析方法，借助 Cl-6∶2 PFESA 的精确分子量、色谱保留行为和质谱碎裂特征（图 5-12）等信息，对来自我国不同地区的 56 个污水处理厂污泥样品中 Cl-PFESAs 同系物的环境存在性进行疑似目标筛查分析（suspect screening analysis）。

首先建立了疑似目标化合物列表，主要包括两类物质：Cl-6∶2 PFESA 同系物（分子结构的差别为一个及多个 CF_2 官能团）、不含氯取代基的全氟醚基磺酸类似物（F-PFESAs）。对 Cl-6∶2 PFESA 标准品进行二级质谱碎片离子分析发现，高能碰撞解离（high-energy collision dissociation，HCD）模式下，其特征二级碎片离子主要包括醚键断裂产生的$[M-C_2F_4SO_3]^-$（m/z = 350.94515）、磺酸基团$[FSO_3]^-$（m/z = 98.95577）和$[FSO_2]^-$（m/z = 82.96085）（图 5-12）。类似物分子结构具有相似性，因此可能具有相同的二级质谱碎裂模式（表 5-6）。

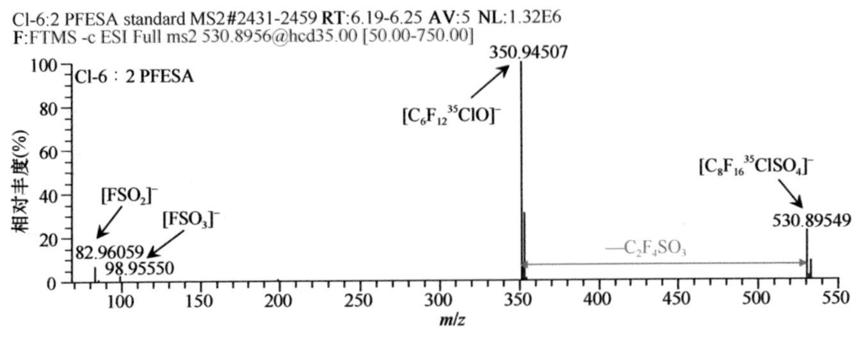

图 5-12 Cl-6∶2 PFESA 在高能碰撞解离（HCD）模式下的二级质谱碎裂行为

污泥样品采用分散固相萃取前处理方法，提取液经过 Envi-carb 固相萃取柱净化后上样分析。在污泥提取液的二级色谱图中识别出 Cl-6∶2 PFESA、Cl-8∶2 PFESA 和 Cl-10∶2 PFESA 的分子离子峰$[M]^-$及特征$[M\text{-}C_2F_4SO_3]^-$二级碎片离子峰，因而确认了 Cl-PFESAs 的环境存在；同时，未发现任何 F-PFESAs 色谱/质谱峰，说明样品中不存在 F-PFESAs 或其浓度低于方法检出限，这与之前 F-53B 在我国市场中取代了 F-53 成为主要的铬雾抑制剂的文献报道保持一致[107]。

表 5-6　疑似目标分析中母离子及二级碎片离子的精确质量数设定值

缩写	精确质量数（*m/z*）
氯代多氟醚基磺酸（Cl-PFESAs）	
Cl-6∶2 PFESA $[M]^-$	530.89558
Cl-6∶2 PFESA $[M\text{-}C_2F_4SO_3]^-$	350.94515
Cl-8∶2 PFESA $[M]^-$	630.88919
Cl-8∶2 PFESA $[M\text{-}C_2F_4SO_3]^-$	450.93877
Cl-10∶2 PFESA $[M]^-$	730.88281
Cl-10∶2 PFESA $[M\text{-}C_2F_4SO_3]^-$	550.93238
全氟醚基磺酸（PFESAs）	
6∶2 PFESA $[M]^-$	514.92513
6∶2 PFESA $[M\text{-}C_2F_4SO_3]^-$	334.97470
8∶2 PFESA $[M]^-$	614.91874
8∶2 PFESA $[M\text{-}C_2F_4SO_3]^-$	434.96832
10∶2 PFESA $[M]^-$	714.91236
10∶2 PFESA $[M\text{-}C_2F_4SO_3]^-$	534.96193

为了证实上述同系物的分子结构，实验室条件下使用 AutoPurification 液相色谱制备系统对商品化 F-53B 铬雾抑制剂组分进行了分离和纯化，得到了 Cl-6∶2 PFESA 和 Cl-8∶2 PFESA 的标准品，并借助核磁共振（^{12}C-NMR 和 ^{19}F-NMR）对结构进行了确认。液相色谱串联蒸发光散射检测器（evaporative light-scattering detector，ELSD）结果显示，分离纯化得到的 Cl-6∶2 PFESA 和 Cl-8∶2 PFESA 的纯度均＞95%。

污泥提取液中 Cl-6∶2 PFESA 和 Cl-8∶2 PFESA 液相保留时间（retention time，RT：6.18 min 和 6.66 min）与标准品的保留时间（RT：6.22 min 和 6.72 min）保持一致。Cl-10∶2 PFESA 液相保留时间（RT：7.07 min）与 Cl-6∶2 PFESA 和 Cl-8∶2 PFESA 相比存在明显的滞后，该现象与更长的链长导致疏水性增加的推测保持一致。

5.2.3 氯代多氟醚基磺酸的环境赋存特征

氯代多氟醚基磺酸作为铬雾抑制剂，在生产和使用的过程中会通过直接排放的方式进入到环境中。现有研究结果发现氯代多氟醚基磺酸的分布非常广泛，在多种环境基质中（如水体、大气、污水处理厂污泥、水生生物、人体血液等）均有检出。

5.2.3.1 非生物样品

1. 污水处理厂污泥

污水处理厂是全氟烷基化合物的汇，同时也是造成水体和大气环境中二次污染的点源[108,109]。笔者课题组采集了来自我国 20 个省、直辖市和自治区污水处理厂的 56 个污泥样品，对 Cl-PFESAs 的环境赋存浓度、组分和分布等进行调研。Cl-6∶2 PFESA 在所有污泥样品中均有检出，浓度范围为 0.02～209 ng/g d.w.，最高浓度水平与 PFOS（218 ng/g d.w.）接近；Cl-8∶2 PFESA 和 Cl-10∶2 PFESA 的浓度相对较低，分别为未检出 N.D.～31.8 ng/g d.w.和 N.D.～0.86 ng/g d.w.。就空间分布而言，Cl-PFESAs 在我国东部沿海地区浓度水平最高，结果与该地区较为发达的电镀工业相关[110]。Cl-6∶2 PFESA 和 Cl-8∶2 PFESA 是商品化 F-53B 铬雾抑制剂的主要成分，两者在 F-53B 工业品中的含量比例（Cl-6∶2 PFESA/Cl-8∶2 PFESA）为 12.9±2.6，而污泥样品中 Cl-6∶2 PFESA 与 Cl-8∶2 PFESA 含量比例表现出显著区别，仅为 4.5±2.7［图 5-13（a)］。将污泥样品按照 Cl-6∶2 PFESA 检出浓度的高低分为四组（＜1 ng/g、1～2 ng/g、2～5 ng/g 和＞5 ng/g），Cl-6∶2 PFESA 与 Cl-8∶2 PFESA 含量比例均表现出显著差异［图 5-13（b)］，这可能与不同链长同系物物理-化学性质引起的固-液分配行为的差异相关。

2. 水体

水循环是全氟和多氟烷基化合物在全球范围内进行长距离传输的重要途径。研究结果显示 Cl-6∶2 PFESA 在我国主要河流入海口的河水样品中均有检出，浓度范围为＜0.56～78.3 ng/L，与 PFOS 浓度（0.4～55.0 ng/L）相当。其中 Cl-6∶2 PFESA 在甬江、海河和永定河浓度水平最高，浓度算术平均值分别为 54.4 ng/L、48.2 ng/L 和 12.2 ng/L，这与这些地区密集的电镀工业有关[110]。此外，Cl-6∶2 PFESA 浓度水平与 PFOS 呈现显著的正相关性（$R = 0.66$，$p<0.01$），表明两者可能具有类似的排放源或环境行为过程[3]。

3. 大气颗粒物

空气吸入是全氟烷基化合物的人体直接暴露途径之一。文献[80]对我国大连市 2006～2014 年的大气颗粒物样品的 Cl-PFESAs 进行了分析，残留水平为 85.9～722 pg/m^3。

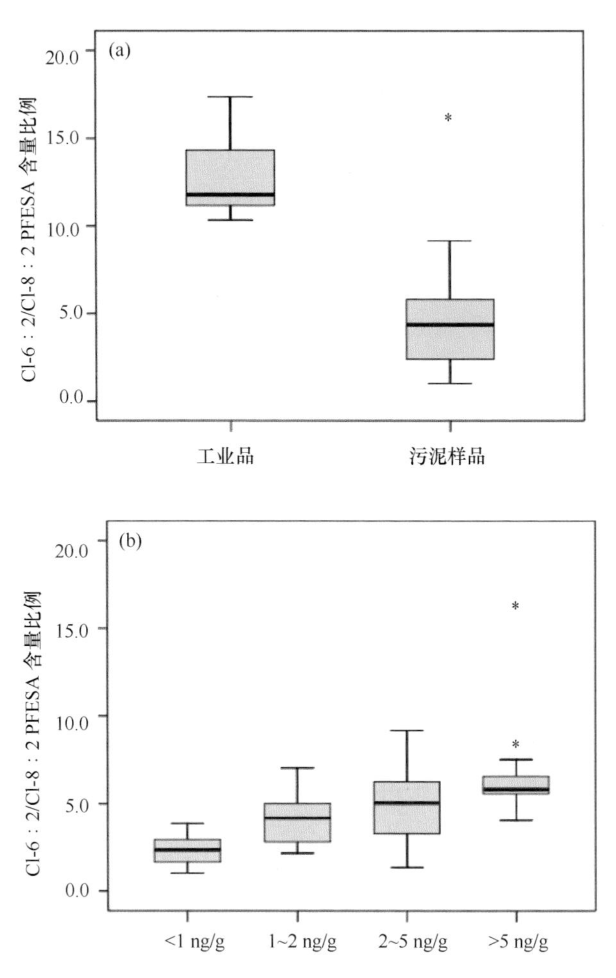

图 5-13　Cl-6∶2 PFESA/Cl-8∶2 PFESA 比例在 F-52B 工业品和污泥样品中的差异。(a) 工业品（加标浓度为 0.5 μg/mL、1.0 μg/mL、2.0 μg/mL、5.0 μg/mL、10 μg/mL、20 μg/mL、50 μg/mL，n=5）和所有污泥样本（n = 50，分析物浓度均高于方法检出限）中的 Cl-6∶2 PFESA/Cl-8∶2 PFESA 含量比例；(b) 污泥样本依据目标物浓度分组考察（样本量分别为 n = 14、9、14、13）Cl-6∶2 PFESA/Cl-8∶2 PFESA 的含量比例

Cl-6∶2 PFESA 浓度呈现明显的时间分布特征。例如，2007 年大气颗粒物中 Cl-6∶2 PFESA 浓度为 140 pg/m^3，2014 年增长到 722 pg/m^3。在所有检测的 PFCAs（C_5～C_{12}）、PFSAs（C_4、C_6、C_8）和 Cl-6∶2 PFESA 中，Cl-6∶2 PFESA 所占比例表现出增长趋势，由 2007 年的 37%增长到 2014 年 95%，成为主要的全氟和多氟烷基污染物。后向气流轨迹分析（back trajectory analysis）显示，采集的大气样品可能受到西北部氟化工厂和电镀业密集区生产活动的影响。

5.2.3.2 生物样品

1. 水生生物

研究表明 Cl-PFESAs 具有生物富集性[81]。Cl-6：2 PFESA 在我国小清河和汤逊湖的淡水鲫鱼中浓度水平分别为 41.9 ng/g d.w.和 20.9 ng/g d.w.，且在鱼体内主要集中在肾脏、生殖腺、肝脏和心脏等器官，其计算得出的生物富集因子（log BAF）为 4.124～4.322，高于 PFOS（log BAF = 3.279～3.430）。

我国渤海海洋食物链中有 Cl-6：2 PFESA 和 Cl-8：2 PFESA 检出，浓度范围分别为<0.016～0.575 ng/g w.w.和<0.022～0.040 ng/g w.w.。其中，Cl-6：2 PFESA 在螳螂虾（*Oratosquilla oratoria*）体内浓度水平最高，平均值为 0.328 ng/g w.w.，其次是虾虎鱼（*Eucyclogobius newberryi*，0.179 ng/g w.w.）和章鱼（*Octopus vulgaris*，0.138 ng/g w.w.）[78]。2010～2014 年软体动物（双壳贝类和腹足类）样品中 Cl-6：2 PFESA 的检出率和浓度水平呈现明显增长趋势。2012 年和 2013 年样品计算得出的营养级放大因子（trophic magnification factor，TMF）分别为 1.82～2.55 和 2.31～2.35。

此外，丹麦格陵兰岛的海豹、北极熊和虎鲸等海洋哺乳动物肝脏样本中同样有 Cl-6：2 PFESA 检出，浓度分别为（0.045±0.004）ng/g w.w.、（0.023±0.009）ng/g w.w.和（0.27±0.04）ng/g w.w.，且 Cl-6：2 PFESA 在海豹和虎鲸肝脏中的浓度与 PFOS 呈现显著的正相关[111]。Cl-6：2 PFESA 在北极地区海洋生物体内的检出可能由海洋运输等长距离传输行为特征相关。

2. 人体血清、尿液样本

电镀工人是 F-53B 的主要职业暴露人群，呼吸摄入[112]、灰尘吸入、皮肤接触[8]等是可能的暴露途径。我国某电镀厂工人血清中 Cl-6：2 PFESA 和 Cl-8：2 PFESA 的检出率分别为 100%和 98%，浓度范围分别为 2.04～5.04×10^3 ng/mL 和 0.369～90.7 ng/mL[78]。工人尿液样品中，Cl-6：2 PFESA 的浓度为 0.003～2.86 ng/mL，Cl-8：2 PFESA 仅在部分高暴露工人尿液样品中有检出（0.002 ng/mL 和 0.038 ng/mL），计算得出的 Cl-6：2 PFESA 肾清除率为 0.0016 mL/(kg·d)，与 PFOS［0.0074 mL/(kg·d)］测定结果相当，显示出 Cl-6：2 PFESA 不易于从人体代谢排出。

对于普通人群，膳食摄入是 Cl-PFESAs 的可能的主要暴露途径。我国湖北省汤逊湖鱼体样本中 Cl-6：2 PFESA 的浓度可达 20.9 ng/g d.w.[81]。对渔民血清中 Cl-PFESAs 的研究发现，其中 Cl-6：2 PFESA 的浓度达到 1.97～357 ng/mL，明显高于背景地区人群血清中的浓度（1.87～5.94 ng/mL），Cl-8：2 PFESA 的浓度相对较低，为 0.018～3.39 ng/mL[79]。

文献[113]还调研了 Cl-6∶2 PFESA 和 Cl-8∶2 PFESA 在我国部分城市孕妇血清、脐带血清和胎盘中的浓度和分布规律。结果显示，Cl-PFESAs 可跨胎盘运输，长链 Cl-8∶2 PFESA 具有更高的迁移率。Cl-6∶2 PFESA 和 Cl-8∶2 PFESA 在脐带血清中的浓度水平中值分别为 0.60 ng/mL 和 0.01 ng/mL。目标物在孕妇血清、脐带血清和胎盘中的浓度水平高低依次为 PFOS＞Cl-6∶2 PFESA＞Cl-8∶2 PFESA，三者浓度水平呈现显著的相关性（$R>0.7$，$p<0.001$）；Cl-PFESAs 在不同样品中的浓度水平依次为孕妇血清＞脐带血清＞胎盘。

5.2.4　氯代多氟醚基磺酸的厌氧还原转化过程

Cl-6∶2 PFESA 分子结构中含有氯原子和醚键官能团，这些基团可能为环境转化反应提供靶点。文献研究显示全氟聚醚类化合物分子中的醚键难以在环境条件下断裂[76]，而还原脱卤过程是卤代有机污染物环境降解的重要途径之一[114]。超还原态咕啉化合物（如氰钴胺和二氰基咕啉醇酰胺）的离体实验体系常用于模拟环境微生物的厌氧转化过程。例如，超还原态氰钴胺（cyanocobalamin，CCA）可将支链 PFOS 分解为无机氟离子[115]。基于此，笔者课题组选取了超还原态氰钴胺厌氧转化测试体系，探讨 Cl-6∶2 PFESA 环境厌氧降解可能性。

5.2.4.1　Cl-6∶2 PFESA 转化产物的非目标分析方法

超还原态氰钴胺的制备过程参照文献[116，117]条件。整个转化实验过程均在厌氧箱中进行。采用实验-对照研究策略（case-control strategy），通过平行设置暴露组和对照组（未加入超还原态氰钴胺的实验体系，其他条件相同），突出转化产物的生成过程。实验-对照研究策略是一种有效的数据挖掘手段，通过对比实验组和对照组之间化学成分组成的不同筛选出导致差异性的关键物质[118]，即为可能的转化中间体和终产物。详细的非目标分析流程如图 5-14 所示。首先利用 R 程序中的 XCMS 数据处理包[119]将实验组和对照组之间的差异性化学组分进行信息提取和特征识别，高分辨质谱数据经过解卷积、峰识别、校正和排序后获得 3389 个特征质量数。再经过多步筛选流程（例如 80% 规则[120]筛选缺失值、Kendrick 质量亏损筛选无关干扰物、仪器响应值筛选和差异值排序）逐步缩小包含转化产物关键信息的数据范围。以下对 Kendrick 质量亏损和差异值排序的统计分析方法进行详细介绍。

质量亏损（mass defect）是指某个元素、分子或离子的精确分子量与其整数分子量之间的差值。传统 PFCAs 和 PFSAs 分子元素组成中元素对应的质量亏损值分别为 ^{19}F（–1.6 mDa）、^{12}C（+0.0 mDa）、^{16}O（–5.1 mDa）和 ^{32}S（–27.9 mDa），因而，分子整体的理论质量亏损值范围为–100～0 mDa[121]。对于新型全氟和多氟烷

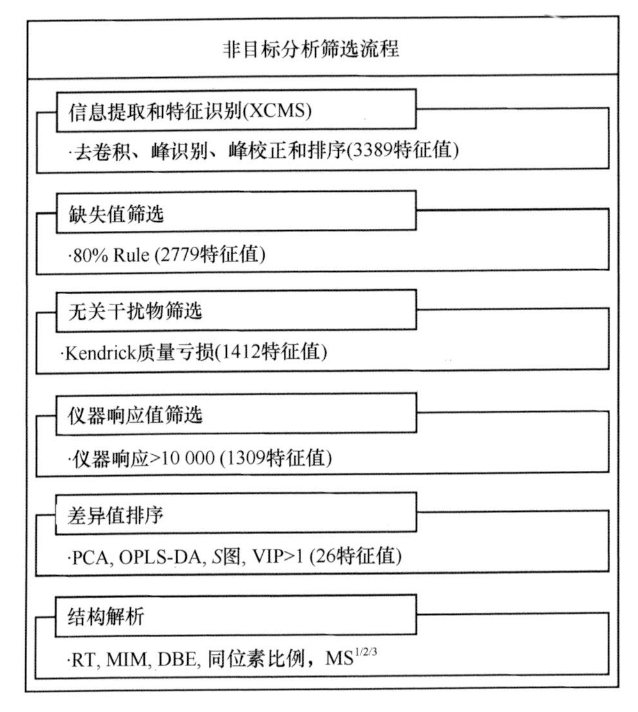

图 5-14　Cl-6：2 PFESA 厌氧还原过程转化中间体和终产物的非目标分析流程示意图[82]（PCA：主成分分析；OPLS-DA：正交偏最小二乘法分析；RT：色谱保留时间；MIM：单同位素精确质量数；DBE：不饱和度）

基化合物，考虑到引入其他元素如 ^{1}H（+7.8 mDa）、^{14}N（+6.7 mDa）和 ^{31}P（–26.2 mDa），理论质量亏损值范围可扩展为–100～+150 mDa[19,105]。超出理论质量亏损值范围的其他质谱信号均可视为干扰物，因此质量亏损法可快速将全氟和多氟烷基化合物与碳氢化合物区分开。基于 CF_2 校正的 Kendrick 质量亏损（Kendrick mass defect，KMD）方法已经有效地用于新型全氟和多氟烷基化合物的鉴别，计算公式如下所示：

$$\mathrm{KM(CF_2)} = \mathrm{MIM} \times \frac{50}{49.996\,81}$$

$$\mathrm{KMD(CF_2)} = \mathrm{NKM(CF_2)} - \mathrm{KM(CF_2)}$$

式中，KM 为经过 CF_2 校正的化合物 Kendrick 质量（CF_2 基团的 KM 值为 49.99681）；MIM（monoisotopic mass）为测得的精确分子量；NKM（nominal Kendrick mass）为 KM 的整数值（CF_2 基团的 NKM 值为 50）；KMD 为 CF_2 校正的 Kendrick 质量亏损值。

主成分分析（principal component analysis，PCA）和正交偏最小二乘法分析

（orthogonal partial least-squares-discriminant analysis，OPLS-DA）是常用的数据统计分析方法，能够可视化地展示组间和组内样品之间的差异性和关键因子。OPLS-DA 中的变量投影重要性指标（variable importance in project，VIP）可依据关键因子对差异性的贡献进行排序。本实验中有 26 个特征值的 VIP 值大于阈值 1，这些特征值可视为导致对照组和实验组差异性的主要因素。上述特征值分布在 *S* 图的第一象限和第三象限，分别代表厌氧转化过程中 Cl-6：2 PFESA 的减少（down）和转化产物的生成（up）（图 5-15）。

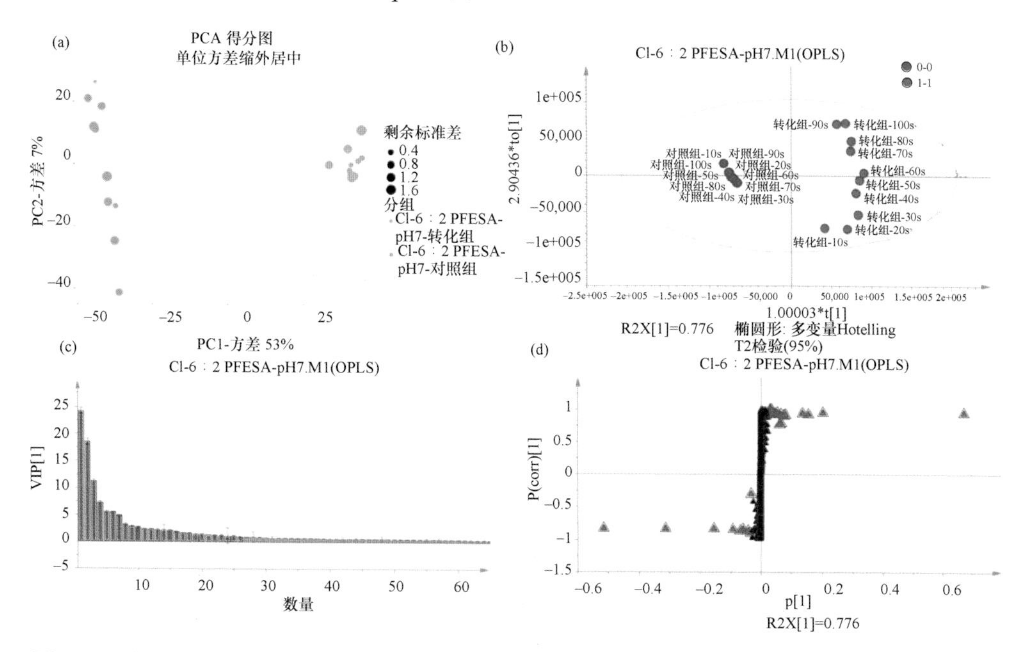

图 5-15　数据统计方法用于 Cl-6：2 PFESA 厌氧还原转化体系对照组和实验组质谱数据的深入分析。PCA（a）和 OPLS-DA（b）分析图显示出对照组和实验组质谱数据的显著差异，且实验组数据的分布与厌氧反应时间关联；VIP（c）和 *S* 图（d）筛选得到引起质谱数据信息差异性的主要因子，用于后续转化产物的识别[82]

[1]表示第一主成分；t[1]表示主成分[1]；to[1]表示与 *Y* 轴正交的其余成分

5.2.4.2　Cl-6：2 PFESA 转化产物的结构鉴定

转化中间体和终产物的结构鉴定主要依赖于单同位素精确质量数（MIM）、液相色谱保留时间（RT）、元素组成的不饱和度（double band equivalents，DBE）、同位素组成比例（isotope distribution）和多级质谱碎片（MS^n）离子信息等。现以 26 个特征值中仪器响应最高的两个特征质量数 MIM = 530.8949 和 MIM = 496.9338 为例进行详细说明。

特征质量数 MIM = 530.8949 与 Cl-6：2 PFESA 精确质量数（MIM = 530.8956）

质量偏差 Δm 仅为–1.28 ppm，且其保留时间与 Cl-6：2 PFESA 标准保留时间保持一致，可初步认为特征质量数 MIM = 530.8949 是加入的 Cl-6：2 PFESA 标准品。为了进一步确认结构，使用 Orbitrap HRMS 在 HCD 模式下获得了二级质谱（MS^2）碎片离子。从图 5-16（a）中可以看出，MIM = 530.8949 的二级质谱碎裂行为与 Cl-6：2 PFESA 标准品（图 5-11）保持一致：$[ClC_6F_{12}O]^-$（MIM = 350.9451，Δm = –0.15 ppm）二级碎片离子由 Cl-6：2 PFESA 母离子$[ClC_8F_{16}SO_4]^-$发生醚键断裂生成；$[FSO_3]^-$（MIM = 98.9555，Δm = –2.69 ppm）和$[FSO_2]^-$（MIM = 82.9606，Δm = –3.03 ppm）碎片离子表明该分子结构中含有磺酸基团。此外，MIM = 530.8949 在实验组中的平均含量降低了 55%，显示出 Cl-6：2 PFESA 发生了转化反应而含量降低。

特征质量数 MIM = 496.9338（RT = 7.19 min）的二级质谱碎裂模式与 Cl-6：2 PFESA 非常相似[图 5-16（b）]：$[FSO_3]^-$和$[FSO_2]^-$的存在表明其分子结构中含有磺酸基团；MIM = 198.9492（$[C_2F_5SO_3]^-$，Δm = –0.90 ppm）和 MIM = 316.9841（$[C_6HF_{12}O]^-$，Δm = –0.08 ppm）是醚键断裂生成的碎片离子。$[C_6F_{11}O]^-$（MIM = 296.9779，Δm = 0.01 ppm）碎片离子不仅存在于 MIM = 496.9338 的二级质谱图中，而且存在于$[C_6HF_{12}O]^-$的三级质谱图中，表明$[C_6HF_{12}O]^-$可发生中性丢失反应（—HF）生成$[C_6F_{11}O]^-$碎片，进而发生醚键断裂生成 $[C_5F_9]^-$（MIM = 230.9861，Δm =–0.33 ppm）特征碎片离子。因此，MIM = 496.9338 为 Cl-6：2 PFESA 的一氢取代转化产物（1*H*-6：2 PFESA），分子式为$[C_8HF_{16}SO_4]^-$，测得的 MIM 与精确质量数质量偏差 Δm = –1.51 ppm。该化合物在实验组中的平均仪器响应值显著上升了 14.1 倍，表明其在转化实验中的生成。还原反应产物的混合物在实验室条件下进行分离纯化，获得了 1*H*-6：2 PFESA 高纯度标准品，通过核磁共振（^{1}H-NMR 和 ^{19}F- NMR）手段对分子结构进一步确认，Cl-6：2 PFESA 和 1*H*-6：2 PFESA 分子结构置信度（confidence level，CL）可达到 Level 1[122]。

此外，筛选得到的 26 个特征值中有大于 1000 Da 的特征质量数（MIM = 1011.9022～1016.8579），其液相保留时间（RT = 7.17 min）和二级质谱图与 1*H*-6：2 PFESA 的相关信息相同。研究发现，全氟和多氟烷基化合物在质谱离子源可聚合生成非共价键的二聚体和多聚体[123,124]。故推断 MIM = 1011.9022 和 MIM = 1016.8579 分别为$[2M-2H+NH_4]^-$和$[2M-2H+Na]^-$（M 代表 1*H*-6：2 PFESA）二聚体加合物，精确质量数的质量偏差 Δm = –0.39～–1.39 ppm。

除 1*H*-6：2 PFESA 外，利用类似分析流程还鉴定出其他两种转化产物：二氢代多氟醚基磺酸（2*H*-6：2 PFESA，CL：Level 2b）和一氢代不饱和多氟醚基磺酸（1*H*-6：2 PFUESA，CL：Level 3）。转化产物的可能分子结构如图 5-17 所示。

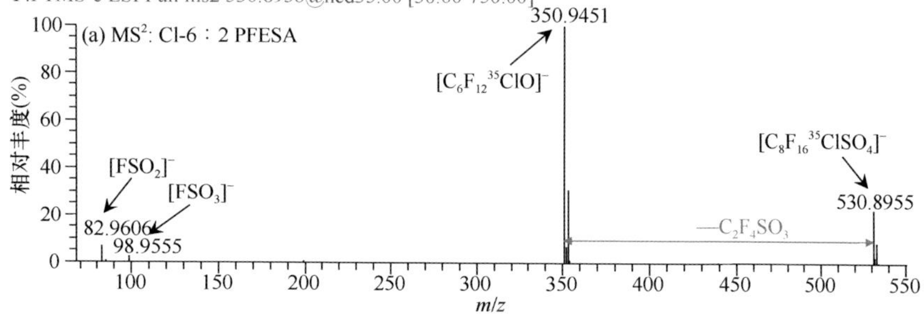

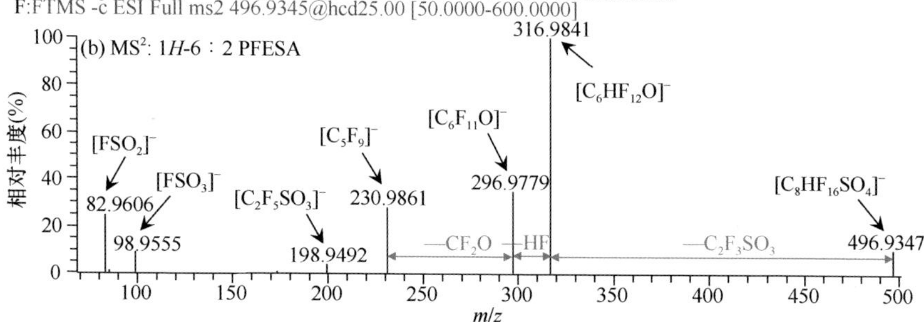

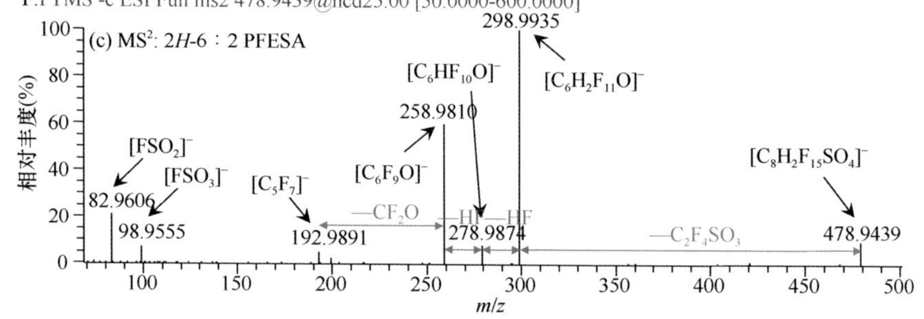

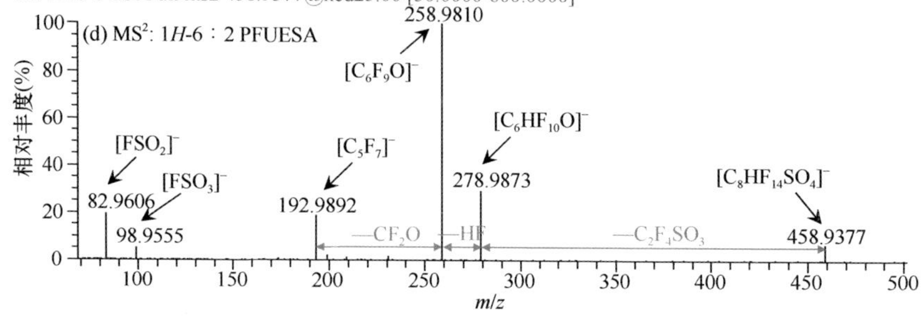

图 5-16　Cl-6：2 PFESA 及其转化产物（1*H*-6：2 PFESA、2*H*-6：2 PFESA 和 1*H*-6：2 PFUESA）的二级质谱碎裂行为示意图[82]

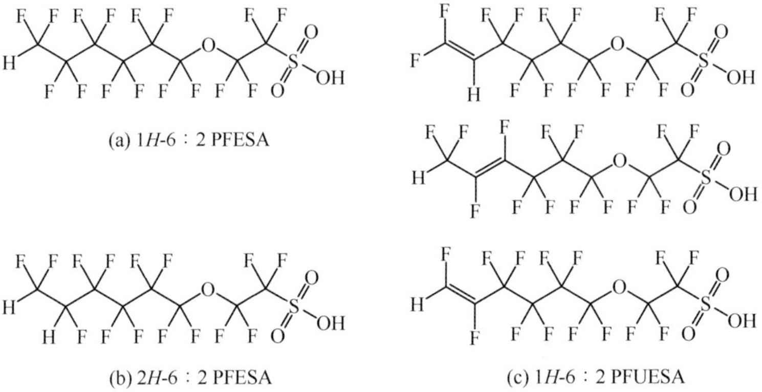

(a) 1*H*-6：2 PFESA

(b) 2*H*-6：2 PFESA

(c) 1*H*-6：2 PFUESA

图 5-17 Cl-6：2 PFESA 还原转化产物 1*H*-6：2 PFESA（CL：Level 1）、2*H*-6：2 PFESA（CL：Level 2b）和 1*H*-6：2 PFUESA（CL：Level 3）可能的分子结构式

5.2.4.3 Cl-6：2 PFESA 转化动力学和质量平衡分析

在超还原态氰钴胺厌氧转化体系中，Cl-6：2 PFESA 迅速发生降解，反应 4 min 内完全消失（图 5-18）。质量平衡分析发现，所有物质（Cl-6：2 PFESA、1*H*-6：2 PFESA、1*H*-6：2 PFUESA 和 2*H*-6：2 PFESA）的总回收率（摩尔分数）达到 83.2%～104%，说明上述鉴定出的三种化合物（1*H*-6：2 PFESA、1*H*-6：2 PFUESA 和 2*H*-6：2 PFESA）为 Cl-6：2 PFESA 环境转化过程的主要产物。其中，1*H*-6：2 PFESA 在反应达到平衡后的平均产率为 87.7%。其次是 1*H*-6：2 PFUESA 和 2*H*-6：2 PFESA，产率分别为 0.20%和 0.06%。与加入的 Cl-6：2PFESA 相比，质量损失的部分可能是实验过程中部分物质吸附到实验器壁[65]或转化为无机氟离子[115]。

5.2.4.4 环境介质中 Cl-6：2 PFESA 转化产物的发现

Cl-6：2 PFESA 在超还原态氰钴胺离体实验体系中可发生还原降解生成 1*H*-6：2 PFESA、1*H*-6：2 PFUESA 和 2*H*-6：2 PFESA，然而，真实环境条件下是否发生同样的转化过程还需要进一步验证。为此，分别采集了来自我国两个电镀工业区周边河流的表层河水和底泥样品，使用疑似目标分析法对上述氢取代多氟醚基磺酸和不同链长的同系物（*H*-PFESAs 和 *H*-PFUESAs）进行甄别（图 5-19）。实际环境样本中发现了 1*H*-6：2 PFESA 和 1*H*-8：2 PFESA 两种新型多氟醚基磺酸化合物。其中，1*H*-6：2 PFESA 在宁波市采样点河水和底泥中的浓度范围为 N.D.～3.31×10^3 pg/L 和 N.D.～503 pg/g d.w.，在泰安市采样点河水和底泥中的浓度范围为 97.3～1.25×10^3 pg/L 和 19.2～146 pg/g d.w.；1*H*-8：2 PFESA 浓度水平相对较低，在宁波市采样点河水中未检出，底泥中的浓度范围为 N.D.～165 pg/g d.w.，在泰安市采样点河水和

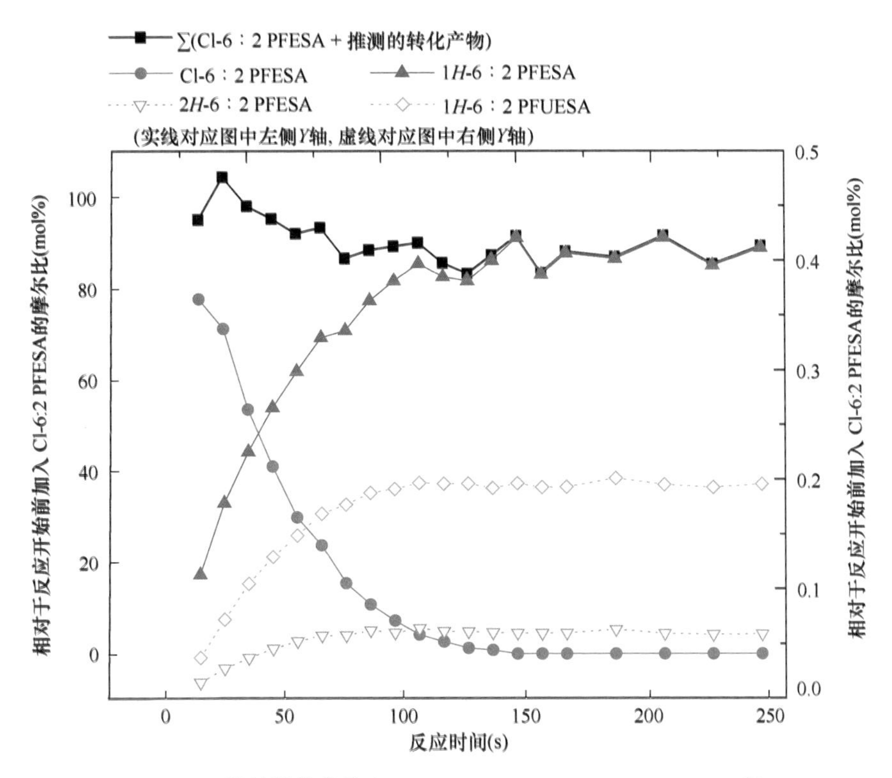

图 5-18　Cl-6：2 PFESA 及其转化产物（1*H*-6：2 PFESA、1*H*-6：2 PFUESA 和 2*H*-6：2 PFESA）的转化动力学曲线和质量平衡分析示意图[82]

底泥中的浓度范围为 N.D.～66.0 pg/L 和 N.D.～21.6 pg/g d.w.。对宁波市采样点河水中 Cl-6：2 PFESA 和 1*H*-6：2 PFESA 的空间分布分析发现，两者残留浓度呈现显著的相关性（$R = 0.914$，$p < 0.01$）。

1*H*-6：2 PFESA 和 Cl-6：2 PFESA 在样品中的浓度比例（1*H*-6：2 PFESA/Cl-6：2 PFESA）与 F-53B 工业品中的比例表现出显著差异。1*H*-6：2 PFESA 和 Cl-6：2 PFESA 在宁波市采样点河水和底泥中的浓度比例分别为 4%～11%（平均值 6%）和 3%～23%（平均值 14%），在泰安市采样点河水和底泥中的浓度比例分别为 9%～111%（平均值 27%）和 2%～18%（平均值 6%），均显著高于 F-53B 工业品中的浓度比例（1%），表明 Cl-6：2 PFESA 的环境转化过程可能是 1*H*-6：2 PFESA 的重要来源之一。

后续文献对包括中国在内的世界多个国家地表水样本中的全氟和多氟烷基化合物环境赋存调查研究发现，Cl-6：2 PFESA 在我国所有样本中均有检出，平均浓度水平为 1.1～7.8 ng/L，与 PFOS 相当（1.8～11 ng/L）。Cl-6：2 PFESA 在其他国家（美国、英国、德国、荷兰、韩国和瑞典）样本中的检出率为 89%，浓度水平

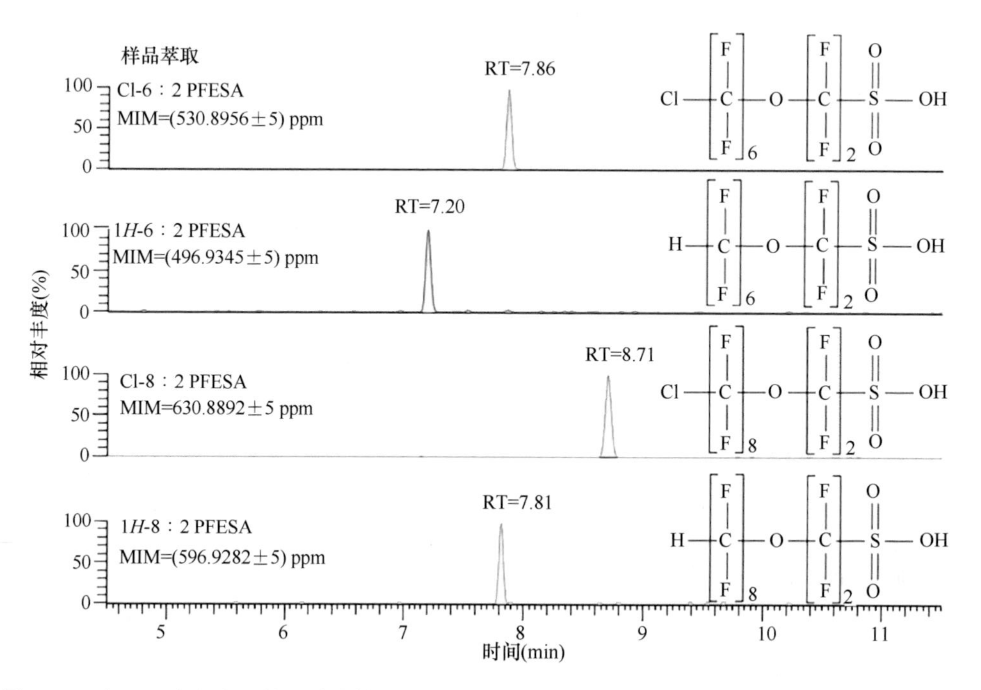

图 5-19 实际河水和底泥萃取液中检测出 Cl-6：2 PFESA 和 PFESA Cl-8：2 PFESA 及其可能的环境转化产物 1*H*-6：2 PFESA 和 1*H*-8：2 PFESA，质量偏差窗口设定为±5 ppm

为 0.01～0.38 ng/L。1*H*-6：2 PFESA 在我国地表水样品中也可广泛检出（检出率>95%），其中，太湖表层水样品中的平均浓度水平达到 3.0 ng/L。1*H*-6：2 PFESA 相对 Cl-6：2 PFESA 的摩尔比例为 1.3%～280%（平均值 27%），同样显著高于工业品中的组成比例，表明 Cl-6：2 PFESA 的脱氯过程是环境介质中 1*H*-6：2 PFESA 的可能重要来源之一[125]。

参 考 文 献

[1] Lemal D M. Perspective on fluorocarbon chemistry. J. Org. Chem., 2004, 69: 1-11.

[2] Kissa E. Fluorinated Surfactants and Repellents. Wilmington, DE: CRC Press, 2001.

[3] Wang T, Vestergren R, Herzke D,et al. Levels, isomer profiles, and estimated riverine mass discharges of perfluoroalkyl acids and fluorinated alternatives at the mouths of Chinese rivers. Environ. Sci. Technol., 2016, 50: 11584-11592.

[4] Li F, Zhang C J, Qu Y, et al. Quantitative characterization of short- and long-chain perfluorinated acids in solid matrices in Shanghai, China. Sci. Total Environ., 2010, 408: 617-623.

[5] Zhou Z, Shi Y L, Vestergren R, et al. Highly elevated serum concentrations of perfluoroalkyl substances in fishery employees from Tangxun Lake, China. Environ. Sci. Technol., 2014, 48:

3864-3874.
[6] Zhao Z, Tang J H, Mi L J, et al. Perfluoroalkyl and polyfluoroalkyl substances in the lower atmosphere and surface waters of the Chinese Bohai Sea, Yellow Sea, and Yangtze River estuary. Sci. Total Environ., 2017, 599-600: 114-123.
[7] 高燕, 傅建捷, 王亚韡, 等. 全氟化工厂土芯中全氟化合物的分布规律. 环境化学, 2014, 33: 1686-1691.
[8] Gao Y, Fu JJ, Cao H M, et al. Differential accumulation and elimination behavior of perfluoroalkyl acid isomers in occupational workers in a manufactory in China. Environ. Sci. Technol., 2015, 49: 6953-6962.
[9] Young C J, Furdui V I, Franklin J, et al. Perfluorinated acids in Arctic snow: New evidence for atmospheric formation. Environ. Sci. Technol., 2007, 41: 3455-3461.
[10] Zhao S Y, Zhu L Y, Liu L, et al. Bioaccumulation of perfluoroalkyl carboxylates (PFCAs) and perfluoroalkane sulfonates (PFSAs) by earthworms (*Eisenia fetida*) in soil. Environ. Pollut., 2013, 179: 45-52.
[11] Lau C, Anitole K, Hodes C, et al. Perfluoroalkyl acids: A review of monitoring and toxicological findings. Toxicol. Sci., 2007, 99: 366-394.
[12] 郭瑞, 蔡亚岐, 江桂斌, 等. 全氟辛烷磺酰基化合物(PFOS)的污染现状与研究趋势. 化学进展, 2006, 18: 808-813.
[13] Wang Z, Boucher J M, Scheringer M,et al.Toward a comprehensive global emission inventory of C_4~C_{10} perfluoroalkane sulfonic acids (PFSAs) and related precursors: Focus on the life cycle of C_8-based products and ongoing industrial transition. Environ. Sci. Technol., 2017, 51: 4482-4493.
[14] Wang Z, DeWitt J C, Higgins C P, et al. A never-ending story of per- and polyfluoroalkyl substances (PFASs)? Environ. Sci. Technol., 2017, 51: 2508-2518.
[15] Ritter S K. Fluorochemicals go short. Chem. Eng. News, 2010, 88: 12-17.
[16] Weiner B, Yeung L W Y, Marchington E B, et al. Organic fluorine content in aqueous film forming foams (AFFFs) and biodegradation of the foam component 6∶2 fluorotelomermercaptoalkylamido sulfonate (6∶2 FTSAS). Environ. Chem., 2013, 10: 486-493.
[17] Yeung L W Y, Miyake Y, Taniyasu S, et al. Perfluorinated compounds and total and extractable organic fluorine in human blood samples from China. Environ. Sci. Technol., 2008, 42: 8140-8145.
[18] Yeung L W Y, Mabury S A. Are humans exposed to increasing amounts of unidentified organofluorine? Environ. Chem., 2016, 13: 102-110.
[19] Liu Y N, Pereira A D, Martin J W. Discovery of C_5~C_{17} poly- and perfluoroalkyl substances in water by in-line SPE-HPLC-Orbitrap with in-source fragmentation flagging. Anal. Chem., 2015, 87: 4260-4268.
[20] Wang Y, Vestergren R, Shi Y L, et al. Identification, tissue distribution, and bioaccumulation potential of cyclic perfluorinated sulfonic acids isomers in an airport impacted ecosystem. Environ. Sci. Technol., 2016, 50: 10923-10932.
[21] 王亚韡, 王宝盛, 傅建捷, 等. 新型有机污染物研究进展. 化学通报, 2013, 76: 3-14.
[22] 林泳峰, 阮挺, 江桂斌. 新型全氟和多氟烷基化合物的分析、行为与效应研究进展. 科学通报, 2017, 62: 2724-2733.
[23] Lehmler H J. Synthesis of environmentally relevant fluorinated surfactants: A review.

Chemosphere, 2005, 58: 1471-1496.

[24] Howard P H, Meylan W. EPA Contract No. EP-W-04-019 SRC FA488.Washington, DC: U.S. Environmental Protection Agency, 2009.

[25] Organization for Economic Co-operation and Development. The 2004 OECD List of High Production Volume Chemicals. 2004 [2018-8-1]. www.oecd.org/chemicalsafety/risk-assessment/33883530.pdf.

[26] Brown T N, Wania F. Screening chemicals for the potential to be persistent organic pollutants: A case study of Arctic contaminants. Environ. Sci. Technol., 2008, 42: 5202-5209.

[27] Young C J, Hurley M D, Wallington T J, et al. Atmospheric chemistry of 4:2 fluorotelomer iodide (n-$C_4F_9CH_2CH_2I$): Kinetics and products of photolysis and reaction with OH radicals and Cl atoms. J. Phys. Chem. A, 2008, 112: 13542-13548.

[28] Ahrens L, Harner T, Shoeib M, et al. Improved characterization of gas-particle partitioning for per- and polyfluoroalkyl substances in the atomsphere using annular diffusion denuder samples. Environ. Sci. Technol., 2012, 46: 7199-7206.

[29] Martin J W, Muir D C G, Moody C A, et al. Collection of airborne fluorinated organics and analysis by gas chromatography/chemical ionization mass spectrometry. Anal. Chem., 2002, 74: 584-590.

[30] Blanco M B, Bejan I, Barnes I, et al. Atmospheric photooxidation of fluoroacetates as a source of fluorocarboxylic acids. Environ. Sci. Technol., 2010, 44: 2354-2359.

[31] Boulanger B, Peck A M, Schnoor J L, et al. Mass budget of perfluorooctane surfactants in Lake Ontario. Environ. Sci. Technol., 2005, 39: 74-79.

[32] Piekarz A M, Primbs T, Field J A, et al. Semivolatile fluorinated organic compounds in Asian and Western U.S. air masses. Environ. Sci. Technol., 2007, 41: 8248-8255.

[33] Jahnke A, Berger U, Ebinghaus R, et al. Latitudinal gradient of airborne polyfluorinated alkyl substances in the marine atmosphere between Germany and South Africa (53° N–33° S). Environ. Sci. Technol., 2007, 41: 3055-3061.

[34] Shoeib M, Harner T, Lee S C, et al. Sorbent-impregnated polyurethane foam disk for passive air sampling of volatile fluorinated chemicals. Anal. Chem., 2008, 80: 675-682.

[35] United States Environmental Protection Agency. Method 5041A: Analysis for desorption of sorbent cartridges from volatile organic sampling train (VOST). Washington, DC: U.S. Environmental Protection Agency, 1996.

[36] Pankow J F, Luo W, Isabelle L M, et al. Determination of a wide range of volatile organic compounds in ambient air using multisorbent adsorption/thermal desorption and gas chromatography/mass Spectrometry. Anal. Chem., 1998, 70: 5213-5221.

[37] Waterman D, Horsfield B, Leistner F, et al. Quantification of polycyclic aromatic hydrocarbons in the NIST Standard Reference Material (SRM1649a) urban dust using thermal desorption GC/MS. Anal. Chem., 2000, 72: 3563-3567.

[38] Sigman M E, Ma C Y, Ilgner R H. Performance evaluation of an in-injection port thermal desorption/gas chromatographic/negative ion chemical ionization mass spectrometric method for trace explosive vapor analysis. Anal. Chem., 2001, 73: 792-798.

[39] Cooke K M, Simmonds P G, Nickless G, et al. Use of capillary gas chromatography with negative ion-chemical ionization mass spectrometry for the determination of perfluorocarbon tracers in the atmosphere. Anal. Chem., 2001, 73: 4295-4300.

[40] Markes International. Thermal desorption accessories and consumables. Llantrisant, U.K.:

Markes International Corporation, 2009.
[41] Ras M R, Borrull F, Marcé R M. Sampling and preconcentration techniques for determination of volatile organic compounds in air samples. TrAC-Trend Anal. Chem., 2009, 28: 347-361.
[42] United States Environmental Protection Agency. Compendium Method TO-1: Method for the determination of volatile organic compounds in ambient air using Tenax® adsorption and gas chromatography/mass spectrometry. Washington, DC: U.S. Environmental Protection Agency, 1984.
[43] Zhang Z, Pawliszyn J. Headspace solid-phase microextraction. Anal. Chem., 1993, 65: 1843-1852.
[44] Hawthorne S B, Miller D J, Pawliszyn J, et al. Solventless determination of caffeine in beverages using solid-phase microextraction with fused-silica fibers. J. Chromatogr. A, 1992, 603: 185-191.
[45] Hawthorne S B, Grabanski C B, Miller D J. Solid-phase-microextraction measurement of 62 polychlorinated biphenyl congeners in milliliter sediment pore water samples and determination of K_{DOC} values. Anal. Chem., 2009, 81: 6936-6943.
[46] Wang Y H, Li Y Q, Zhang J, et al. A novel fluorinated polyaniline-based solid-phase microextraction coupled with gas chromatography for quantitative determination of polychlorinated biphenyls in water samples. Anal. Chim. Acta, 2009, 646: 78-84.
[47] Mäenpää K, Leppänen M T, Reichenberg F, et al. Equilibrium sampling of persistent and bioaccumulative compounds in soil and sediment: Comparison of two approaches to determine equilibrium partitioning concentrations in lipids. Environ. Sci. Technol., 2011, 45: 1041-1047.
[48] Xie M, Yang Z Y, Bao L J, et al. Equilibrium and kinetic solid-phase microextraction determination of the partition coefficients between polychlorinated biphenyl congeners and dissolved humic acid. J. Chromatogr. A, 2009, 1216: 4553-4559.
[49] Hernandez F, Beltran J, Lopez F J, et al. Use of solid-phase microextraction for the quantitative determination of herbicides in soil and water samples. Anal. Chem., 2000, 72: 2313-2322.
[50] Mathurin J C, Ceaurriz J D, Audran M, et al. Detection of perfluorocarbons in blood by headspace solid-phase microextraction combined with gas chromatography/mass spectrometry. Biomed. Chromatogr., 2001, 15: 443-451.
[51] Gauthier S A, Mabury S A. Aqueous photolysis of 8∶2 fluorotelomer alcohol. Environ. Toxicol. Chem., 2005, 24: 1837-1846.
[52] Pawliszyn J. Solid phase microextraction theory and practice. Chichester: Wiley-VCH, 1997.
[53] Higgins C P, Luthy R G. Sorption of perfluorinated surfactants on sediments. Environ. Sci. Technol., 2006, 40: 7251-7256.
[54] Prevedouros K, Cousins I T, Buck R C, et al. Sources, fate and transport of perfluorocarboxylates. Environ. Sci. Technol., 2006, 40: 32-44.
[55] DuPont Company. DuPont Global PFOA strategy: Comprehensive source reduction, United States Environmental Protection Agency Public Docket AR226-1914. Washington, DC: United States Environmental Protection Agency OPPT, January 31, 2005.
[56] Améduri B, Boutevin B. Use of telechelic fluorinated diiodides to obtain well-defined fluoropolymers. J. Fluor. Chem., 1999, 100: 97-116.
[57] Ruan T, Wang Y W, Wang T, et al. Presence and partitioning behavior of polyfluorinated iodine alkanes in environmental matrices around a fluorochemical manufacturing plant: Another possible source for perfluorinated carboxylic acids? Environ. Sci. Technol., 2010, 44:

5755-5761.
[58] Stock N L, Ellis D A, Deleebeeck L, et al. Vapor pressures of the fluorinated telomer alcohols-limitations of estimation methods. Environ. Sci. Technol., 2004, 38: 1693-1699.
[59] Goss K U, Bronner G, Harner T, et al. The partition behavior of fluorotelomer alcohols and olefins. Environ. Sci. Technol., 2006, 40: 3572-3577.
[60] Bach C, Boiteux V, Hemard J, et al. Simultaneous determination of perfluoroalkyl iodides, perfluoroalkane sulfonamides, fluorotelomer alcohols, fluorotelomer iodides and fluorotelomer acrylates and methacrylates in water and sediments using solid-phase microextraction-gas chromatography/mass spectrometry. J. Chromatogr. A, 2016, 1448: 98-106.
[61] Rayne S, Forest K. Modeling the hydrolysis of perfluorinated compounds containing carboxylic and phosphoric acid ester functions and sulfonamide groups. J. Environ. Sci. Health A Tox. Hazard. Subst. Environ. Eng., 2010, 45: 432-446.
[62] Cotter E S N, Booth N J, Canosa-Mas C E, et al. Reactions of Cl atoms with CH_3I, C_2H_5I, 1-C_3H_7I, 2-C_3H_7I and CF_3I: Kinetics and atmospheric relevance. Phys. Chem. Chem. Phys., 2001, 3: 402-408.
[63] Calvert J G, Derwent R G, Orlando J J, et al. Mechanisms of atomspheric oxidation of the alkanes. New York:Oxford University Press, 2008.
[64] Liu J X, Wang N, Szostek B, et al. 6∶2 Fluorotelomer alcohol aerobic biodegradation in soil and mixed bacterial culture. Chemosphere, 2010, 78: 437-444.
[65] Zhao L J, Folsom P W, Wolstenholme B W, et al. 6∶2 Fluorotelomer alcohol biotransformation in an aerobic river sediment system. Chemosphere, 2013, 90: 203-209.
[66] Zhao L J, McCausland P K, Folsom P W, et al. 6∶2 Fluorotelomer alcohol aerobic biotransformation in activated sludge from two domestic wastewater treatment plants. Chemosphere, 2013, 92: 464-470.
[67] Wang N, Liu J X, Buck R C, et al. 6∶2 fluorotelomer sulfonate aerobic biotransformation in activated sludge of waste water treatment plants. Chemosphere, 2011, 82: 853-858.
[68] Fromel T, Knepper T P. Fluorotelomer ethoxylates: Sources of highly fluorinated environmental contaminants part I: Biotransformation. Chemosphere, 2010, 80: 1387-1392.
[69] Vollhardt K P C, Organic Chemistry. New York: W. H. Freeman and Company, 1987.
[70] Liu J, Wang N, Buck R C, et al. Aerobic biodegradation of [^{14}C] 6∶2 fluorotelomer alcohol in a flow-through soil incubation system. Chemosphere, 2010, 80: 716-723.
[71] Wang N, Szostek B, Buck R C, et al. 8∶2 Fluorotelomer alcohol aerobic soil biodegradation: Pathways, metabolites, and metabolite yields. Chemosphere, 2009, 75: 1089-1096.
[72] Wang N, Szostek B, Buck R C, et al. Fluorotelomer alcohol biodegradation-direct evidence that perfluorinated carbon chains breakdown. Environ. Sci. Technol., 2005, 39: 7516-7528.
[73] Ruan T, Szostek B, Folsom P W, et al. Aerobic soil biotransformation of 6∶2 fluorotelomer iodide. Environ. Sci. Technol., 2013, 47: 11504-11511.
[74] 上海市光明电镀厂，中国科学院上海有机化学研究所，江苏省泰州市电解化工厂. 全氟烷基醚磺酸盐 F-53 的制备及其在镀铬抑雾的应用. 材料保护, 1976, 3: 27-32.
[75] 中国科学院上海有机化学研究所全氟磺酸组. 全氟和多氟烷基磺酸的研究 II：一些多氟烷基醚磺酸的合成. 化学学报,1979, 37: 315-324.
[76] Wang Z, Cousins I T, Scheringer M, et al. Fluorinated alternatives to long-chain perfluoroalkyl carboxylic acids (PFCAs), perfluoroalkane sulfonic acids (PFSAs) and their potential precursors.

Environ. Int., 2013, 60: 242-248.
[77] Ruan T, Lin Y F, Wang T, et al. Identification of novel polyfluorinated ether sulfonates as PFOS alternatives in municipal sewage sludge in China. Environ. Sci. Technol., 2015, 49: 6519-6527.
[78] Liu Y W, Ruan T, Lin Y F, et al. Chlorinated polyfluoroalkyl ether sulfonic acids in marine organisms from Bohai Sea, China: Occurrence, temporal variations, and trophic transfer behavior. Environ. Sci. Technol., 2017, 51: 4407-4414.
[79] Shi Y L, Vestergren R, Xu L, et al. Human exposure and elimination kinetics of chlorinated polyfluoroalkyl ether sulfonic acids (Cl-PFESAs). Environ. Sci. Technol., 2016, 50: 2396-2404.
[80] Liu W, Qin H, Li J W, et al. Atmospheric chlorinated polyfluorinated ether sulfonate and ionic perfluoroalkyl acids in 2006 to 2014 in Dalian, China. Environ. Toxicol. Chem., 2017, 36: 2581-2586.
[81] Shi Y L, Vestergren R, Zhou Z, et al. Tissue distribution and whole body burden of the chlorinated polyfluoroalkyl ether sulfonic acid F-53B in crucian carp (*Carassius carassius*): Evidence for a highly bioaccumulative contaminant of emerging concern. Environ. Sci. Technol., 2015, 49: 14156-14165.
[82] Lin Y F, Ruan T, Liu A F, et al. Identification of novel hydrogen-substituted polyfluoroalkyl ether sulfonates in environmental matrices near metal-plating facilities. Environ. Sci. Technol., 2017, 51: 11588-11596.
[83] Martin J W, Kannan K, Berger U, et al. Peer reviewed: Analytical challenges hamper perfluoroalkyl research. Environ. Sci. Technol., 2004, 38: 248A-255A.
[84] Schultz M M, Barofsky D F., Field J. A. Quantitative determination of fluorotelomer sulfonates in groundwater by LC MS/MS. Environ. Sci. Technol., 2004, 38: 1828-1835.
[85] Tseng C L, Liu L L, Chen C M, et al. Analysis of perfluorooctanesulfonate and related fluorochemicals in water and biological tissue samples by liquid chromatography-ion trap mass spectrometry. J. Chromatogr. A, 2006, 1105: 119-126.
[86] Taniyasu S, Kannan K, So M K, et al. Analysis of fluorotelomer alcohols, fluorotelomer acids, and short- and long-chain perfluorinated acids in water and biota. J. Chromatogr. A, 2005, 1093: 89-97.
[87] Lin Y F, Liu R Z, Hu F B,et al.Simultaneous qualitative and quantitative analysis of fluoroalkyl sulfonates in riverine water by liquid chromatography coupled with Orbitrap high resolution mass spectrometry. J. Chromatogr. A, 2016, 1435: 66-74.
[88] Gonzalez-Barreiro C, Martinez-Carballo E, Sitka A, et al. Method optimization for determination of selected perfluorinated alkylated substances in water samples. Anal. Bioanal. Chem., 2006, 386: 2123-2132.
[89] Schultz M M, Barofsky D F, Field J A. Quantitative determination of fluorinated alkyl substances by large-volume-injection liquid chromatography tandem mass spectrometry-characterization of municipal wastewaters. Environ. Sci. Technol., 2006, 40: 289-295.
[90] Takino M, Daishima S, Nakahara T. Determination of perfluorooctane sulfonate in river water by liquid chromatography/atmospheric pressure photoionization mass spectrometry by automated on-line extraction using turbulent flow chromatography. Rapid Commun. Mass Spectrom., 2003, 17: 383-390.
[91] Alzaga R, Bayona J M A. Determination of perfluorocarboxylic acids in aqueous matrices by ion-pair solid-phase microextraction-in-port derivatization–gas chromatography-negative ion chemical ionization mass spectrometry. J. Chromatogr. A, 2004, 1042: 155-162.

[92] Powley C R, George S W, Ryan T W, et al. Matrix effect-free analytical methods for determination of perfluorinated carboxylic acids in environmental matrixes. Anal. Chem., 2005, 77: 6353-6358.
[93] Higgins C P, Field J A, Criddle C S, et al. Quantitative determination of perfluorochemicals in sediments and domestic sludge. Environ. Sci. Technol., 2005, 39: 3946-3956.
[94] Focant J F, Pirard C, De Pauw E. Automated sample preparation-fractionation for the measurement of dioxins and related compounds in biological matrices: A review. Talanta, 2004, 63: 1101-1113.
[95] Björklund E, Sporring S, Wiberg K, et al. New strategies for extraction and clean-up of persistent organic pollutants from food and feed samples using selective pressurized liquid extraction. TrAC-Trend Anal. Chem., 2006, 25: 318-325.
[96] Carabias-Martínez R, Rodríguez-Gonzalo E, Revilla-Ruiz P, et al. Pressurized liquid extraction in the analysis of food and biological samples. J. Chromatogr. A, 2005, 1089: 1-17.
[97] Schröder H F. Determination of fluorinated surfactants and their metabolites in sewage sludge samples by liquid chromatography with mass spectrometry and tandem mass spectrometry after pressurised liquid extraction and separation on fluorine-modified reversed-phase sorbents. J. Chromatogr. A, 2003, 1020: 131-151.
[98] Hansen K J, Clemen L A, Ellefson M E, et al. Compound-specific, quantitative characterization of organic fluorochemicals in biological matrices. Environ. Sci. Technol., 2001, 35: 766-770.
[99] van Leeuwen S P J, Kärrman A, van Bavel B, et al. Struggle for quality in determination of perfluorinated contaminants in environmental and human samples. Environ. Sci. Technol., 2006, 40: 7854-7860.
[100] Berger U, Haukås M. Validation of a screening method based on liquid chromatography coupled to high-resolution mass spectrometry for analysis of perfluoroalkylated substances in biota. J. Chromatogr. A, 2005, 1081: 210-217.
[101] Belisle J, Hagen D F A. Method for the determination of perfluorooctanoic acid in blood and other biological samples. Anal. Biochem., 1980, 101: 369-376.
[102] 张萍, 史亚利, 蔡亚岐, 等. 高效液相色谱-串联质谱联用技术测定环境水样中的全氟化合物. 分析化学, 2007, 35: 969-972.
[103] 林泳峰, 丁磊, 阮挺, 等.高效液相色谱串联质谱法测定环境水体中的全氟磺酸替代物. 环境化学,2015, 34: 863-868.
[104] Krauss M, Singer H, Hollender J. LC-high resolution MS in environmental analysis: From target screening to the identification of unknowns. Anal. Bioanal. Chem., 2010, 397: 943-951.
[105] Place B J, Field J A. Identification of novel fluorochemicals in aqueous film-forming foams used by the U.S. military. Environ. Sci. Technol., 2012, 46: 7120-7127.
[106] Newton S, McMahen R, Stoeckel J A, et al. Novel polyfluorinated compounds identified using high resolution mass spectrometry downstream of manufacturing facilities near Decatur, Alabama. Environ. Sci. Technol., 2017, 51: 1544-1552.
[107] Wang S W, Huang J, Yang Y,et al.First report of a Chinese PFOS alternative overlooked for 30 years: Its toxicity, persistence, and presence in the environment. Environ. Sci. Technol., 2013, 47: 10163-10170.
[108] Schultz M M, Higgins C P, Huset C A, et al. Fluorochemical mass flows in a municipal wastewater treatment facility. Environ. Sci. Technol., 2006, 40: 7350-7357.
[109] Ahrens L, Shoeib M, Harner T, et al. Wastewater treatment plant and landfills as sources of

polyfluoroalkyl compounds to the atmosphere. Environ. Sci. Technol., 2011, 45: 8098-8105.
[110] Xie S W, Wang T Y, Liu S J, et al. Industrial source identification and emission estimation of perfluorooctane sulfonate in China. Environ. Int., 2013, 52: 1-8.
[111] Gebbink W A, Bossi R, Riget F F, et al. Observation of emerging per- and polyfluoroalkyl substances (PFASs) in Greenland marine mammals. Chemosphere, 2016, 144: 2384-2391.
[112] Kaiser M A, Dawson B J, Barton C A, et al. Understanding potential exposure sources of perfluorinated carboxylic acids in the workplace. Ann. Occup. Hyg., 2010, 54: 915-922.
[113] Chen F, Yin S, Kelly B C, et al. Chlorinated polyfluoroalkyl ether sulfonic acids in matched maternal, cord, and placenta samples: A study of transplacental transfer. Environ. Sci. Technol., 2017, 51: 6387-6394.
[114] Field J A, Sierra-Alvarez R. Microbial transformation and degradation of polychlorinated biphenyls. Environ. Pollut., 2008, 155: 1-12.
[115] Ochoa-Herrera V, Sierra-Alvarez R, Somogyi A, et al. Reductive defluorination of perfluorooctane sulfonate. Environ. Sci. Technol., 2008, 42: 3260-3264.
[116] Melcher J, Olbrich D, Marsh G,et al.Tetra- and tribromophenoxyanisoles in marine samples from Oceania. Environ. Sci. Technol., 2005, 39: 7784-7789.
[117] Ruppe S, Neumann A, Diekert G, et al. Abiotic transformation of toxaphene by superreduced vitamin B_{12} and dicyanocobinamide. Environ. Sci. Technol., 2004, 38: 3063-3067.
[118] Rotander A, Karrman A, Toms L M, et al. Novel fluorinated surfactants tentatively identified in firefighters using liquid chromatography quadrupole time-of-flight tandem mass spectrometry and a case-control approach. Environ. Sci. Technol., 2015, 49: 2434-2442.
[119] Smith C A, Want E J, O'Maille G, et al. XCMS: Processing mass spectrometry data for metabolite profiling using nonlinear peak alignment, matching, and identification. Anal. Chem., 2006, 78: 779-787.
[120] Bijlsma S, Bobeldijk I, Verheij E R, et al. Large-scale human metabolomics studies: A strategy for data (pre-) processing and validation. Anal. Chem., 2006, 78: 567-574.
[121] Barzen-Hanson K A, Field J A. Discovery and implications of C_2 and C_3 perfluoroalkyl sulfonates in aqueous film-forming foams and groundwater. Environ. Sci. Technol. Lett., 2015, 2: 95-99.
[122] Schymanski E L, Jeon J, Gulde R, et al. Identifying small molecules via high resolution mass spectrometry: Communicating confidence. Environ. Sci. Technol., 2014, 48: 2097-2098.
[123] Strynar M, Dagnino S, McMahen R, et al. Identification of novel perfluoroalkyl ether carboxylic acids (PFECAs) and sulfonic acids (PFESAs) in natural waters using accurate mass time-of-flight mass spectrometry (TOFMS). Environ. Sci. Technol., 2015, 49: 11622-11630.
[124] Trier X, Granby K, Christensen J H. Tools to discover anionic and nonionic polyfluorinated alkyl surfactants by liquid chromatography electrospray ionisation mass spectrometry. J. Chromatogr. A, 2011, 1218: 7094-7104.
[125] Pan Y, Zhang H, Cui Q, et al. Worldwide distribution of novel perfluoroether carboxylic and sulfonic acids in surface water. Environ. Sci. Technol., 2018, 52: 7621-7629.

第 6 章　环境中新型芳香族化合物的发现

本章导读

- 双酚 AF（BPAF）是双酚 A 的三氟甲基取代同系物，结构、性质、用途与双酚 A 类似，其环境赋存和迁移行为研究在此前的文献中鲜有报道。建立定性、定量分析方法，对生产工厂周边居民区暴露风险进行初步评估。将研究对象拓展为具有类似结构的 13 种双酚类化合物（BPs），报道了 TCBPA、BPAF、BPE、DHBP 等的检出；低浓度同系物（TCBPA、BPAF 等）可能具有较高的 17β-雌二醇当量比例。
- 苯并三唑类紫外线稳定剂（BZT-UVs）是一类高疏水性、具有生物毒性效应的环境污染物。建立液相色谱-大气压化学源电离质谱方法，实现对难挥发、大分子量同系物（如 UV-234）的分析。在我国污泥中首次报道了 UV-234、UV-329 和 UV-350；其中，UV-329 和 UV-350 是部分国家禁用的 UV-320 的同分异构体。对污水处理过程中的归趋行为进行初步分析，大部分 BZT-UVs 和可能的转化产物具有环境持久性，污泥吸附是主要的去除机制。
- 合成酚抗氧化剂（SPAs）是一类疏水烷基取代的芳香酚化合物，环境氧化产物具有更强的生物效应。在我国污泥中检出了尚未报道的 11 种 SPAs 同系物和 3 种转化产物。污泥处理过程中，SPAs 母体化合物的去除伴随着转化产物的生成。室内灰尘中 SPAs 亦广泛存在，不同区域样本中浓度和单体组成具有显著差异。
- 光引发剂（PIs）包括苯酮类、硫杂蒽酮类、胺类化合物，分子结构与二苯甲酮、二噁英、苯胺有机污染物存在相似性。首次报道了 9 种苯酮引发剂、8 种硫杂蒽酮引发剂、4 种胺类共引发剂的环境赋存、浓度和组成比例；食品包装材料、光敏树脂、污泥和室内灰尘环境介质中的赋存具有显著差异。

6.1　双酚类化合物

6.1.1　双酚类化合物的简介

双酚 A（bisphenol A，BPA）是一种人工合成化学品，具有优异的电绝缘性、延伸性、耐化学腐蚀等特性，作为增塑剂、抗氧剂、热稳定剂等添加剂广泛应用于塑料、纸币、热敏纸等日常生活用品。此外，双酚 A 也是重要的有机化工原料，用于生产聚碳酸酯和环氧树脂等聚合材料，2011 年的全球产量超过 550 万 t[1,2]。

双酚 A 在日常生活用品（如饮用水瓶和婴儿奶瓶等）的使用涉及多种人体暴露途径，如食物和水的摄入、皮肤接触等[2,3]，尿液是主要的排出途径[4]。双酚 A 在体内可快速代谢生成葡糖酸酐（BPA glucuronide，BPAG）结合态，研究发现该结合态不具备雌激素活性，该代谢过程是可能的 BPA 解毒途径[5]。BPAG 亦可被 β-葡糖酸苷酶解离重新生成自由态，解离过程在人体胎盘、肝脏、肾脏以及消化道中均可发生[5]。目前尚无商品化的 BPAG 标准样品，生物样本中 BPAG 的精确定量测定主要通过如下两种方法进行[6]：方法一是实验室合成得到 BPAG 的标准样品，并建立了完善的萃取、分离、浓缩和仪器分析方法；方法二是利用质量平衡法，首先测得自由态 BPA 的准确浓度，再通过酶解法将结合态 BPAG 转化为自由态 BPA，获得 BPA 的总浓度，两者的差值即为结合态 BPAG 的贡献。血液样品中 BPA 的测定要求分析方法具有较高的选择性及灵敏性，这是基于以下两点原因：①血液中自由态 BPA 的浓度在 ppt（part-per-trillion，10^{-12}）到 ppb（part-per-billion，10^{-9}）痕量水平；②离体细胞实验中 BPA 浓度范围为 ppt 量级时即有明显内分泌干扰效应[7]。早期对于人体血清样本中 BPA 的研究未能检出自由态 BPA，主要原因为液相色谱-紫外检测器联用分析方法的检出限（150 ng/mL）不能达到要求[8,9]。研究指出，产妇血清样本中 BPA 的平均浓度在 1.4～2.4 ng/mL [10]。人群血清中 BPA 的浓度可能与性别相关，男性血清中 BPA 的浓度显著高于女性，可能与人体雄性激素调控 BPA 代谢过程相关[11]。

伴随着 BPA 人群暴露风险的关注和日趋严格的法规控制，市场上出现分子结构和物理-化学性质与 BPA 相似的新型化合物，统称为双酚类化合物（bisphenols，BPs）。具体的名称、缩写和结构如图 6-1 所示。双酚类化合物在日常生活（聚碳酸酯塑料制品、购物小票、纸币和饮料食品等纸质包装材料）用品中普遍使用[12]，其环境赋存、行为和健康效应的研究也逐渐成为环境科学领域的热点问题。特别地，毒理学研究结果显示，BPA、BPB、BPF、BPS 和 BPAF 具有雌激素干扰效应[13]。其中，BPA 可以在 10^{-7}～10^{-5} mol/L 低浓度暴露情况下诱导人体乳腺癌细胞 MCF-7

的增殖[14]。BPA、BPB 和 BPAF 是显著的人体孕烷受体，对外源代谢起到主要调节作用[15]。BPF 对 HepG 2 细胞表现出遗传毒性[16]，TBBPA 以及 TCBPA 具有潜在的甲状腺干扰活性[17]。研究指出，部分双酚类化合物比 BPA 具有更强的环境持久性，因而具有环境健康风险[18]。

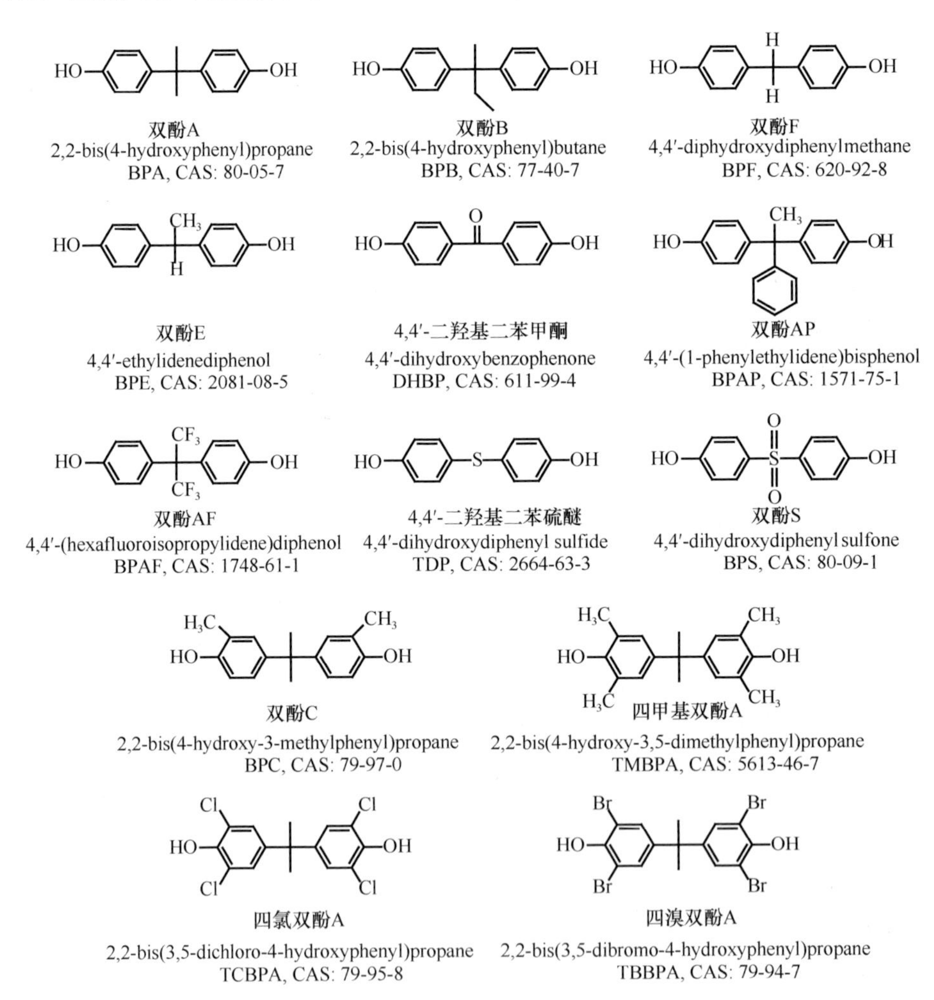

图 6-1 双酚类化合物结构及相关信息[19]

目前，BPs 的研究主要集中于针对部分单体化合物（如 BPA）展开，其他 BPs 的环境赋存、行为及暴露风险评估数据仅有少量报道。BPF 在德国的地表水体、污泥以及沉积物中有检出[20]，罐装饮料中也发现 BPF 的存在，平均浓度达到 0.18 μg/L[21]。欧洲部分国家的罐装蔬菜中有 BPB 检出，人体血清及尿液中亦检出了 BPB，其浓度范围为 800～1.19×10^4 ng/L[22]。BPS 在尿液中也有检出，购物小票及纸币中也有发现，因此皮肤接触含热敏涂料的纸质材料可能是造成 BPS 人体暴露的重要途径[23]。针对不同国家/地区 BPs 环境赋存的调查研究已于近年来逐渐展开。美国、中国、日本以及韩国室内灰尘样品中 BPs 的研究结果显示，BPs 在灰尘样本中的总浓度为 0.026～111 μg/g。其中，BPA、BPS 和 BPF 是最主要的三种单体，占 BPs 总浓度的 98%以上，其他单体的浓度较低或未有检出。通过模型对 BPs 由灰尘摄入造成的人体暴露剂量进行估算，成人的人均每日摄入量为 1.72 ng/(kg BW·d)、0.78 ng/(kg BW·d)、2.65 ng/(kg BW·d)和 3.13 ng/(kg BW·d)，儿童人均每日摄入量显著高于成人，分别为 12.6 ng/(kg BW·d)、4.61 ng/(kg BW·d)、15.8 ng/(kg BW·d)和 18.6 ng/(kg BW·d)[24]。美国、日本以及韩国工业区沉积物样品的研究结果显示，BPs 在沉积物中的总浓度高达 25 300 ng/g，平均值为 201 ng/g[25]。与室内灰尘样品类似，BPA 和 BPF 是最主要的单体，分别占 BPs 总浓度的 64% 和 30%。泥芯中 BPs 的浓度近年来呈下降趋势，但 BPS 在东京湾沉积物泥芯中的高检出率表明此化合物生产及使用量的显著增加，该趋势可能与日本于 2001 年以后选择使用 BPS 取代 BPA 有关。

综上所述，目前针对 BPs 的研究仍多局限于 BPA 等少数几种单体，亟需进一步开展针对其他 BPs 单体的环境残留浓度、迁移转化规律和人体健康风险评估的相关研究。

6.1.2　双酚类化合物的分析方法

6.1.2.1　质谱分析方法

BPs 的定量分析主要基于气相色谱-质谱（gas chromatography-mass spectrometry，GC-MS）和液相色谱-三重四极杆质谱（liquid chromatography-triple quadrupole mass spectrometry，LC-MS/MS）联用方法。GC-MS 方法[26]可实现 BPA、BPF 与 BADGE（bisphenol A diglycidyl ether）、BFDGE（bisphenol F diglycidyl ether）的同时分析，HP1-MS 气相色谱柱（30 m × 0.32 mm，膜厚度 0.25 μm）在 12 min 内实现 4 种 BPs 单体的基线分离，仪器检出限（instrument detection limit，IDL，信噪比 S/N = 3）为 0.006～0.13 ng/mL。硅烷化衍生试剂 TMSA［*N*,*O*-bis-（trimethylsilyl）acetamide］显著提升灵敏度。而基于气相色谱-串联质谱（gas chromatography-tandem mass spectrometry，GC-MS/MS）建立的 BPA、BPF、BADGE 和 BFDGE 的分析方法[27]，由于串联质谱的使用，定量方法的仪器检出限（0.001～0.06 ng/mL）更低。色谱分析结果显示，DB-1701MS 气相色谱柱（30 m × 0.32 mm，膜厚度 0.25 μm）亦能实现不同 BPs 单体的基线分离。与 GC-MS 相比，使用 LC-MS/MS 的优势在于不需要对 BPs 进行衍生化反应。该方法[28]采用负离子模式

电喷雾电离（electrospray ionization，ESI）源，使用 BEH C_{18} 色谱柱（2.1 mm × 100 mm，1.7 μm；Waters 公司），以甲醇和水为流动相，可在 16 min 内实现 7 种 BPs（BPA、BPB、BPF、BPS、BPAF、TBBPA 和 TCBPA）的基线分离和定量分析。

为研究双酚类化合物在我国环境介质中的赋存现状及迁移转化规律，笔者课题组基于 HPLC-MS/MS 建立了同时测定 13 种双酚类化合物（图 6-1）的定量分析方法[19]。仪器定量分析采用 Waters 公司的 HPLC-MS/MS 系统。液相色谱型号为 Waters 2695 Alliance Separations Module，检测器为 Waters 公司的 Premier XE 三重四极杆质谱分析仪。液相色谱进样量为 20 μL，液相色谱柱使用 Symmetry C_{18} 分析柱（2.1 mm × 150 mm，5 μm）。柱温箱温度设定为 40 ℃，液相色谱流速保持为 0.3 mL/min。流动相采用甲醇（A）和水（B）。流动相的变化梯度程序为 A∶B 自 10∶90 开始，12 min 内匀速变为 100%（A），然后保持 3.5 min。该方法采用负离子模式 ESI。具体参数如下：毛细管电压（capillary voltage）3.0 kV，离子源温度（source temperature）120 ℃，去溶剂气流温度（desolvation temperature）设定为 320 ℃，脱溶剂气体流速（desolvation gas flow）450 L/h；锥孔气体流速 50 L/h。该方法可在 15 min 内完成 13 种双酚类化合物的基线分离和定量分析。

6.1.2.2 其他分析方法

除质谱技术外，液相色谱-荧光检测（liquid chromatography-fluorescence detector）和液相色谱-紫外检测（liquid chromatography-ultraviolet detector）亦是常用的 BPs 检测方法，具有测试成本低、仪器维护简单、使用方便、稳定性好等优点，但灵敏度较差，对于目标物的痕量分析存在困难。荧光检测器对 BPA 的仪器检出限为 100 pg，紫外检测对 BPA 的灵敏度较差，仪器检出限为 1500 pg[8]。由于酚羟基具有良好的电活性，液相色谱-电化学检测（liquid chromatography-electrochemical detection）也得到应用。与荧光或紫外检测器相比，多电极电化学检测器具有较高的灵敏度，仪器检出限为 0.5 pg[8]。以上分析方法对 BPs 的定性完全依赖于物质保留时间，若无法将不同单体基线分离，则不同分析物间会存在干扰。

近年来，酶联免疫吸附测定（enzyme linked immuno sorbent assay，ELISA）方法亦用于 BPA 分析。基于免疫原和产生抗体的不同，ELISA 分析法对 BPA 的检出限为 0.05～500 ng/mL[29]。商业化的 EcoAssay BPA 试剂盒（Otsuka Pharmaceutical Co.，Tokyo，Japan）可以同时测定母乳样本中自由态 BPA 和葡糖酸酐结合态 BPAG，该方法的检出限为 0.3 ng/mL[30]。

6.1.2.3 样品前处理

完善的样品前处理方法是研究 BPs 环境迁移转化及归趋行为的前提。液液萃取（liquid-liquid extraction，LLE）、微波辅助萃取（microwave-assisted extraction，MAE）、加压溶剂萃取（pressurized liquid extraction，PLE）、固相萃取（solid-phase extraction，SPE）、固相微萃取（solid-phase microextraction，SPME）和基质分散固相萃取（matrix solid-phase dispersion-extraction，MSPD）等是食品中 BPA 定量分析的主要样品前处理策略[29]。环境介质的前处理流程和食品分析具有一定的相似性。处理水体样品时，固相萃取应用最为广泛；而在固体样品的处理过程中，加速溶剂萃取、超声辅助萃取和固相萃取是目前最为主要的前处理方法[31]。HLB（hydrophilic- lipophilic balance）和 WAX（weak anion exchange）固相萃取柱是主要的富集和净化材料[28]。河水及污水样品通过 HLB 小柱进行固相萃取，进一步通过 WAX 小柱进行净化。底泥及污泥样品的萃取先使用超声辅助溶剂萃取法，萃取液的净化方法可与水体样品相同。目标物在水体及固体样品的加标回收率范围为 57%～114%，该方法重现性良好，日内及日间的相对标准偏差（relative standard deviation，RSD）分别小于 17%和 18%。该方法具有较高的灵敏度，对水体和固体基质的方法定量限（method quantification limit，MQL）可分别达到 0.05～4.35 ng/L 和 0.06～2.83 ng/g d.w.。C_{18} 固相萃取柱亦可用于底泥和污泥样品萃取液中 TBBPA、TCBPA 以及 BPA 的富集和净化[32]。针对固体食品，基于乙腈萃取、Strata NH_2 固相萃取柱净化的前处理方法对 BPs 的回收率为 62%～107% [3]。个人护理用品中的 BPs，采用搅拌棒吸附萃取、热解吸-气相色谱-质谱（thermal desorption-gas chromatography-mass spectrometry，TD-GC-MS）测定的分析方法，检出限达 8 ng/g [33]。生物组织样品中 BPs 单体的分析需使用葡萄糖醛酸酶/芳基硫酸酯酶水解，再使用乙腈超声萃取、MAX（mixed-mode anion exchange）固相萃取柱净化的前处理方法，该方法加标回收率高于 72%，相对标准偏差小于 13% [34]。

为实现多种环境样品中 BPAF 的痕量分析测定，笔者课题组建立了基于固相萃取的前处理方法[35]。针对水体样品，选用 C_{18} 固相萃取小柱以实现对 BPAF 的萃取及基质净化。具体流程为：取 200 mL 水样，加入 20 ng ^{13}C-BPA 作为回收内标。200 mL 水样通过 0.7 μm 的玻璃纤维滤膜后进行固相萃取处理。C_{18} 固相萃取小柱使用前经 6 mL 甲醇和 10 mL 去离子水活化。上样流速为 5 mL/min，完成后采用 6 mL 甲醇进行洗脱并收集洗脱液，氮吹浓缩到 1 mL 并加入同位素 ^{13}C-TBBPA 内标进入 HPLC-MS/MS 仪器分析。对于底泥、土壤以及室内灰尘样品，冷冻干燥后研磨成细颗粒，取 1 g 进行分析。为了保证萃取效率，采用加速溶剂萃取（accelerated solvent extraction，ASE）法提取分析物。具体参数为：温度 170 ℃，压力 1500 psi，萃取循环 3，萃取溶剂为甲醇。萃取完成后，将萃取液旋转蒸发浓缩至 2 mL。净化过程采用中性氧化铝、硅胶以及无水硫酸钠 3 种填料组成的复合层析柱。硅胶及氧化铝均为 6 g，无水硫酸钠为 3 g。填料的活化条件如下：硅胶在 150 ℃条件下活化 12 h，氧化铝在 450 ℃条件下活化 8 h。活化后的 2 种填料均加入 5%去离子水灭活。基质净化前，层析柱需用 30 mL 等比例的正己烷和二氯甲烷混合溶剂进行活化，待样品全部上载到层析柱后采用 60 mL 相同组成的混合溶剂进行洗脱。收集到的洗脱液旋转蒸发浓缩至 2 mL，浓缩后的样品利用氮吹进行溶剂替换并最终定容至 1 mL 甲醇。利用上述方法对加标水样（n=5，50 ng ^{13}C-BPA，50 ng BPAF）进行分析，BPAF 回收率（88%±2%）与同位素标样回收率（94%±4%）的关联性较好，表明 BPAF 的检测可用 ^{13}C-BPA 进行校正。该方法对不同基质中 BPAF 的检出限为：水体样品 1.5 ng/L，土壤样品 0.5 ng/g，底泥样品 0.3 ng/g，室内灰尘 0.2 ng/g。

污泥基质中 13 种 BPs 的前处理流程略有不同[19]。取冷冻干燥后的污泥样品 0.3 g（含 100 ng 同位素内标 ^{13}C-TBBPA）置于 15 mL 离心管，加入 5 mL 甲醇，离心管在 350 r/min 速率下振荡萃取 60 min。收集萃取上清液，在 4800 r/min 速率下离心 10 min。萃取过程重复 3 次，合并上清液并选用 ENVI-Carb 小柱净化处理。使用前，使用 6 mL 甲醇活化 ENVI-Carb 小柱，将萃取液上载到小柱，用 6 mL 甲醇洗脱，再用 6 mL 甲醇∶四氢呋喃混合液（6∶4，V∶V）洗脱。所有洗脱液收集合并后氮吹浓缩至 0.5～1 mL。再用去离子水稀释至 15 mL，使用 C_{18} 小柱对样品做进一步净化。使用前，用 6 mL 甲醇及 6 mL 水活化 C_{18} 小柱，样品上载后，用 9 mL 甲醇洗脱。收集洗脱液并氮吹浓缩至 1 mL。加入 100 ng ^{13}C-BPA 进行 HPLC-MS/MS 仪器分析。基质加标回收率在 10 ng 浓度为 62%（TDP）～106%（TBBPA），100 ng 浓度为 65%（TDP）～118%（TMBPA）。基于 HPLC-MS/MS 分析仪器，污泥基质中 13 种 BPs 的检出限为 0.08～12.8 ng/g。

6.1.3 双酚类化合物的环境赋存和行为

6.1.3.1 典型区域中 BPAF 的环境赋存及行为研究

BPAF 是 BPA 的三氟甲基取代同系物，其结构与 BPA 相似，应用途径也与 BPA 有重合。由于氟元素的加入，BPAF 能够增加合成材料的化学稳定性及热稳定性。BPAF 通常作为氟化橡胶的交联剂使用，在电子元件及光学元件中也有应用[36-38]，还可作为生产高分子聚合树脂的单体[38]。据报道，BPAF 在美国的年产量稳步增加，从 1986 年的 10 000 lb①/a 增长到 2002 年的 500 000 lb/a[38]。大鼠（Sprague Dawley，SD）体内暴露实验结果显示，BPAF 可减少调控类固醇激素相关基因的表达，该基因在胆固醇传输及类固醇生成过程中起重要作用，并可引导睾酮生成[39]。目前，对于 BPAF 的环境存在、行为的认识尚缺乏。笔者课题组通过对我国生产

① 1 lb=0.453 592 kg。

工厂周边环境基质样品的检测分析，对 BPAF 的环境赋存和迁移进行了研究并初步评估了 BPAF 对工厂周边居民的潜在暴露风险。

1. 研究区域与样品采集

水体样品、土壤、底泥样品采集在工业园区及附近居民区同时进行。距离工厂 7 km 范围的区域内共采集 68 个土壤样品，土壤样品的采集使用不锈钢采样器，采集 0～20 cm 表层土壤。每个采样点独立采集 5 份土壤，混合均匀为一份混合样品。采集的土壤用铝箔包裹，迅速运送至实验室并尽快进行冷冻干燥。在该工业园内的排污河流进行水体及底泥样品的采集。上游区域采集 3 份水样，下游区域采集 13 份水样及相对应的底泥样品。水样采集使用不锈钢水桶，每个采样点采集 500 mL 水并储存于棕色玻璃样品瓶中，底泥样品采集使用不锈钢采样器。采样前，容器均用甲醇清洗以避免交叉污染。在距离工厂约 0.5 km 的居民区内采集到 3 种环境样品，包括 17 份室内灰尘、12 份自来水及对应家庭的井水。室内灰尘样品直接从地表收集并过筛以去除人发、纸屑等杂物。井水及自来水均保存于棕色玻璃样品瓶中。

2. 结果与讨论

1）BPAF 在环境介质中的浓度水平

BPAF 在水体样品中的浓度范围是＜MQL～1.53×10^4 ng/L，平均值为 3.08×10^3 ng/L。与之相对应的底泥样品浓度范围为 0.520～2.00×10^3 ng/g，平均值为 169 ng/g。土壤样品中 BPAF 浓度水平为＜MQL～331 ng/g，平均值为 0.345 ng/g。居民区采集的环境样品中也有 BPAF 的检出。在室内灰尘中，BPAF 的浓度范围是 15.5～739 ng/g，平均值为 124 ng/g。在 12 份井水样品中，有 11 份样品检出 BPAF，最高浓度达到 300 ng/L，平均值为 50.0 ng/g。而在 12 份自来水样品中仅有 1 份检出 BPAF，浓度为 40.0 ng/L。

2）地表水体中 BPAF 的分布及行为

根据定量结构-效应关系（quantitative structure-activity relationship，QSAR）模型计算出 BPAF 的电离常数为 8.11，从而判断自然水体环境中 BPAF 主要以中性形态存在。在河流的上游采集的 3 份水样中，BPAF 在其中 2 份中有检出，浓度分别为 80.0 ng/L 和 40.0 ng/L。未检出 BPAF 的河水来自于距离工厂最远的上游采样点。在河流下游的 13 个水样中，BPAF 检出浓度范围是 60.0～1.53×10^4 ng/L。BPAF 的浓度在距离工厂最近的采样点最高，其浓度水平比上游 500 m 水样高出近 190 倍。以上数据表明该工厂为区域内河流中 BPAF 的污染源。在 3 km 范围内，BPAF 浓度水平迅速下降到污染源的 1/5～1/3，在 3 km 范围之外，其浓度的下降趋势逐步变缓，该浓度下降趋势符合指数下降模型。底泥中 BPAF 的浓度下降趋势与河流中下降趋势类似，即随距离增加逐步下降。距离工厂 3 km 以外的底泥中 BPAF

浓度（0.52～68.4 ng/g）低于距离工厂最近采样点浓度的 1/70。

总有机碳（total organic carbon，TOC）在亲脂性污染物水体中的迁移以及在与底泥的分配过程中起重要作用。将 BPAF 浓度根据 TOC 含量进行归一化处理后，底泥中 BPAF 的浓度范围为 40.6～6.15×10^4 ng/g TOC，平均值为 1.29×10^4 ng/g TOC。为进一步研究水/底泥分配效率，将水体和底泥（以 TOC 计）中 BPAF 的浓度做相关性分析。结果显示，BPAF 在水体中及 TOC 中的浓度呈良好线性相关（$R^2=0.86$，$p<0.01$）。有机污染物在两相间的分配系数（$\log K_{OC}$）通常可以用于描述污染物的迁移趋势，可使用式（6-1）进行计算[40]。基于实际样品数据，计算得出的 $\log K_{OC}$ 值为 3.28 ± 0.4（$n=14$），与模型计算的理论值 3.73 基本一致。这表明 BPAF 具有在底泥中富集的趋势。利用计算所得的分配系数，可以通过式（6-2）来估算 BPAF 在河流中迁移距离对应的环境残留值[41]。

$$K_{OC} = (C_{sediments}/C_{water})/TOC \tag{6-1}$$

$$\log(C_0/C) = a + b(D/\log K_{OC}) \tag{6-2}$$

式中，$C_{sediments}$ 是 BPAF 在底泥中的浓度，C_{water} 是 BPAF 在水体中的浓度，C_0（ng/L）是 BPAF 在工厂出厂废水中的浓度，C（ng/g）是 BPAF 在距离工厂 D（km）时底泥中 BPAF 的浓度，a 和 b 是根据实际样品计算所得的常数（a=1.18，b=1.26）。通过计算，BPAF 在本研究河流中具有可检出浓度的迁移距离范围为 9.2 km。

3）BPAF 在土壤环境中的分布

BPAF 在土壤环境中的浓度分布见图 6-2。在距离工厂数千米范围之内，BPAF 的浓度下降趋势亦为指数型下降（$y=109.07\times10^{-0.609x}$，$R^2=0.81$，$p<0.01$）。由图 6-2 可发现，该工厂是本研究区域内 BPAF 的点污染源。距离工厂 2 km 范围内的采样点数量占总采样点（68 个）的 66%，在这些采样点中有 69%的样品检测出 BPAF，剩余的 23 个样品（距离大于 2 km）中仅有 5 个样品检出 BPAF。将浓度归一化到 TOC 后，BPAF 在土壤样品中的浓度最高可达 3.67×10^4 ng/g TOC。土壤中 BPAF 浓度与 TOC 之间具有显著的正相关性（$p<0.01$）。这在一定程度上说明有机碳在 BPAF 的土壤环境迁移过程中起到重要作用。根据模型计算，BPAF 的蒸气压及亨利系数分别为 6.98×10^{-5} Pa 和 1.07×10^{-2} Pa·m^3/mol，显示 BPAF 为半挥发性物质。通过 EPI Suite V4.0 计算所得 BPAF 的 $\log K_{OA}=12.1$。结合前期的模型计算结果，BPAF 释放到环境中后，土壤及底泥是其主要的储存介质，大气环境及水体环境中 BPAF 的存在较少。

4）BPAF 在居民区样品中的分布

自来水和井水是当地居民日常生活中的主要水源。BPAF 在 12 份井水样品中的检出率高达 92%，浓度水平为 10.0～300 ng/L。自来水中仅有 1 份样品中检出 BPAF，浓度为 40.0 ng/L。井水中 BPAF 的高检出率表明该研究区域的地下水受到 BPAF 的污染。

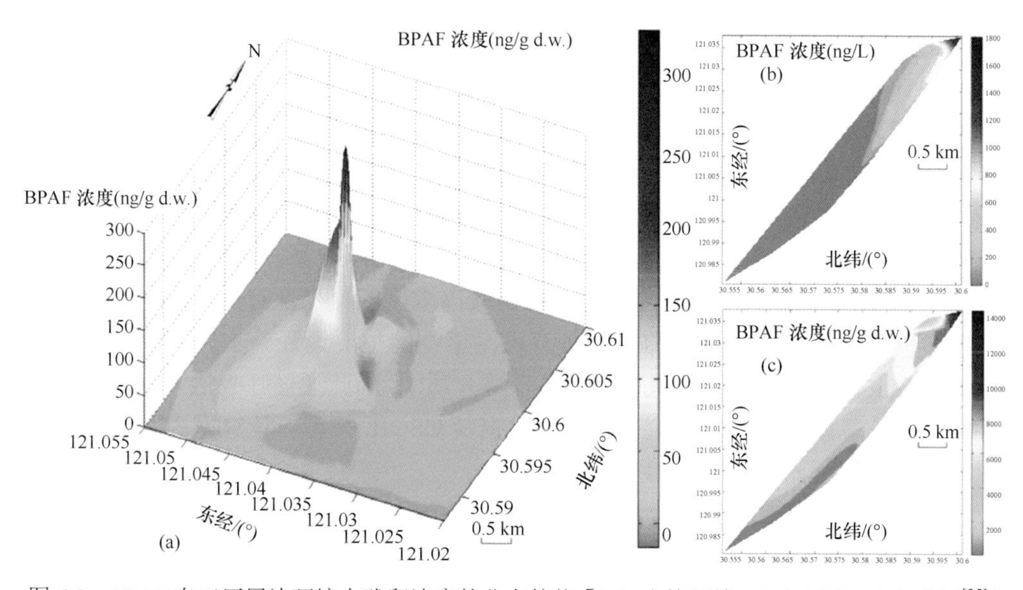

图 6-2 BPAF 在工厂周边环境中残留浓度的分布趋势［（a）土壤环境，（b）河水，（c）底泥[35]］

室内灰尘的摄入是人体暴露于多种污染物质的重要途径。在 17 个采集的室内灰尘样品中均有 BPAF 的检出，其浓度范围是 15.5～739 ng/g。经过 TOC 归一化后为 91.8～5.83 × 10^3 ng/g TOC，平均值为 1.47 × 10^3 ng/g TOC。BPAF 在室内灰尘中的浓度与灰尘中 TOC 含量有很好的线性相关关系，说明 BPAF 在有机碳上的吸附。

5）BPAF 对人体潜在暴露风险评估

基于实际样品中 BPAF 的浓度数据，对当地工业区内居民暴露于 BPAF 的潜在风险进行评估。根据获得的样品（井水、土壤、室内灰尘），初步考察了皮肤接触、井水淋浴以及呼吸摄入 3 种暴露途径可能造成的风险。

土壤及室内灰尘的呼吸摄入和皮肤接触及利用井水进行淋浴是本研究考察的暴露途径，采用 CSOIL 模型对暴露量进行了计算。

$$\mathrm{EDDED=DED_s+DED_b} \qquad (6\text{-}3)$$

$$\mathrm{DED_s}= C_\mathrm{s}\times\mathrm{AEXP}\times F_\mathrm{m}\times\mathrm{DAE}\times\mathrm{DAR}\times\mathrm{TB}\times F_\mathrm{a}/\mathrm{BW} \qquad (6\text{-}4)$$

$$\mathrm{DED_b}= \mathrm{ATOT}\times F_\mathrm{exp}\times T_\mathrm{dc}\times\mathrm{DAR}\times(1-K_\mathrm{WA})\times C_\mathrm{w}\times F_\mathrm{a}/\mathrm{BW} \qquad (6\text{-}5)$$

式中，EDDED 是 BPAF 经皮肤接触的总暴露量；$\mathrm{DED_s}$ 是经土壤及灰尘的暴露量；$\mathrm{DED_b}$ 是井水淋浴造成的暴露量；C_s 和 C_w 为 BPAF 在土壤和洗澡用水中的浓度；AEXP 为皮肤暴露面积；F_m 为皮肤吸收因子；DAE 为皮肤覆盖度，即土壤对皮肤暴露的程度；DAR 为皮肤吸收速率；TB 为土壤对皮肤的暴露时间；F_a 为相对吸收常数，假定为 1；BW 为体重；ATOT 为身体表面积；F_exp 为洗澡时暴露的身体面积；T_{dc}是淋浴时间；K_{WA}为挥发常数。

在计算每种暴露途径时，均分别考察成人（7～70 岁）及儿童（1～6 岁）两个组别。所有参数均为模型推荐值及本实验测定得到的实际数据。计算结果见表 6-1。成人经土壤皮肤接触及淋浴的 BPAF 暴露量分别为 2.53×10^{-3} ng/(kg·d)及 1.24×10^{-3} ng/(kg·d)，儿童经以上两种途径的暴露量则分别为 13.2×10^{-3} ng/(kg·d)及 6.10×10^{-3} ng/(kg·d)。计算结果显示，土壤接触的 BPAF 暴露风险高于井水沐浴。室内灰尘具有较高的 TOC 含量，能够吸附较高浓度的疏水性有机污染物，因此室内灰尘的呼吸摄入是人体暴露于多种有机污染物的重要途径。本研究中的数据显示 BPAF 主要蓄积于土壤和室内灰尘等环境介质中，因此通过呼吸摄入 BPAF 成为不可忽视的暴露途径。本研究基于实验数据及 CSOIL 模型，计算室内灰尘的呼吸摄入造成人体暴露于 BPAF 的量。

$$ED_{indoordust} = C_{indoordust} \times ITSP \times F_r \times F_a / BW \quad (6\text{-}6)$$

式中，ITSP 为呼吸摄入的颗粒总量，F_r 为颗粒物在肺部的驻留时间。计算结果显示，室内灰尘的呼吸摄入对当地成年人及儿童造成的 BPAF 暴露量分别为 1.79×10^{-3} ng/(kg·d)和 3.13×10^{-3} ng/(kg·d)。

表 6-1 BPAF 摄入途径暴露量的模型计算结果

	成人		儿童	
	暴露量[ng/(kg·d)]	比重（%）	暴露量[kg/(kg·d)]	比重（%）
皮肤接触土壤	2.53×10^{-3}	46	13.2×10^{-3}	59
井水洗澡	1.24×10^{-3}	22	6.10×10^{-3}	27
灰尘呼吸摄入	1.79×10^{-3}	32	3.13×10^{-3}	14
总暴露量	5.56×10^{-3}	100	22.43×10^{-3}	100

结合以上 3 种暴露途径进行综合考量，得到 BPAF 对当地居民总的暴露量如式（6-7）所示：

$$ETE = DED_s + DED_b + ED_{indoordust} \quad (6\text{-}7)$$

式中，ETE 为 3 种途径的总暴露量。成人和儿童的 BPAF 总暴露量分别为 5.56×10^{-3} ng/(kg·d)和 22.4×10^{-3} ng/(kg·d)。在 3 种暴露途径中，皮肤接触和呼吸摄入占成人总暴露量的 78%，占儿童总暴露量的 73%。对 3 种暴露途径进行比较，皮肤接触土壤是本研究中最主要的暴露途径。

3. 小结

本研究将某 BPAF 生产企业周边环境作为研究对象，采集河水、地下水、土壤、居民区灰尘等多种环境样品，对 BPAF 在环境中的迁移规律进行了探讨，并对周围居民的潜在暴露风险进行了初步评估。对河流及底泥样品进行分析发现，

BPAF 在水体环境中的迁移距离主要受水体/底泥的分配作用影响。BPAF 进入水体后会迅速分配到底泥中，在水体中的浓度呈指数型快速下降趋势。模型计算显示，BPAF 由污染源释放到当地河流后，其在受污河流中可检出浓度的迁移距离约为 9 km。土壤环境中 BPAF 的浓度亦随污染源距离增加呈明显下降趋势。基于 BPAF 的 log K_{OA} 及 log K_{OW} 值可判断，BPAF 进入大气后会迅速吸附到颗粒物中并伴随沉降作用进入土壤环境，大气颗粒物沉降是 BPAF 进入土壤环境的一个重要途径。对土壤样品数据的分析可知，在距污染源 2 km 范围内 BPAF 的检出率高达 66%，而在 2 km 范围之外，检出率仅为 22%。基于以上数据，土壤和底泥是 BPAF 进入环境后的主要储存介质。

BPAF 在当地居民区的 17 个室内灰尘样品中均有检出，在 12 个井水样品中，11 个样品有 BPAF 检出，而 12 个自来水样品中仅有一例样本检出 BPAF。这表明当地居民生活环境在一定程度上受到 BPAF 的污染，而自来水中 BPAF 的低检出率可能是由于该自来水的水源尚未受到影响或 BPAF 在自来水处理过程中被消除。室内灰尘中 BPAF 的浓度远高于土壤样品，经 TOC 含量归一化处理后，两种环境样品中 BPAF 浓度在同一数量级，说明有机碳在 BPAF 的迁移过程中具有重要作用。应用 CSOIL 模型对土壤及灰尘的经皮肤暴露、呼吸摄入，以及井水洗澡造成的 BPAF 的暴露量进行计算。结果表明，在以上 3 种暴露途径中，皮肤接触是最主要的暴露途径。

6.1.3.2　污泥中 BPs 的环境赋存及归趋行为研究

污水处理厂既是众多污染物的汇，同时又是潜在的污染源。活性污泥可作为农业堆肥或者园林用土，富集的污染物再次进入环境中。分析污泥基质中污染物的浓度及分布特征，对于评估污染物的环境影响具有重要意义[42]。本研究采集并测定我国多个城市的污泥样品，为进一步研究多种 BPs 在我国环境中的赋存、行为及归趋提供数据支持。

1. 研究区域及样品采集

选择我国 30 个城市的 52 座污水处理厂进行样品采集。采集周期为 2010 年 10 月至 2011 年 5 月。污泥样品来自 20 个省、直辖市及自治区，大部分采样地点位于我国经济较发达区域。在污水处理厂脱水环节采集约 500 g 活性污泥，用铝箔包裹好，密闭于聚丙烯样品保存袋。运送回实验室后进行冷冻干燥并研磨成颗粒，样品在测定之前储藏于–20 ℃。

2. 结果与讨论

1）BPs 单体浓度及组成分布

研究中所有浓度数据均基于污泥样品的干重。在所有目标 BPs 中，TBBPA、TCBPA、BPA、BPS、BPF、BPE、BPAF 以及 DHBP 共 8 种单体有检出。∑BPs（8 种 BPs 单体的浓度之和）的浓度为 8.98～600 ng/g。在以上 8 种检出的单体中，TBBPA 的浓度最高（GM：20.5 ng/g，中值：24.7 ng/g），占∑BPs 的 3.6%～83%（平均：37%）。其后依次为 BPA（GM：4.69 ng/g，中值：9.38 ng/g）、BPS（GM：3.02 ng/g，中值：4.34 ng/g）和 BPF（GM：3.84 ng/g，中值：1.97 ng/g），所占 ΣBPs 的平均比重分别为 20%、16%以及 12%。BPE（GM：0.23 ng/g，中值：0.06 ng/g）、TCBPA（GM：0.76 ng/g，中值：0.29 ng/g）、DHBP（GM：0.72 ng/g，中值：0.20 ng/g）及 BPAF（GM：0.85 ng/g，中值：0.42 ng/g）也有检出，但检出率较低（33%～58%），在∑BPs 中所占比重分别为 6.0%、3.7%、3.3%及 2.4%。BPC、TMBPA、TDP、BPB 以及 BPAP 在所有污泥样品中均没有检出[19]（图 6-3）。

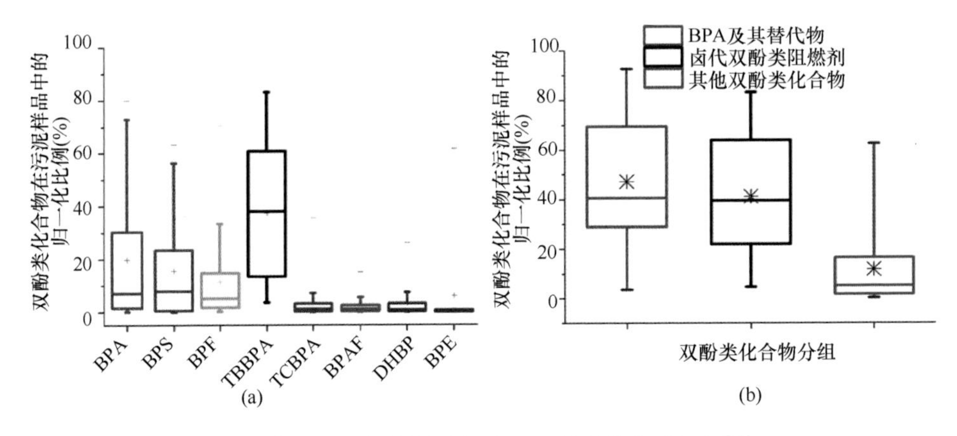

图 6-3 污泥样品中检出 BPs 的单体组成比例[19]

TBBPA 在污泥样品中的高检出与其广泛的工业使用相关，在多溴二苯醚（PBDEs）被列入《斯德哥尔摩公约》限制使用后，TBBPA 的生产及使用增加迅速[43]。目前已有部分关于 TBBPA 在污泥样品中浓度水平的报道，其研究区域主要集中于欧洲及北美。加拿大多个城市的 34 个污泥样品中检出 TBBPA，浓度水平为 1～46.2 ng/g[44]。有研究报道，安大略湖地区及蒙特利尔地区 TBBPA 的浓度范围分别为 21.3～28.3 ng/g 和 300 ng/g[32,45]。同样浓度水平的 TBBPA 在荷兰的污水处理厂活性污泥中也被检出（2～600 ng/g）。英国（15.9～112 ng/g）、瑞典（＜0.3～220 ng/g w.w.）和西班牙（＜3～472 ng/g）也均有类似浓度水平 TBBPA 的报道[46,47]。本研究中 TBBPA 的浓度水平与已有报道水平相当，且检出率高达 96%，说明 TBBPA 的大量使用并在环境介质中广泛存在。由于工业应用有限，目前关于 TCBPA 的报道较少。加拿大的一项调查发现 TCBPA 存在于污水处理厂中，其浓度水平为 0.14～0.54 ng/g[32]，日本一家废纸回收厂的废水中检出浓度为 1.4 mg/L TCBPA 的存在[48]。挪威的一项研究中发现，TCBPA 存在于人体血浆中[49]。本研究中 TCBPA 的浓度处于＜0.13～143 ng/g

之间，中值为0.29 ng/g。TCBPA较高的检出率（58%）说明其作为阻燃剂及聚合材料的单体在我国有一定程度的应用。

针对BPA同系物在环境中分布调查的研究目前仍十分有限。对美国及部分亚洲国家的室内灰尘及工业区底泥样品的研究发现，BPA、BPS和BPF是最主要的检出单体，所占比重为79%～100%[50]。BPS在日常使用的纸制品和人体尿液中均有检出，人体具有一定的暴露风险[25]。在本研究中，BPA、BPS、BPF平均所占比重为35%、30%以及19%。本研究中的BPs单体组成情况与中国室内灰尘中BPs单体组成情况的调查结果基本一致[24]，这也表明活性污泥样品是研究双酚类化合物的代表性环境样品。

污泥样品中其他BPs单体的检出也具有重要意义。BPAF在韩国和日本的室内灰尘及底泥中有检出[24]，而在美国和中国的样品中未检出。笔者课题组前期对于BPAF的环境行为研究发现，BPAF生产工厂作为污染点源，可能对周边环境及居民生活产生影响[35]。在本次研究中，BPAF的检出率接近50%，最高浓度达45.1 ng/g，进一步证实了BPAF在我国环境介质中的存在。DHBP和BPE主要用作化工合成的原料，其检出率分别为56%和33%。毒理学研究显示这两种物质具有与BPA相似的内分泌干扰效应，其环境存在及归趋仍亟需进一步研究。

综上，BPA及其主要替代产品（BPS和BPF）、卤代阻燃剂（TBBPA和TCBPA）是主要的检出单体，其占BPs总浓度的比例分别为47%和41%。其他BPs单体（BPE、BPAF和DHBP）仅占BPs总浓度的12%。

2）BPs单体浓度之间相关性及影响因素

总体而言，BPs的单体组成和浓度分布不存在明显的地域差异，部分BPs单体在特定区域出现极高浓度值。TBBPA的浓度与BPA（$R = 0.227$，$p<0.05$）、BPS（$R = 0.303$，$p<0.05$）、DHBP（$R = 0.439$，$p<0.01$）呈显著正相关。污泥样品中TCBPA与BPA的浓度也存在显著相关关系（$R = 0.459$，$p<0.01$）。BPA、BPS和BPF三者之间不存在显著相关关系，这也可能是由于各单体的应用领域相对独立。数据分析（one-way ANOVA，$p>0.05$）显示，BPs浓度与TOC之间没有明显相关关系。

尽管BPs单体的生产、应用、地域分布均有不同，其在污水处理厂污泥中的分布与其物理-化学性质具有一定关系。基于定量结构-性质关系（quantitive structure-property relationship，QSPR）模型EPI Suite V4.11的计算结果，除去三种卤代单体（TBBPA、TCBPA和BPAF）外，各单体的$\log K_{OW}$范围在1.65（BPS）～3.64（BPA）之间，污泥吸附不是主要去除机制。先前的模拟实验发现，BPA会迅速吸附到活性污泥上，然而实际情况中的诸多因素，如温度、pH值、悬浮颗粒含量均会对去除效率产生影响[51]。BPA在污水处理厂的生化处理环节可被有效去除，生化降解是主要去除机理[52]。传统活性污泥处理法与膜生物反应器对BPA去除效率的比较结果显示出两者都能较好地实现BPA的去除[53]。本研究没有发现BPs单体浓度与污水处理厂处理工艺之间的相关性。BPs在环境中的归趋行为与其生物降解能力也具有潜在关联。采用EPI Suite中的BIOWIN3模型对BPs单体进行计算，BPs的降解时间在“周～月”的范畴。通过EPI Suite中的STPWIN模型来模拟污水处理厂中BPs去除行为，计算结果显示BPA、BPS、BPE、BPF以及DHBP在污水处理厂中主要被生化降解（30%～78%），而污泥吸附去除仅占很小比例（0.7%～8%）。

3）BPs单体雌激素活性概况

部分文献指出BPA暴露与癌症发生之间存在潜在关联[54,55]。BPs的其他单体，如BPF和BPS，亦被认为具有雌激素活性[56]。研究发现TCBPA、BPAF及BPA在MCF-7体外增殖实验中具有极高的活性，而TBBPA的活性则较低[13]。BPS、BPE、BPF及DHBP亦在MCF-7实验中显示出雌激素活性[57]。本研究结合样品中BPs的检出浓度，开展了类似的MCF-7雌激素萤光素酶标记实验（如MVLN细胞分析实验）。本实验中得到的EC_{50}与以往报道的相对雌激素活性基本一致。实验观察到的BPF、BPAF、BPE以及BPS的雌二醇等量系数范围为11.6～66.3×10^{-6}，相对影响因子为0.22～1.93，以上结果均与已有文献报道相吻合。基于污泥样品中BPs的浓度及本研究体外实验中所得BPs单体的相应系数，初步评估了污泥样品中BPs单体的相对雌激素效应。BPs单体的17β-雌二醇当量（$E_2EQ\%$）可通过以下公式计算。

$$EEF_i=EC_{50}[E_2]/EC_{50}[BP_i] \quad (6\text{-}8)$$

$$E_2EQ_i\% = EEF_i \times C_{s_i} / \sum E_2EQ_i \quad (6\text{-}9)$$

式中，$EC_{50}[E_2]$及$EC_{50}[BP_i]$分别为E_2及BPs单体的EC_{50}值，该数值通过荧光受体实验计算得到；C_{s_i}为污泥样品中BPs单体的浓度（ng/g）。为防止对污泥样品雌激素活性过高估算，本研究仅对可定量的BPs单体进行评估。

总体而言，∑BPs的E_2等量效应值为0.06～63.9 pg/g E_2EQ。可以推断污泥中BPs可引发的雌激素活性明显弱于E_2，据报道我国污泥基质中E_2的浓度范围处于ng/g量级[58]。本研究中TCBPA具有最高雌激素活性估值，占BPs总雌激素活性的22%。BPS、BPA、BPAF、BPF分别占20%、18%、15%、10%。BPs单体的雌激素活性估值与其单体浓度分布有较大差异。TBBPA在污泥样品中的浓度占ΣBPs总浓度的37%，而其$E_2EQ\%$估值仅占总量的3%。TCBPA和BPAF的浓度比重较低（<4%），但其雌激素当量却比TBBPA高（表6-2）。

利用污泥中BPs单体雌激素活性的当量计算方法，对污泥样品中BPs的风

表 6-2　BPs 单体的半数效应浓度测定值及计算得到的雌二醇当量因子

分析物	EC_{50R}（μmol/L）[a]	EEF_R（10^{-6}）[b]	EC_{50C}（μmol/L）[c]	EEF_C（10^{-6}）	EEF_C/EEF_R [d]
TBBPA	19	0.45 [g]	N.C. [e]	—	—
BPA	0.63	13.7 [g]	20.1	2.98	0.22
BPS	1.1	7.82 [g]	4.0	15.1	1.93
BPF	1.0	8.60 [g]	4.4	13.8	1.60
TCBPA	0.02	430 [g]	N.C.	—	—
BPAF	0.05	172 [g]	0.90	66.3	0.39
DHBP	N.A. [f]	N.A.	7.1	8.40 [g]	—
BPE	0.91	9.45 [g]	5.2	11.6	1.23
E_2	8.6×10^{-6}	1	6.0×10^{-5}	1	1

a. EC_{50R}：文献中半数效应浓度；b. EEF：estradiol 等价因子，通过 EC_{50E_2}/EC_{50BPs} 计算；c. EC_{50C}：根据本实验中 MCF-7 雌激素荧光酶实验结果得到的数据；d. 相对响应因子比例；e. N.C.：由于雌激素相对活性过低而没有计算；f. N.A.：文献中没有报道；g. 计算 E_2EQ 所用的 EEF 数据。

险进行了初步评估，但该结果还需更加详细准确的毒理学数据及理论支撑。在本研究中得到的 TCBPA 雌激素效应较强，然而与 TCBPA 结构相类似、取代位置相同的 TBBPA 和 TMBPA 的雌激素活性却相对较弱。在 MVLN 实验中没有发现 TBBPA 或 TCBPA 具有明显雌激素活性。本研究的结果显示 BPs 单体的浓度水平不是影响其可造成负面健康效应的唯一因素，这也提示研究者须重视浓度较低但毒性效应较强的污染物。

3. 后续研究及展望

本研究在我国污泥样品中检测出 8 种 BPs，该类化合物在我国多处区域均有生产或使用。作为 BPA 主要替代产品，BPS 和 BPF 在日常用品中已广泛存在，其浓度水平与其他 BPs 单体相比更高。对 BPs 单体内分泌干扰活性的初步评估结果显示，污泥中的 BPs 具有较弱的雌激素效应。为更加深入探讨 BPs 在环境介质中的行为及归趋，需要进一步开展更加细致全面的研究工作。

针对笔者课题组在环境介质中发现的 BPAF 物质，毒理学研究实验将斑马鱼（zebrafish）幼体暴露于不同浓度的 BPAF（5 μg/L、50 μg/L、500 μg/L），其体内自由态和结合态的甲状腺激素 T3、T4 均有显著降低，BPAF 在斑马鱼幼体内具有甲状腺干扰活性[59]。与 BPA 类似，BPAF 在 SD 大鼠体内亦可生成为葡萄糖苷酸结合态（BPAF glucuronide，BPAF-G），而 BPAF-G 不具备雌激素活性[60]。目前，关于 BPAF 在环境介质中转化行为的研究尚十分缺乏，亟需相关数据对 BPAF 的生物安全性进行全面评估。所有的 BPs 单体中 TBBPA 在我国的污泥样品中所占比重最大。而针对 12 个国家室内灰尘样本中 BPs 的调查结果也显示该类化合物的普遍污染特性。其中，TBBPA 占 BPs 的浓度比例在中国最高，这也验证了笔者课题组的工作[61]。在污泥微生物的作用下，TBBPA 可以被转化为 BPA，厌氧微生物反应器中 TBBPA 的存在不会明显改变微生物的群落结构[62]。微生物的脱溴作用是 TBBPA 在环境中的一条重要转化途径。类似地，采集自美国 34 个州的污泥样品分析结果显示，BPs 广泛存在于污泥样品中[63]。对不同国家污泥样品中 BPs 的浓度的比较结果认为，与韩国、西班牙、希腊和加拿大等国家相比较，我国污泥样品中 BPs 的浓度处于较低水平[64]。以上结果均表明随着 BPA 的生产和使用的相关限制，其他 BPs 单体的使用已成为普遍的趋势，并且也会对环境造成污染。目前污水处理技术（活性污泥处理法）对 BPs 的去除效率为 76%～97%[65]。含有 BPA 的污泥用于土壤施肥后，约有 4%的 BPA 会进入土壤孔隙水被植物吸收，进而会造成可能的食品安全风险[31]。但针对其他 BPs 单体在土壤-植物体系中的迁移转化的数据仍十分缺乏。针对 BPs 的解毒研究显示，在解淀粉芽孢杆菌（*Bacillus amyloliquefaciens*）的作用下，BPs 会形成相应的磷酸盐结合物，该结合产物的雌激素活性比母体化合物明显降低[66]。基于 BPs 同位素标准品的暴露实验是研究 BPs 在体内代谢转化的有效途径。后续的研究应关注其他 BPs 单体在人体内的代谢机理以全面理解 BPs 的生产和使用对人体健康的潜在影响。

6.2 苯并三唑类紫外线稳定剂

6.2.1 苯并三唑类紫外线稳定剂的简介

近年来，氟氯烃等物质的使用导致地球臭氧层的破坏，地表环境紫外线强烈[67]。研究表明，人体接受过度紫外线辐射会引起红疹、皮肤灼烧、脱水、光老化及皮肤癌等疾病[68]。暴露于紫外线亦可降低塑料、橡胶等聚合材料的使用寿命[69]。为防止紫外线对人体健康和聚合材料产品的使用寿命造成损害，向相关产品中添加紫外线稳定剂是最常使用的方法之一[70]。紫外线稳定剂是一类具有吸收紫外线能力的化学物质，它能够吸收 290～400 nm 波长范围的紫外线。当吸收紫外光后，紫外线稳定剂分子会发生热振动、氢键破裂、螯合环打开等反应，形成离子型化合物。此时化合物处于不稳定的高能状态，可再恢复到原始的低能稳定状态，并把多余的能量以其他方式（热或光）释放出来，螯合环闭合，从而周而复始地吸收紫外光，对相关物体起到保护作用[71]。紫外线稳定剂添加于个人护理用品，如防晒霜等，已有数十年历史。目前市场上常用的紫外线稳定剂包括苯并三唑类紫外线稳定剂、二苯甲酮类紫外线稳定剂、水杨酸酯类紫外线稳定剂、氰基丙烯酸酯类紫外线稳定剂和三嗪类紫外线稳定剂等[72,73]。

苯并三唑类紫外线稳定剂（benzotriazole UV stabilizers，BZT-UVs），商业名为Tinuvins，可有效防止紫外线引起的致黄和降解反应。BZT-UVs 物质的名称、结构等相关信息见图 6-4。该类化合物是紫外线稳定剂中产量最大、品种最多的一类产品，被广泛应用于建筑材料、汽车聚合部件、石蜡、薄膜、运动器材中，在个人

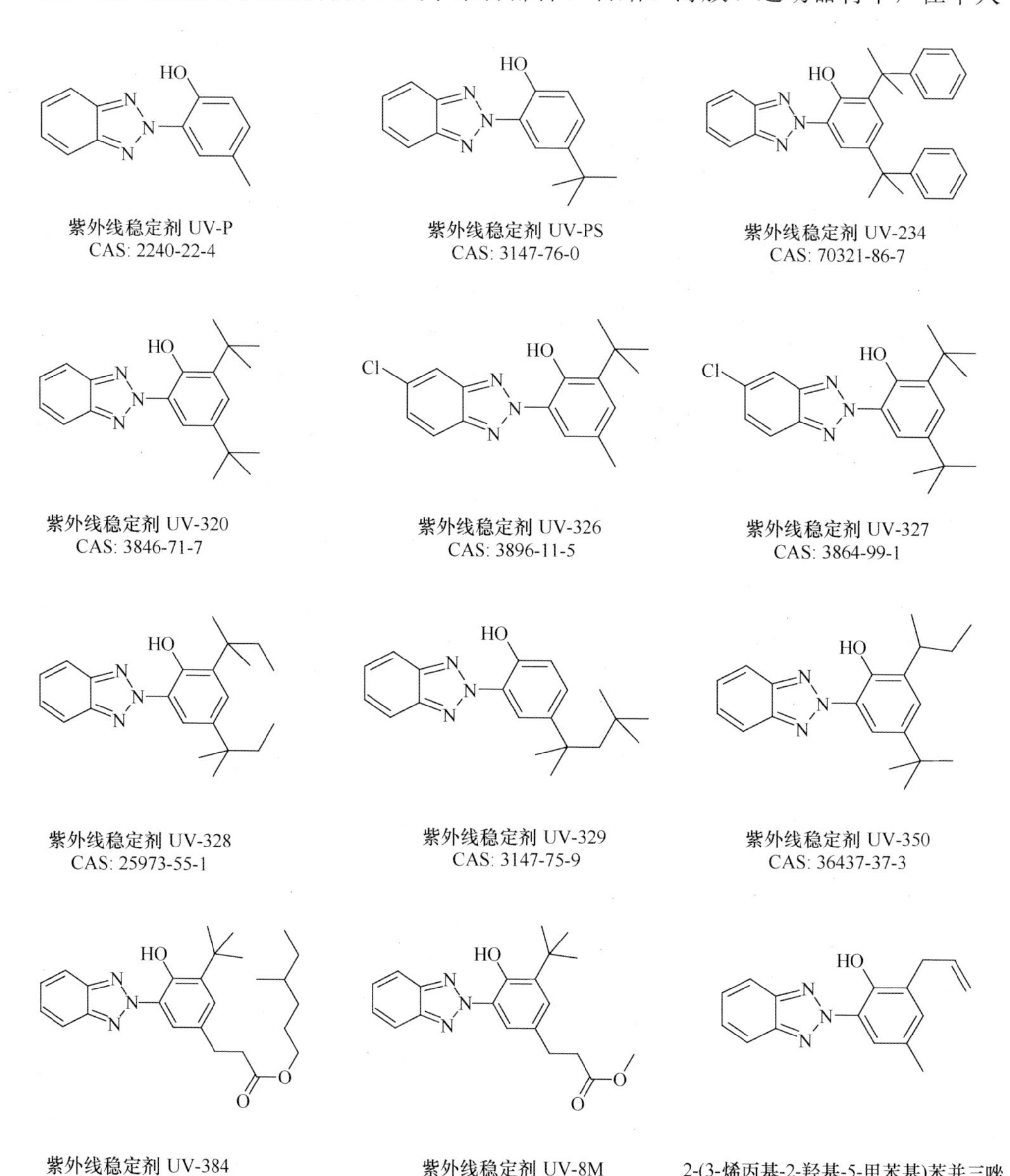

图 6-4　苯并三唑类紫外线稳定剂的名称、结构等相关信息[81]

护理用品，如防晒霜、洗发水、肥皂、牙膏、染发剂、指甲油等中亦有大量使用[74]。除此之外，苯并三唑类化合物亦具有其他工业用途。例如作为防腐剂添加于洗涤剂中，作为飞机和汽车发动机的防冻剂，作为工业冷却系统、金属切削液和刹车液中的添加剂，摄影行业中的防雾剂。BZT-UVs 可同时吸收太阳光辐射中的 UV-A（320～400 nm）和 UV-B（280～320 nm）两个谱带[75]，将吸收的光能转化为热能，最大限度地保护人体和其他物品免受紫外线的损伤。在吸收紫外光之前，BZT-UVs 分子中氧原子上的电子密度远大于三唑环氮原子上的电子密度，苯并三唑类紫外线稳定剂以苯酚类化合物的形式存在。紫外光能量的吸收能使电子密度从氧原子移向三唑环氮原子上，使苯酚更具酸性，氮原子更富碱性，质子快速转移到氮原子上形成互变异构体。此时的互变异构体不稳定，它会将多余的能量转化为热能，自身回复到更稳定的基态[71]。BZT-UVs 类化合物的异构体互变过程效率较高，几乎可以无限地重复，因此具有很高的光稳定性。

鉴于大量生产及日常生活应用的现状，BZT-UVs 在过去数十年内开始受到关注。其生产和使用过程不可避免地会造成向周围环境的释放。例如，化妆品中的苯并三唑类紫外线稳定剂会被人体吸收、代谢继而排放到周围环境中。该类物质也会随着日常活动，如游泳、洗浴等，释放到水体环境中。苯并三唑类紫外线稳定剂的分子量较小，在高分子材料加工过程中，BZT-UVs 容易向表面迁移、挥发而释放到周围环境中。前期的报道指出，部分 BZT-UVs 单体，例如 UV-328、UV-326、UV-320 以及 UV-327 在海洋底泥及入海口地区均有检出[76]。UV-328 及 UV-327 在鲸鱼脂肪样品中检出，说明部分 BZT-UVs 单体在海洋食物链中具有生物富集效应[77]。BZT-UVs 在室内灰尘以及活性污泥中的检出更进一步表明其在环境介质中广泛存在[75]。研究显示，释放到水体中的苯并三唑类紫外线稳定剂难于降解。直接接触 UV-P 能引起皮肤炎和皮肤过敏反应等急性毒性反应[78]。在低浓度水平（0.01 mg/L）采用苯并三唑类紫外线稳定剂对日本青鳉进行暴露，结果发现卵黄蛋白原及细胞色素氧化酶的表达发生变化，从而引起生殖功能异常。UV-327 对大鼠及鱼类的半数致死剂量（LD_{50}）分别为＞2000 mg/kg 和＞25 mg/L，同时 UV-327 可以引起幼鼠体内肝细胞肥大，该效应与目标小鼠性别相关[76]。在长时间暴露于 UV-320 的大鼠中可观察到肝脏、肾脏、脾脏和甲状腺等器官血液学和组织病理学的变化，相似的毒理学效应亦在 UV-328 上有所表现[79]。UV-329 对大型溞（*Daphnia magna*）的 24 h 半数致死浓度（LC_{50}）为 15 mg/L，多数苯并三唑类紫外线稳定剂对淡水甲壳纲生物的半数致死浓度＞10 mg/L[80]。苯并三唑类紫外线稳定剂在水生生物和鸟体内具有潜在的生物富集能力[76]。

随废水排放的污染物会由污水收集系统输送至污水处理厂。通常，污水处理厂的处理工艺包括物理和生化处理系统。在物理处理过程中，污泥吸附是主要的去除机制，而消除某些有机化合物则主要依靠二级处理单元的生物降解过程[82]。例如，雌激素主要在生化处理过程中被有效去除[83,84]。而三氯生（triclosan）、多溴二苯醚（PBDEs）、三丁基锡（tributyltin，TBT）等化合物则主要通过污泥的物理吸附及沉降去除，生化处理工艺对其去除效果较差[84-86]。与此同时，有研究发现不同的处理工艺对于亲水性的苯并三唑类化合物有特定的去除效率。生物反应器中的活性污泥对于苯并三唑（1*H*-苯并三唑，甲基苯并三氮唑，5,6-二甲基-1*H*-苯并三唑和1-羟基苯并三唑）的去除效率可达 60%，对苯并噻唑（苯并噻唑，2-氨基苯并噻唑，2-羟基苯并噻唑和 2-甲硫基苯并噻唑）的去除效率处于 30%～75%之间[87]。人工湿地对苯并三唑及苯并噻唑类化合物的去除效率分别为 89%～93%和 83%～90%，高于活性污泥系统的去除效率（65%～70%和 0%～80%）[88]。除了传统的一级及二级处理工艺，深度氧化技术（例如砂滤后的臭氧氧化）对苯并噻唑类化合物以及甲基苯并三唑的去除效率可以达到 50%以上[89]。UV、UV/H_2O_2 以及中性光芬顿（photo-Fenton）反应在中试规模的试验中对新型亲水性苯并三唑类化合物的去除效率高达 90%以上。对于众多亲脂性有机污染物，吸附于悬浮颗粒上并通过沉淀等工艺去除是其在污水处理厂中的主要去除机制。

6.2.2　苯并三唑类紫外线稳定剂的分析方法

6.2.2.1　仪器分析

1. 气相色谱法

气相色谱法是测定环境中苯并三唑类紫外线稳定剂的常用技术手段。气相色谱与电子捕获检测器（electron-capture detector，ECD）、氮磷检测器（nitrogen-phosphor detector，NPD）、火焰离子化检测器（flame-ionization detector，FID）或质谱（mass spectrometry，MS）联用是检测挥发性和半挥发性污染物（沸点<450 ℃）的主要方法。对于非挥发性化合物，如果选择合适的衍生条件，亦可使用气相色谱法进行测定。衍生技术可以提高不挥发化合物的挥发性和热稳定性，但该衍生反应过程亦会增加气相色谱法测定苯并三唑类污染物的复杂性。从痕量化学分析的角度看，多数苯并三唑紫外线稳定剂可不经过衍生直接进行气相色谱-质谱法进行测定。目前，用于测定苯并三唑紫外线稳定剂的质谱类型主要有单四极杆质谱、三重四极杆质谱和离子阱质谱等技术。

商用气相色谱柱有许多类型可供选择，但应用于苯并三唑类紫外线稳定剂分析的气相色谱柱主要为硅胶-(5%-苯基)-甲基聚硅氧烷涂层。测定环境和生物样品中的苯并三唑类紫外线稳定剂多使用无分流进样模式。使用气相色谱-质谱测定复杂环境介质中的苯并三唑类紫外线稳定剂经常受到基质效应的影响。然而，气相色谱-串联质谱的多反应监测（multiply reaction monitoring，MRM）模式所具有的高灵敏度和高选择性可以有效地降低基质效应的干扰。在气相色谱-质谱法常用的电离模式（电子电离、冷电子电离、化学电离）中，测定苯并三唑类紫外线稳定剂时最常用的电离技术是电子电离（electron ionization，EI）模式。

气相色谱-质谱法可用于软体动物、甲壳动物、鱼类和鸟类等不同生物样品中苯并三唑类紫外线稳定剂的分析，方法检出限（limit of detection，LOD）为 0.05～0.15 ng/g[76]。搅拌子吸附萃取-液相解吸-大体积进样-气相色谱-质谱分析方法使用单四极杆质谱，在选择性离子扫描的模式下可测定污水中的 6 种苯并三唑类紫外线稳定剂，灵敏度范围为 4～15 ng/L[74]。

2. 液相色谱法

液相色谱与质谱联用是检测多种环境污染物的有效手段。对于不易挥发和热不稳定的化合物，液相色谱-质谱法比气相色谱-质谱法更具优势。如图 6-5 所示，

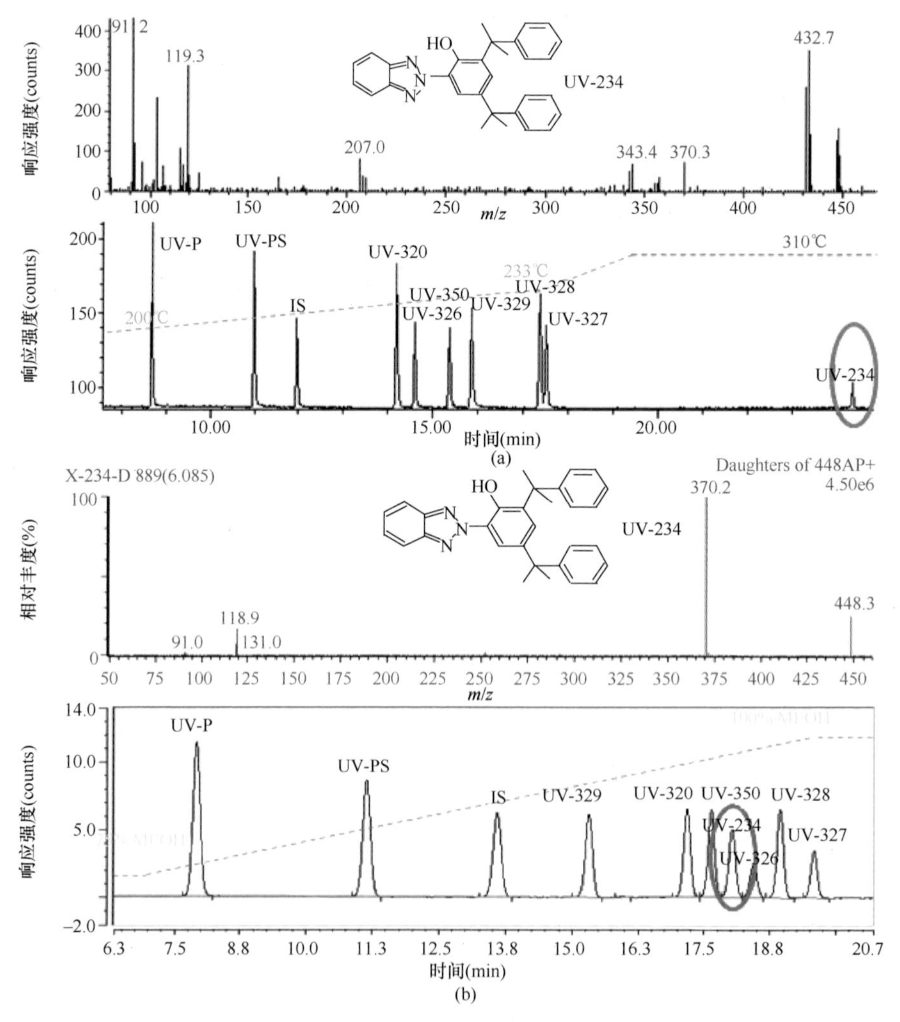

图 6-5 气相色谱法（a）和液相色谱法（b）分析 10 种 BZT-UVs 待测物（其中，上半部分为质谱总离子流图；下半部分为色谱分离条件和保留行为）

气相色谱法在分析大分子量的 BZT-UVs（例如 UV-234）时存在一定的不足，需要在柱温箱温度高达 310 ℃持续烘烤的情况下才能够出峰，且检出限相对较低。故大分子量 BZT-UVs 的环境存在、赋存、行为研究鲜有报道。

苯并三唑类紫外线稳定剂具有较高的疏水性（log K_{OW} 为 3～10），使用液相色谱分离苯并三唑类紫外线稳定剂的不同单体主要基于反相色谱分配原理。分离方法均是使用 C_{18} 反相色谱柱，同时使用较高比例的有机溶剂作为流动相进行目标物的洗脱。由于苯并三唑类紫外线稳定剂的酸解离常数较高（log pK_a＞7），表现出的碱性物质行为亦会影响液相色谱分离的保留时间、峰形等相关色谱分离行为。文献报道使用超高效液相色谱-串联质谱同时分析了苯并三唑类紫外线稳定剂、抗菌剂、防腐剂、阻燃剂和塑化剂，比较了两种不同的色谱柱：Zorbax Extend-C_{18}（1.8 μm，100 mm × 2.1 mm）和 Asentis express C_{18}（2.7 μm，100 mm× 2.1 mm）的分离效果[90]。结果发现，Asentis express 具有更高的分离效率和更低的柱压力，因此更适宜于同时分离上述目标物。同时，该研究也发现只有将流动相中有机相的比例设定为 100%（甲醇）时，才能将目标物从色谱柱上分别洗脱下来，否则会引起苯并三唑类紫外线稳定剂的共流出，影响检测方法的分辨率和灵敏度。基于 BEH C_{18} 超高效液相色谱柱（1.7 μm，100 mm × 2.1 mm）的超高效液相色谱分离方法[91]使用 100%甲醇作为流动相进行等度洗脱，可在 1 min 内完成 7 种苯并三唑类紫外线稳定剂的分析，但 UV-326、UV-327 和 UV-328 三种目标物会从色谱柱上共流出。

尽管多数液相色谱分离方法存在苯并三唑类紫外线稳定剂共流出的现象，但使用质谱作为检测器仍然可以实现对目标物的定性和定量测定。然而，不充分的液相分离会使目标物的电离过程产生竞争作用，从而导致信号减弱，影响质谱对低浓度目标物的测定。使用液相色谱-质谱法测定化学污染物最常使用的电离技术是电喷雾电离（electrospray ionization，ESI）和大气压化学电离（atmospheric pressure chemical-ionization，APCI）。电喷雾电离对于中等和高极性的化合物具有更高的灵敏度，而大气压化学电离更适用于弱极性的化合物，因此对于多数苯并三唑类紫外线稳定剂，大气压化学电离更有利于其高灵敏度检测的实现。在进行质谱测定时，使用大气压化学电离的方法更不易受到基质效应的干扰。在上述多种电离方式下，苯并三唑类紫外线稳定剂的测定均使用正电离模式（$[M+H]^+$），该类化合物在三重四极杆质谱的碰撞池中易于碎裂，形成稳定的子离子。考虑到串联质谱的多反应监测模式具有极好的定性和定量能力，在测定苯并三唑类紫外线稳定剂时，推荐使用串联质谱测定法。

针对多种 BZT-UVs 化合物，笔者课题组建立了灵敏可靠的液相色谱-大气压化学电离-质谱分析方法。使用的仪器为 Waters 2695 高效液相色谱，Quattro Premier XE 三重四极杆质谱（Waters Inc.，Milford，MA）。为有效对污泥样品中的目标污染物进行定性和定量分析，需同时保证目标物色谱保留时间和目标物质谱碎裂离子提取的准确性：①样品中目标物的色谱保留时间与标准样品中的目标物保留时间误差应在 1%以内；②环境样本中目标物定量离子和定性离子的比例应与标准样品中两者的比例误差在 20%以内；③信噪比大于 10 作为样品中 BZT-UVs 定量检出的阈值。实际样品中目标物浓度的计算采用标准曲线法，目标物苯并三唑类紫外线稳定剂标准曲线的线性范围是 1～200 ng/mL。

6.2.2.2　样品前处理方法

1. 常规样品前处理技术

尽管气相/液相色谱-串联质谱法对BZT-UVs物质具有极好的分离和定量能力，目标物的富集和样品净化等前处理过程对复杂基质的环境样品（污泥等）的分析测试仍是一个重要环节。目前，针对 BZT-UVs 物质的样品前处理流程缺乏标准化方法。针对环境水体样品，固相萃取法是主要的技术手段，不同固相萃取填料[Oasis HLB（6 mL，500 mg）；Supelco ENVI-18（6 mL，500 mg）；Starta X-C（33 μm，6 mL，500 mg）；Selby Biolab C_{18}（6 mL，500 mg）] 对水体中 BZT-UVs 的富集效率具有一定差别。HLB 具有最优的富集效果，针对地表水及污水中 BZT-UVs 的回收率分别为 90%～110%和 96%～108%[92]。顶空固相微萃取（headspace solid phase microextraction，HS-SPME）也可用于地表水及污水中 BZT-UVs 的富集[93]。研究结果表明，聚二甲基硅氧烷-二乙烯基苯（PDMS-DVB）对 BZT-UVs 萃取效果最好。该方法对河水及污水中 BZT-UVs 的回收率分别为 86%～108%及 89%～109%。液液萃取法（LLE）以正己烷为萃取剂，对污水中 BZT-UVs 的回收率为 107%～115%[91]。

固体样品中 BZT-UVs 的萃取方法包括索氏提取（SE）、超声辅助萃取（ultrasound-assisted extraction，UAE）、加压溶剂萃取（PLE）、微波辅助溶剂萃取（MAE）和超临界流体萃取（supercrtical fluid extraction，SFE）[91]。二氯甲烷/丙酮、二氯甲烷/正己烷、乙酸乙酯/二氯甲烷、乙腈/正己烷等混合溶剂为上述萃取方法中最常使用的萃取剂。污泥基质中 BZT-UVs 的索氏提取方法[76]以二氯甲烷∶正己烷（8∶1）为萃取剂，该方法的回收率为 98%～115%。索氏提取方法需消耗大量的有机溶剂，且提取过程耗时较长，近年来已逐渐被加压溶剂萃取等新技术取代。利用二氯甲烷∶正己烷（50∶50）为萃取剂，采用加压溶剂萃取技术提取污泥样品中的 BZT-UVs[92]，该方法的回收率为 81%～152%，部分 BZT-UVs 单体的回收率高于 100%可能是由基质效应导致的。另一种处理固体样品的常用技术为基质分散固相萃取（MSPD），该方法所需有机溶剂少，萃取条件温和，可使目标物萃取和干扰物质净化同步进行。针对河流底泥样品中的 BZT-UVs 单体，使用 C_{18}

作为基质分散材料建立有效的 MSPD 方法[94]，以二氯甲烷为洗脱溶剂，回收率为 78%～110%。

针对污泥样品中的 BZT-UVs，笔者课题组建立了加压溶剂萃取、凝胶渗透色谱柱和正相吸附材料净化的样品前处理流程，具体步骤如下所述。污泥样品经冷冻干燥后，粉碎并过筛（100 目）。取 1 g 样品与 15 g 无水硫酸钠混合，放入加速溶剂萃取池中。萃取溶剂为二氯甲烷：正己烷（7：3，*V*：*V*），萃取温度及压力分别为 90 ℃和 1500 psi，采用 3 个萃取循环。污泥萃取液旋转蒸发至 2 mL 后，经 Biobeads S-X3（Bio-Rad Laboratories，Hercules，CA）凝胶渗透色谱柱分离杂质。采用二氯甲烷：正己烷（1：1，*V*：*V*）作为凝胶渗透色谱柱的洗脱液，流速为 5 mL/min，弃掉前 110 mL 洗脱液后接收 120 mL 含目标物的洗脱液。将含目标物的 120 mL 洗脱液浓缩至 2 mL，通过含 8 g 弗罗里硅土（florisil）的净化柱进行进一步的净化过程。弗罗里硅土在使用之前须在 140 ℃下活化 7 h，并用 5%的水灭活处理。弗罗里硅土柱在上样之前用 30 mL 正己烷进行预处理，随后的目标物苯并三唑类紫外线稳定剂被 50 mL 二氯甲烷：正己烷（1：1，*V*：*V*）洗脱下来。洗脱液经浓缩、氮气吹干后溶于 1 mL 甲醇，加入 100 ng 内标后进行仪器测定。该方法对污泥介质中苯并三唑类紫外线稳定剂的加标回收率为 83%～100%。本方法确定的苯并三唑类紫外线稳定剂的方法定量限（method quantification limit，MQL，S/N = 10）为 0.15～0.77 ng/g。

2. 在线固相萃取-高效液相色谱-串联质谱联用测定方法

水体环境中苯并三唑类紫外线稳定剂的浓度一般处于 ng/L 范围，测定水体中低浓度的苯并三唑类紫外线稳定剂需要超痕量的分析方法。气相色谱-质谱（GC-MS）联用是测定 BZT-UVs 的主要仪器，而固相萃取是测定水体中 BZT-UVs 类物质的主要前处理方法。然而目前的方法具有一定的缺陷。传统的固相萃取法需人工进行样品萃取、目标物洗脱和浓缩等步骤，方法复杂且耗费大量时间。此外，高疏水性的 BZT-UVs 单体如 UV-328 和 UV-327 在复杂前处理步骤中由于吸附损失导致其回收率较低，往往处于 50%以下[74]。而上述问题可以在一定程度上通过在线固相萃取（on-line SPE）结合高效液相色谱-串联质谱的方法解决。在线固相萃取法的优点是前处理步骤少、样品通量高、所需样品体积小，非常适合于高灵敏度的分析测试方法。通过将 SPE 和 HPLC-MS/MS 直接连接，可以去除很多传统 SPE 方法中的前处理步骤，如样品的浓缩和转溶。笔者课题组建立了一种全自动测定环境水体（污水厂进水、污水厂出水、河水）中的 9 种 BZT-UVs 类物质的在线 SPE-HPLC-MS/MS 方法，并将该方法应用于实际环境水体样品的测定。

1）仪器装置及工作条件

样品的在线处理和测定系统包括 UltiMate^{TM} 3000 系统（Dionex，USA）和

Quattro PremierXE 三重四极杆质谱（Waters Inc.，Milford，USA），两者分别被 Chromeleon®色谱管理软件（v. 6.80，Dionex，USA）和 MassLynx 质谱控制软件（v. 4.1，Waters Inc.，Milford，USA）控制。UltiMate™ 3000 系统包括 DGP 3600 M 双梯度泵、SRD 3600 选择和脱气系统、TCC-3200 柱温箱部件、双位六通阀（2P-6P）、WPS-3000TSL 自动进样器和大体积进样环（2.5 mL）。

全自动在线固相萃取的步骤包括上样、进样和分离三步。在线固相萃取六通阀的设置和工作流程示意图如图 6-6 所示。第一步（上样），固相萃取柱 Polar Advantage Ⅱ连接到六通阀的上样位置。在萃取柱经 10 mL 去离子水预淋洗后，20 mL 环境水体样品（含 30%甲醇，pH = 6）由 2.5 mL 的进样针和 2.5 mL 的进样环上样到固相萃取柱 Polar AdvantageⅡ上。此时，超纯水为上样溶剂。DGP 3600 M 双梯度泵的左泵用来上样，上样的流速为 2 mL/min。在上样的过程中样品中的目标物被吸附到 Polar AdvantageⅡ柱上，其他的水体基质被冲到废液中，与此同时液相色谱柱 SymmetryShield 被右泵带动的流动相平衡。上样完毕后，使用 1 mL 超纯水淋洗固相萃取柱以去除无机盐等干扰杂质。第二步（进样），六通阀切换位置使固相萃取柱和液相色谱柱直接连接。吸附在固相萃取柱上的目标物被流动相通过反向洗脱的方式洗脱下来，进入液相色谱。DGP 3600 M 双梯度泵的右泵被用来提供色谱分离的梯度洗脱。第三步（分离），目标物质在色谱柱中进行分离，此时六通阀恢复到进样位置，左泵带动超纯水平衡固相萃取柱，为下一个水样的萃取做准备。

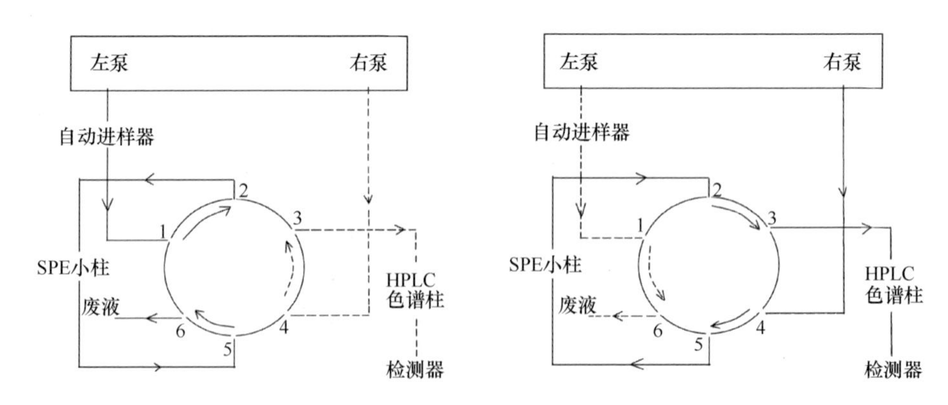

图 6-6 在线固相萃取六通阀的设置和工作流程示意图[95]

2）条件优化

SPE 柱吸附材料种类是影响回收率的重要因素。在选择 SPE 柱时应考虑柱子吸附材料的特征和目标污染物的物理-化学性质。为得到更高的回收率，对 4 种不同填料的 SPE 柱子进行比较：Oasiss HLB（粒径 25 μm，4.6 mm × 20 mm，Waters），SolEx™ HRP（粒径 12 μm，2.1 mm × 20 mm，Thermo Scientific），Acclaim® Polar Advantage II（PA II，粒径 3 μm，3.3 mm × 33 mm，Thermo Scientific），IonPac® NG Ⅰ（粒径 10 μm，4 mm × 35 mm，Thermo Scientific）。对于所有的 BZT-UVs 目标物，PA II 能提供最好的回收率，HLB 的回收率稍差，而 HRP 和 NG Ⅰ 的回收率较低。SPE 柱的吸附材料性质、吸附材料质量和材料的粒径等参数均能影响目标物的回收率。PA II 是极性末端封闭的硅胶材料，具有良好的水解稳定性，能富集大体积水样中的极性和非极性目标污染物。HLB 柱的吸附材料由亲水性 *N*-乙烯吡咯烷酮和亲脂性二乙烯基苯组成，能够萃取不同极性范围的目标分子。PA II 和 HLB 均能吸附极性和非极性目标物，因此可能适合本实验中不同极性疏水性的 BZT-UVs 分子。HRP 由二乙烯基苯结合亲水层组成，NG Ⅰ 由高比表面积的介孔传统反相材料组成，因此这两种柱子不适合同时吸附 9 种疏水性不同的 BZT-UVs。另外，柱材料的粒径也会影响 SPE 过程中的回收率。较小粒径材的填料拥有更大的比表面积，能使水体中的目标分子和材料有更好的接触，因此能带来更好的回收率。本实验中，PA II 的高回收率可能是合适的材料和粒径性质的综合作用结果。

上样速率是影响 SPE 回收率的重要因素。上样速率会影响样品测定的总耗时，高上样速率有利于样品的快速测定。为研究上样速率对 SPE 过程中回收率的影响，对不同的上样速率 1 mL/min、2 mL/min、3 mL/min 和 4 mL/min 进行了比较。一般认为，上样速率越低则样品和柱材料的接触时间越充分，样品回收率相对越高。然而实验结果发现，大多数 BZT-UVs 物质的回收率随上样速度的增加而上升。可能是因为上样速率越高则目标物在样品瓶中的停留时间越少，BZT-UVs 通过吸附在瓶壁所造成的损失越小，因此回收率也越高。这种瓶壁吸附效应对样品回收率造成的影响对于高疏水性同系物的作用更大。上述假设可以通过以下数据进行部分验证，随着上样速率由 1 mL 上升到 4 mL，高疏水性物质（UV-234、UV-328 和 UV-327）的回收率有明显的上升，而低疏水性物质（UV-P 和 UV-PS）的回收率基本保持不变。另外的可能性是低上样速率会使 BZT-UVs 和柱材料的吸附过强，不易被从柱子上洗脱下来造成回收率偏低。与此同时，过高的上样速率会使 SPE 过程中柱压过高，导致 UltiMate™ 3000 系统达到压力上限，影响整个分析系统使用寿命。综合以上因素，最终采用 2 mL/min 作为上样速率。

水体样品的 pH 值是影响 SPE 回收率的重要因素。pH 值能改变水体样品中目标物的存在形态，进而影响目标物在 SPE 柱上的吸附。在本研究中，考虑到 PA II 柱的 pH 值适用范围是 1.5～10，加标水样的 pH 值调节范围控制为 2.5～9.5。BZT-UVs 的 log pK_a 为 7～10，实验中 pH 值能显著影响在线固相萃取过程的回收率。当水样的 pH 值由 2.5 上升为 6 时，BZT-UVs 单体的回收率均有所上升；当

pH 值由 6 继续上升至 9 时，BZT-UVs 的回收率则开始下降。在 pH = 6 时，所有 BZT-UVs 的回收率均为最高。这可能是因为过高或过低的 pH 值会使水样中的 BZT-UVs 物质带电荷，从而影响目标物在 SPE 柱材料上的吸附，降低回收率。

水样中甲醇比例可影响 SPE 回收率。据报道，高疏水性 BZT-UVs 物质如 UV-327 和 UV-328 在传统 SPE 过程中的回收率较低（＜50%），这主要是由于高疏水性物质易在复杂的前处理过程中通过吸附在玻璃容器和聚四氟乙烯连接头等部件上造成损失。为减少 SPE 过程中高疏水性物质的吸附损失，向加标水样中加入不同比例的甲醇。结果显示，当水样中甲醇的比例由 10%上升到 30%时，UV-P 和 UV-PS（$\log K_{OW}$ 分别为 4.33 和 4.36）等低疏水性物质的回收率都维持在较高的水平。而对于其他高疏水性物质，当水样中甲醇的比例为 10%和 20%时，回收率较低；当水样中甲醇的比例上升为 30%时，回收率都有显著上升。水样中甲醇比例上升时高疏水性物质的回收率明显上升，这是因为甲醇的加入使疏水性物质在 SPE 前处理中的吸附损失减少从而使回收率提高。

3）质量控制和方法学参数评价

利用最小二乘法回归分析 3 种不同基质的水体样品（污水厂进水、污水厂出水、河水）中 BZT-UVs 在＜MQL～500 ng/L 浓度范围内线性良好（R^2＞0.99）。在测定低浓度样品时，方法的灵敏度至关重要。在线固相萃取方法的灵敏度较高，在污水厂进水、污水厂污水、河水中 BZT-UVs 的方法定量限分别为 1.31～6.92 ng/L、0.92～7.15 ng/L 和 0.68～5.11 ng/L。3 种不同基质的 MDL 均低于 2.17 ng/L，与文献中传统 SPE 方法（MDL＞3.00 ng/L）参数相比更为灵敏。上述结果显示出尽管在线 SPE 所需的样品体积较小（20 mL），却能提供较高的灵敏度，主要原因为水样中的目标化合物在测定过程中均被转移到色谱-质谱系统进行检测。日内和日间的方法学相对标准偏差处于 1%～15%之间，说明该在线 SPE 方法具有良好的重现性。10 ng/L 加标浓度的污水厂进水、污水厂出水和河水的回收率分别为 84%～113%、77%～111% 和 78%～106%；50 ng/L 加标浓度的污水厂进水、污水厂出水和河水的回收率分别为 80%～103%、76%～114% 和 84%～110%。不同加标浓度得到的 BZT-UVs 的回收率较为一致，说明该方法适用于不同浓度环境水样的测定。

4）实际样品测定

将建立的在线 SPE-HPLC-MS/MS 方法应用于采自污水厂的进水、出水和河水样品。结果显示，污水厂进水和出水中 5 种 BZT-UVs（UV-P、UV-329、UV-350、UV-234 和 UV-328）均有不同程度的检出。其中，UV-P 和 UV-234 在所有污水厂的进水和出水样品中均有检出，浓度分别为 7.1～37.1 ng/L 和 0.46～6.3 ng/L。UV-328 只在两个污水处理厂的进水和出水中有检出，浓度范围为 0.6～2.9 ng/L。UV-350 在 3 个样品中有检出，而 UV-329 只在一个样品中有检出。在 4 个河水样品中，仅有 UV-P 在一个样品中有检出。

6.2.3　苯并三唑类紫外线稳定剂的环境赋存和行为

6.2.3.1　污泥中 BZT-UVs 的发现及环境行为预测

苯并三唑类紫外线稳定剂在生产和使用的过程中不可避免地会造成向环境中的释放。排放到环境中的污染物会随着污水收集系统进入到污水处理厂中，高疏水性的有机污染物在污水处理过程中易于通过疏水性分配作用吸附到污泥中。因此，测定污泥样品中的苯并三唑类紫外线稳定剂有利于考察相关区域该类物质的使用及排放情况。本研究中所使用的污泥样品与 6.1.3.2 节相同。

1. 污泥中 BZT-UVs 的浓度和单体组成

在全国 20 个省份的 60 座污水处理厂的污泥样品中，7 种苯并三唑类紫外线稳定剂（UV-P、UV-234、UV-326、UV-327、UV-328、UV-329、UV-350）能够在污泥样品中检出，浓度范围为 0.96～28.4 μg/g（图 6-7）。其中 UV-234、UV-329 和 UV-350 在我国污泥中的检出尚属首次。UV-P、UV-234、UV-326、UV-328 和 UV-329 在绝大多数污泥样品中均有检出。其中，UV-234 的浓度最高，中位数浓度值为 116 ng/g，占检出苯并三唑类紫外线稳定剂总浓度（∑BZT-UVs）的 27%。UV-329、UV-326、UV-328、UV-P 的中位数浓度分别为 66.8 ng/g、67.8 ng/g、57.3 ng/g 及 20.6 ng/g，分别占检出苯并三唑类紫外线稳定剂总浓度的 24.3%、22.2%、17.0%及 6.6%。UV-325 和 UV-350 仅在少量污泥样品中检出，UV-350 仅在 4 个采自山东省的样品中有检出。而 UV-320 和 UV-PS 在本研究中的所有污泥样本中均未检出。

目前，仅有少量关于 BZT-UVs 在环境介质中污染浓度和单体组成的研究，并且不同研究区域 BZT-UVs 污染浓度及检出单体存在较大差异。日本有明（Ariake）海的研究结果显示，UV-326、UV-327 和 UV-328 是该海域最主要的 BZT-UVs 单体，海底沉积物中上述物质的浓度与河口底泥相当，由于 UV-320 在日本的使用量较小，其在该环境中的浓度要远低于以上三种物质[76]。西班牙的污水处理厂及室内灰尘中 BZT-UVs 的调研发现 UV-P、UV-326、UV-327 和 UV-328 是最主要的单体[74]。UV-328 和 UV-326 是美国和中国北方河流底泥中的主要单体[75]。而 UV-328 和 UV-234 是日本河流和湖泊底泥中 BZT-UVs 的主要单体，其他单体对 BZT-UVs 总浓度的贡献较小[96]。本研究得到的 BZT-UVs 的单体组成能高度吻合 BZT-UVs 的全球产量。根据经济合作与发展组织（Organization for Economic Co-operation and Development，OECD）和美国环境保护署（Environmental Protection Agency，EPA）的数据库，UV-328、UV-329 和 UV-234 的年产量在 100 万～1000 万 lb 之间，UV-326 和 UV-P 的年产量介于 5 万～100 万 lb，UV-327 的产量小于 5 万 lb，而其他单体由于产量过低因而没有明确的产量记录。

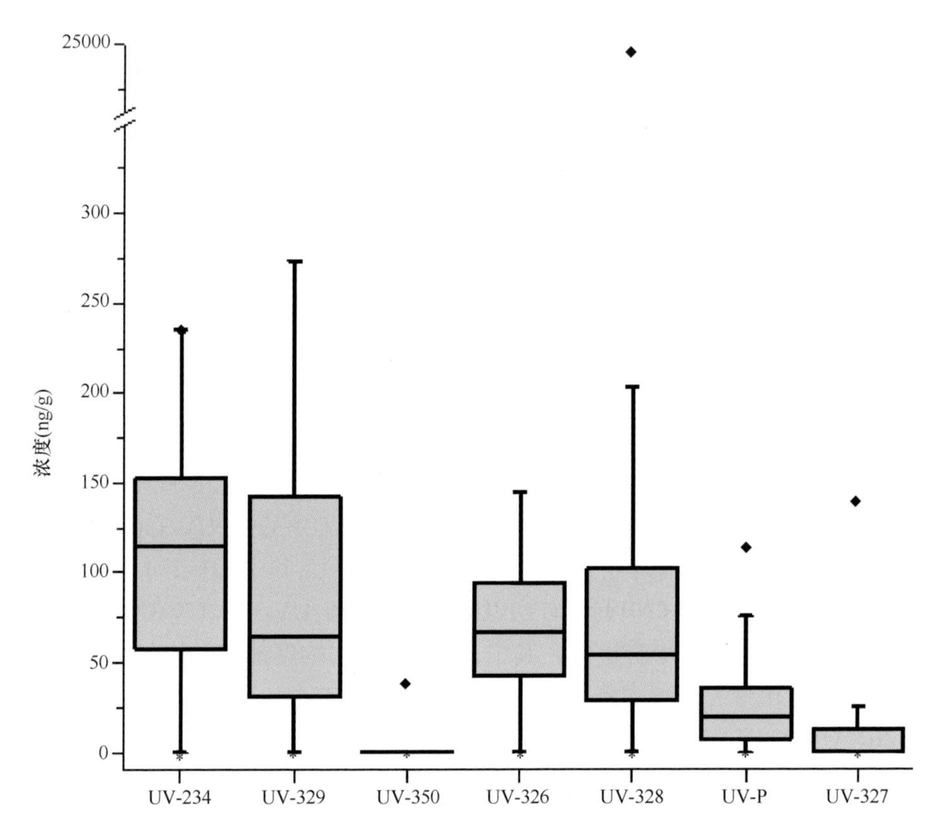

图 6-7 污泥样品中 BZT-UVs 的浓度。图中上、中、下横线分别代表污泥样品中化合物浓度范围的 95%、50%和 5%值；矩形的上边和下边分别代表浓度范围的 25%和 75%值；◆ 和 *分别表示浓度范围的 99%和 1%值[81]

与已有的研究不同，本研究发现 UV-329、UV-350 和 UV-234 在污泥样品中亦有高浓度的检出，这 3 种物质占 BZT-UVs 总浓度的 51%。UV-329 和 UV-350 的检出值得进一步关注，上述物质是 UV-320 的同分异构体，而 UV-320 由于具有持久性、生物富集性和毒性已经被日本政府禁止使用。目前，关于 UV-329 和 UV-350 的环境行为及生物毒性的数据非常缺乏。基于 EPI Suite 模型预测，UV-329 和 UV-350 与 UV-320 具有类似的物理-化学性质，并且生物浓缩因子（bioaccumulation factor，BCF）可能更高。基于模型计算，UV-329、UV-350 和 UV-320 的 log BCF 分别为 3.77、3.83 和 3.49。由于 UV-234 在食品包装材料中使用并且具有较高的生物富集系数（log BCF = 3.57），其在污泥样品中的高浓度检出及潜在的环境健康效应值得高度关注。

2. 多变量分析

除 UV-350 外，其他 BZT-UVs 单体均可检出。BZT-UVs 在污泥中的浓度没有明显的地域差异，显示这类物质在本研究中所包括的 20 个省份的污染具有普遍性。基于主成分分析来检测影响污泥中 BZT-UVs 浓度的因素，结果显示有 3 个主成分的特征值大于 1，对累积方差的贡献为 71%。皮尔逊相关性分析的结果显示，UV-234 与 UV-326、UV-328、UV-329 具有显著的正相关关系（$p<0.05$）。BZT-UVs 不同单体之间存在显著的正相关关系，表明具有共同的来源或具有类似的环境行为。本研究中所采集的污泥来自于不同的污水处理厂，涉及的污水处理厂使用的工艺可分为厌氧-缺氧-好氧（anaerobic-anoxic-oxic，A^2O）、氧化沟（oxidation ditch，OD）、缺氧-好氧（anoxic/oxic，A/O）和序批式反应器（sequencing batch reactor，SBR）。本研究中，BZT-UVs 在污泥中的浓度与污水处理厂的处理工艺没有显著的相关性。污水处理厂的日处理量与 UV-P、UV-329 和 UV-328 的浓度弱相关，没有发现其他单体的浓度与污水处理厂日处理量的相关性。对于疏水性物质在污泥样品中的浓度和污水处理厂的日处理量之间的相关性，文献研究报道了差异性的结果。例如，欧洲的研究显示 PBDEs 在较大的污水处理厂中浓度较高，而针对北美和中国的污水处理厂则没发现污泥中 PBDEs 浓度与污水厂日处理量和服务人口的相关性[97,98]。

由于 BZT-UVs 不同单体的结构具有高度类似性，仅在某些取代基团上存在少许差异，因此，疏水性、迁移能力和生物转化能力可能具有相似性。EPI Suite 模型计算显示，疏水性较低的单体 UV-P（$\log K_{OW} = 4.31$）和疏水性较高的单体 UV-329（$\log K_{OW} = 6.21$）在污水处理过程中的污泥吸附效率存在明显差异，二者的污泥吸附效率分别为 45%和 92%。但是，如图 6-8 所示，UV-P、UV-234、UV-329 和 UV-328 的浓度均与污泥中的总有机碳（TOC）存在线性相关性，这说明 TOC 是影响上述物质在水体/污泥分配过程中的重要因素。

3. BZT-UVs 的环境行为预测

BZT-UVs 在生物体和环境介质（如污泥和河口底泥）中有较高浓度检出，具有一定的环境持久性，关注 BZT-UVs 及其转化产物的环境迁移、转化行为能更好地评估其环境危害。除上述讨论的脂肪基和芳香基取代的 BZT-UVs 外，一些含有羧酸酯基团的单体如 UV-8M（CAS 登记号：84268-33-7）和 UV-384（CAS 登记号：127519-17-9）也被列入 OECD 和美国 EPA 的高生产量物质名单中。这些物质主要应用于汽车及其他液体涂层，年产量高达 100 万～1000 万 lb。这类物质缺少标准样品，环境赋存及行为的相关信息依然十分缺乏。

本研究使用定量结构-性质关系（QSPR）模型对这类物质的环境行为进行预测。BIOWIN3 是常用的化合物半衰期预测模型，计算结果显示，BZT-UVs 在环境中的总体半衰期处于“周～月”至“月”水平。将 BIOWIN3 的计算结果输入 STPWIN32，预测 BZT-UVs 半衰期对其在污水处理过程中的影响。计算结果显示，BZT-UVs 在

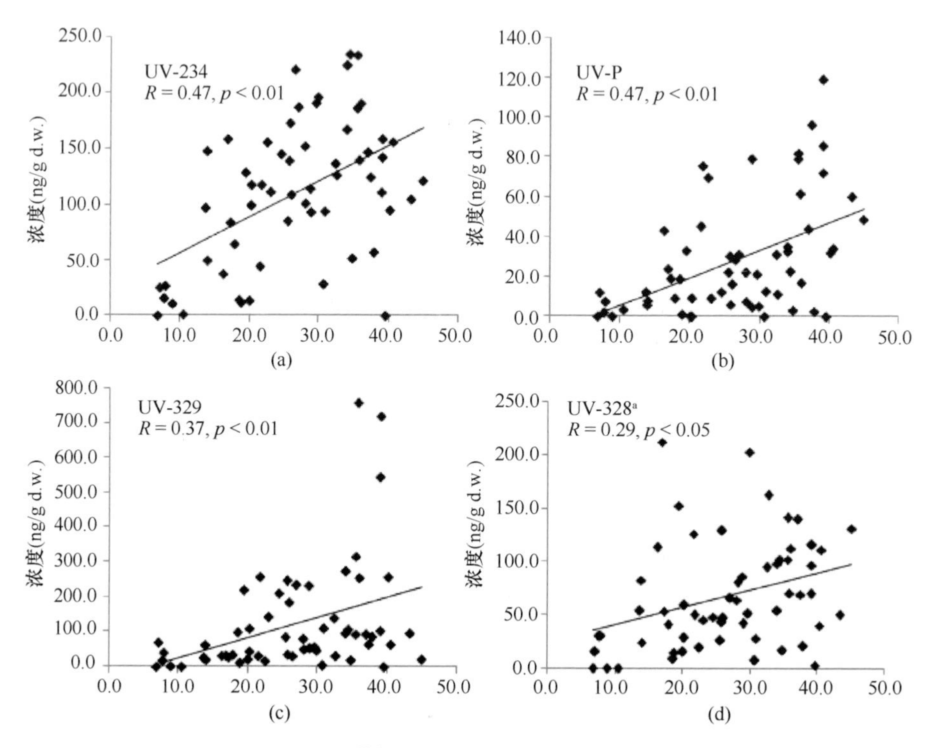

图 6-8 污泥中浓度和 TOC 的相关性[81] ［(a) UV-234；(b) UV-P；(c) UV-329；(d) UV-328；a. 进行相关性分析时排除 HB-1 样品中 UV-328 浓度异常值］

污水处理过程中的生物转化率为 26%～47%，而通过污泥吸附的去除率为 33%～72%，显示生物转化与污泥吸附可能均为污水处理过程中去除 BZT-UVs 的重要机制。以上预测结果与文献报道的麝香及其他种类的紫外线稳定剂在污水处理过程中的去除行为类似，即污泥吸附和生物转化是主要的去除途径。需要指出的是，苯并三唑类化合物并未包括在 BIOWIN 软件的训练集中，因此本书中预测的 BZT-UVs 的行为具有一定的不确定性，将在下一节中讨论实际污水处理过程中 BZT-UVs 的去除效率。

6.2.3.2 BZT-UVs 在污水处理过程中的行为研究

先前的研究在采自全国的 60 个污泥样本中发现了 7 种 BZT-UVs 的单体，说明此类物质在我国具有广泛的使用，本节重点关注此类物质在污水处理厂中的去除行为。考察了 7 种亲脂性的 BZT-UVs：UV-P、UV-234、UV-320、UV-326、UV-327、UV-328 以及 UV-329。针对多种 BZT-UVs 在污水处理厂中去除行为的相关研究仍十分有限，本研究基于质量平衡计算来考察描述新型 BZT-UVs 在污水处理厂中的分布、分配、去除等行为，讨论上述物质如何通过污水处理厂进入环境介质中，并对不同处理工艺的去除效率进行初步评价。

1. 样品采集

本研究中所考察的污水处理厂主要处理城市生活污水，服务当地 200 万居民，处理能力为 300 000 t/d。该工厂处理工艺主要包括初沉池、二级生化处理以及深度过滤及紫外消毒处理。二级处理过程为厌氧-缺氧-好氧（A^2O） 工艺，其中缺氧-好氧（A/O）整合在同一处理池中（图 6-9）。污水处理厂各环节进出水均采集 24 h 混合水样。由于缺氧及厌氧过程整合在一处，本研究仅收集厌氧池的出水。一沉池及二沉池的污泥样品在采样周期中同时采集。由于回流污泥渠道是封闭状态，该样品未能采集。固体样品采集后用铝箔包裹保存于–20 ℃条件下。水样保存于预先用有机溶剂清洗过的棕色样品瓶中，过滤后在 12 h 内完成分析。

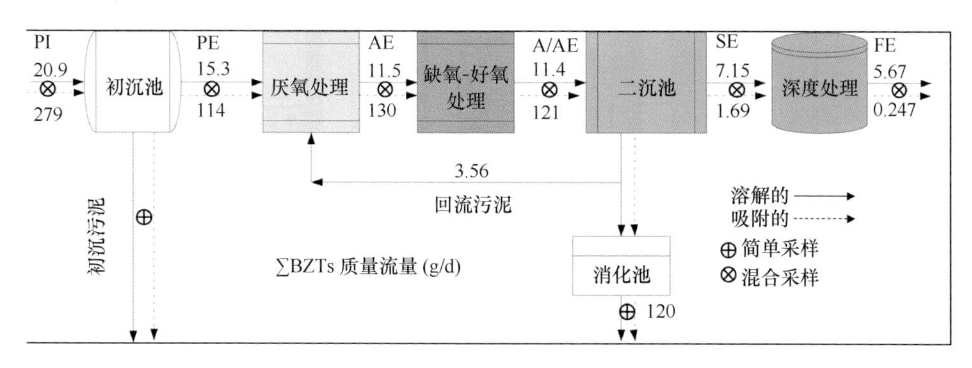

图 6-9　BZT-UVs 在污水处理处理各环节的质量平衡分析（PI：一级处理；PE：一级处理出水；AE：厌氧处理出水；A/AE：缺氧/好氧处理出水；SE：二沉池出水；FE：最终出水）[99]

2. BZT-UVs 在污水处理厂中的浓度水平

在所有目标 BZT-UVs 中，5 种单体（UV-P、UV-326、UV-329、UV-234 及 UV-328）在污泥及污水中有检出。所有固体样品中 BZT-UVs 浓度数据均基于干重。初沉池水相中所有检出 BZT-UVs 的总浓度（∑BZT-UVs）为（69.5±17.0）ng/L。随后各环节水相中 BZT-UVs 的浓度逐步下降（图 6-10）。在检测出的 5 种单体中，UV-P 在水样中的浓度最高，浓度范围为 13.2～50.3 ng/L，而 UV-329、UV-234、UV-326 以及 UV-328 的浓度分别是（9.61±6.43）ng/L、（4.92±1.43）ng/L、（10.6±5.71）ng/L 以及（9.90±9.41）ng/L。经过所有处理环节后，UV-P 和 UV-328 在出水的检出浓度分别为（10.5±6.61）ng/L 和（2.74±1.73）ng/L，检出频率分别为 100% 和 57%。最终出水中检出了 UV-P 和 UV-328，说明该厂的处理工艺无法将这两种化合物从水相中完全除去。其他 BZT-UVs 单体均未在出水中检出。具体来说，UV-326 和 UV-329 在二沉池环节已被完全从水相中去除，而 UV-234 则需经过深度处理后才被完全去除。初沉池进水中的悬浮颗粒物上检出的∑BZT-UVs 单体浓度组成呈如下顺序：

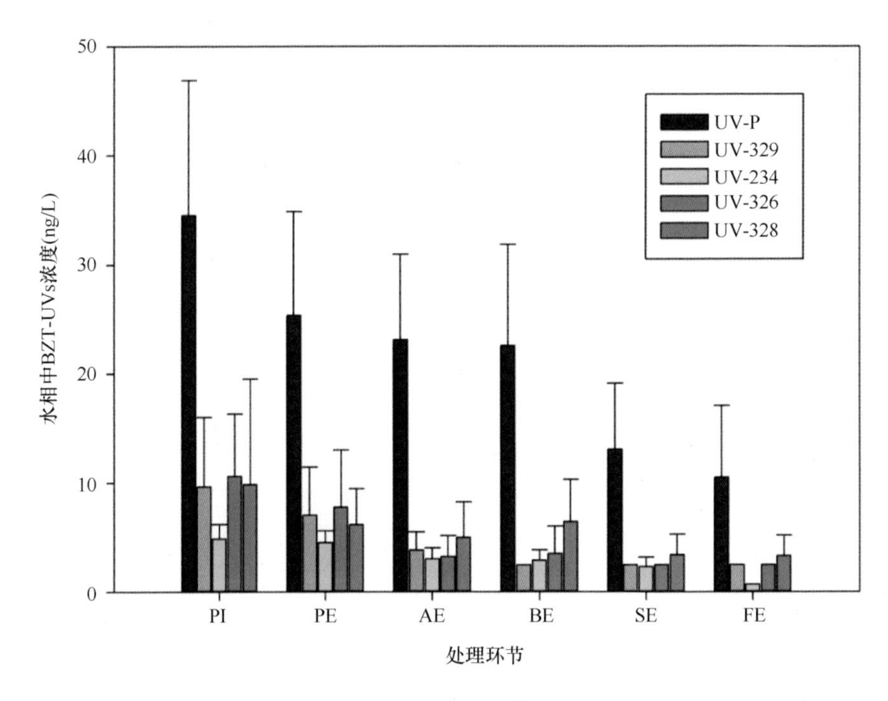

图 6-10 BZT-UVs 在各环节水相中的浓度（PI：初沉池进水；PE：初沉池出水；AE：厌氧池出水；BE：生化池出水；SE：二沉池出水；FE：最终出水）[99]

UV-234（27%）、UV-329（24%）、UV-326（22%）、UV-328（20%）UV-P（8%）。∑BZT-UVs 在悬浮颗粒物上的质量流量比水相中高出 7 倍以上，表明 BZT-UVs 更加倾向于吸附在颗粒物上。与初沉池进水中 BZT-UVs 的质量流量（299 g/d）相比，目标物在初沉池及二沉池质量流量（170 g/d 及 124 g/d）明显下降。数据结果同时表明，深度处理对于 BZT-UVs 在悬浮颗粒物上的吸附量有相当的去除效率（从 1.69 g/d 到 0.247 g/d）。初沉污泥中 UV-234（平均浓度：649 ng/g）占∑BZT-UVs 的 34%，其他依次为 UV-326（391 ng/g，20%）、UV-329（388 ng/g，20%）、UV-328（286 ng/g，15%）、UV-P（203 ng/g，11%）。二沉污泥中，BZT-UVs 单体的组成比重发生了轻微变化：UV-234（24%）、UV-326（23%）、UV-328（22%）、UV-329（19%）、UV-P（11%）。不同环节污泥样品中 BZT-UVs 相似的组成比重在一定程度上反映了 BZT-UVs 在污泥中的吸附能力主要与化合物自身的性质（log K_{OW}）相关。

3. 质量平衡计算

质量平衡计算对于理解污染物在污水处理厂中去除行为具有重要作用。为更好地考察污水处理厂各环节对 BZT-UVs 的去除效率，本研究针对目标化合物在水相及固体上的分配比例进行了分析。质量流量计算同时考虑了污水处理环节水相及固相（悬浮颗粒物、污泥）中的目标化合物。

$$M = Q(C + S \times C_{TSS}) \tag{6-10}$$

$$去除效率(\%) = M_{lost}/M_{in};\ M_{lost} = M_{in} - M_{out} \tag{6-11}$$

式中，M 为 BZT-UVs 的日均通量（g/d），Q 为污水处理厂流量（m^3/d），C 和 C_{TSS} 分别为水相中及悬浮颗粒物中 BZT-UVs 的浓度（ng/L，ng/g TSS），S 为悬浮颗粒物的浓度（kg/m^3）。每个处理环节对目标物的去除效率为该环节 BZT-UVs 去除量与输入量的比值。对于初沉及二沉池，吸附在污泥上的量为该环节的 M_{lost} 由于回流污泥样品无法采集，该环节的 BZT-UVs 质量流量采用二沉池去除量减去吸附在二沉污泥上的质量。所有数据均基于平均值计算。在初沉池的进水中，∑BZT-UVs 每天输入量约为 300 g，其中 279 g 吸附于悬浮颗粒物上，仅有 20.9 g 溶解于水相中。两相中目标物的比值约为 13∶1，水中大部分 BZT-UVs 均吸附于悬浮颗粒物上。初沉池可通过沉淀作用去除 48%的悬浮颗粒物以及 57%的∑BZT-UVs。初沉池出水中∑BZT-UVs 的质量下降为进水的 43%，而在初沉污泥中∑BZT-UVs 的质量约占进水的 54%，该数据与计算得到的 M_{lost} 基本一致（57%）。在厌氧池中，∑BZT-UVs 的日均通量增加至 142 g/d，这可能是由于回流污泥的污染或曝气造成 TSS 增加所导致。在生化处理池中，∑BZT-UVs 的日均通量略微降低至 133 g/d。在二沉池后，∑BZT-UVs 的日均通量有大幅度下降，通量仅剩余 8.83 g/d。在二沉池的出水中，UV-P 比重占到 47%，其他 4 种单体所占比重仅为 11%～15%。

4. 不同处理环节的去除效率及机制

设定污水处理厂的进水中∑BZT-UVs 的通量为 100%，本研究计算了 BZT-UVs 在各环节的去除效率。全处理过程中 BZT-UVs 的去除效率为 98%，溶解于水相中的∑BZT-UVs 去除效率高于 72%，污水处理厂的最终出水中仅有少量的∑BZT-UVs 排入到当地水体中。值得注意的是，UV-P 的去除效率仅为 89%，而其他 4 种单体的去除效率高达 98%以上，去除率上的差别可能与 UV-P 的水溶性较大相关。

单个处理环节对 BZT-UVs 的去除效率根据公式及实际样品数据进行计算[99]。初沉池对∑BZT-UVs 的去除效率为 57%，其对各个单体的去除效率为 43%（UV-328）～78%（UV-234），推断其对 BZT-UVs 的去除由悬浮颗粒物的沉降作用实现。∑BZT-UVs 总体去除效率与悬浮颗粒物吸附的∑BZT-UVs 的去除效率基本一致。经过后续的厌氧处理，仍有 47%的∑BZT-UVs 未能去除，该工艺仅能降解小部分 BZT-UVs。在缺氧/好氧池中，8% 的 UV- 329 以及 7% 的 UV-328 被降解，而 UV-326、UV-P 及 UV-234 分别增加了 8%、13%及 13%。所有 5 种 BZT-UVs 在二沉池部分都有大幅度的去除，仅有 3%的∑BZT-UVs 残留于二沉池出水中。经过深度处理后，最终出水中∑BZT-UVs 仅剩余 2%。与初沉池的去除效率（57%）及二沉池的效率（93%）相比，生化处理环节去除效率（A^2O 单元，–2%） 基本可以忽略。针对 BZT-UVs 单体，已有的研究显示不同处理工艺可能有不同的去除效果。有研究指出 8 g/h 臭氧氧化及 1.4 m^2 的沙滤处理对苯并三唑类缓蚀剂 1*H*-苯并三唑（1*H*-benzotriazole）去除效率有限，表明该物质的在污水处理厂中具有一定的持久性[100]。其他研究组通过实验也得到了相似的结论，即常规的好氧处理并不能有效地去除 1*H*-苯并三唑及其甲基化产物甲基苯并三氮唑（tolyltriazole）[101,102]。文献认为大部分的 UV-326 主要通过吸附作用去除，而生化降解对于 1*H*-苯并三唑和三氮唑的去除更有效[103]。

在本研究中，固体颗粒物的吸附及沉降作用被认为是 BZT-UVs 在污水处理厂中的主要去除机制。为更进一步支持该推论，采用 EPI Suite V4.1 模型对 BZT-UVs 在污水处理厂中的去除效率进行计算。结果显示 BZT-UVs 比苯并三唑类缓蚀剂具有更高的 log K_{OW} 值，因而 BZT-UVs 更倾向于强吸附于污泥上。模型推断结果与实际样品结论基本一致，绝大部分的 BZT-UVs 目标物均通过吸附作用去除（模型计算为 99%，实际样品结果为 82%～117%）。同时观察到深度处理（紫外消毒）可对∑BZT-UVs 有较好的去除效率。有研究指出，包括紫外消毒、臭氧消毒在内的多种深度处理工艺均对苯并三唑类缓蚀剂有较好的去除效率[104-106]。尽管如此，由于深度处理环节 BZT-UVs 的通量较小，通过计算得到的紫外消毒对 BZT-UVs 去除效率无法排除其他影响因素的作用。

5. 小结

本研究针对苯并三唑类紫外线稳定剂在污水处理厂的去除行为进行了研究。选择我国某城市污水处理厂进行了样品采集并测定分析。结果表明，BZT-UVs 在处理环节有不同的去除效率。绝大部分的 BZT-UVs 可以在污水处理厂中被去除，溶解在水相中的 BZT-UVs 的去除效率可达 72%以上。BZT-UVs 的去除主要是通过初沉池及二沉池中颗粒物的吸附及沉降作用实现。生化工艺对该类化合物的去除效率极低，仅可去除 2%的∑BZT-UVs。大部分进入污水处理厂的 BZT-UVs 存在于二沉污泥中，活性污泥的再利用有可能成为 BZT-UVs 的污染来源。

6. 后续研究及展望

UV-234、UV-329、UV-350 等新型 BZT-UVs 同系物的环境发现引起了国内外同行的关注。基于近 30 年发表的文献对我国污泥样品中抗生素（antibiotics）、芳香胺（aromatic amines）、多环芳烃（polycyclic aromatic hydrocarbons）、多氯联苯（polychlorinated biphenyls）、有机氯农药（organochlorine pesticides）、有机磷阻燃剂（organophosphate esters）等 35 类已知的有机污染物浓度进行的元分析（meta analysis）显示，笔者课题组发现的苯并三唑类紫外线稳定剂在所有已知污染物中处于高环境残留浓度水平[107]，该类化合物值得进一步关注。两种不同污水处理工艺对苯并三唑类紫外线稳定剂去除效率的比较结果显示，厌氧-好氧（A/O）系统对该类物质的去除率大于 85%，生物曝气滤池（biological aerated filter，BAF）过滤工艺的去除效率较低（60%～77%）[108]。后续的研究需考察更多的污水处理工艺，如厌氧-缺氧-好氧、氧化沟和序批式反应器等工艺对苯并三唑类紫外线稳定剂的去除效率等。苯并三唑类紫外线稳定剂普遍存在于污泥基质中，其在污泥改良土壤中亦可被检出。在一项长达一年的土壤连续监测实验中，苯并三唑类紫外线稳定剂的不同单体（UV-326、UV-327、UV-328、UV-329、UV-P）在污泥施肥土壤中的半衰期为 75～218 d[109]，土壤中的消除速率较慢。因此，施田污泥中苯并三唑类紫外线稳定剂对农作物生长及食品安全的潜在不利影响需要进一步评估。苯并三唑类紫外线稳定剂（UV-326、UV-320、UV-329、UV-350、UV-328、UV-327、UV-928、UV-234、UV-360）在德国的河流（底泥、悬浮物）中亦普遍检出，并且该类污染物可在鱼体（Bream）肝脏中富集[110]。毒理学研究表明，苯并三唑类紫外线稳定剂（UV-234、UV-326、UV-329、UV-P）能够影响斑马鱼（*Danio rerio*）胚胎的下丘脑-脑垂体-甲状腺（hypothalamic-pituitary-thyroid，HPT）轴相关基因的表达，具有甲状腺干扰活性[111]。但该研究并未对其他苯并三唑类紫外线稳定剂单体的甲状腺干扰活性进行评估。尽管苯并三唑类紫外线稳定剂是环境中普遍存在的污染物质，其在人体内的暴露研究尚十分缺乏。苯并三唑类紫外线稳定剂（UV-326、UV-327、UV-328、UV-329、UV-P）可与人血清白蛋白（human serum albumin，HSA）结合[112]，且结合位点均为 Sudlow 位点 I。因此，苯并三唑类紫外线稳定剂与 HAS 这种转运蛋白的结合所带来的生物学效应及对其在人体内累积的影响值得进一步关注。后续研究工作需要关注苯并三唑类紫外线稳定剂在生物体内的代谢转化过程。目前，关于苯并三唑类紫外线稳定剂的生物及环境降解的研究较少，其主要原因可能是相关降解产物的标准品无法获得。相关预测模型（如 EAWAG-BBD Pathway Prediction System）及高分辨质谱是潜在的分析技术手段。

6.3 合成酚类抗氧化剂

6.3.1 合成酚类抗氧化剂的简介

有机材料在使用中会因暴露于紫外线、氧气或高温环境而面临氧化降解的问题，人工合成有机高分子材料对氧化降解特别敏感。一般认为，有机材料的氧化是由自由基引发的链式反应，周围环境中的氧气、高温和某些金属离子均能加速这个氧化过程[113]。为阻止或延缓橡胶、塑料、纤维等人工合成有机高分子材料在使用过程中的氧化降解，抗氧剂（antioxidant，AO）得到广泛应用[114]。天然抗氧剂通常稳定性较差，工业上多使用人工合成抗氧剂。根据抗氧剂在阻止材料老化过程中作用原理的不同，可以分为主抗氧剂和辅助抗氧剂。一般情况下，这两类抗氧剂联合使用，作用原理如图 6-11 所示，主抗氧剂将过氧化自由基转化为过氧化物，而辅助抗氧剂将不稳定的过氧化物还原为稳定的羟基化合物，从而达到良好的协同抗氧化效果[115]。合成酚类抗氧剂（synthetic phenolic antioxidants，SPAs）是目前市场上最为常用的主抗氧剂，多数合成酚类抗氧剂均具有共同的结构特征，即在其酚羟基的邻位上具有烷基取代基团[114]。在合成酚类抗氧剂中，2,6-二叔丁基-4-甲基苯酚（2,6-di-*tert*-butyl-4-methylphenol，BHT）是生产和使用最为广泛的单体[116]。自 20 世纪 50 年代起，BHT 就作为抗氧剂广泛添加于食品、化妆品、药品、橡胶和塑料中。我国 BHT 的生产量大，据报道，1998 年的生产量达到 23.3 kt/a，占所有合成酚类抗氧剂市场份额的 80%[117]。常用合成酚类抗氧剂的名称、结构等信息如表 6-3 所示。

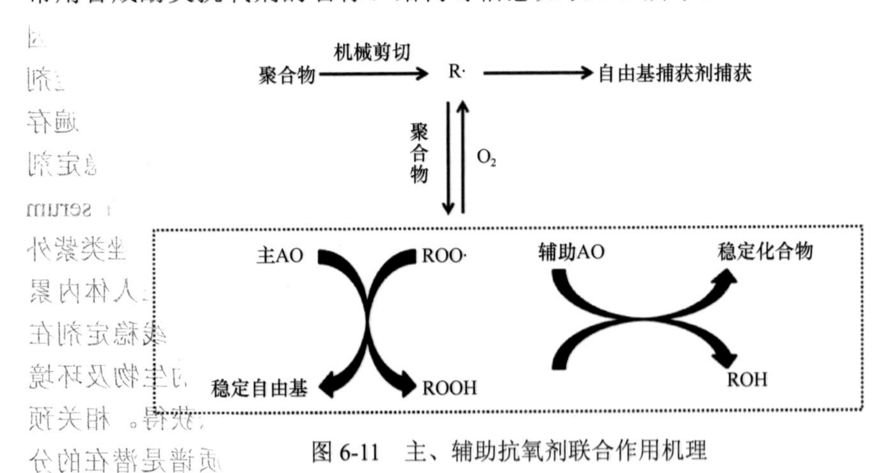

图 6-11 主、辅助抗氧剂联合作用机理

合成酚类抗氧剂的生产及使用引发了对潜在毒性的考察。毒理学研究表明，对特辛基苯酚（4-*t*OP）在体外实验和体内实验中均表现出强雌激素效应[118]。3-叔丁基-4-羟基苯甲醚（BHA）具有内分泌干扰效应，国际癌症研究机构（International Agency for Research on Cancer，IARC）评估认为 BHA 在实验动物中具有致癌性[119]。体外实验证明，4,4′-亚丁基-双[2-(1,1-二甲基乙基)-5-甲基苯酚]（AO 44B25）具有很强的雌激素受体和雄激素受体的拮抗效应，并且效应强度与双酚 A（BPA）类似[120]。2,2′-亚甲基双(6-叔丁基-4-甲基苯酚)（抗氧剂 2246）对雄性大鼠的睾丸表现出毒性效应[121]。虽然 BHT 的摄取对人体健康的影响尚存在争议，但 BHT 的代谢产物，如 3,5-二叔丁基-4-羟基苯甲醛（BHT-CHO），2,6-二叔

丁基-1,4-苯醌（BHT-Q）和 2,6-二(叔丁基)-4-羟基-4-甲基-2,5-环己二烯酮（BHT-quinol）能在小鼠和大鼠细胞内生成过氧化物，从而引起 DNA 的损伤[122-124]。

表 6-3　合成酚抗氧化剂新型有机污染物的名称、结构和其他信息

简写	英文名称	中文名称	结构	CAS	log K_{OW}
BHT	2,6-di-*tert*-butyl-4-methylphenol	2,6-二叔丁基-4-甲基苯酚（抗氧剂 264）	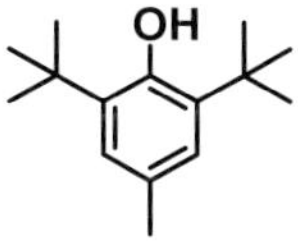 OH	128-37-0	5.03
BHT-CHO	3,5-di-*tert*-butyl-4-hydroxybenzaldehyde	3,5-二叔丁基-4-羟基苯甲醛	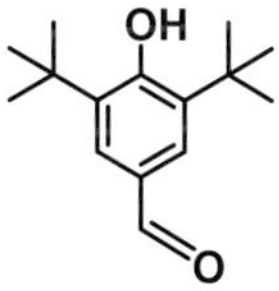 OH, O	1620-98-0	4.20
BHT-Q	2,6-di-*tert*-butyl-1,4-benzoquinone	2,6-二叔丁基-1,4-苯醌	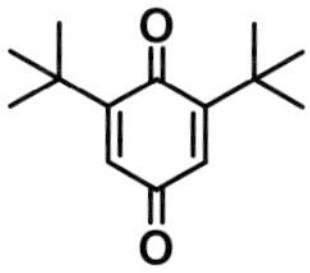 O, O	719-22-2	4.42
BHT-quinol	2,6-di-*tert*-butyl-4-hydroxy-4-methyl-2,5-cyclohexadienone	2,6-二(叔丁基)-4-羟基-4-甲基-2,5-环己二烯酮	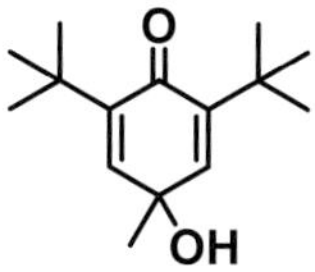 O, OH	10396-80-2	3.72
BHA	3-*tert*-butyl-4-hydroxyanisole	3-叔丁基-4-羟基-苯甲醚	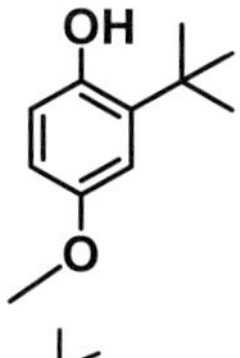 OH, O	121-00-6	3.50
4-*t*OP	4-*tert*-octylphenol	对特辛基苯酚	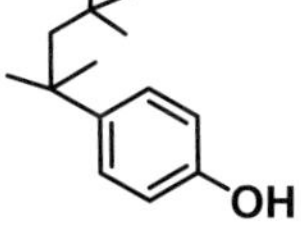 OH	140-66-9	5.28
AO 246	2,4,6-tri-*tert*-butylphenol	2,4,6-三叔丁基苯酚（抗氧剂 246）	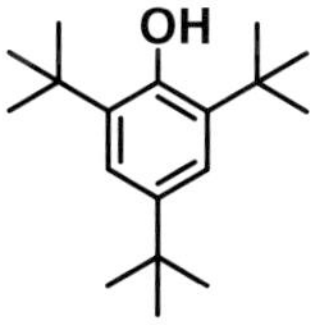 OH	732-26-3	6.39
DTBSBP	2,6-di-*tert*-butyl-4-sec-butylphenol	2,6-二叔丁基-4-仲丁基苯酚	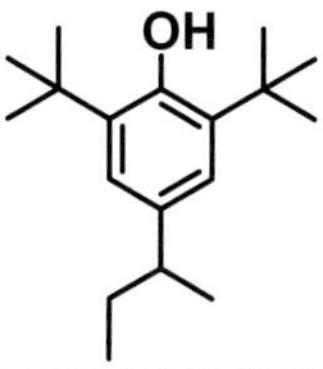 OH	17540-75-9	6.43

续表

简写	英文名称	中文名称	结构	CAS	log K_{OW}
AO 2246	2,2′-methylenebis (6-*tert*-butyl-4-methylphenol)	2,2′-亚甲基双(6-叔丁基-4-甲基苯酚)（抗氧剂 2246）	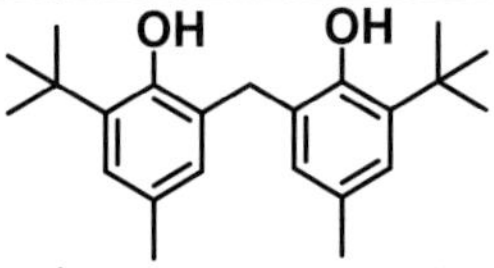 OH OH	119-47-1	7.97
AO 4426	4,4′-methylenebis (2,6-di-*tert*-butylphenol)	2,2′-亚甲基双(2,6-二叔丁基苯酚)（抗氧剂 4426）	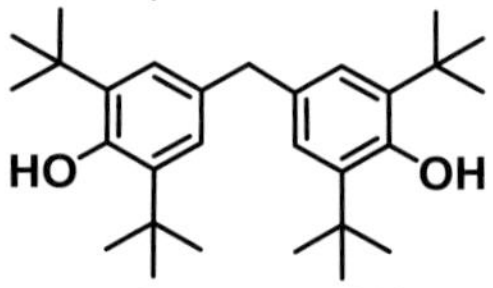 HO OH	118-82-1	8.99
AO 425	2,2-methylenebis (4-ethyl-6-*tert*-butylphenol)	2,2′-亚甲基双(4-乙基-6-叔丁基苯酚)（抗氧剂 425）	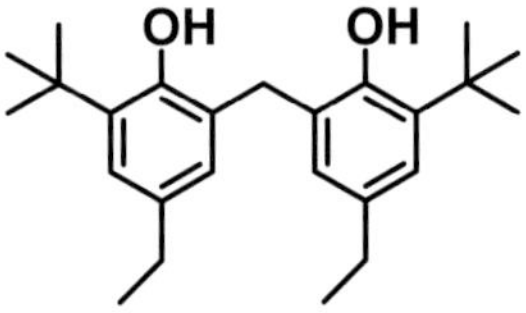 OH OH	88-24-4	8.95
AO 22E46	2,2′-ethylidenebis (4,6-di-*tert*-butylphenol)	2,2′-亚乙基双(4,6-二叔丁基苯酚)（抗氧剂 22E46）	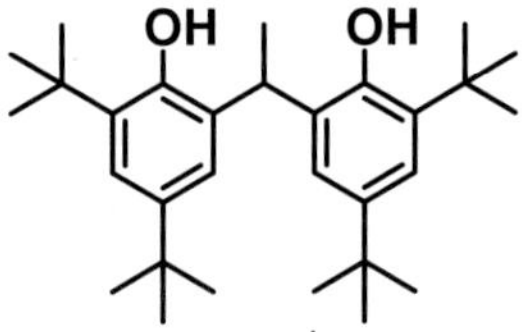 OH OH	35958-30-6	9.13
AO 44B25	4,4′-butylidenebis [2-(1,1-dimethylethyl)-5-methyl-phenol]	4,4′-亚丁基双[2-(1,1-二甲基乙基)-5-甲基苯酚]（抗氧剂 44B25）	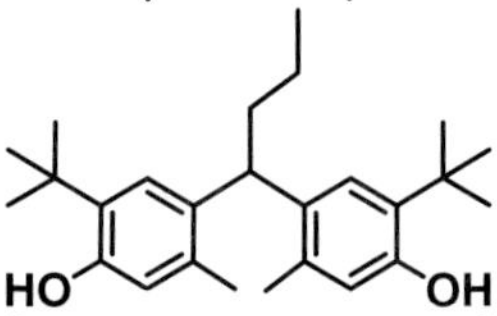 HO OH	85-60-9	9.09
AO ZKF	2,2′-methylenebis (6-cyclohexyl-4-methyl) phenol	2,2′-亚甲基双(6-环己基-4-甲基)苯酚（抗氧剂 ZKF）	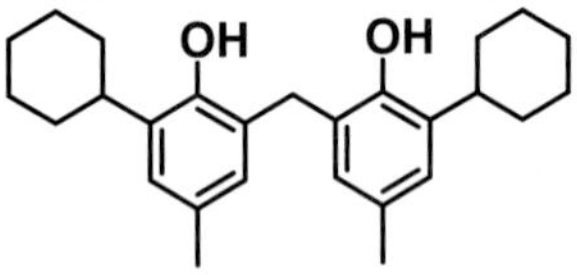 OH OH	N.A.	9.78
AO 330	1,3,5-trimethyl-2,4,6-tris (3,5-di-*tert*-butyl-4-hydroxybenzyl) benzene	1,3,5-三甲基-2,4,6-三(3,5-二叔丁基-4-羟基苄基)苯（抗氧剂 330）	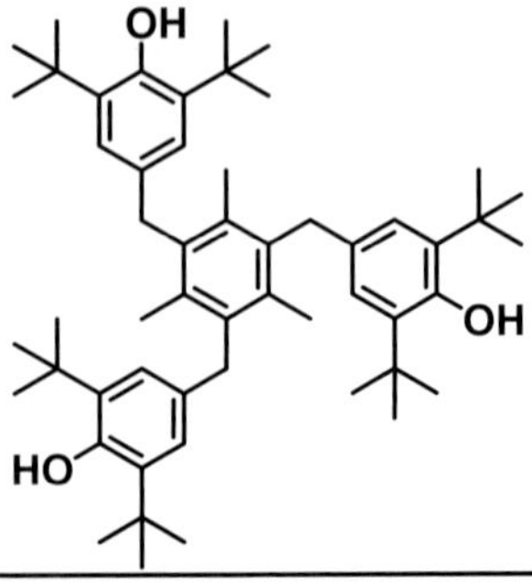 OH OH HO	1709-70-2	17.17

合成酚类抗氧剂以非化学键的形式添加于聚合材料中，易通过挥发或者材料磨损等方式渗透出来造成污染。BHT、BHA 等合成酚类抗氧剂在塑料食品包装材

料中均有检出[125]。塑料中添加剂的渗出性实验发现，包装材料中的 BHT、BHA 和 AO 2246 能迁移到食物模拟物（蒸馏水、3%乙酸、10%乙醇、油）中[126]。目前，针对环境介质中合成酚类抗氧剂的报道很少，且仅有的报道主要集中在 BHT 的环境污染状况。BHT 在室内灰尘、自然水体、污水厂进水和出水中均有检出，浓度在 ppt 到 ppm 级别[127,128]。飞行时间质谱非目标分析发现，BHT 广泛存在于哥伦比亚水稻种植区的土壤和地表水样品中[129]。BHA 和 4-*t*OP 在室内灰尘、污水厂进水、地表水和地下水中有检出[130-132]。目前，关于其他合成酚类抗氧剂单体及相关代谢产物的分析方法、环境赋存、迁移转化及人体暴露等相关研究尚无报道。

6.3.2　合成酚类抗氧化剂的分析方法

6.3.2.1　仪器分析

1. 气相色谱-质谱法

对于挥发性较强的单苯环类 SPAs 的测定可以使用气相色谱-质谱（gas chromatography-mass spectrometry，GC-MS）法。由于合成酚类抗氧剂含有羟基基团，部分代谢产物含有羧基基团，为提高目标物在气相色谱柱上的分离性能，样品测定之前需要进行衍生化处理。羟基和羧基基团最常用的衍生方法是硅烷化。*N*-甲基-*N*-(叔丁基二甲基硅烷)-三氟乙酰胺（MTBSTFA）、双三甲硅基三氟乙酰胺（BSTFA）和 *N*-甲基-*N*-三甲硅基-三氟乙酰胺（MSTFA）是常见的衍生试剂[114]。衍生实验在 60 ℃下进行。衍生过程中 SPAs 和衍生试剂均溶于乙酸乙酯，900 μL 中加入 100 μL 的衍生试剂反应 1 h。结果显示，*N*-甲基-*N*-(叔丁基二甲基硅烷)-三氟乙酰胺（MTBSTFA）对多数合成酚类抗氧剂具有最佳的衍生化效果。虽然 BHT 和 BHT-Q 的两个邻位叔丁基的位阻作用会阻碍 BHT 上的羟基和 BHT-Q 上的醌基与 MTBSTFA 的反应，但 BHT 和 BHT-Q 可以不经衍生就能直接被气相色谱法测定[62]。利用以上衍生化反应，建立水体样品中 SPAs 的气相色谱-质谱的测定方法，采用固相萃取作为前处理方法，对污水中 SPAs 的检出限（LOD）范围是 2～44 ng/L。气相色谱-质谱的具体工作条件如表 6-4 所示。使用 30 m FS-Supremes-5 气相色谱柱亦可实现 BHT 及其转化产物的基线分离[133]。

2. 液相色谱法

气相色谱-质谱法对于测定 BHA、BHT、BHT-CHO、BHT-Q 等挥发性强的小分子较为合适，对于分子量大、难于挥发的合成酚类抗氧剂，如 AO 4426、AO 44B25 和 AO ZKF 等，气相色谱法难于测定，而液相色谱法（liquid chromatography，LC）

表 6-4 气相色谱-质谱法测定 SPA 分析物的工作条件

气相色谱	工作条件
进样模式	不分流
进样口温度	270 ℃
载气	氦气
载气流速	1 mL/min
进样量	2 μL
色谱柱	HP-5 MS（30 m × 0.25 mm，0.25 μm 膜厚）
升温程序	起始 90 ℃，保持 1 min；以 10 ℃/min 升温至 270 ℃，再以 25 ℃/min 升温至 290 ℃，保持 10 min
离子源	电子电离模式
质谱扫描模式	选择性离子扫描

更具优势，且使用液相色谱法测定合成酚类抗氧剂不需要对目标物进行衍生。由于合成酚类抗氧剂具有较高的疏水性（log K_{OW} 3.5～17.2），使用液相色谱分离样品中的合成酚类抗氧剂主要基于反相色谱法，使用 C_{18} 色谱柱，有机相和水作为流动相，进行梯度洗脱。在使用液相色谱法测定合成酚类抗氧剂时，可使用光电二极管阵列检测器（photodiode array detector，PDA）、紫外检测器（ultraviolet detector，UV）、荧光检测器（fluorescence detector，FLD）。基于 LC-PDA 仪器方法能同时分析 BHT 和 BHA 等合成酚类抗氧剂单体[125]，该方法使用反相色谱柱 BEH C_{18}（100 mm × 2.1 mm，1.7 μm；Waters），以乙腈和甲酸（0.1%）为流动相，可在 20 min 内实现 7 种单体的基线分离。该方法的定量限（limit of quantification，LOQ，S/N = 10）为 0.1～2.0 μg/mL。基于 LC-UV 技术测定食用油中 7 种合成酚类抗氧剂单体的分析方法[134]考察了不同色谱柱[Shiseido Capcell Pak C_{18} UG120（Shiseido，4.6 mm× 250 mm，5.0 μm）、Phenomenex Gemini C_{18}（4.6 mm × 250 mm，5.0μm）和 Waters Sunfire C_{18}（4.6 mm × 250 mm，5.0 μm）] 对 7 种单体的分离能力。实验结果显示 Shiseido Capcell Pak C_{18} UG120 柱对 SPAs 的分离效果最好，该 UV 检测方法对 SPAs 的定量限为 0.11～2.96 μg/mL，紫外检测器与光电二极管阵列检测器对 SPAs 具有类似的灵敏度。荧光检测器对 SPAs 的灵敏度（LOQ：0.03～1.74 μg/mL）略高于紫外检测器和光电二极管阵列检测器。

以上非质谱分析方法对 SPAs 的灵敏度较低，对目标物的定性分析完全依赖于物质保留时间，若液相色谱无法实现基线分离，则不同单体间会存在干扰。笔者课题组开发出了利用高效液相色谱-三重四极杆质谱（HPLC-MS/MS）测定 8 种 SPAs 单体和 3 种 BHT 转化产物的方法。具体的待测物分离和测定条件参数如下：色谱分析柱使用 150 mm × 4.6 mm Acclaim® 120 Å C_{18} 柱（Dionex，Sunnyvale，

USA）。柱温箱温度为 40 ℃，进样量为 20 μL。流动相选用甲醇和水，流速设定为 0.3 mL/min。流动相梯度始于 90∶10（MeOH∶H_2O，*V*∶*V*），5 min 内甲醇的比例上升为 100%并保持 15 min。随后，流动相比例快速恢复到起始比例 90∶10（MeOH∶H_2O，*V*∶*V*）并使色谱柱平衡 3 min，整个分离过程持续 23 min。合成酚类抗氧剂含有的羟基基团具有较高极性，因此使用液相色谱-串联质谱法测定该类化学污染物时采用电喷雾电离（electrospray ionization，ESI），并且在质谱测定时使用负电离模式。采用串联质谱的多反应监测（multiply reaction monitoring，MRM）模式，每个化合物选择两个子离子，其中信号较高的子离子用于定量，另一个子离子用于定性。该方法能同时测定环境样品中的单苯环和多苯环类的 SPAs，由于采用三重四极杆质谱作为检测器，该方法的灵敏度较高，对环境水体中 SPAs 的定量限在 0.1～23 ng/L 之间。

6.3.2.2 样品前处理

目前针对 SPAs 的前处理方法比较缺乏，且已有的方法大多局限于 BHT、BHA 及相关的转化产物。针对食品包装材料中的 BHT、BHA 和 AO 4426 开发了超声溶剂萃取法，通过对不同溶剂（甲醇、乙腈、丙酮）萃取效率的比较，结果显示乙腈对以上三种目标物的萃取效率最高。该方法的加标回收率为 73%～104%[125]。针对环境水体样品，固相萃取（solid-phase extraction，SPE）是主要的技术手段。HLB 固相萃取柱可同时萃取 200 mL 环境水体中的 BHT、BHA 及 BHT 的相关转化产物[114]。在萃取水样之前，HLB 柱使用 1 mL 乙酸乙酯、1 mL 甲醇和 1 mL 超纯水进行活化。利用乙酸乙酯将吸附在 HLB 上的目标物洗脱，进行气相色谱-质谱分析。该方法对超纯水、污水基质的加标回收率为 81%～111%，相对标准偏差（RSD，$n=4$）小于 18%。研究发现，使用 Bond Elut PPL 固相萃取柱（3 mL，100 mg）亦能有效地萃取水体中的 BHT 及转化产物[133]。PPL 是一种二乙烯苯材料，使用该材料的萃取柱，目标物的回收率大于 81%。基于 AEO-9（polyoxyethylene ether）的振荡辅助浊点萃取（vortex-assisted cloud-point extraction）技术也可用于萃取食物香精中的 BHT 和 BHA 等 4 种 SPAs[135]。通过对萃取剂体积、pH、振荡混合时间、平衡温度及时间等因素的优化，该方法的回收率为 89%～104%，相对标准偏差小于 6%。该方法适用于室内灰尘中的 BHT、BHA 及转化产物的分析。将 0.25 g 灰尘样品置于 5 mL 二氯甲烷∶正己烷（3∶1，*V*∶*V*）萃取剂中，振荡萃取 60 min 后离心取上清液，萃取过程进行 3 次，得到的萃取液合并后浓缩并转换溶剂。该方法的加标回收率为 72%～105%[136]。

以上报道的前处理方法均针对样品中的单苯环类 SPAs。为了同时研究环境介质中单苯环、双苯环及多苯环类 SPAs 的污染，笔者课题组建立了水体及污泥样品中 8 种 SPAs 单体和 3 种 BHT 转化产物的前处理方法，样品前处理条件优化过程如下。

1. 污泥样品前处理方法优化

使用高效液相色谱-电喷雾离子源-串联质谱测定复杂环境介质中的极性有机化合物时，经常会受到严重的基质效应干扰[137]。因此，污泥萃取液在进入质谱仪器测定之前要经过净化步骤。在测定疏水性较强的有机污染物时，经常使用正相吸附材料对污泥萃取液进行净化。在测定污泥样品中的烷基酚、苯并三唑类紫外线稳定剂和多溴二苯醚时，正相吸附剂氧化铝、弗罗里硅土和硅胶已经成功应用于污泥萃取液的净化[81,138-140]。

为选择合适的正相吸附材料，100 ng SPAs 和 BHT 转化产物的混合标准样品加入由 8 g 正相吸附材料填充的玻璃柱。加混合标准样品之前，用 30 mL 正己烷将填充有正相吸附材料的玻璃柱预先活化。在此之后，使用 80 mL 不同配比的二氯甲烷：正己烷混合液（DCM：Hex = 1：3、1：1、3：1，*V*：*V*）对正相吸附柱进行洗脱，得到的洗脱液全部收集。将收集到的洗脱液旋蒸、氮吹、溶剂转换为 1 mL 甲醇之后，使用 HPLC-MS/MS 进行测定。结果显示，BHA、AO 2246、AO 44B25、AO ZKF 和 AO 330 经过弗罗里硅土柱后回收率极低（5%～13%），而 4-*t*OP、AO 44B25 和 AO ZKF 在经过氧化铝柱之后亦得到极低的回收率（5%～28%）。弗罗里硅土和氧化铝分别对以上物质具有极强的吸附能力，使目标物难以被洗脱。与弗罗里硅土和氧化铝相比，硅胶对所有的目标物均有较好的回收率。同时，实验也显示洗脱液的成分对目标物的回收率影响较大。使用 DCM：Hex = 1：1 或 DCM：Hex = 3：1 时，目标物的回收率较高，可以分别达到 56%～112%和 74%～114%。最终，为了防止过多的杂质分子被从吸附材料上洗脱下来，选择 DCM：Hex=1：1 作为洗脱液。此外，针对洗脱液的用量亦进行优化实验。在吸附柱被 80 mL DCM：Hex = 1：1 洗脱之后，再使用 40 mL+ 40 mL 洗脱液对硅胶柱进行洗脱，并分别接收、测定。在 80～120 mL 阶段的洗脱液中只有 AO 44B25 存在。当洗脱液的用量由 80 mL 上升至 120 mL 时，AO 44B25 的回收率由 56%上升到 77%。当洗脱液用量继续上升到 160 mL 时，所有目标物的回收率均未增加。因此，选定 120 mL 作为洗脱液 DCM：Hex = 1：1 的体积。

在使用标准物质优化硅胶柱的净化步骤之后，将开发的方法应用于标准物质加标的污泥萃取液样品。结果表明，目标 SPAs 和相关转化产物的回收率仅为 26%～96%，远低于纯标准物质的回收率（77%～112%）。单纯使用硅胶柱的净化手段并不能完全消除污泥基质中杂质分子对目标物的干扰，在质谱测定 SPAs 和相关转化产物的过程中存在明显的电离抑制作用。

基质效应（matrix effect，ME）一般用某一浓度的基质加标样品与同等浓度的纯溶剂加标样品的仪器响应值之比表示。基质效应大于 100%表示电离增强作用，而基质效应小于 100%则表示电离抑制作用。在本实验中，使用硅胶柱净化的 0.5 g 污泥萃取液作为测试样品，洗脱液被旋蒸、氮气吹干、溶剂转换为 1 mL 甲醇，加入 100 ng 的标准物质后，使用 HPLC-MS/MS 进行测定。结果显示，BHT-CHO、BHT-Q、BHT-quinol、BHA 和 AO ZKF 没有明显的基质效应（80%～120%），但其他物质受到不同程度的电离抑制作用（28%～76%）。为消除 HPLC-ESI-MS/MS 测定极性有机污染物时基质效应的影响，常用方法为加大对污泥萃取液的净化力度[141]。然而，有学者认为增加前处理过程中的净化步骤不仅会增加工作量，而且可能会引起目标物的损失或造成样品的污染[142]。文献报道指出使用稀释进样法能在不增加样品前处理步骤的同时，很好地解决基质效应的问题[143,144]。为此，使用甲醇将最终样品的体积由 1 mL 稀释到 2 mL、5 mL 和 10 mL。结果显示，随着样品被逐渐稀释，目标物的电离抑制作用逐渐减弱。当样品被稀释到 5 mL 或 10 mL 时，所有目标物质的基质效应均在 80%～120%的范围内，满足测定的要求。综合考虑样品的基质效应和方法的灵敏度，选择 5 mL 作为样品的稀释体积。

加速溶剂萃取（ASE）通常用于萃取固体基质中的有机污染物，在加速溶剂萃取过程中，萃取剂和萃取温度是最重要的影响因素[145]。本实验中，选用 DCM∶Hex（1∶3、1∶1、3∶1，*V*∶*V*）作为萃取溶剂来萃取 0.5 g 加标污泥样品（200 ng/g），污泥萃取液经硅胶柱净化后稀释进样。使用 DCM∶Hex = 3∶1 作为萃取剂时，目标物的回收率最高，11 种目标物的回收率为 65%～99%。对于萃取温度的优化，本实验选用最常使用的温度范围 50 ℃、70 ℃和 90 ℃进行比较。随着温度由 50 ℃上升到 90 ℃，多数目标物的回收率均有所升高。这可能是因为高温会降低溶剂的黏度，使溶剂更好地与污泥基质接触，从而提高回收率[142]。另外，本研究考察了加速溶剂萃取的萃取循环次数对回收率的影响，3 个萃取循环足以将目标物充分萃取。

2. 水体样品处理方法的优化

对于河水和污水处理厂出水样品的前处理，本研究比较了两种不同的方法：固相萃取法和液液萃取法。

固相萃取法处理水体样品时，要综合考虑萃取柱材料的吸附机理和目标物的物理-化学性质。考虑到 SPAs 和相关转化产物较大的疏水性范围（log K_{OW}，3.50～17.17），本实验选择 C_{18} 和 HLB 两种固相萃取柱进行比较。由于 AO 330（log K_{OW}= 17.17）在水中的溶解度极小，故在水样测定时未将其包括在内。固相萃取法的条件优化过程首先基于 100 mL 超纯水的加标样品（1000 ng/L 分析物）。在使用之前，两种固相萃取柱均用 5 mL 甲醇（MeOH）和 5 mL 超纯水（H_2O）进行活化。接下来，将 100 mL 的加标纯水加到固相萃取柱上，使用 20 mL 不同比例的 MeOH∶H_2O（1∶3、1∶1、3∶1）进行淋洗，并将萃取柱抽真空干燥 10 min。在此之后，使用 3 次× 3 mL MeOH 对萃取柱上的目标物进行洗脱，将洗脱液氮吹至 1 mL 后进行仪器测定。结果显示，MeOH∶H_2O = 1∶3（V∶V）可以被选作杂质洗脱溶剂，而 C_{18} 柱（56%～117%）对这类目标物的回收率高于 HLB 柱（25%～97%）。利用上述建立的固相萃取方法对 100 mL 加标浓度为 1000 ng/L 的河水和污水厂出水进行萃取。C_{18} 萃取柱对河水和污水厂出水样品均有较低的回收率，分别为 15%～94%和 13%～86%。环境水体样品中 SPAs 及转化产物较低的回收率显示出质谱测定过程中存在严重的电离抑制作用，即 C_{18} 萃取柱未能有效去除环境水体中的干扰杂质。

在液液萃取过程中，萃取剂的选择是影响目标物回收率的重要因素。基于针对污泥基质中 SPAs 的萃取剂选择，本实验选用二氯甲烷作为萃取剂。液液萃取的方法优化过程首先基于 400 mL 加标浓度为 500 ng/L 的超纯水样品。将 100 mL 的二氯甲烷加入到 400 mL 的加标水样中，振荡 5 min 后静置，使二氯甲烷水相分离。萃取过程重复 3 次，将萃取液收集后浓缩，溶剂置换为 1 mL 甲醇，进行仪器测定。结果显示，目标物在第 1、2、3 次萃取过程中的回收率分别为 44%～88%、9%～19%和 3%～7%，前 3 次萃取的整体回收率达到 70%～103%。在此之后，对加标水样进行了第 4 次萃取，结果显示只有小于 2%的目标物残存于第 4 次萃取液中。因此，最终选择的萃取次数为 3 次。在萃取剂和萃取次数确定之后，将所开发的液液萃取方法应用于 400 mL 加标浓度为 500 ng/L 的河水和污水厂出水样品。为去除环境水样中杂质分子的干扰，将环境水体样品的萃取液用硅胶柱进行净化，具体步骤同污泥萃取液的净化。结果显示，液液萃取联合硅胶净化对环境水体中的 SPAs 和相关转化产物具有较好的回收率，对于河水和污水厂出水的回收率可分别达到 63%～106%和 65%～102%。

3. 方法评价

考察标准曲线的线性、方法的灵敏度、回收率和重现性。最小二乘法回归分析显示 BHT 在 20～2000 ng/mL 的浓度范围内具有良好的线性（$R^2 = 0.993$），其他物质在 1～1000 ng/mL 的浓度范围内具有良好的线性（$R^2 > 0.998$）。该方法的灵敏度较高，对于污水厂出水、河水和污泥，MQL 可分别达到 0.1～23 ng/L、0.1～20 ng/L 和 0.1～15 ng/g。污水处理厂出水、河水和污泥中目标物的回收率分别为 63%～105%、63%～101%和 70%～102%。在不同基质样品中，该方法的重现性均较好，5 次重复实验的相对标准偏差均小于 17%。该方法能很好地应用于污水、污泥以及河水样本中 SPAs 及 BHT 转化产物的测定。

4. 方法应用

污水处理厂出水的 24 h 混合样品采集于北京市某污水处理厂，污水样品的采集使用流量比例采样器（Global Water Inc.，TX）。河水样品采集于该污水厂出水排放口所处的河流，采样点包括排放口上游 500 m 和下游 500 m、1000 m、1500 m。

在每个采样点采集 500 mL 样品，将水样收集于棕色玻璃瓶中。所有容器在使用之前均使用甲醇和超纯水洗净，防止容器对样品造成污染。水体样品在萃取之前通过离心（5000 r/min，10 min）去除水中的悬浮颗粒物。污泥样品采集于该污水处理厂的污泥脱水环节，采集到的污泥被包于铝箔纸中并装在密封袋里。所有的污泥样品被冻干、研磨、过筛（100 目）后储存在–20 ℃的冰箱内。

在 11 种待测目标物质中，9 种目标物（BHT、BHT-CHO、BHT-Q、BHT-quinol、BHA、4-*t*OP、AO 2246、AO 44B25 和 AO 330）在污泥样品中有检出，浓度范围是 1.1～2.33×10^3 ng/g。7 种目标（BHT、BHT-CHO、BHT-Q、BHT-quinol、BHA、4-*t*OP 和 AO 2246）在污水处理厂出水中有检出，浓度范围是 0.4～2.51×10^3 ng/L。5 种目标（BHT、BHT-CHO、BHT-Q、BHT-quinol、4-*t*OP）在河水中有检出，浓度为 10.1～1.62×10^3 ng/L。在以上 3 种不同类型的环境样品中，BHT 的检出浓度最高，这与我国的 SPAs 使用现状相符合。污水处理厂排污口上游的河水中这 5 种目标物的浓度较低（10.1～104 ng/L），随着污水处理厂出水的排入，下游 500 m 处河水中目标物的浓度上升为 25.4～1.62×10^3 ng/L。随后，下流河水中目标物的浓度又随着离排污口距离的增加而降低，污水处理厂的出水是河流中 SPAs 及相关转化产物的重要来源。同时，排放到河水中的 SPAs 及相关转化产物会随着河水的流动被逐渐吸附到底泥或悬浮颗粒物中。进一步的实验需要研究这类污染物在大区域范围的污染现状以及在污水处理过程中的行为。

6.3.3　合成酚类抗氧化剂的环境赋存和行为

6.3.3.1　污泥中合成酚类抗氧化剂的发现及行为

合成酚类抗氧剂在生产及使用过程中可造成向环境介质的释放。和其他有机污染物一样，释放到环境中的合成酚类抗氧剂会随着污水收集系统进入污水处理厂。基于 SPAs 类物质较强的疏水性（log K_{OW}，3.50～17.17）[146]，推测污水处理过程中的 SPAs 易于通过分配作用吸附到污泥上，污水处理厂的污泥是考察上述物质环境污染现状的理想介质。本实验采集了全国范围内 56 个污水处理厂的污泥样品，以研究 SPAs 物质的环境赋存、污染浓度以及单体组成。此外，本研究考察了北京市某污水处理厂活性污泥处理系统的进水和出水，以初步研究这类物质在污水处理厂中的污泥吸附、生物转化等去除行为。

1. 研究区域及样品采集

使用的污泥样品与 6.1.3.2 节相同。56 个污泥样品采集于全国 20 个省份的 33 个城市的不同污水处理厂。在污泥脱水阶段，采集大约 500 g 的消化污泥，将污泥用铝箔纸包裹，放于密封袋内。污水处理厂二级处理系统的进水和出水样品采集于北京市某污水处理厂。采样时间为2014年3月24～26日，连续3天进行样品采集。该污水处理厂采用常规的活性污泥处理系统（厌氧-缺氧-好氧），平均污水处理量为200 000 m^3/d。污水样品的24小时混合水样采集使用流量比例采样器（Global Water Inc.，TX），在每个采样点有500 mL样品被收集到棕色采样瓶中。所有的采样瓶在使用之前均需要经过甲醇和超纯水清洗以防止背景污染。在3天的污水采样过程中同时收集该污水处理厂二沉池的污泥样品。本研究中所涉及的SPAs及BHT转化产物的名称、结构等相关信息如表6-3所示。

2. 污泥中SPAs的检出

污泥样品中SPAs的浓度如表6-5所示，使用几何平均（geometric mean，GM）浓度、中位数（median）浓度和浓度范围等参数来表述污染物浓度。在12种目标SPAs中，有11种物质可检出。SPAs的浓度分布没有明显的地域特征。污泥样品中SPAs的总浓度（∑SPAs）范围是183～41.0 μg/g，平均浓度为4.96 μg/g。污泥样品的∑SPAs浓度由BHT主导，BHT在56个污泥样品中占到总浓度的29%～98%（平均值为83%），其他单体的浓度占比依次为AO 246（8%）、4-*t*OP（6%）、DTBSBP（2%）、AO 330（0.2%）、AO 44B25（0.2%）和BHA（0.1%）。BHT、AO 246和DTBSBP在所有污泥样品中均有检出，而4-*t*OP、AO 44B25、AO 330、BHA和AO 2246的检出率则分别为93%、70%、89%、66%和54%。这些SPAs单体在全国范围污泥样品中的高检出率表明上述物质在中国具有广泛的使用。而AO 22E46、AO 425、AO 4426的检出率比较低，分别为21%、9%和2%，这3种物质在国内的生产和使用量有限。

表6-5 污泥样品中合成酚抗氧化剂的浓度值及相关统计分析数据

化合物	几何平均值（ng/g）	中位数（ng/g）	范围（ng/g）	检出率（%）	浓度占比（%）
BHT	4.14×10^3	2.35×10^3	51.7～3.03×10^4	100	83.4
BHA	3.58	2.44	＜MQL～17.4	66	0.07
4-*t*OP	317	85.4	＜MQL～8.57×10^3	93	6.39
AO 246	374	244	9.28～1.70×10^3	100	7.54
DTBSBP	98.1	77.8	2.32～461	100	1.98
AO 2246	3.53	0.75	＜MQL～91.3	54	0.07
AO 22E46	0.43	0.14	＜MQL～5.50	21	0.01
AO 330	11.4	4.33	＜MQL～262	89	0.23
AO 425	0.11	0.07	＜MQL～2.04	9	0.002
AO 4426	2.86	1.13	＜MQL～97.9	2	0.06
AO 44B25	11.0	3.92	＜MQL～174	70	0.22
BHT-CHO	141	112	＜MQL～660	98	—[a]
BHT-Q	562	345	15.5～ 5.13×10^3	100	—[a]
BHT-quinol	225	221	28.9～848	100	—[a]

a. 计算单体组成时，转化产物未计算在内。

如表 6-5 所示，BHT 的浓度范围为 51.7 ng/g～30.3 μg/g（GM：4.13 μg/g，中位数：2.35 μg/g）。BHT 从 20 世纪 50 年代开始被作为抗氧剂使用，目前有 40 个国家允许将 BHT 作为食品添加剂[116]。已有的文献报道显示，BHT 在德国水体中的浓度为 7～791 ng/L[127]。针对瑞典室内灰尘中有机污染物的研究发现，BHT 的浓度高达 70 μg/g[128]，是室内灰尘中浓度最高的的污染物之一。BHT 曾在美国和英国居民人体脂肪样本中检出[147]，浓度分别为 1.30 μg/g 和 0.23 μg/g。结合本研究结果及已有的文献报道可知，BHT 是环境介质中的一种普遍的污染物质，且其环境浓度相对较高。本研究中，AO 246 在污泥样品中的浓度范围为 9.28 ng/g～1.70 μg/g（GM：374 ng/g，中位数：244 ng/g）。AO 246 既可被直接用作抗氧剂，也可被用作生产其他抗氧剂的中间体。有报道指出，实验鱼暴露于 AO 246 浓度为 1 μg/L 的水体中 8 周后，测定得到的生物浓缩因子（bioconcentration factor，BCF）高达 4320～23 200[148]。该物质在日本的蔬菜、鱼体、动物的肉和肝脏中也有检出[149]。DTBSBP 是 AO 246 的同分异构体，在污泥样品中的浓度为 2.32～461 ng/g（GM：98.1 ng/g，中位数：77.8 ng/g）。由于 DTBSBP 的环境持久性、生物富集性和对水生生物的毒性，加拿大将其列为生态风险评估的优先目标物。此外，AO 246 和 DTBSBP 均被美国环境保护署列入 2013～2014 年度的化学品生态安全评估计划。本研究首次报道环境介质中 AO 246 和 DTBSBP 的检出，在此之前并无上述物质的环境赋存数据。4-*t*OP 主要被用于生产辛基酚聚氧乙烯醚表面活性剂，亦可被直接作为抗氧剂使用。4-*t*OP 曾在污水厂的出水和污泥样品中有检出，浓度可以分别达到 μg/L 和 μg/g 水平[150,151]。本实验中，4-*t*OP 在污泥样品中的浓度（GM：317 ng/g，中位数：85.4 ng/g）与先前报道类似。据报道，BHA 在美国加利福尼亚州的地下水和地表水中有检出，浓度为 ng/L 水平[132]。本研究中，BHA 的浓度为＜MQL～17.4 ng/g（GM：3.58 ng/g，中位数：2.44 ng/g）。体外实验发现 BHA 具有弱雌激素效应[152]。此外，BHA 被美国环境保护署列入候选污染物名单（Contaminant Candidate List 3，CCL 3）。

其他多苯环 SPAs 单体（AO 44B25、AO 330、AO 2246、AO22E46、AO 425 和 AO 4426）在污泥样品中亦有不同环境残留浓度（＜MQL～262 ng/g）。AO 44B25 在样品中的浓度范围是＜MQL～174 ng/g（GM：11.0 ng/g，中位数：3.92 ng/g），据报道 AO 44B25 具有雄激素效应和基因毒性[120]。AO 330 的浓度为＜MQL～262 ng/g（GM：11.4 ng/g，中位数：4.33 ng/g），AO 2246 的浓度为＜MQL～91.3 ng/g（GM：3.53 ng/g，中位数：0.75 ng/g）。AO 22E46、AO 425、AO 4426 在样品中的检出浓度为＜MQL～ng/g。这是首次在环境介质中检出 AO 44B25、AO 330、AO 2246、AO 22E46、AO 425 和 AO 4426[153]。

在测定的56个污泥样品中有6个样品采集于北京市不同的污水处理厂，这6个污泥样品的总SPAs浓度存在差异（3.61～9.76 μg/g），污水处理量、生物处理技术等诸多因素均可影响污泥中SPAs的浓度。此外，6个不同的污水处理厂服务于城市的不同区域，亦可造成SPAs输入的不同。污泥样品中SPAs的单体组成与我国SPAs的生产使用情况非常吻合。BHT在所检出的SPAs单体中浓度最高，与BHT在国内的生产使用量一致。据报道，BHT的生产使用量占SPAs总量的80%以上[117]。皮尔逊相关分析显示BHT的浓度与AO 2246、4-*t*OP和AO 44B25显著相关（$R = 0.357$～0.784，$p<0.01$）；4-*t*OP的浓度与AO 2246（$R = 0.497$，$p<0.01$）及AO 44B25（$R = 0.399$，$p<0.01$）显著相关；AO 246的浓度与DTBSBP（$R = 0.741$，$p<0.01$）及AO 44B25（$R = 0.435$，$p<0.01$）显著相关；AO 2246的浓度与AO 44B25（$R = 0.350$，$p<0.01$）和AO 330（$R = 0.394$，$p<0.01$）显著相关；而DTBSBP的浓度则与AO 44B25（$R = 0.399$，$p<0.01$）显著相关。不同单体间浓度显著的相关性表明分析物之间可能有相似的环境来源或迁移转化行为。

3. 污泥样本中BHT转化产物的发现

在体外及体内代谢实验中，BHT有两条主要的代谢转化途径：苯环的氧化及烷基侧链的氧化。烷基侧链的氧化会生成BHT-CHO等产物，而苯环的氧化则会生成BHT-Q、BHT-quinol等产物。此外，BHT-CHO也是BHT光化学反应的转化产物[154]。

尽管BHT代谢产物的毒性已有诸多研究，其在环境介质中发现的报道却比较缺乏。本研究中，BHT-CHO在98%的污泥样品中有检出，浓度范围为0.67～660 ng/g（GM：141 ng/g，中位数：112 ng/g），占BHT平均浓度的3%。BHT-CHO曾在德国的河水、雨水及地下水中有检出，浓度为几十至几百ng/L不等[127]。另一个BHT的代谢产物BHT-Q在所有的污泥样品中均有检出，其浓度为15.5 ng/g～5.13 μg/g（GM：562 ng/g，中位数：345 ng/g），占BHT平均浓度的14%。污泥样品中BHT-Q的浓度大约为BHT-CHO的4倍，这与文献中报道的两者浓度趋势一致。BHT-Q曾在西班牙污水处理厂的进水中有检出[114]，浓度为771 ng/L，高于同样品中BHT-CHO的浓度。BHT-Q能生成H_2O_2和氧化自由基从而对生物体的DNA造成损伤。在体外实验中，BHT引起DNA链断裂的最低浓度很低，为10^{-6} mol/L[155]。另外，据报道BHT-CHO及BHT-Q在污水处理过程中非常稳定，即使有高浓度的氯气加入也难以降解[156]。此前文献中没有报道的一种BHT的转化产物BHT-quinol，也首次在全部的污泥样品中检出，它的浓度范围为28.9～848 ng/g（GM：225 ng/g，中位数：221 ng/g）。污泥样品中以上3个代谢产物的总浓度与BHT的浓度存在显著的相关性（$R = 0.459$，$p<0.01$）。

使用经济合作与发展组织（OECD）推荐的持久性和长距离传输逸度模型

（overall persistence and long-range transport potential fugacity screening tool，P_{ov}-LRTP），通过计算可以得出 SPAs 类物质在环境中的半衰期为 106～519 d。BHT-CHO、BHT-Q 和 BHT-quinol 在环境中的半衰期分别为 108 d、172 d 和 170 d，与母体化合物 BHT（108 d）相比基本相当或更为稳定。BHT 转化产物在环境中的普遍检出以及强持久性，使得这类物质对生态环境和人体健康的影响不可忽视。

4. 活性污泥处理过程对 SPAs 的去除

我国的污水处理厂多数由一级处理和二级处理组成，而二级处理一般采用活性污泥的处理方法。因此，研究 SPAs 类物质在活性污泥处理系统中的去除行为尤为重要。在采集的北京某污水处理厂的样品中，有 9 种目标物（BHT、BHA、4-*t*OP、AO 246、DTBSBP、AO 2246、BHT-CHO、BHT-Q 和 BHT-quinol）在活性污泥处理系统的进水总悬浮物（total suspended solid，TSS）中检出，浓度为 5.43 ng/g～2.46 μg/g。上述物质在剩余污泥（excess sludge）中的浓度为 6.20 ng/g～4.43 μg/g，高于其在进水悬浮物中的浓度。上述物质在水相中也有检出，浓度为＜MQL～2.42 μg/L。

水相中 SPAs 的去除率（R）用以下公式计算：

$$R = (C_{\text{influent}} - C_{\text{effluent}})/C_{\text{influent}} \times 100\%$$

式中，C_{influent} 和 C_{effluent} 分别为污泥处理系统的进水和出水水相中 SPAs 的浓度。计算结果显示，6 种被检测到的 SPAs 在水相中的去除率为 80%～89%，只有小部分 SPAs 会随着污水处理厂二级出水排放到环境中。BHT-CHO、BHT-Q 及 BHT-quinol 在活性污泥处理系统中的去除率分别为–242%、–365%及–178%，说明 BHT 在该污水处理厂的活性污泥系统中会被部分转化为以上 3 种产物。因此，在讨论污水处理厂的活性污泥系统对 SPAs 类物质的去除效率时应该综合考虑母体化合物的去除和相关转化产物的生成。

5. 小结

在采自全国不同污水处理厂的 56 个污泥样品中，有 11 种 SPAs 类物质和 3 种 BHT 的转化产物有检出，含 SPAs 类物质在全国范围内有较为广泛的使用。这是首次在环境介质中报道 BHT-quinol、AO 246、DTBSBP、AO 2246、AO 22E46、AO 425、AO 44B25、AO 4426 和 AO 330 的检出。其他的目标物包括 BHT、BHT-CHO、BHT-Q 和 BHA 也是首次在我国污泥样品中检出。据报道，BHT 和 BHA 在诱导细胞凋亡方面具有协同毒性作用。因此，在环境介质中同时检出多种 SPAs，以及由此引起的 SPAs 复合暴露所产生的毒性效应值得进一步关注。污水处理厂常规二级活性污泥处理系统（厌氧-缺氧-好氧）对水相中的 SPAs 具有良好的去除效率，但是 BHT 在被去除的同时会伴随有转化产物的生成，使活性污泥处理系统出水中 BHT 转化产物的浓度高于入水样本。进一步的实验需要识别 SPAs 的释放和人体暴露途径，以及确认环境中是否存在其他的 SPAs 单体。此外，由于毒性较强的 BHT 转化产物在本实验中也被广泛检出，后续的实验需研究其他 SPAs 单体在污水处理过程中的转化及其产物对生态环境的影响。

6.3.3.2 室内灰尘中 SPAs 的浓度和单体分布

SPAs 以非化学键合的形式添加于聚合材料中，易通过挥发或材料的磨损等形式渗透进入环境介质[136,157]。已有研究证实包装材料向食品中的渗透转移过程[157]。SPAs 在室外环境中赋存已有部分研究报道。BHT 广泛存在于空气、水体、土壤和污泥中[127,129,158]。笔者课题组前期的工作亦证明 11 种 SPAs 物质和 3 种 BHT 的转化产物在我国污泥样品中广泛检出[153]。尽管室内灰尘的摄入是人体暴露于多种有机污染物质的重要途径，目前关于 SPAs 室内污染的报道却非常匮乏，仅指出 BHT 及 4-*t*OP 存在于室内灰尘中，其他 SPAs 物质在室内灰尘中的污染现状尚未报道。本研究的目的是：①探索 SPAs 及相关转化产物在我国室内灰尘中的浓度以及单体组成；②计算通过室内灰尘摄入所造成的 SPAs 类物质的人体暴露量及其潜在风险。

1. 研究区域及室内灰尘样品采集

室内灰尘样品（75 个）采集于山东省济南市城区和周围农村的不同家庭，采集时间为 2014 年 5 月。所有灰尘样品均采集于橱柜顶、风扇、窗台等远离地板的区域。使用羊毛毛刷将样品收集到铝箔纸上，保存于密封袋内。将样品带回实验室后，使用镊子去除头发等异物，经过 100 目的不锈钢筛网。为避免交叉污染，所有的镊子、毛刷、筛网在每次使用后均用超纯水和甲醇洗净。分析测定之前，灰尘样品保存在–20 ℃冰箱中。

2. 室内灰尘中 SPAs 的浓度和单体分布

实验结果显示有 7 种 SPAs 单体，包括 BHT、BHA、4-*t*OP、AO 246、DBP、DTBSBP 和 AO 44B25，在室内灰尘中检出，浓度范围为＜MQL～18.4 μg/g。这 7 种 SPAs 的总浓度范围是 668 ng/g～20.3 μg/g，几何平均值为 2.76 μg/g。BHT 浓度占∑SPAs 的平均值为 72%，而 AO 246、DBP、4-*t*OP、BHA 及 AO 44B25 的浓度在∑SPAs 中的占比分别为 16%、6%、3%、2%及 0.1%。

与污泥样品中 SPAs 的单体组成类似，室内灰尘样品中所有的单苯环类 SPAs 单体（BHT、AO 246、DBP、DTBSBP、4-*t*OP、BHA）均有较高的检出率（67%～100%）。BHT 在所有的灰尘样品中均有检出，浓度范围为 163 ng/g～18.4 μg/g（GM：1.70 μg/g，中位数：1.59 μg/g）。本研究中 BHT 的浓度远低于文献报道的瑞典室内灰尘中 BHT 的浓度（GM：70.0 μg/g）[128]。高浓度的 BHT（0.23～1.30 μg/g）也曾在美国及英国人体脂肪中有检出[147]，然而尚未有灰尘摄入对人体内 BHT 浓度贡献的报道。AO 246 亦在所有的灰尘样品中均有检出，浓度范围是 10.3 ng/g～2.82 μg/g（GM：323 ng/g，中位数：413 ng/g）。AO 246 的同分异构体 DTBSBP 在 83%的灰尘样品中有检出，浓度为＜MQL～238 ng/g（GM：27.3 ng/g，中位数：46.3 ng/g）。AO 246 和 DTBSBP 两者浓度之间存在显著的正相关关系（$R = 0.689$，$p<0.01$）。AO 246 及 DTBSBP 在室内灰尘中的高比例检出值得进一步关注，据报道 AO 246 在鱼体内的生物富集因子高达 4320～23 200[148]。DBP（2,4-di-*tert*- butylphenol）是生产抗氧剂和紫外线稳定剂的重要中间体，日本的蔬菜、肉类和鱼类等食物中的检出浓度达 34.2 ng/g[159]。毒理学研究表明，DBP 能在氧气的作用下生成醌类或二聚物，影响细胞内和细胞外的生物活性物质，从而对细胞造成毒性效应。在本研究中，DBP 可以在 76%的灰尘样品中检出，浓度为＜MQL～1.13 μg/g（GM：32.0 ng/g，中位数：67.6 ng/g）。4-*t*OP 能与 17*β*-雌二醇产生竞争作用，从而促进雌激素依赖细胞的增殖[118]。4-*t*OP 在我国灰尘和污泥样品中的平均浓度分别为 80.0 ng/g 和 317 ng/g[153,160]。本实验中 4-*t*OP 的浓度（GM：14.0 ng/g，中位数：20.0 ng/g）略低于先前的报道。BHA 的检出率也非常高，达到 92%，其在灰尘中的浓度为＜MQL～887 ng/g（GM：20.1 ng/g，中位数：20.0 ng/g）。已有的研究证明，BHA 能引起细胞核的皱缩和破裂，破坏线粒体结构[161]。

对于多苯环 SPAs 物质，本研究中仅有 AO 44B25 在 9 个灰尘样品中有检出，浓度为＜MQL～51.6 ng/g（GM：1.30 ng/g，中位数：1.06 ng/g）。多苯环类 SPAs 的低检出率和检出浓度表明这类物质在室内材料中的使用有限或从材料迁移到周围环境中的能力较低。目前，关于室内环境中 SPAs 污染水平的报道十分缺乏，无法将本实验与先前的报道作直接比较，仅将本研究中 SPAs 的浓度与其他有类似结构的酚类污染物质作比较。结果显示，我国室内灰尘中 SPAs 的总浓度（GM：2.76 μg/g）要远高于双酚 A 类的总浓度（GM：830 ng/g）和对羟基苯甲酸酯类的总浓度（GM：418 ng/g）[24,162]，因此，SPAs 类物质在我国室内灰尘中的高检出浓度及其潜在的健康效应值得进一步关注。

3. 室内灰尘中 BHT 转化产物的发现

前期的实验中，BHT 的转化产物在我国的污泥样品中广泛检出。与 BHT 所引起的人体健康风险有争议不同，BHT 的部分转化产物被证实具有明显的毒性效应。例如，BHT-Q 在 10^{-6} mol/L 的低浓度下即能生成 H_2O_2 和氧化自由基造成细胞 DNA 损伤[163]。在本研究中，BHT-CHO 在 99%的室内灰尘样品中有检出，浓度范围是＜MQL～1.04 μg/g（GM：35 ng/g，中位数：43.6 ng/g）；BHT-Q 在所有样品中均有检出，浓度为 5.97 ng/g～1.98 μg/g（GM：181 ng/g，中位数：215 ng/g）；BHT-quinol 在 97%的样品中有检出，浓度为＜MQL～1.87 μg/g（GM：109 ng/g，中位数：177 ng/g）。3 种转化产物总浓度的几何平均值为 377 ng/g，占 BHT 浓度的 22%。这与先前的实验结果类似，3 种转化产物在污泥中的总浓度占 BHT 浓度的比例超过 20%。这是首次在我国的室内环境中报道 BHT 转化产物的发现。

4. 室内灰尘中 SPAs 污染水平及单体分布的影响因素

室内灰尘样品中得到的 SPAs 的单体浓度组成与其生产使用量密切相关。在灰尘样品中高比率检出的 SPAs 单体（BHT、AO 246、DBP、DTBSBP 和 4-*t*OP）均被列入 OECD 的高生产量物质名单。与污泥样品的浓度组成类似，BHT 浓度在所检出的 SPAs 总浓度中占主导，这也与其在我国的生产使用量相吻合，据报道 BHT 在我国 SPAs 的市场份额中占 80%以上。

在本研究中，75 个室内灰尘样品分为两类，其中 55 个为城市室内灰尘，另外 20 个为农村室内灰尘。研究发现，城市室内灰尘的 SPAs 总浓度（GM：3.12 μg/g）显著高于（$p<0.05$）农村室内灰尘（GM：1.97 μg/g）。SPAs 主要用于橡胶、塑料等聚合材料和药品、个人护理品等日常用品中。城市室内灰尘样品中 SPAs 的浓度比农村高，可能是因为城市室内环境中有更多的家具和电视、冰箱、洗衣机等家用电器，并且城区人口可能消费更多的个人护理品。类似的研究结果也表现在苯并三唑、二苯甲酮等有机污染物上，据报道，城市室内灰尘中的浓度均高于农村样品[162]。如图 6-12 所示，SPAs 的单体浓度组成在不同的室内环境中有所差别。BHT 在城市室内灰尘的 SPAs 总浓度中占主导，平均占比为 78%，这个结果与我国污泥样品中 SPAs 的单体浓度组成类似。但是农村室内灰尘中 SPAs 的单体浓度组成与城区有较大差异。农村室内灰尘中 AO 246 和 BHT 的浓度水平相当，其占 SPAs 总浓度的比例分别为 45%和 44%。不同的室内环境可能有不同的 SPAs 应用类型和污染来源。无论城市还是农村的室内灰尘样品，3 种 BHT 转化产物的浓度大小均为以下顺序：BHT-Q＞BHT-quinol＞BHT-CHO，这也与其在我国污泥样品中的表现一致，不同的环境中 BHT 可能存在类似的转化途径。灰尘样品中 BHT 转化产物的总浓度与 BHT 的浓度存在显著相关性（$p<0.01$）。城市和农村室内灰尘样品中 3 种 BHT 转化产物的总浓度的几何平均值分别为 555 ng/g 和 131 ng/g，城市室内灰尘样品中转化产物总浓度显著高于农村样品（$p<0.05$）。

5. 灰尘摄入引发的 SPAs 及转化产物的暴露风险

灰尘摄入是人体暴露于污染物质的重要途径。灰尘摄入对人体造成健康危害的原因有多种，如过氧化物的产生。灰尘样品中的醌类物质是肺模拟液中引发过氧化物生成的重要物质[165]。基于本研究中 BHT 醌类代谢产物（BHT-Q）在灰尘样品中的广泛检出，估算由灰尘摄入所造成的 SPAs 及相关转化产物的人体暴露量。日估计摄入量（estimated daily intake，EDI）的计算基于如下公式：

$$\mathrm{EDI} = C \times m/\mathrm{BW}$$

式中，m 为室内灰尘摄入速率（g/d），BW 为体重（kg），C 为灰尘样品中污染物质的浓度。根据文献报道，我国成人及儿童的体重分别采用 62.9 kg 和 28.2 kg。成人及儿童的灰尘摄入速率采用美国环境保护署的推荐值，分别为 0.03 g/d 和 0.06 g/d。由

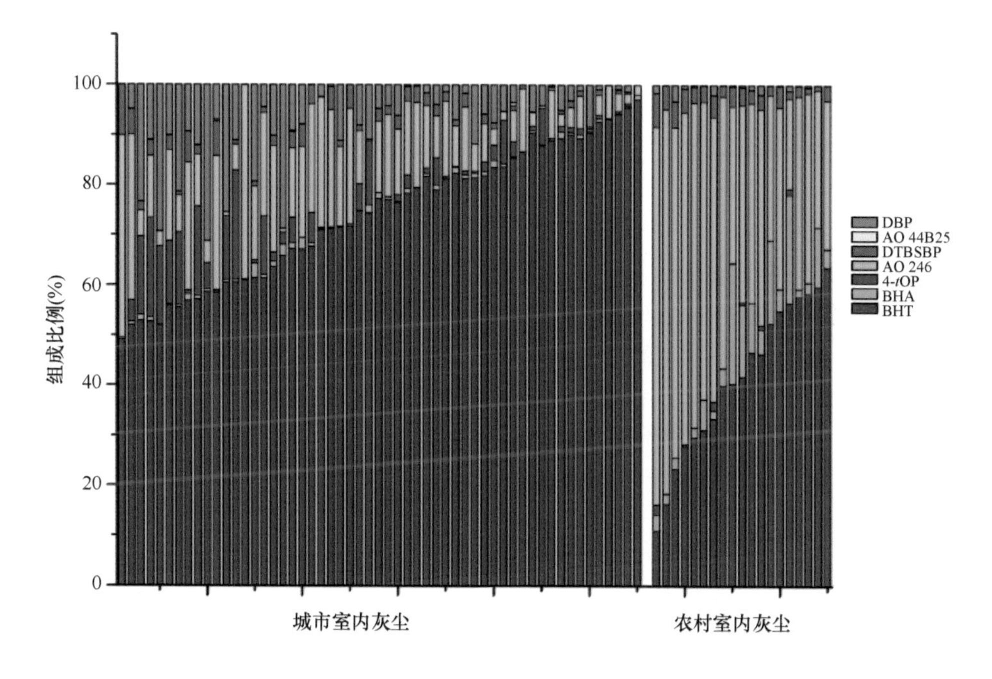

图 6-12　灰尘样品中 SPAs 的单体组成分布示意图[164]

于多苯环类 SPAs 在本实验中基本未有检出，因此仅计算单苯环类 SPAs 物质的人体暴露量。人体暴露量的平均值及高位值的计算分别基于灰尘样品中目标物浓度的几何平均值和 95%位数值。

计算结果显示，城市儿童及成年人通过灰尘摄入造成的∑SPAs 暴露量的平均值分别为 6.64 ng/(kg BW·d)和 1.49 ng/(kg BW·d)。人体由灰尘摄入造成的∑SPAs 暴露量明显高于双酚类和对羟基苯甲酸酯类物质的暴露量。通过灰尘摄入造成的城市儿童及成年人∑SPAs 暴露量的高位值分别为 9.83 ng/(kg BW·d)和 2.20 ng/(kg BW·d)。农村室内灰尘中∑SPAs 的浓度较低，因此人体暴露水平也相对偏低。国内尚无 SPAs 暴露量的报道，文献研究了韩国人群通过食物摄入所造成的 BHT 和 BHA 的暴露水平[166]。通过对食物摄入量的估算和食物中 BHT 和 BHA 含量的测定，BHT 通过食物摄入所造成的人体暴露量为 15.6 ng/(kg BW·d)，而 BHA 未在食物中检出。本实验中城市儿童和成人通过灰尘摄入所造成的 BHT 暴露量分别为 4.83 ng/(kg BW·d)和 1.08 ng/(kg BW·d)，低于韩国人群通过食物摄入的暴露水平。目前，多数 SPAs 物质的日允许摄入量（acceptable daily intake，ADI）尚无限定标准，OECD 推荐的 BHT 的日允许摄入量为 0.3 mg/(kg BW·d)。基于目前对 SPAs 毒性的理解，我国人群通过灰尘摄入而造成的 SPAs 的人体暴露不会引起明显的健康损害。

6. 后续研究及展望

目前关于合成酚类抗氧剂的环境污染、代谢转化及毒性效应的研究依然十分匮乏，亟需相关数据以全面评估该类化合物的环境安全性。与苯并三唑类紫外线稳定剂一样，笔者课题组在污泥中首次鉴定出的合成酚类抗氧剂在所有已知的35类有机污染物中处于高环境残留浓度[107]，其在我国污泥样品中的浓度高于对羟基苯甲酸酯化合物（parabens）、双酚类化合物（bisphenols）、紫外线稳定剂等芳香族有机污染物。因此，合成酚类抗氧剂的高浓度赋存值得进一步关注。针对亚洲、欧洲及北美洲的12个国家的室内灰尘样品的测定结果显示合成酚类抗氧剂在各个国家的室内灰尘中均有检出[136]。目前，对于这类物质在环境及生物体内的转化研究仅局限于BHT，后续工作亦需关注AO 246、DTBSBP等其他单体的代谢转化途径及转化产物对生态环境及人体健康的影响。

6.4 芳香族光引发剂

6.4.1 芳香族光引发剂的简介

光引发剂（photoinitiators，PIs）是指在光照作用下能产生活性物质从而引发聚合反应的一类物质，它是光固化材料的关键组成成分。根据吸收光波长的不同，PIs可以分为紫外光引发剂（250～420 nm）和可见光引发剂（420～700 nm）；根据吸光过程中产生活性基团的不同，PIs又可以分为阳离子光引发剂和自由基光引发剂；根据自由基光引发剂生成自由基原理的不同，又可以将其分为裂解型光引发剂（Ⅰ光引发剂）和夺氢型光引发剂（Ⅱ光引发剂）[167]。我国的PIs生产始于20世纪70年代，目前已经成为世界上最大的PIs生产国。据报道，2008年我国光引发剂的产量超过20 000 t。目前，市场上最为常用的PIs均为芳香族化合物，并且多为二苯甲酮类衍生物。根据光引发剂分子结构的不同，光引发剂可以归纳为苯酮类（benzophenones，BZPs）、硫杂蒽酮类（thioxanthones，TXs）和胺类共引发剂（amine co-initiators，ACIs）[168,169]。以上3类光引发剂的结构、名称等相关信息如图6-13及表6-6所示。这类物质大量应用于工业和日常生活中，主要添加在光敏材料中，如光敏墨水、光敏涂层、光敏胶黏剂、光固化油墨等[170]。紫外光固化油墨具有无有毒溶剂残留、附着力强和固化效果好等优良特性，广泛应用于食品包装材料。近年来，紫外光固化油墨有逐渐取代有毒溶剂型油墨的趋势。

随着光引发剂的广泛使用，其对生物体及人体的潜在健康危害也逐渐受到关注[171]。2005年，科学家首次发现光引发剂会对食品造成污染：欧盟市场上的婴幼儿乳品中发现2-ITX，浓度高达120～300 μg/L，导致3000万L乳制品从市场上召回。BP和

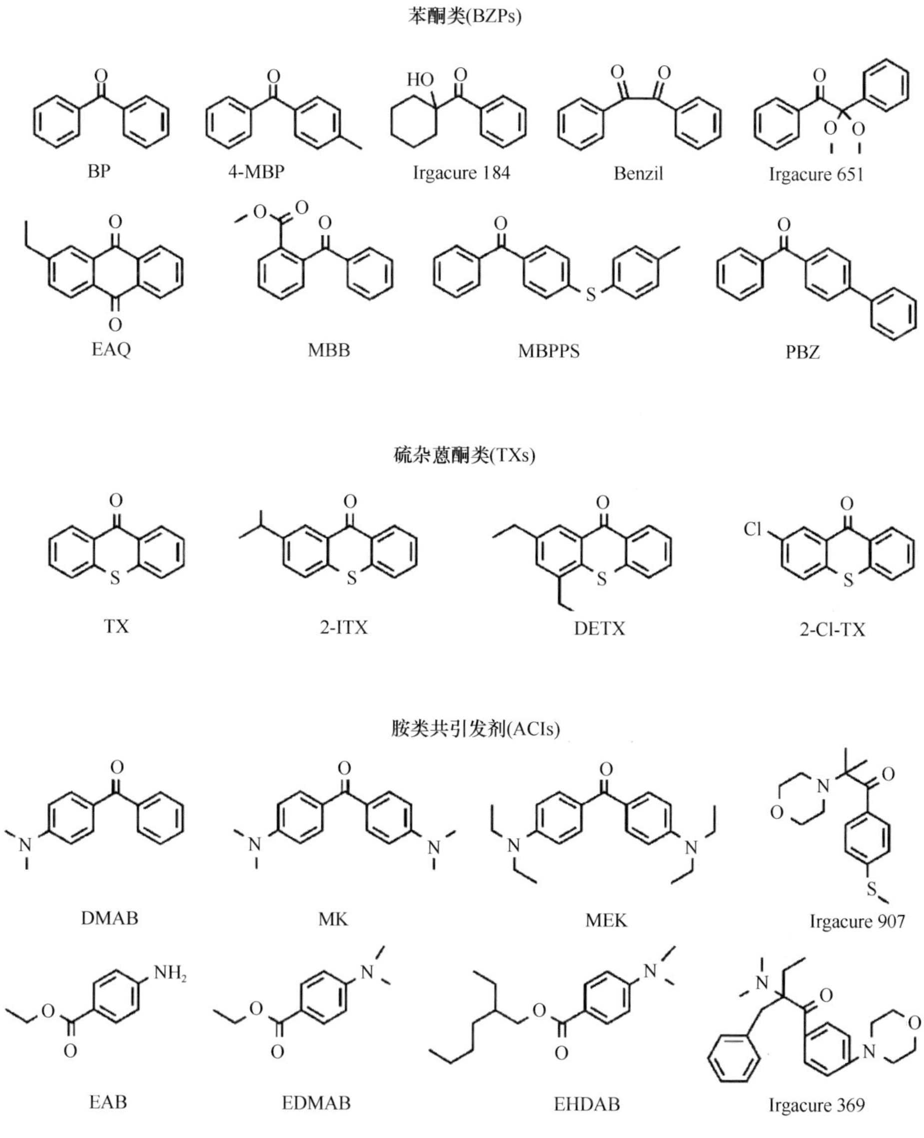

苯酮类(BZPs)

BP 4-MBP Irgacure 184 Benzil Irgacure 651

EAQ MBB MBPPS PBZ

硫杂蒽酮类(TXs)

TX 2-ITX DETX 2-Cl-TX

胺类共引发剂(ACIs)

DMAB MK MEK Irgacure 907

EAB EDMAB EHDAB Irgacure 369

图 6-13 光引发剂的分子结构示意图[179]

EHDAB 等光引发剂在乳制品、果汁中亦有检出[172]。后续的研究显示，包装材料使用的打印油墨是食品中光引发剂的污染来源。基于酵母菌的雌激素和雄激素测试结果显示，2-ITX 具有抗雄激素和抗雌激素的效应[173]。2-ITX 能与细胞的磷脂双分子层产生强烈的相互作用，影响生物膜的流动性/刚性[174]。体外实验结果显示，EHDAB 具有雄激素和雌激素活性[175]。BP 在大鼠和小鼠体内具有致癌活性[176]，MK 也是潜在的致癌物[177]。基于对光引发剂毒性的认识，瑞士等国家已经对包装

表 6-6　光引发剂的中英文名称、简写和化学文摘登记号

中文名称	英文名称	简写	CAS 号
苯甲酮	benzophenone	BP	119-61-9
联苯甲酰	1,2-diphenyl-1,2-ethanedione	Benzil	134-81-6
1-羟基环己基苯甲酮	1-hydroxycyclohexyl phenyl ketone	Irgacure 184	947-19-3
4-甲基二苯甲酮	4-methylbenzophenone	4-MBP	134-84-9
2-乙基蒽醌	2-ethylanthraquinone	EAQ	84-51-5
4-苯基二苯甲酮	4-phenylbenzophenone	PBZ	2128-93-0
安息香双甲醚	2,2-dimethoxy-2-phenylacetophenone	Irgacure 651	24650-42-8
4-苯甲酰基-4′-甲基-二苯硫醚	4-methyl-4′-benzoyldiphenyl sulfide	MBPPS	83846-85-9
邻苯甲酰苯甲酸甲酯	methyl-2-(benzoyl)benzoate	MBB	606-28-0
4,4′-二(*N*,*N*-二甲氨基)二苯甲酮	4,4′-bis(dimethylamino)benzophenone （Michler’s ketone）	MK	90-94-8
四乙基米氏酮	4,4′-bis(diethylamino)benzophenone （Michle’s ethylketone）	MEK	90-93-7
4-二甲氨基苯甲酸乙酯	ethyl-4-dimethylaminobenzoate	EDMAB	10287-53-3
对二甲氨基苯甲酸异辛酯	2-ethylhexyl-4-(dimethylamino)benzoate	EHDAB	21245-02-3
2-苄基-2-二甲基氨基-1-(4-吗啉苯基)丁酮	2-benzyl-2-(dimethylamino)-4′-morpholinobutyrophenone	Irgacure 369	119313-12-1
2-甲基-4′-(甲硫基)-2-吗啉苯甲酮	2-methyl-4′-(methylthio)-2-morpholinopropiophenone	Irgacure 907	71868-10-5
对二甲氨基二苯甲酮	4-(dimethylamino)benzophenone	DMAB	530-44-9
苯唑卡因	ethyl-4-aminobenzoate	EAB	94-09-7
9-噻吨酮	thioxanthone	TX	492-22-8
2-异丙基硫杂蒽酮	2-isopropylthioxanthone	2-ITX	5495-84-1
2,4-二乙基噻唑酮	2,4-diethylthioxanthone	DETX	82799-44-8
2-氯噻吨酮	2-chlorothioxanthone	2-Cl-TX	86-39-5

食品中的光引发剂残留浓度有严格规定[178]。例如，将 2-ITX 向食品中的迁移阈值设定为 0.05 mg/kg。此外，欧盟油印协会和日本油印墨水生产商联合会已经自愿停止在食品包装材料中使用 MK 和 MEK 这两种光引发剂单体。目前，对于光引发剂污染的关注主要集中于食品安全领域。英国学者通过对 350 份包装食品的测定，研究了食品中光引发剂的污染现状。结果显示 8 种 PIs 单体（BP、PBZ、MBB、MBPPS、Irgacure 184、Irgacure 651、EDMAB 及 EHDAB）在食品（果汁、奶酪、饼干、鱼排、肉类等）中检出[180]。环境介质中光引发剂的污染状况仍缺乏研究，仅有的报道多聚焦于 BP 等少数单体。已有的研究显示，BP 在土壤、底泥和自然水体中均有发现，浓度处于 ppt 至 ppb 范围[181,182]。此外，EHDAB 在水体、底泥和污泥样品中亦有检出[183-185]。关于其他光引发剂单体环境污染的相关数据尚属空白。

6.4.2　芳香族光引发剂的分析方法

1. 仪器测定

气相色谱-质谱（GC-MS）是测定芳香族化合物的常用技术手段。文献报道的 GC-MS 方法可同时测定食品介质中的 20 种 PIs 分析物[180]，利用 Phenomenex ZB-5 MS（30 m × 0.25 mm，0.25 μm）色谱柱可在 27 min 内完成样品测定，该方法的定量限（LOQ）为 1.5～20 ng/g。HP-5（30 m × 0.32 mm，0.25 μm）气相色谱柱亦可用于不同 PIs 单体的分离[186]。此外，利用 GC-MS/MS 技术测定食物中的 BP 及 4-MBP 两种光引发剂，定量限分别为 6 ng/g 及 8 ng/g。气相色谱-质谱和液相色谱-三重四极杆质谱（LC-MS/MS）对 PIs 分析物的灵敏度有所不同[178]。例如，GC-MS 对 2-ITX 及 EHDAB 的定量限分别为 0.5 ng/mL 及 1 ng/mL；而 LC-MS/MS 对以上两种物质具有更高的灵敏度，定量限分别为 0.1 ng/mL 及 0.02 ng/mL。由于抗干扰能力强、灵敏度高，LC-MS/MS 成为 PIs 痕量分析的主要方法。液相色谱分离主要使用反相色谱 C_{18}[172]，五氟苯基丙基（pentafluorophenylpropyl，PFPP）填料的 Discovery HS F5（150 mm × 2.1 mm，3 μm）色谱柱亦实现 11 种 PIs 单体的分离[168]。LC-MS/MS 测定 PIs 时最常使用的电离源为正离子模式电喷雾电离（ESI）。为提高 PIs 物质在正离子模式下的仪器响应值，一般需在流动相中加入 0.1%的甲酸。除三重四极杆质谱外，亦有报道使用离子阱质谱（ion trap mass spectrometry）作为检测器用于 PIs 测定[171]，但灵敏度性能较三重四极杆质谱质谱差。

为同时测定 BZPs、TXs 及 ACIs 三类不同的光引发剂，笔者课题组开发了超高效液相色谱-串联质谱的测定方法。超高效液相色谱的仪器型号为 Ultimate 3000（Thermo Fisher Scientific Inc.，Waltham，MA），使用的质谱为 API 5500 的三重四极杆质谱（AB SCIEX Inc.，Framingham，MA）。液相分离使用的色谱柱为 ACQUITY

BEH C_{18}柱（2.1 mm× 100 mm，1.7 μm，Waters）。柱温箱温度为 40 ℃，流动相为甲醇和水（均含 0.1%甲酸），流动相的流速设置为 0.4 mL/min。流动相的起始比例为 40∶60（甲醇∶水，V∶V），保持 3 min，之后在 7 min 内甲醇的比例线性增加到 100%，再保持 5 min。目标物的质谱测定采用 ESI 正离子源模式，毛细管电压（capillary voltage）为 5500 V，离子源温度为 450 ℃。目标物的质谱测定采用多反应监测（MRM）模式。方法定量限（MQL）被定义为样品 10 倍信噪比的峰所对应的目标物的浓度值。该方法对污泥、室内灰尘、光敏树脂和食品包装材料的定量限分别为 0.08～3.0 ng/g、0.07～2.8 ng/g、0.1～1.8 ng/g 和 0.1～2.0 ng/g。

除上述质谱测定方法外，液相色谱结合二极管阵列检测器（diode array detector，DAD）及紫外检测器（ultraviolet detector，UVD）亦可用于 PIs 的测定[187,188]，但以上检测器对 PIs 的灵敏度较差，定量限一般为几十 ppb 至几 ppm。

2. 样品前处理

已有的样品前处理方法主要针对食品基质。对于红酒、果汁、牛奶等食品的前处理方法主要基于固相萃取（SPE）方法，选用的固相萃取柱主要为 HLB 及 DSC-Si，方法的加标回收率为 42%～105%[172]。近年来兴起的 QuEChERS（quick，easy，cheap，effective，rugged and safe）方法亦可用于食品基质的前处理。与 SPE 方法相比，QuEChERS 的过程更加简便[168]。该方法使用乙腈萃取样品中的 PIs，以氯化钠（NaCl）、硫酸镁（$MgSO_4$）及丙胺键合硅胶（propylamine bonded silica，PSA）为吸附材料去除杂质，对 11 种 PIs 单体的回收率为 88%～97%，相对标准偏差小于 10%。固相微萃取（SPME）结合 GC-MS 测定技术亦可用于食品中 PIs 的测定，PDMS-DVB 固相微萃取纤维对牛奶中 10 种 PIs 单体的萃取回收率为 72%～134%，相对标准偏差小于 15%[189]。

针对环境介质中 PIs 的前处理方法则较为缺乏。笔者课题组建立了室内灰尘、污泥、光敏树脂及食品包装材料中 21 种 PIs 单体的前处理方法，具体流程如下。取 0.5 g 样品与 5 g 无水硫酸钠混匀，并在萃取池底部加入 10 g 中性氧化铝作为吸附材料以去除样品萃取液中的杂质。萃取之前分别向污泥（50 ng）、室内灰尘（50 ng）和光敏树脂样品（100 ng）中加入不同量的同位素内标 ^{13}C-BP 和 d7-2-ITX。使用 ASE 350 加速溶剂萃取仪（Dionex Inc.，Sunnyvale，CA）对样品进行萃取，二氯甲烷作为萃取溶剂，采用 3 个萃取循环，每个萃取循环的静态萃取时间为 10 min。萃取之后，样品萃取液被旋转蒸发至 2 mL，并过 Biobeads S-X3 凝胶渗透色谱柱（400 mm × 30 mm，Bio-Rad Laboratories，Hercules，CA）。使用二氯甲烷∶正己烷 = 1∶1（V∶V）对凝胶渗透色谱柱上的样品进行洗脱，弃掉前 100 mL 的洗脱液，接收后 100 mL 的洗脱液。将此 100 mL 的洗脱液进行旋转蒸发和氮吹，并转溶于 1 mL 甲醇，进行 LC-MS/MS 仪器测定。为考察所开发加速溶剂萃取的方法对污泥、室内灰尘和光敏树脂样品中 PIs 的萃取效率，随机选择了 10 个污泥样品、5 个灰尘样品和 5 个光敏树脂样品，在前 3 次萃取之后进行了第 4 次萃取。结果显示，只有小于 3%的目标物残存于第 4 次萃取液中，加速溶剂法对样品中的 PIs 具有很高的萃取效率。加标污泥（100 ng/g）、室内灰尘（100 ng/g）及光敏树脂（200 ng/g）中 PIs 的回收率分别为 55%～105%（平均：81%）、50%～101%（平均：78%）及 42%～105%（平均：71%）。3 次测定的平行加标样品的相对标准偏差小于 17%。食品包装材料的萃取使用 QuEChERS 方法。取 1 g 样品加入 15 mL 离心管中，加 100 ng 同位素内标，再分别加入 0.3 g 的 PSA、$MgSO_4$ 和 C_{18}。向离心管中加入 10 mL 乙腈，超声萃取 30 min，再振荡 30 min。将样品离心后，取 5 mL 上清液，氮吹至干后转溶于 1 mL 甲醇。样品进行仪器测定之前要用 0.22 μm 的尼龙膜进行过滤。QuEChERS 方法对食品包装材料中 PIs 的加标回收率为 75%～105%（平均：92%），3 次测定的平行样品的相对标准偏差小于 18%。

6.4.3　芳香族光引发剂的环境赋存和行为

污水处理厂能收纳生活区及工业区的污水，同时排放污泥和出水，被认为是多种有机污染物重要的源和汇[146]。中国是目前世界上主要的光引发剂生产地之一，光引发剂生产、使用和释放同样可能会造成环境污染。另外，考虑到含有光引发剂的材料在室内环境大量使用，研究光引发剂在室内环境中的污染有助于评价光引发剂室内人群暴露的健康风险。本研究采集了食品包装材料、光敏树脂 3D 打印产品、室内灰尘和活性污泥样品，以期初步了解 BZPs、TXs 和 ACIs 这三类光引发剂在我国的污染现状及分布规律。

1. 样品采集

本研究中所使用的污泥样品与 6.1.3.2 节相同。60 个污泥样品采自全国 20 个省份 33 个城市的不同污水处理厂，在污泥脱水阶段，收集大约 500 g 的消化污泥，将其用铝箔纸包裹，放于密封袋内。所有污泥样品均需冷冻干燥并过 100 目筛。30 个室内灰尘采集于北京市不同的家庭，采集时间为 2015 年 5 月。采样工具为毛刷，灰尘样品为采集于室内家具、窗台、吊灯等处的混合样品，采集到的样品同样用铝箔纸包裹，并放于密封袋内。在进行样品测定之前，所有灰尘样品要经过 100 目筛以去除杂物。为避免不同样品间的交叉污染，每次使用之后，所有的毛刷、筛子等工具均用甲醇和超纯水进行淋洗并晾干。30 个纸质的食品包装材料随机采集于北京的超市，30 个光敏树脂材质的 3D 打印产品购买于北京地区不同的 3D 打印产品零售店。所有样品均用铝箔纸包裹后存放于密封袋内，以防止样品间的交叉污染。样品进行测定之前，需将食品包装材料样品剪成碎片（0.5 cm × 0.5 cm），将光敏树脂样品磨碎至 100 目。本研究中，样品 PIs 的浓度使用几何平均（GM）

浓度和浓度范围等参数来表述。

2. 食品包装材料、光敏树脂和室内灰尘中 PIs 的发现

理论上商品中的 PIs 会在光吸收过程中被消耗尽[190]。然而，本研究表明 PIs 广泛存在于所采集的多种商品样本中，在食品包装材料和光敏树脂 3D 打印产品中，∑PIs 的浓度范围分别为 69.5～6.93×10^3 ng/g（GM：319 ng/g）和 655～2.51×10^4 ng/g（GM：3.84×10^3 ng/g）。含有 PIs 的商品在室内环境中被广泛使用，导致室内灰尘中∑PIs 的几何平均浓度高达 610 ng/g。

光敏墨水和颜料广泛应用于食品包装材料中，其中 PIs 的作用是引发聚合反应使得颜色能固定到包装材料[191]。本实验发现，除 2-Cl-TX 外，PIs 的其他单体均能在食品包装材料中检出。∑BZPs 的浓度范围是 50.5～982 ng/g （GM：203 ng/g），而∑TXs 和∑ACIs 的浓度较低，几何平均值分别为 26.7 ng/g 和 10.5 ng/g。BZPs 的浓度占∑PIs 的 74%，而 TXs 和 ACIs 分别只占 18%和 8%。这与已知的西班牙和比利时食品和包装材料中光引发剂的单体组成基本吻合，即 BZPs 的浓度高于 TXs 和 ACIs[168,170]。在本实验中，BZPs 和 TXs 的总浓度分别由一种单体物质占主导。BP 占 BZPs 总浓度的 61%，而 2-ITX 占 TXs 总浓度的 56%。然而，ACIs 这类物质却不存在明显的主导化合物单体。其中，Irgacure 907、MK 和 EMDAB 分别占 ACIs 总浓度的 26%、16%和 14%。在 BZPs、TXs 和 ACIs 三类物质中，浓度最高的单体分别是 BP、2-ITX 和 Irgacure 907，其浓度的几何平均值分别为 117 ng/g、10.7 ng/g 和 1.80 ng/g，分别占 PIs 总浓度的 47%、10%和 3%。PIs 在食品包装材料中的广泛检出应该引起关注，应避免从食品包装材料向食品的迁移和污染[180]。值得注意的是，MK 和 MEK 这两种物质在美国和欧盟已经不再应用于食品包装材料，而在本实验中，40%的样品检出了 MK 和 MEK。MK 和 MEK 的浓度非常低，几何平均值分别为 0.72 ng/g 和 0.55 ng/g，这也说明上述物质在我国食品包装材料中的使用量有限。

光敏树脂是 3D 打印技术最常使用的原材料之一，而 PIs 则是光敏树脂不可缺少的成分[192]。本研究中，有 9 种 PIs 的单体（BP、Benzil、Irgacure 184、Irgacure 651、4-MBP、PBZ、MBB、Irgacure 369 和 Irgacure 907）在光敏树脂 3D 打印产品中有检出，最高浓度可以达到 3.84×10^3 ng/g，远高于食品包装材料中 PIs 的浓度。在 9 种检出的单体中，有 7 种单体属于 BZPs。∑BZPs 的浓度范围是 655～2.51×10^4 ng/g（GM：3.82×10^3 ng/g），BZPs 的浓度占∑PIs 的 99%。与食品包装材料中 BZPs 的单体组成比例不同，光敏树脂中浓度最高的单体是 Benzil，占∑BZPs 浓度的 48%，其他浓度较高的单体依次为 BP 和 Irgacure 184，分别占∑BZPs 浓度的 29%和 20%。对于 ACIs，只有两种单体有检出，即 Irgacure 369 和 Irgacure 907，检出率分别仅为 33%和 10%，∑ACIs 的浓度也较低，几何平均值为 2.47 ng/g。TXs 在 30 个光敏树脂样品中均无检出。以上三类 PIs 的检出情况说明光敏树脂 3D 打印产品可能是 BZPs 重要的污染来源，其对 ACIs 和 TXs 的释放可以忽略不计。鉴于 BZPs 在光敏树脂 3D 打印产品中的高浓度和高比率的检出以及其向周围环境的迁移能力[193]，将这类材料应用于室内装饰及人体健康护理时应该考虑直接接触 BZPs 所带来的潜在健康风险。另外，3D 打印过程中挥发性有机污染物以及细颗粒的释放所带来的健康损害也值得关注[194]。

室内环境中所使用的多种产品均含有大量的工业添加剂如阻燃剂等，导致上述物质在室内灰尘中广泛检出[195]。有证据表明室内灰尘的摄入是人体暴露有机污染物的重要途径，关于室内环境中 PIs 污染的报道却十分缺乏。考虑到 PIs 可能的健康危害，相关技术已用于阻止包装材料中的 PIs 向食品中转移，例如使用铝膜作为食品包装材料的内层。然而，这些技术并不能完全阻隔人体暴露于 PIs 的途径，除去食品摄入之外，PIs 还存在其他的人体暴露方式。理论上讲，PIs 具有较小的分子量，不能完全键合到聚合材料上，因此可通过磨损及挥发等方式释放到室内环境中。本实验证明，PIs 在室内灰尘中广泛存在。除 Irgacure 369 及 2-Cl-TX 外，其他的目标物在室内灰尘样品中均有检出。与食品包装材料和光敏树脂样品类似，BZPs（GM：558 ng/g）是最主要的一类污染物，占∑PIs 浓度的 92%。而 ACIs（GM：24.0 ng/g）和 TXs（GM：8.32 ng/g）的浓度相对较低，分别只占到∑PIs 浓度的 6%和 2%。在不同的三类 PIs 中，室内灰尘和商品样品有不同的单体浓度趋势。例如，室内灰尘中 Benzil 是 BZPs 最主要的单体，占其总浓度的 54%。但是，食品包装材料中 Benzil 仅占∑BZPs 的 1%，而 BP 则占到 61%。EAB 在光敏树脂样品中没有检出，在食品包装材料中也仅占∑ACIs 的 13%，但是却占到室内灰尘中∑ACIs 的 60%。另外，如图 6-14 所示，在室内灰尘中 ACIs 的浓度高于 TXs，但是在商品样品中结果却正好相反。以上不同的浓度趋势说明在室内环境中除食品包装材料和光敏树脂产品外，还可能存在其他的 PIs 的释放源。同时，不同 PIs 单体从材料向周围环境的释放能力不同，这也会影响室内灰尘中 PIs 的单体组成。BZPs 化合物如 BP、4-MBP 和 Irgacure 184 较易从食品包装材料中挥发出来，而 MEK 的迁移能力则较弱[169]。

3. 污泥样品中 PIs 的浓度和组成

污水处理厂收集较大区域内的工业和生活废水，是 PIs 污染现状调查研究的理想介质。在本研究中，21 种 PIs 的单体在污泥样品中均有检出，其中 19 种单体是首次在污泥介质中发现。60 个污泥样品中∑PIs 的浓度范围是 67.6～2.03×10^3 ng/g，几何平均值为 301 ng/g。BZPs 是最主要的污染物质，在 60 个污泥样品中，其浓度占∑PIs 的 9%～97%，平均占比为 77%。ACIs 和 TXs 的浓度相对较低，占∑PIs 的平均值分别为 13%和 10%。

苯酮类紫外线稳定剂如 2-羟基-4-甲氧基-苯酮等，大量应用于个人护理用品，具有一定的内分泌干扰效应，污染现状以及迁移转化行为已经受到关注[75,196]。

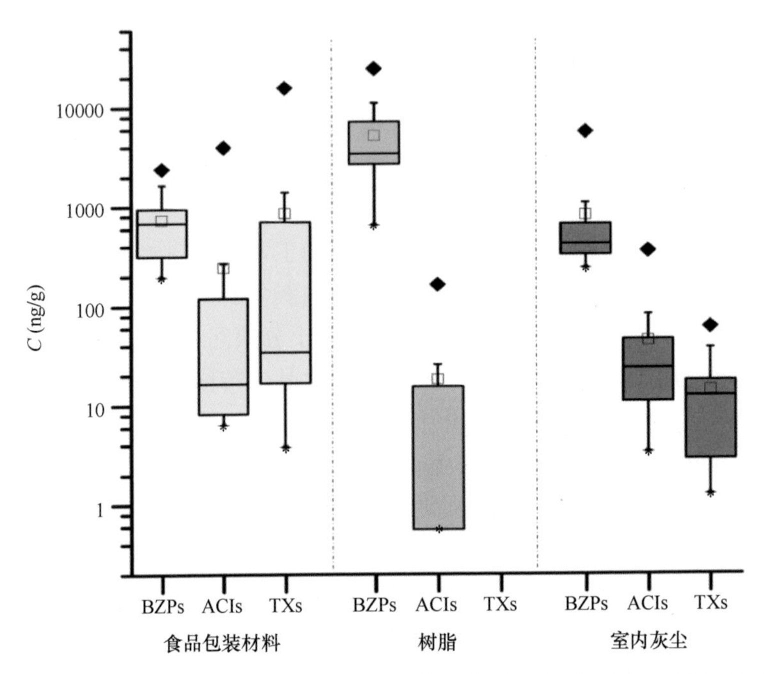

图 6-14 不同样品中 BZPs、ACIs 和 TXs 的浓度（图中下、中、上线分别代表样品浓度值的 5%、50%、95%位数；方盒上、下线表示样品浓度值的 25%、75%位数；◆和*分别表示样品浓度范围的 99%和 1%位数）[179]

苯酮类（BZPs）光引发剂具有类似的结构，所造成的环境污染却少有报道。本研究的结果表明，9 种 BZPs 的单体在污泥样品中均有检出，∑BZPs 的浓度范围是 59.1～984 ng/g，几何平均值为 217 ng/g。BP 和 Benzil 在所有的样品中均有检出，而其他单体的检出率为 40%～96%。BP 的几何平均浓度为 113 ng/g，是最主要的污染物质，占 BZPs 总浓度的 56%。次高浓度的单体为 Benzil，其几何平均浓度为 44.3 ng/g，占 BZPs 总浓度的 24%。这与室内灰尘、食品包装材料和 3D 打印产品中 BZPs 的单体浓度组成基本一致，即 BP 和 Benzil 是最主要的污染物质。作为 BP 的同系物，4-MBP 同样被用于光敏墨水和食品包装材料中。根据欧盟的规定，BP 和 4-MBP 的每日耐受摄入量为 0.01 mg/（kg BW·d），其在食品中的最高浓度为 0.6 mg/kg[197]。在本实验中，4-MBP 和另外一种单体 PBZ 在污泥样品中均有检出，几何平均浓度分别为 5.52 ng/g 和 3.46 ng/g。其他物质，如 Irgacure 184、Irgacure 651、EAQ、MBB 和 MBPPS 在污泥中均有所检出，几何平均浓度范围是 0.89～6.62 ng/g，占 BZPs 总浓度的平均值均小于 5%。

硫杂蒽酮类（TXs）单体在污泥样品中均有检出，∑TXs 的浓度范围是 1.27～1.16×10^3 ng/g，几何平均值为 21.5 ng/g。在 TXs 的 4 种单体中，浓度最高的是 2-ITX，其检出率为 97%，其浓度的几何平均值为 12.0 ng/g，占∑TXs 浓度的 67%。DETX 的检出率（87%）也较高，其浓度范围是＜MQL～171 ng/g，几何平均值为 4.04 ng/g。TX 仅在 30%的污泥样品中有检出，浓度范围是＜MQL～15.2 ng/g。虽然 2-Cl-TX 在室内灰尘、食品包装材料和 3D 打印产品中均未检出，但污泥样品中的检出率为 10%，浓度最高值为 16.9 ng/g。2-Cl-TX 在污泥样品中的检出表明污水处理厂能接受多种来源的污染物输入，同时在污水处理过程中可能存在光引发剂的加氯转化反应。由于 2-ITX、DETX 和 2-Cl-TX 在体外实验中具有抗雄激素和抗雌激素活性[198]，上述物质在环境介质中的发现值得关注。

胺类共引发剂（ACIs）是一类光引发反应的增效剂，其增效的原理是胺基在光引发反应的过程中向 BZPs 和 TXs 提供氢[199]。某些对位取代的苯胺（如对丁基苯胺）具有内分泌干扰效应[200]。尽管与对位取代苯胺在结构上具有类似性，ACIs 的环境污染及毒性效应等数据比较缺乏。本实验中，8 种 ACIs 的单体在污泥样本中均有检出，单体的最高浓度可以达到 297 ng/g。∑ACIs 的浓度范围是 3.38～689 ng/g，几何平均值为 23.9 ng/g。在 ACIs 的 8 种单体中，浓度最高的是 MK，其浓度的几何平均值为 6.05 ng/g，占∑ACIs 浓度的 42%。MEK 和 DMAB 是与 MK 结构类似的两种单体，在多数污泥样本中也有检出，其浓度范围分别是＜MQL～296 ng/g 和＜MQL～282 ng/g。由于 EHDAB 具有内分泌干扰效应，其在环境介质中的污染已有广泛的研究。EHDAB 在自来水、游泳池水、洗浴水和污水中均有检出，浓度可以高达 6.20 μg/L[201,202]。在本实验中，EHDAB 在 23%的污泥样本中有检出，其浓度范围是＜MQL～6.47 ng/g，几何平均值为 0.183 ng/g。EDMAB 和 EAB 也在污泥样本中有零星的检出，其几何平均浓度分别为 0.18 ng/g 和 2.61 ng/g。另外，两种吗啉环结构的胺类共引发剂 Irgacure 369 和 Irgacure 907 也首次在污泥中检出，几何平均浓度分别为 0.64 ng/g 和 1.96 ng/g。

多元相关分析显示，污泥样本中三类不同 PIs 的组内单体的浓度具有显著的正相关关系。例如，DETX 和 2-ITX 的浓度具有极显著正相关性（$R = 0.748$，$p < 0.01$），不同的 ACIs 单体之间的浓度均存在显著相关关系（$R = 0.411 \sim 0.778$，$p < 0.05$），类似的现象也发生在 BZPs 的不同单体之间（$R = 0.296 \sim 0.597$，$p < 0.05$）。此外，三类不同 PIs 的组间单体的浓度也具有一定的正相关关系。例如，MK 和 MEK 与 BZPs 组的单体（4-MBP、EAQ、MBPPS、PBZ、Irgacure 184 和 Irgacure 651）和 TXs 组的单体（DETX 和 2-ITX）均具有显著正相关关系。不同单体之间的浓度具有显著的正相关关系，可能具有相同的释放途径或者在污水处理过程中具有类似的行为。据报道，不同 PIs 的单体会同时应用于光引发反应以起到协同作用的效果[203]。

4. 环境行为预测

据报道,近年来我国每年消耗约 8000 万 t 光敏树脂和 3000 万 t 的食品包装纸。基于本研究样品中 PIs 的几何平均浓度,我国每年由于光敏树脂和食品包装材料的使用所造成的∑PIs 的释放预估值分别为 307 t 和 9.57 t。上述释放的 PIs 中的一部分会进入污水处理厂,并通过污泥的吸附和排放再次进入到环境中。据报道,我国每年的污泥产量为 3000 万 t(含水量 80%)[204],因此每年通过污泥排放的∑PIs 为 1.81 t,这仅占全国∑PIs 释放预估值的小部分。使用定量结构-性质关系模型,可以对 PIs 在环境中的行为和归趋进行初步预测。PIs 的半衰期(BIOWIN 3)和在污水处理过程中的去除行为(STPWIN32)可以使用 EPI Suite V4.11 进行预测。PIs 的综合降解时间为“周”到“难降解”水平,BIOWIN 3 得分为 1.58～2.82。降解时间处于“周”水平的物质为 BP、Benzil、MBB、EHDAB 和 EAB,在环境中易于降解。而综合降解时间处于“月”到“难降解”水平的物质为 MK、MEK、Irgacure 369 和 Irgacure 907,则非常稳定。经济合作与发展组织(OECD)开发的综合持久性与长距离传输能力逸度模型(P_{ov}-LRTP)也可以被用来预测多介质环境中 PIs 的稳定性。由 P_{ov}-LRTP 计算得出的 PIs 不同单体的综合半衰期为 36.5 d(MBB)～513 d(Irgacure 369)。各单体在环境中的迁移距离为 41～1.27×10^3 km,目标物被释放到环境中后能够迁移到相对较远的区域。由于目前对上述物质的毒性尚无全面的认识,本研究采用 Toxtree 软件基于物质的结构及物理-化学性质对毒性进行初步预测。如表 6-7 所示,根据 Cramer 归类法则,绝大多数 PIs 单体的毒性属于最高级别的Ⅲ级,表明这些物质不安全或者具有明显的毒性。尤其是 ACIs 和 BZPs 的某些单体如 DMAB、EAB、EDMAB、EHDAB、MK、MEK 和 EAQ,根据 Toxtree 软件的预测结果,可能具有基因毒性,上述物质在环境介质中的检出值得高度关注。

5. 小结

本研究发现 PIs 在光敏树脂、食品包装材料、室内灰尘和污泥样品中普遍存在,说明 PIs 在我国范围内具有广泛的应用。基于我国光敏树脂和食品包装材料的使用量以及上述材料中∑PIs 的浓度,初步计算出全国范围内每年由于光敏树脂和食品包装材料的使用所造成的∑PIs 的释放量分别为 307 t 和 9.57 t,而每年通过污泥排放的∑PIs 为 1.81 t。相关模型计算显示该类物质在环境中具有较强的环境持久性和一定的毒性。进一步的实验需要关注 PIs 类物质的释放途径和迁移转化过程,确认环境中是否存在其他的 PIs 结构同族体。

表 6-7　Toxtree 模型对部分光引发剂单体毒性效应的预测结果

化合物	CAS 登记号	SMILES 结构式	毒性分类[a]	基因毒性
BP	119-61-9	O=C(c(cccc1)c1)c(cccc2)c2	高（class III）	无显著效应
Benzil	134-81-6	O=C(c(cccc1)c1)C(=O)c(cccc2)c2	高（class III）	无显著效应
EAQ	84-51-5	O=C(c(c(C(=O)c1cccc2)ccc3CC)c3)c12	高（class III）	遗传毒性致癌性
MK	90-94-8	O=C(c(ccc(N(C)C)c1)c1)c(ccc(N(C)C)c2)c2	高（class III）	遗传毒性致癌性
MEK	90-93-7	O=C(c(ccc(N(CC)CC)c1)c1)c(ccc(N(CC)CC)c2)c2	高（class III）	遗传毒性致癌性
EDMAB	10287-53-3	O=C(OCC)c(ccc(N(C)C)c1)c1	高（class III）	遗传毒性致癌性
EHDAB	21245-02-3	O=C(OCC(CCCC)CC)c(ccc(N(C)C)c1)c1	高（class III）	非遗传毒性致癌性
DMAB	530-44-9	O=C(c(ccc(N(C)C)c1)c1)c(cccc2)c2	高（class III）	遗传毒性致癌性
EAB	94-09-7	O=C(OCC)c(ccc(N)c1)c1	高（class III）	遗传毒性致癌性
2-ITX	5495-84-1	c1cc2Sc3ccc(C(C)C)cc3C(=O)c2cc1	高（class III）	无显著效应
DETX	82799-44-8	c12C(=O)c3c(c(CC)cc(CC)c3)Sc1cccc2	高（class III）	无显著效应

a. 克莱姆法则（Cramer rules）。class I 表示该物质具有易于代谢的化学结构，经口暴露后具有较低毒性；class III表示该物质可能具有较强的毒性或含有反应性功能基团；class II 表示该物质具有中等毒性。

参 考 文 献

[1] Rochester J R. Bisphenol A and human health: A review of the literature. Reprod. Toxicol., 2013, 42: 132-155.

[2] Liao C Y, Kannan K. Widespread occurrence of bisphenol A in paper and paper products: Implications for human exposure. Environ. Sci. Technol., 2011, 45: 9372-9379.

[3] Liao C Y, Kannan K. A survey of bisphenol A and other bisphenol analogues in foodstuffs from nine cities in China. Food Addit. Contam., A 2014, 31: 319-329.

[4] Zhang Z F, Alomirah H, Cho H S, et al. Urinary bisphenol A concentrations and their implications for human exposure in several asian countries. Environ. Sci. Technol., 2011, 45: 7044-7050.

[5] Ginsberg G, Rice D C. Does rapid metabolism ensure negligible risk from bisphenol A? Environ. Health Persp., 2009, 117: 1639-1643.

[6] Liao C Y, Kannan K. Determination of free and conjugated forms of bisphenol A in human urine and serum by liquid chromatography-tandem mass spectrometry. Environ. Sci. Technol., 2012, 46: 5003-5009.

[7] Vandenberg L N, Colborn T, Hayes T B, et al. Hormones and endocrine-disrupting chemicals: Low-dose effects and nonmonotonic dose responses. Endocr. Rev., 2012, 33: 378-455.

[8] Inoue K, Kato K, Yoshimura Y, et al. Determination of bisphenol A in human serum by high-performance liquid chromatography with multi-electrode electrochemical detection. J. Chromatogr. B, 2000, 749: 17-23.

[9] Schonfelder G, Wittfoht W, Hopp H, et al. Parent bisphenol A accumulation in the human maternal-fetal-placental unit. Environ. Health Persp., 2002, 110: A703-A707.

[10] Ikezuki Y, Tsutsumi O, Takai Y, et al. Determination of bisphenol A concentrations in human biological fluids reveals significant early prenatal exposure. Hum. Reprod., 2002, 17: 2839-2841.

[11] Takeuchi T, Tsutsumi O. Serum bisphenol A concentrations showed gender differences, possibly linked to androgen levels. Biochem. Bioph. Res. Co., 2002, 291: 76-78.

[12] Temin S C. Polymers from bisphenols-steric inhibition of condensation polymerization. J. Org. Chem., 1961, 26: 2518-2521.

[13] Kitamura S, Suzuki T, Sanoh S, et al. Comparative study of the endocrine-disrupting activity of bisphenol A and 19 related compounds. Toxicol. Sci., 2005, 84: 249-259.

[14] Rivas A, Lacroix M, Olea-Serrano F, et al. Estrogenic effect of a series of bisphenol analogues on gene and protein expression in MCF-7 breast cancer cells. J. Steroid. Biochem., 2002, 82: 45-53.

[15] Sui Y P, Ai N, Park S H, et al. Bisphenol A and its analogues activate human pregnane X receptor. Environ. Health Persp., 2012, 120: 399-405.

[16] Cabaton N, Dumont C, Severin I, et al. Genotoxic and endocrine activities of bis (hydroxyphenyl) methane (bisphenol F) and its derivatives in the HepG2 cell line. Toxicology, 2009, 255: 15-24.

[17] Pisapia L, Del Pozzo G, Barba P, et al. Effects of some endocrine disruptors on cell cycle progression and murine dendritic cell differentiation. Gen. Comp. Endocr., 2012, 178: 54-63.

[18] Perez P, Pulgar R, Olea-Serrano F, et al. The estrogenicity of bisphenol A-related diphenyl-alkanes with various substituents at the central carbon and the hydroxy groups. Environ. Health

Persp., 1998, 106: 167-174.
[19] Song S J, Song M Y, Zeng L Z, et al. Occurrence and profiles of bisphenol analogues in municipal sewage sludge in China. Environ. Pollut., 2014, 186: 14-19.
[20] Fromme H, Kuchler T, Otto T, et al. Occurrence of phthalates and bisphenol A and F in the environment. Water Res., 2002, 36: 1429-1438.
[21] Gallart-Ayala H, Nunez O, Moyano E, et al. Field-amplified sample injection-micellar electrokinetic capillary chromatography for the analysis of bisphenol A, bisphenol F, and their diglycidyl ethers and derivatives in canned soft drinks. Electrophoresis, 2010, 31: 1550-1559.
[22] Cobellis L, Colacurci N, Trabucco E, et al. Measurement of bisphenol A and bisphenol B levels in human blood sera from endometriotic women. Biomed. Chromatogr., 2009, 23: 1186-1190.
[23] Liao C Y, Liu F, Alomirah H, et al. Bisphenol S in urine from the United States and seven Asian countries: Occurrence and human exposures. Environ. Sci. Technol., 2012, 46: 6860-6866.
[24] Liao C Y, Liu F, Guo Y,et al. Occurrence of eight bisphenol analogues in indoor dust from the United States and several Asian countries: Implications for human exposure. Environ. Sci. Technol., 2012, 46: 9138-9145.
[25] Liao C Y, Liu F, Moon H B, et al. Bisphenol analogues in sediments from industrialized areas in the United States, Japan, and Korea: Spatial and temporal distributions. Environ. Sci. Technol., 2012, 46: 11558-11565.
[26] Vilchez J L, Zafra A, Gonzalez-Casado A, et al. Determination of trace amounts of bisphenol F, bisphenol A and their diglycidyl ethers in wastewater by gas chromatography-mass spectrometry. Anal. Chim. Acta, 2001, 431: 31-40.
[27] Jiao Y N, Ding L, Fu S L, et al. Determination of bisphenol A, bisphenol F and their diglycidyl ethers in environmental water by solid phase extraction using magnetic multiwalled carbon nanotubes followed by GC-MS/MS. Anal. Methods-UK., 2012, 4: 291-298.
[28] Yang Y J, Lu L B, Zhang J, et al. Simultaneous determination of seven bisphenols in environmental water and solid samples by liquid chromatography-electrospray tandem mass spectrometry. J. Chromatogr. A, 2014, 1328: 26-34.
[29] Ballesteros-Gomez A, Rubio S, Perez-Bendito D. Analytical methods for the determination of bisphenol A in food. J. Chromatogr. A, 2009, 1216: 449-469.
[30] Kuruto-Niwa R, Tateoka Y, Usuki Y, et al. Measurement of bisphenol A concentrations in human colostrum. Chemosphere, 2007, 66: 1160-1164.
[31] Zhang Z L, Le Velly M, Rhind S M, et al. A study on temporal trends and estimates of fate of Bisphenol A in agricultural soils after sewage sludge amendment. Sci. Total Environ., 2015, 515: 1-11.
[32] Chu S G, Haffner G D, Letcher R J. Simultaneous determination of tetrabromobisphenol A, tetrachlorobisphenol A, bisphenol A and other halogenated analogues in sediment and sludge by high performance liquid chromatography-electrospray tandem mass spectrometry. J. Chromatogr. A, 2005, 1097: 25-32.
[33] Cacho J I, Campillo N, Vinas P, et al. Stir bar sorptive extraction with EG-Silicone coating for bisphenols determination in personal care products by GC-MS. J. Pharmaceut. Biomed., 2013, 78-79: 255-260.
[34] Yang Y J, Yin J, Yang Y, et al. Determination of bisphenol AF (BPAF) in tissues, serum, urine and feces of orally dosed rats by ultra-high-pressure liquid chromatography-electrospray tandem mass spectrometry. J. Chromatogr. B, 2012, 901: 93-97.

[35] Song S J, Ruan T, Wang T, et al. Distribution and preliminary exposure assessment of bisphenol AF (BPAF) in various environmental matrices around a manufacturing plant in China. Environ. Sci. Technol., 2012, 46: 13136-13143.

[36] Konno Y, Suzuki H, Kudo H, et al. Synthesis and properties of fluorine-containing poly(ether)s with pendant hydroxyl groups by the polyaddition of bis(oxetane)s and bisphenol AF. Polym. J., 2004, 36: 114-122.

[37] Baradie B, Shoichet M S. Novel fluoro-terpolymers for coatings applications. Macromolecules, 2005, 38: 5560-5568.

[38] Schonberger F, Chromik A, Kerres J. Synthesis and characterization of novel (sulfonated) poly (arylene ether)s with pendent trifluoromethyl groups. Polymer, 2009, 50: 2010-2024.

[39] Feng Y X, Yin J, Jiao Z H, et al. Bisphenol AF may cause testosterone reduction by directly affecting testis function in adult male rats. Toxicol. Lett., 2012, 211: 201-209.

[40] Reddy C M, Quinn J G, King J W. Free and bound benzotriazoles in marine and freshwater sediments. Environ. Sci. Technol., 2000, 34: 973-979.

[41] Lopezavila V, Hites R A. Organic compounds in an industrial waste water. Their transport into sediments. Environ. Sci. Technol., 1980, 14: 1382-1390.

[42] Clarke B O, Smith S R. Review of 'emerging' organic contaminants in biosolids and assessment of international research priorities for the agricultural use of biosolids. Environ. Int., 2011, 37: 226-247.

[43] Zota A R, Linderholm L, Park J S,et al. Temporal comparison of PBDEs, OH-PBDEs, PCBs, and OH-PCBs in the serum of second trimester pregnant women recruited from San Francisco General Hospital, California. Environ. Sci. Technol., 2013, 47: 11776-11784.

[44] Lee H B, Peart T E. Organic contaminants in Canadian municipal sewage sludge. Part I. Toxic or endocrine-disrupting phenolic compounds. Water Qual. Res. J. Can., 2002, 37: 681-696.

[45] Saint-Louis R, Pelletier E. LC-ESI-MS-MS method for the analysis of tetrabromobisphenol A in sediment and sewage sludge. Analyst, 2004, 129: 724-730.

[46] Oberg K, Warman K, Oberg T. Distribution and levels of brominated flame retardants in sewage sludge. Chemosphere, 2002, 48: 805-809.

[47] Gorga M, Martinez E, Ginebreda A, et al. Determination of PBDEs, HBB, PBEB, DBDPE, HBCD, TBBPA and related compounds in sewage sludge from Catalonia (Spain). Sci. Total Environ., 2013, 444: 51-59.

[48] Fukazawa H, Hoshino K, Shiozawa T, et al. Identification and quantification of chlorinated bisphenol A in wastewater from wastepaper recycling plants. Chemosphere, 2001, 44: 973-979.

[49] Thomsen C, Janak K, Lundanes E, et al. Determination of phenolic flame-retardants in human plasma using solid-phase extraction and gas chromatography-electron-capture mass spectrometry. J. Chromatogr. B, 2001, 750: 1-11.

[50] Liao C Y, Liu F, Kannan K. Bisphenol S, a new bisphenol analogue, in paper products and currency bills and its association with bisphenol A residues. Environ. Sci. Technol., 2012, 46: 6515-6522.

[51] Zhao J M, Li Y M, Zhang C J, et al. Sorption and degradation of bisphenol A by aerobic activated sludge. J. Hazard. Mater., 2008, 155: 305-311.

[52] He Y J, Chen W, Zheng X Y, et al. Fate and removal of typical pharmaceuticals and personal care products by three different treatment processes. Sci. Total Environ., 2013, 447: 248-254.

[53] Cases V, Alonso V, Argandona V, et al. Endocrine disrupting compounds: A comparison of

removal between conventional activated sludge and membrane bioreactors. Desalination, 2011, 272: 240-245.

[54] Konkel L. BPA as a mammary carcinogen early findings reported in rats. Environ. Health Persp., 2013, 121: A284-A284.

[55] Soto A M, Brisken C, Schaeberle C, et al. Does cancer start in the womb? Altered mammary gland development and predisposition to breast cancer due to *in utero* exposure to endocrine disruptors. J. Mammary Gland Biol.Neoplasia, 2013, 18: 199-208.

[56] Chen M Y, Ike M, Fujita M. Acute toxicity, mutagenicity, and estrogenicity of bisphenol-A and other bisphenols. Environ. Toxicol., 2002, 17: 80-86.

[57] Kanai H, Barrett J C, Metzler M, et al. Cell-transforming activity and estrogenicity of bisphenol-A and 4 of its analogs in mammalian cells. Int. J. Cancer, 2001, 93: 20-25.

[58] Liu S, Ying G G, Zhao J L, et al. Trace analysis of 28 steroids in surface water, wastewater and sludge samples by rapid resolution liquid chromatography-electrospray ionization tandem mass spectrometry. J. Chromatogr. A, 2011, 1218: 1367-1378.

[59] Tang T L, Yang Y, Chen Y W, et al. Thyroid disruption in zebrafish larvae by short-term exposure to bisphenol AF. Int. J. Environ. Res. Public Health, 2015, 12: 13069-13084.

[60] Li M, Yang Y J, Yang Y, et al. Biotransformation of bisphenol AF to its major glucuronide metabolite reduces estrogenic activity. PloS One, 2013, 8: 1-11.

[61] Wang W, Abualnaja K O, Asimakopoulos A G, et al. A comparative assessment of human exposure to tetrabromobisphenol A and eight bisphenols including bisphenol A via indoor dust ingestion in twelve countries. Environ. Int., 2015, 83: 183-191.

[62] Lefevre E, Cooper E, Stapleton H M, et al. Characterization and adaptation of anaerobic sludge microbial communities exposed to tetrabromobisphenol A. PloS One, 2016, 11: 1-20.

[63] Yu X H, Xue J C, Yao H, et al. Occurrence and estrogenic potency of eight bisphenol analogs in sewage sludge from the U.S. EPA targeted national sewage sludge survey. J. Hazard. Mater., 2015, 299: 733-739.

[64] Lee S, Liao C, Song G J, et al. Emission of bisphenol analogues including bisphenol A and bisphenol F from wastewater treatment plants in Korea. Chemosphere, 2015, 119: 1000-1006.

[65] Karthikraj R, Kannan K. Mass loading and removal of benzotriazoles, benzothiazoles, benzophenones, and bisphenols in Indian sewage treatment plants. Chemosphere, 2017, 181: 216-223.

[66] Zuhlke M K, Schluter R, Henning A K, et al. A novel mechanism of conjugate formation of bisphenol A and its analogues by *Bacillus amyloliquefaciens*: Detoxification and reduction of estrogenicity of bisphenols. Int. Biodeter. Biodegr., 2016, 109: 165-173.

[67] Rowland F S. Chlorofluorocarbons, stratospheric ozone, and the antarctic ozone hole. Environ. Conserv., 1988, 15: 101-115.

[68] Pfeifer G P, Besaratinia A. UV wavelength-dependent DNA damage and human non-melanoma and melanoma skin cancer. Photoch. Photobio. Sci., 2012, 11: 90-97.

[69] Deanin R D, Orroth S A, Eliasen R W, et al. Mechanism of ultraviolet degradation and stabilization in plastics. Polym. Eng. Sci., 1970, 10: 228-234.

[70] Zhang Y T, Liu X X, Dong Z X, et al. Study on photostabilization *in situ* of reactive hindered amine light stabilizers applied to UV-curable coatings. J. Coat. Technol. Res., 2012, 9: 459-466.

[71] Paterson M J, Robb M A, Blancafort L, et al. Theoretical study of benzotriazole UV photostability: Ultrafast deactivation through coupled proton and electron transfer triggered by a

charge-transfer state. J. Am. Chem. Soc., 2004, 126: 2912-2922.
[72] Langford K H, Reid M J, Fjeld E, et al. Environmental occurrence and risk of organic UV filters and stabilizers in multiple matrices in Norway. Environ. Int., 2015, 80: 1-7.
[73] Zhao H M, Wei D B, Li M, et al. Substituent contribution to the genotoxicity of benzophenone-type UV filters. Ecotox. Environ. Saf., 2013, 95: 241-246.
[74] Carpinteiro I, Abuin B, Rodriguez I, et al. Pressurized solvent extraction followed by gas chromatography tandem mass spectrometry for the determination of benzotriazole light stabilizers in indoor dust. J. Chromatogr. A, 2010, 1217: 3729-3735.
[75] Zhang Z F., Ren N Q, Li Y F, et al. Determination of benzotriazole and benzophenone UV filters in sediment and sewage sludge. Environ. Sci. Technol., 2011, 45: 3909-3916.
[76] Nakata H, Murata S, Filatreau J. Occurrence and concentrations of benzotriazole UV stabilizers in marine organisms and sediments from the Ariake Sea, Japan. Environ. Sci. Technol., 2009, 43, 6920-6926.
[77] Pruell R. J, Hoffman E J, Quinn J G. Total hydrocarbons, polycyclic aromatic-hydrocarbons and synthetic organic-compounds in the Hard shell clam, Mercenaria-Mercenaria, purchased at commercial seafood stores. Mar. Environ. Res., 1984, 11: 163-181.
[78] Yamano T, Shimizu M, Noda T. Relative elicitation potencies of seven chemical allergens in the guinea pig maximization test. J. Health Sci., 2001, 47: 123-128.
[79] Hirata-Koizumi M, Watari N, Mukai D, et al. A 28-day repeated dose toxicity study of ultraviolet absorber 2-(2′-hydroxy-3′, 5′-di-*tert*-butylphenyl) benzotriazole in rats. Drug Chem. Toxicol., 2007, 30: 327-341.
[80] Kim J W, Chang K H, Isobe T, et al. Acute toxicity of benzotriazole ultraviolet stabilizers on freshwater crustacean (*Daphnia pulex*). J. Toxicol. Sci., 2011, 36: 247-251.
[81] Ruan T, Liu R Z, Fu Q, et al. Concentrations and composition profiles of benzotriazole UV stabilizers in municipal sewage sludge in China. Environ. Sci. Technol., 2012, 46: 2071-2079.
[82] Artola-Garicano E, Borkent I, Hermens J L. et al. Removal of two polycyclic musks in sewage treatment plants: Freely dissolved and total concentrations. Environ. Sci. Technol., 2003, 37: 3111-3116.
[83] Martin J, Camacho-Munoz D, Santos J L, et al. Occurrence of pharmaceutical compounds in wastewater and sludge from wastewater treatment plants: Removal and ecotoxicological impact of wastewater discharges and sludge disposal. J. Hazard. Mater., 2012, 239: 40-47.
[84] Samaras V G, Stasinakis A S, Mamais D, et al. Fate of selected pharmaceuticals and synthetic endocrine disrupting compounds during wastewater treatment and sludge anaerobic digestion. J. Hazard. Mater., 2013, 244: 259-267.
[85] Heidler J, Halden R U. Fate of organohalogens in U.S. wastewater treatment plants and estimated chemical releases to soils nationwide from biosolids recycling. J. Environ. Monit., 2009, 11: 2207-2215.
[86] Ratola N, Cincinelli A, Alves A, et al. Occurrence of organic microcontaminants in the wastewater treatment process. A mini review. J. Hazard. Mater., 2012, 239: 1-18.
[87] Stasinakis A S. Review on the fate of emerging contaminants during sludge anaerobic digestion. Bioresour. Technol., 2012, 121: 432-440.
[88] Matamoros V, Jover E, Bayona J M. Occurrence and fate of benzothiazoles and benzotriazoles in constructed wetlands. Water Sci. Technol., 2010, 61: 191-198.
[89] Peng X Z, Tang C M, Yu Y Y, et al. Concentrations, transport, fate, and releases of

polybrominated diphenyl ethers in sewage treatment plants in the Pearl River Delta, South China. Environ. Int., 2009, 35: 303-309.
[90] Kim J W, Ramaswamy B R, Chang K H, et al. Multiresidue analytical method for the determination of antimicrobials, preservatives, benzotriazole UV stabilizers, flame retardants and plasticizers in fish using ultra high performance liquid chromatography coupled with tandem mass spectrometry. J. Chromatogr. A, 2011, 1218: 3511-3520.
[91] Montesdeoca-Esponda S, Vega-Morales T, Sosa-Ferrera Z, et al. personal-care products in environmental and biological samples. TrAC-Trend Anal. Chem., 2013, 51: 23-32.
[92] Liu Y S, Ying G G, Shareef A, et al. Simultaneous determination of benzotriazoles and ultraviolet filters in ground water, effluent and biosolid samples using gas chromatography-tandem mass spectrometry. J. Chromatogr. A, 2011, 1218: 5328-5335.
[93] Carpinteiro I, Abuin B, Rodriguez I, et al. Headspace solid-phase microextraction followed by gas chromatography tandem mass spectrometry for the sensitive determination of benzotriazole UV stabilizers in water samples. Anal. Bioanal. Chem., 2010, 397: 829-839.
[94] Carpinteiro I, Abuin B, Ramil M, et al. Matrix solid-phase dispersion followed by gas chromatography tandem mass spectrometry for the determination of benzotriazole UV absorbers in sediments. Anal. Bioanal. Chem., 2012, 402: 519-527.
[95] Liu R Z, Ruan T, Wang T, et al. Determination of nine benzotriazole UV stabilizers in environmental water samples by automated on-line solid phase extraction coupled with high-performance liquid chromatography-tandem mass spectrometry. Talanta, 2014, 120: 158-166.
[96] Kameda Y, Kimura K, Miyazaki M. Occurrence and profiles of organic sun-blocking agents in surface waters and sediments in Japanese rivers and lakes. Environ. Pollut., 2011, 159: 1570-1576.
[97] Hale R C, Alaee M, Manchester-Neesvig J B, et al. Polybrominated diphenyl ether flame retardants in the North American environment. Environ. Int., 2003, 29: 771-779.
[98] Wang Y W, Zhang Q H, Lv J X, et al. Polybrominated diphenyl ethers and organochlorine pesticides in sewage sludge of wastewater treatment plants in China. Chemosphere, 2007, 68: 1683-1691.
[99] Song S J, Ruan T, Wang T, et al. Occurrence and removal of benzotriazole ultraviolet stabilizers in a wastewater treatment plant in China. Environ. Sci. Proc. Imp., 2014, 16: 1076-1082.
[100] Hubner U, Miehe U, Jekel M. Optimized removal of dissolved organic carbon and trace organic contaminants during combined ozonation and artificial groundwater recharge. Water Res., 2012, 46: 6059-6068.
[101] Reemtsma T, Miehe U, Duennbier U, et al. Polar pollutants in municipal wastewater and the water cycle: Occurrence and removal of benzotriazoles. Water Res., 2010, 44: 596-604.
[102] Voutsa D, Hartmann P, Schaffner C, et al. Benzotriazoles, alkylphenols and bisphenol a in municipal wastewaters and in the Glatt River, Switzerland. Environ. Sci. Pollut. Res., 2006, 13: 333-341.
[103] Liu Y S, Ying G G, Shareef A, et al. Occurrence and removal of benzotriazoles and ultraviolet filters in a municipal wastewater treatment plant. Environ. Pollut., 2012, 165: 225-232.
[104] Hollender J, Zimmermann S G, Koepke S, et al. Elimination of organic micropollutants in a municipal wastewater treatment plant upgraded with a full-scale post-ozonation followed by sand filtration. Environ. Sci. Technol., 2009, 43: 7862-7869.
[105] De la Cruz N, Gimenez J, Esplugas S, et al. Degradation of 32 emergent contaminants by UV

and neutral photo-fenton in domestic wastewater effluent previously treated by activated sludge. Water Res., 2012, 46: 1947-1957.

[106] De la Cruz N, Esquius L, Grandjean D, et al. Degradation of emergent contaminants by UV, UV/H_2O_2 and neutral photo-Fenton at pilot scale in a domestic wastewater treatment plant. Water Res., 2013, 47: 5836-5845.

[107] Meng X Z, Venkatesan A K, Ni Y L, et al. Organic contaminants in Chinese sewage sludge: A meta-analysis of the literature of the past 30 years. Environ. Sci. Technol., 2016, 50: 5454-5466.

[108] Zhao X, Zhang Z F, Xu L, et al. Occurrence and fate of benzotriazoles UV filters in a typical residential wastewater treatment plant in Harbin, China. Environ. Pollut., 2017, 227: 215-222.

[109] Lai H J, Ying G G, Ma Y B, et al. Occurrence and dissipation of benzotriazoles and benzotriazole ultraviolet stabilizers in biosolid-amended soils. Environ. Toxicol. Chem., 2014, 33: 761-767.

[110] Wick A, Jacobs B, Kunkel U, et al. Benzotriazole UV stabilizers in sediments, suspended particulate matter and fish of German rivers: New insights into occurrence, time trends and persistency. Environ. Pollut., 2016, 212: 401-412.

[111] Liang X F, Li J J, Martyniuk C J, et al. Benzotriazole ultraviolet stabilizers alter the expression of the thyroid hormone pathway in zebrafish (*Danio rerio*) embryos. Chemosphere, 2017, 182: 22-30.

[112] Zhuang S L, Wang H F, Ding K K, et al. Interactions of benzotriazole UV stabilizers with human serum albumin: Atomic insights revealed by biosensors, spectroscopies and molecular dynamics simulations. Chemosphere, 2016, 144: 1050-1059.

[113] Kashiwagi T, Inaba A, Brown J E, et al. Effects of weak linkages on the thermal and oxidative-degradation of poly(methyl methacrylates). Macromolecules, 1986, 19: 2160-2168.

[114] Rodil R, Quintana J B, Basaglia G, et al. Determination of synthetic phenolic antioxidants and their metabolites in water samples by downscaled solid-phase extraction, silylation and gas chromatography-mass spectrometry. J. Chromatogr. A, 2010, 1217: 6428-6435.

[115] Klender G J, Hendriks R A, Semen J, et al. The performance of primary and secondary antioxidants in polyolefins produced with metallocene catalysts.1. Preliminary studies comparing *m*-syndiotactic and isotactic polypropylenes. Polyolefins X-10th International Conference, 1997: 585-597.

[116] Lanigan R S, Yamarik T A. Final report on the safety assessment of BHT. Int. J. Toxicol., 2002, 21: 19-94.

[117] 杜飞, 郭付远. 桥键烷基酚及其衍生物用于合成橡胶防老剂的研究进展. 合成橡胶工业, 2009, 32: 352-354.

[118] Kotula-Balak M, Chojnacka K, Hejmej A, et al. Does 4-*tert*-octylphenol affect estrogen signaling pathways in bank vole Leydig cells and tumor mouse Leydig cells *in vitro*? Reprod. Toxicol., 2013, 39: 6-16.

[119] Saito M, Sakagami H, Fujisawa S. Cytotoxicity and apoptosis induction by butylated hydroxyanisole (BHA) and butylated hydroxytoluene (BHT). Anticancer Res., 2003, 23: 4693-4701.

[120] Satoh K, Nonaka R, Nakae D, et al. Increase in *in utero* exposure to a migrant, 4,4′-butylidenebis (6-*t*-butyl-*m*-cresol), from nitrile-butadiene rubber gloves on brain aromatase activity in male rats. Biol. Pharm. Bull., 2010, 33: 6-10.

[121] Takahashi O, Oishi S. Male reproductive toxicity of four bisphenol antioxidants in mice and rats

and their estrogenic effect. Arch. Toxicol., 2006, 80: 225-241.
[122] Botterweck A A M, Verhagen H, Goldbohm R A,et al. Intake of butylated hydroxyanisole and butylated hydroxytoluene and stomach cancer risk: Results from analyses in the Netherlands cohort study. Food Chem. Toxicol., 2000, 38: 599-605.
[123] Witschi H P. Enhanced tumor-development by butylated hydroxytoluene (Bht) in the liver, lung and gastrointestinal-tract. Food Chem. Toxicol., 1986, 24: 1127-1130.
[124] Oikawa S, Nishino K, Oikawa S, et al. Oxidative DNA damage and apoptosis induced by metabolites of butylated hydroxytoluene. Biochem. Pharmacol., 1998, 56: 361-370.
[125] Lin Q B, Li B, Song H, et al. Determination of 7 antioxidants, 8 ultraviolet absorbents, and 2 fire retardants in plastic food package by ultrasonic extraction and ultra performance liquid chromatography. J. Liq. Chromatogr. Relat. Technol., 2011, 34: 730-743.
[126] Gao Y L, Gu Y X, Wei Y. Determination of polymer additives-antioxidants and ultraviolet (UV) absorbers by high-performance liquid chromatography coupled with UV photodiode array detection in food simulants. J. Agr. Food Chem., 2011, 59: 12982-12989.
[127] Fries E, Puttmann W. Monitoring of the antioxidant BHT and its metabolite BHT-CHO in German river water and ground water. Sci. Total Environ., 2004, 319: 269-282.
[128] Nilsson A, Lagesson V, Bornehag C G, et al. Quantitative determination of volatile organic compounds in indoor dust using gas chromatography-UV spectrometry. Environ. Int., 2005, 31: 1141-1148.
[129] Hernandez F, Portoles T, Ibanez M, et al. Use of time-of-flight mass spectrometry for large screening of organic pollutants in surface waters and soils from a rice production area in Colombia. Sci. Total. Environ. 2012, 439, 249-259.
[130] Andreu V, Ferrer E, Rubio J L, et al. Quantitative determination of octylphenol, nonylphenol, alkylphenol ethoxylates and alcohol ethoxylates by pressurized liquid extraction and liquid chromatography-mass spectrometry in soils treated with sewage sludges. Sci. Total Environ., 2007, 378: 124-129.
[131] Butte W, Hoffmann W, Hostrup O, et al.Endocrine disrupting chemicals in house dust: Results of a representative monitoring. Gefahrst. Reinhalt. Luft, 2001, 61: 19-23.
[132] Soliman M A, Pedersen J A, Park H, et al. Human pharmaceuticals, antioxidants, and plasticizers in wastewater treatment plant and water reclamation plant effluents. Water Environ. Res., 2007, 79: 156-167.
[133] Fries E, Puttmann W. Analysis of the antioxidant butylated hydroxytoluene (BHT) in water by means of solid phase extraction combined with GC/MS. Water Res., 2002, 36: 2319-2327.
[134] Kim J M, Choi S H, Shin G H, et al. Method validation and measurement uncertainty for the simultaneous determination of synthetic phenolic antioxidants in edible oils commonly consumed in Korea. Food Chem., 2016, 213: 19-25.
[135] Li X L, Meng D L, Zhao J, et al. Determination of synthetic phenolic antioxidants in essence perfume by high performance liquid chromatography with vortex-assisted, cloud-point extraction using AEO-9. Chinese Chem. Lett., 2014, 25: 1198-1202.
[136] Wang W, Asimakopoulos A G, Abualnaja K O, et al. Synthetic phenolic antioxidants and their metabolites in indoor dust from homes and microenvironments. Environ. Sci. Technol., 2016, 50: 428-434.
[137] Gonzalez-Antuna A, Dominguez-Romero J C, Garcia-Reyes J F, et al. Overcoming matrix effects in electrospray: quantitation of beta-agonists in complex matrices by isotope dilution

liquid chromatography-mass spectrometry using singly C-13-labeled analogues. J. Chromatogr. A, 2013, 1288: 40-47.
[138] Salgueiro-Gonzalez N, Turnes-Carou I, Muniategui-Lorenzo S, et al. Fast and selective pressurized liquid extraction with simultaneous in cell clean up for the analysis of alkylphenols and bisphenol A in bivalve molluscs. J. Chromatogr. A, 2012, 127080-127087.
[139] Sun J T, Liu J Y, Liu Q, et al. Sample preparation method for the speciation of polybrominated diphenyl ethers and their methoxylated and hydroxylated analogues in diverse environmental matrices. Talanta, 2012, 88: 669-676.
[140] Zhang H Y, Wang Y W, Sun C, et al. Levels and distributions of hexachlorobutadiene and three chlorobenzenes in biosolids from wastewater treatment plants and in soils within and surrounding a chemical plant in China. Environ. Sci. Technol., 2014, 48: 1525-1531.
[141] Liu R Z, Ruan T, Wang T, et al. Trace analysis of mono-, di-, tri-substituted polyfluoroalkyl phosphates and perfluorinated phosphonic acids in sewage sludge by high performance liquid chromatography tandem mass spectrometry. Talanta, 2013, 111: 170-177.
[142] Garcia-Galan M J, Diaz-Cruz S, Barcelo D. Multiresidue trace analysis of sulfonamide antibiotics and their metabolites in soils and sewage sludge by pressurized liquid extraction followed by liquid chromatography-electrospray-quadrupole linear ion trap mass spectrometry. J. Chromatogr. A, 2013, 1275: 32-40.
[143] Herrero P, Borrull F, Marce R M, et al. Determination of polyether ionophores in urban sewage sludge by pressurised liquid extraction and liquid chromatography-tandem mass spectrometry: Study of different clean-up strategies. J. Chromatogr. A, 2013, 1285: 31-39.
[144] Ferrer C, Lozano A, Aguera A, et al. Overcoming matrix effects using the dilution approach in multiresidue methods for fruits and vegetables. J. Chromatogr. A, 2011, 1218: 7634-7639.
[145] Zuloaga O, Navarro P, Bizkarguenaga E, et al. Overview of extraction, clean-up and detection techniques for the determination of organic pollutants in sewage sludge: A review. Anal. Chim. Acta, 2012, 736: 7-29.
[146] Liu R Z, Ruan T, Song S J, et al. Determination of synthetic phenolic antioxidants and relative metabolites in sewage treatment plant and recipient river by high performance liquid chromatography-electrospray tandem mass spectrometry. J. Chromatogr. A, 2015, 1381: 13-21.
[147] Collings A J, Sharratt M. BHT content of human adipose tissue. Food Cosmet. Toxicol., 1970, 8: 409-412.
[148] Adolfsson-Erici M, Akerman G, McLachlan M S. Measuring bioconcentration factors in fish using exposure to multiple chemicals and internal benchmarking to correct for growth dilution. Environ. Toxicol. Chem., 2012, 31: 1853-1860.
[149] Nieva-Echevarria B, Manzanos M J, Goicoechea E, et al. 2,6-Di-*tert*-butyl-hydroxytoluene and its metabolites in foods. Compr. Rev. Food Sci. Food Saf., 2015, 14: 67-80.
[150] Bolz U, Hagenmaier H, Korner W. Phenolic xenoestrogens in surface water, sediments, and sewage sludge from Baden-Wurttemberg, south-west Germany. Environ. Pollut., 2001, 115: 291-301.
[151] Jeannot R, Sabik H, Sauvard E, et al. Determination of endocrine-disrupting compounds in environmental samples using gas and liquid chromatography with mass spectrometry. J. Chromatogr. A, 2002, 974: 143-159.
[152] Jobling S, Reynolds T, White R, et al. A variety of environmentally persistent chemicals, including some phthalate plasticizers, are weakly estrogenic. Environ. Health Persp., 1995, 103:

582-587.
[153] Liu R Z, Song S J, Lin Y F, et al. Occurrence of synthetic phenolic antioxidants and major metabolites in municipal sewage sludge in China. Environ. Sci. Technol., 2015, 49: 2073-2080.
[154] Matsuo M, Mihara K, Okuno M, et al. Comparative metabolism of 3,5-di-*tert*-butyl-4-hydroxytoluene (Bht) in mice and rats. Food Chem. Toxicol., 1984, 22: 345-354.
[155] Nagai F, Ushiyama K, Kano I. DNA cleavage by metabolites of butylated hydroxytoluene. Arch. Toxicol., 1993, 67: 552-557.
[156] Rodil R, Quintana J B, Cela R. Oxidation of synthetic phenolic antioxidants during water chlorination. J. Hazard. Mater., 2012, 199: 73-81.
[157] Brocca D, Arvin E, Mosbaek H. Identification of organic compounds migrating from polyethylene pipelines into drinking water. Water Res., 2002, 36: 3675-3680.
[158] Weschler C J, Nazaroff W W. Dermal uptake of organic vapors commonly found in indoor air. Environ. Sci. Technol., 2014, 48: 1230-1237.
[159] Nemoto S, Omura M, Takatsuki S, et al. Determination of 2,4,6-tri-*tert*-butylphenol and related compounds in foods. J. Food Hyg. Soc. Jpn., 2001, 42: 359-366.
[160] Lu X M, Chen M J, Zhang X L, et al. Simultaneous quantification of five phenols in settled house dust using ultra-high performance liquid chromatography-tandem mass spectrometry. Anal. Methods-UK., 2013, 5: 5339-5344.
[161]Okubo T, Yokoyama Y, Kano K, et al. Molecular mechanism of cell death induced by the antioxidant *tert*-butylhydroxyanisole in human monocytic leukemia U937 cells. Biol. Pharm. Bull., 2004, 27: 295-302.
[162] Wang L, Asimakopoulos A G, Moon H B, et al. Benzotriazole, benzothiazole, and benzophenone compounds in indoor dust from the United States and East Asian countries. Environ. Sci. Technol., 2013, 47: 4752-4759.
[163] Augusto O. Alkylation and cleavage of DNA by carbon-centered radical metabolites. Free Radical Biol. Med., 1993, 15: 329-336.
[164] Liu R Z, Lin Y F, Ruan T, et al. Occurrence of synthetic phenolic antioxidants and transformation products in urban and rural indoor dust. Environ. Pollut., 2017, 221: 227-233.
[165] Charrier J G, McFall A S, Richards-Henderson N K, et al. Hydrogen peroxide formation in a surrogate lung fluid by transition metals and quinones present in particulate matter. Environ. Sci. Technol., 2014, 48: 7010-7017.
[166] Suh H J, Chung M S, Cho Y H, et al. Estimated daily intakes of butylated hydroxyanisole (BHA), butylated hydroxytoluene (BHT) and *tert*-butyl hydroquinone (TBHQ) antioxidants in Korea. Food Addit. Contam., 2005, 22: 1176-1188.
[167] Allen N S. Photoinitiators for UV and visible curing of coatings: Mechanisms and properties. J. Photochem. Photobiol. A Chem., 1996, 100: 101-107.
[168] Gallart-Ayala H, Nunez O, Moyano E, et al. Analysis of UV ink photoinitiators in packaged food by fast liquid chromatography at sub-ambient temperature coupled to tandem mass spectrometry. J. Chromatogr. A, 2011, 1218: 459-466.
[169] Jung T, Simat T J, Altkofer W, et al. Survey on the occurrence of photo-initiators and amine synergists in cartonboard packaging on the German market and their migration into the packaged foodstuffs. Food Addit. Contam. A, 2013, 30: 1993-2016.
[170] Van Den Houwe K, van de Velde S, Evrard C, et al. Evaluation of the migration of 15 photo-initiators from cardboard packaging into Tenax((R)) using ultra-performance liquid

chromatography-tandem mass spectrometry (UPLC-MS/MS). Food Addit. Contam. A, 2014, 31: 767-775.

[171] Sagratini G, Caprioli G, Cristalli G, et al. Determination of ink photoinitiators in packaged beverages by gas chromatography-mass spectrometry and liquid chromatography-mass spectrometry. J. Chromatogr. A, 2008, 1194: 213-220.

[172] Gallart-Ayala H, Nunez O, Lucci P. Recent advances in LC-MS analysis of food-packaging contaminants. TrAC-Trend Anal. Chem., 2013, 42: 99-124.

[173] Peijnenburg A, Riethof-Poortman J, Baykus H, et al. AhR-agonistic, *anti*-androgenic, and anti-estrogenic potencies of 2-isopropylthioxanthone (ITX) as determined by *in vitro* bioassays and gene expression profiling. Toxicol. in Vitro, 2010, 24: 1619-1628.

[174] Momo F, Fabris S, Stevanato R. Interaction of isopropylthioxanthone with phospholipid liposomes. Biophys. Chem., 2007, 127: 36-40.

[175] Morohoshi K, Yamamoto H, Kamata R, et al. Estrogenic activity of 37 components of commercial sunscreen lotions evaluated by in vitro assays. Toxicol. *in Vitro*, 2005, 19: 457-469.

[176] Rhodes M C, Bucher J R, Peckham J C, et al. Carcinogenesis studies of benzophenone in rats and mice. Food Chem. Toxicol., 2007, 45: 843-851.

[177] Kitchin K T, Brown J L. Dose-response relationship for rat-liver DNA-damage caused by 49 rodent carcinogens. Toxicology, 1994, 88: 31-49.

[178] Gil-Vergara A, Blasco C, Pico Y. Determination of 2-isopropyl thioxanthone and 2-ethylhexyl-4-dimethylaminobenzoate in milk: Comparison of gas and liquid chromatography with mass spectrometry. Anal. Bioanal. Chem., 2007, 389: 605-617.

[179] Liu R Z, Lin Y F, Hu F B, et al. Observation of emerging photoinitiator additives in household environment and sewage sludge in China. Environ. Sci. Technol., 2016, 50: 97-104.

[180] Bradley E L, Stratton J S, Leak J, et al. Printing ink compounds in foods: UK survey results. Food Addit. Contam. B, 2013, 6: 73-83.

[181] Okanouchi N, Honda H, Ito R, et al. Determination of benzophenones in river-water samples using drop-based liquid phase microextraction coupled with gas chromatography/mass spectrometry. Anal. Sci., 2008, 24: 627-630.

[182] Jeon H K, Chung Y, Ryu J C. Simultaneous determination of benzophenone-type UV filters in water and soil by gas chromatography-mass spectrometry. J. Chromatogr. A, 2006, 1131: 192-202.

[183] Diaz-Cruz M S, Gago-Ferrero P, Llorca M, et al. Analysis of UV filters in tap water and other clean waters in Spain. Anal. Bioanal. Chem., 2012, 402: 2325-2333.

[184] Rodil R, Schrader S, Moeder M. Pressurised membrane-assisted liquid extraction of UV filters from sludge. J. Chromatogr. A, 2009, 1216: 8851-8858.

[185] Gago-Ferrero P, Diaz-Cruz M S, Barcelo D. Fast pressurized liquid extraction with in-cell purification and analysis by liquid chromatography tandem mass spectrometry for the determination of UV filters and their degradation products in sediments. Anal. Bioanal. Chem., 2011, 400: 2195-2204.

[186] Wang Z W, Huang X L, Hu C Y. A Systematic study on the stability of UV ink photoinitiators in food simulants using GC. Packag. Technol. Sci., 2009, 22: 151-159.

[187] Lago M A, de Quiros A R B, Sendon R, et al. Simultaneous chromatographic analysis of photoinitiators and amine synergists in food contact materials. Anal. Bioanal. Chem., 2014, 406: 4251-4259.

[188] Sanches-Silva A, Pastorelli S, Cruz J M, et al. Development of an analytical method for the determination of photoinitiators used for food packaging materials with potential to migrate into milk. J. Dairy Sci., 2008, 91: 900-909.
[189] Liu P Y, Zhao C X, Zhang Y J, et al. Simultaneous determination of 10 photoinitiators in milk by solid-phase microextraction coupled with gas chromatography/mass spectrometry. J. Food Sci., 2016, 81: T1336-T1341.
[190] Cooke M N, Fisher J P, Dean D, et al. Use of stereolithography to manufacture critical-sized 3D biodegradable scaffolds for bone ingrowth. J. Biomed. Mater. Res. B, 2003, 64B: 65-69.
[191] Van Hoeck E, De Schaetzen T, Pacquet C, et al. Analysis of benzophenone and 4-methylbenzophenone in breakfast cereals using ultrasonic extraction in combination with gas chromatography-tandem mass spectrometry (GC-MSn). Anal. Chim. Acta, 2010, 663: 55-59.
[192] Shepherd J N H, Parker S T, Shepherd R F, et al. 3D microperiodic hydrogel scaffolds for robust neuronal cultures. Adv. Funct. Mater., 2011, 21: 47-54.
[193] Pastorelli S Sanches-Silva A, Cruz J M, et al. Study of the migration of benzophenone from printed paperboard packages to cakes through different plastic films. Eur. Food Res. Technol., 2008, 227: 1585-1590.
[194] Barthel M, Pedan V, Hahn O, et al. XRF-analysis of fine and ultrafine particles emitted from laser printing devices. Environ. Sci. Technol., 2011, 45: 7819-7825.
[195] Abdallah M A, Covaci A. Organophosphate flame retardants in indoor dust from Egypt: Implications for human exposure. Environ. Sci. Technol., 2014, 48: 4782-4789.
[196] Liao C Y, Kannan K. Widespread occurrence of benzophenone-type UV light filters in personal care products from China and the United States: An assessment of human exposure. Environ. Sci. Technol., 2014, 48: 4103-4109.
[197] Ashby R. The development of European standard (CEN) methods in support of European Directives for plastics materials and articles intended to come into contact with foodstuffs. Food Addit. Contam., 1994, 11: 161-168.
[198] Reitsma M, Bovee T F H, Peijnenburg A A C M, et al. Endocrine-disrupting effects of thioxanthone photoinitiators. Toxicol. Sci., 2013, 132: 64-74.
[199] Jiang X S, Luo X W, Yin J. Polymeric photoinitiators containing in-chain benzophenone and coinitiators amine: Effect of the structure of coinitiator amine on photopolymerization. J. Photochem. Photobiol. A Chem., 2005, 174: 165-170.
[200] Hamblen E L, Cronin M T D, Schultz T W. Estrogenicity and acute toxicity of selected anilines using a recombinant yeast assay. Chemosphere, 2003, 52: 1173-1181.
[201] Magi E, Scapolla C, Di Carro M, et al. Emerging pollutants in aquatic environments: Monitoring of UV filters in urban wastewater treatment plants. Anal. Methods-UK., 2013, 5: 428-433.
[202] Diaz-Cruz M S, Llorca M, Barcelo D. Organic UV filters and their photodegradates, metabolites and disinfection by-products in the aquatic environment. TrAC-Trend Anal. Chem., 2008, 27: 873-887.
[203] Neumann M G, Schmitt C C, Horn M A. The effect of the mixtures of photoinitiators in polymerization efficiencies. J. Appl. Polym. Sci., 2009, 112: 129-134.
[204] Feng L Y, Luo J Y, Chen Y G. Dilemma of sewage sludge treatment and disposal in China. Environ. Sci. Technol., 2015, 49: 4781-4782.

附录　缩略语（英汉对照）

AO	antioxidant，抗氧剂
APCI	atmospheric pressure chemical-ionization，大气压化学电离
APFO	ammonium perfluorooctanoate，全氟辛酸铵
ASE	accelerated solvent extraction，加速溶剂萃取
BCF	bioconcentration factor，生物浓缩因子
BHT	2,6-di-*tert*-butyl-4-methylphenol，2,6-二叔丁基-4-甲基苯酚
BPA	bisphenol A，双酚 A
BPs	bisphenols，双酚类化合物
BZT-UVs	benzotriazole UV stabilizers，苯并三唑类紫外线稳定剂
CALUX	chemically activated luciferase gene expression assay，化学激活萤光素酶基因表达测试
CCA	cyanocobalamin，超还原态氰钴胺
CGCs	cerebellar granule cells，小脑颗粒细胞
CGN	cerebellar granule neuron，颗粒神经元细胞
Cl-6：2 PFESA	6：2 chlorinated polyfluoroalkyl ether sulfonic acid，氯代多氟醚基磺酸
DDT	dichlorodiphenyltrichloroethane，滴滴涕
DOM	dissolved organic matter，溶解性有机物
DP	dechlorane plus，得克隆
EDA	effect-directed analysis，效应导向分析
ELISA	enzyme-linked immunosorbent assay，酶联免疫吸附测定
EROD	7-ethoxyresorufin-*O*-deethylase，7-乙氧基异吩噁唑酮-*O*-脱乙基酶
ESI	electrospray ionization，电喷雾电离
FTOHs	fluorotelomer alcohols，氟调聚醇
GM	geometric mean，几何平均
GPC	gel permeation chromatography，凝胶渗透色谱
HBPs	halogenated bipyrroles，卤代双吡咯类化合物
HPV	High Pproduction Volume，高生产量

HS-SPME	headspace solid phase microextraction，顶空固相微萃取
LC_{50}	median lethal concentration，半数致死浓度
LD_{50}	medium lethal dose，半数致死剂量
LLE	liquid-liquid extraction，液液萃取
LOAEL	lowest observed adverse effect level，最低可见有害作用水平
LSER	linear solvation energy relationship，线性溶剂化能关系
LVI	large-volume injection，大体积直接进样
MDL	method detection limit，方法检出限
ME	matrix effect，基质效应
MQL	method quantification limit，方法定量限
MRM	multiple reaction monitoring，多反应监测
MSPD	matrix solid-phase dispersion，基质固相分散
MWAE	microwave-assisted extraction，微波辅助萃取
NOAEL	no observed adverse effect level，无可见有害作用水平
OPLS-DA	orthogonal partial least-squares-discriminant analysis，正交偏最小二乘法分析
PBDEs	polybrominated diphenyl ethers，多溴二苯醚
PBPS	partitioning-based passive sampling，基于分配的被动采样
PCA	principal component analysis，主成分分析
PCBs	polychlorinated biphenyls，多氯联苯
PFASs	per- and polyfluoroalkyl substances，全氟和多氟烷基化合物
PFBA	perfluorobutanoic acid，全氟丁基羧酸
PFBS	perfluorobutane sulfonic acid，全氟丁基磺酸
PFCAs	perfluoroalkyl carboxylic acids，全氟羧酸
PFESAs	polyfluoroalkyl ether sulfonic acids，多氟醚基磺酸类化合物
PFHxA	perfluorohexanoic acid，全氟己基羧酸
PFHxS	perfluorohexane sulfonic acid，全氟己基磺酸
PFIs	polyfluorinated iodine alkanes，全氟碘烷类化合物
PFOA	perfluorooctanoic acid，全氟辛酸
PFOS	perfluorooctane sulfonic acid，全氟辛基磺酸
PFPEs	perfluoropolyethers，全氟聚醚
PFSAs	perfluoroalkane sulfonic acids，全氟磺酸
PIs	photoinitiators，光引发剂
PLE	pressurized liquid extraction，加压溶剂萃取

POPs	persistent organic pollutants，持久性有机污染物
QSAR	quantitative structure-activity relationship，定量结构-效应关系
QSPR	quantitative structure-property relationship，定量结构-性质关系
SBSE	stir-bar sorptive extraction，搅拌棒吸附萃取
SPAs	synthetic phenolic antioxidants，合成酚类抗氧剂
SPE	solid phase extraction，固相萃取
SPME	solid phase microextraction，固相微萃取
TBBPA	tetrabromobisphenol A，四溴双酚 A
TBBPS	tetrabromobisphenol S，四溴双酚 S
TBC	tris(2,3-dibromopropyl) isocyanurate，三(2,3-二溴丙基)异氰酸酯
2,3,7,8-TCDD	2,3,7,8-tetrachlorodibenzo-*p*-dioxin，2,3,7,8-四氯二苯并-*p*-二噁英
TEF	toxicity equivalency factor，毒性当量因子
TEQ	toxic equivalent，毒性当量
TIE	toxicity identification evaluation，毒性识别评估
TOC	total organic carbon，总有机碳

索　　引